THE HANDBOOK OF JUNGIAN PSYCHOLOGY

Theory, Practice and Applications

Renos K. Papadopoulos

荣格

心理学手册

[英] 雷诺斯·K. 帕帕多普洛斯 ◎ 编
周党伟　赵艺敏 ◎ 译

中国人民大学出版社
·北京·

作者信息

约翰·毕比（John Beebe，美国），医学博士，曾任旧金山荣格学院院长，擅长人格和性格问题分析。著有《深度整合》（*Integrity in Depth* 1992），编有《恐怖、暴力和破坏冲动：分析心理学的视角》（*Terror, Violence and the Impulse to Destroy: Perspectives from Analytical Psychology* 2003）。他是《旧金山荣格学院图书馆杂志》（*San Francisco Jung Institute Library Journal*）的创刊编辑、《分析心理学杂志》（*Journal of Analytical Psychology*）的首位美国编辑，同时还是上述两份杂志以及《荣格派理论与实践杂志》（*Journal of Jungian Theory and Practice*）的高级顾问。

安·凯斯门特（Ann Casement，英国），皇家人类学会会士（FRAI），皇家医学会会士（FRSM），荣格派分析师协会（伦敦）训练分析师，国际分析心理学会（IAAP）执委会委员，国际神经精神分析协会创始成员。她目前在伦敦大学进行法规研究，同时也为《经济学人》以及专业杂志撰稿，还是《分析心理学杂志》的助理编辑。著有《谁拥有精神分析?》（*Who Owns Psychoanalysis?* 2004）和《分析心理学巨擘：荣格》（*Carl Gustav Jung* 2001）。

琼·乔多罗（Joan Chodorow，美国），哲学博士，旧金山荣格学院分析师和教员，曾任美国舞动治疗协会主席。著有《舞动治疗和深蕴心理学：运动的想象》（*Dance Therapy and Depth Psychology: The Moving Imagination* 1991），编有《荣格论主动想象》（*Jung on Active Imagination* 1997）。她的作品已经被翻译为比利时语、丹麦语、荷兰语、法语、德语、希伯来语、意大利语、日语、韩语、波兰语、俄语和西班牙语。

沃伦·科尔曼（Warren Colman，英国），分析心理学协会（SAP）和英国心理治疗师学会训练分析师，伴侣精神分析治疗师协会正式会员。他在英国、瑞典、波兰和俄罗斯演讲、授课和督导，并在英国圣奥尔本斯私人执业。他是《分析心理学杂志》的助理编辑，并且已发表多篇关于不同主题的论文，其中有几篇是关于原我（the self）的。

克里斯蒂安·盖拉德（Christian Gaillard，法国），曾任IAAP主席。他拥有心理学博士学位，是一名训练分析师，并曾任法国分析心理学会主席。他是巴黎国立高等美术学院的教授，以及勒内·笛卡尔大学和巴黎荣格学院的讲师。他创办了《艺术与文化心理学笔记》（*Cahiers de Psychologie de l'Art et de la Culture*），并长期担任《荣格心理学笔记》（*Cahiers Jungiens de Psychanalyse*）的共同主编，现为《分析心理学杂志》、《收获：国际荣格研究杂志》（*Harvest: International Journal for Jungian Studies*）和《阿尼玛》（*Anima*）国际编辑小组成员。发表有多篇论文，并有多篇文章被收录到书中。他的著作《荣格》（*Jung*，3rd edition 2001）已经被翻译成多种文字；其他著作还有《荣格的想象世界》（*Le Musée imaginaire de Carl Gustav Jung* 1998）、《躯体和象征生命的证据》（*Les Evidences du corps et la vie symbolique* 2000）和《女性的转变》（*Donne in mutazione* 2000）。

克里斯托弗·豪克（Christopher Hauke，英国），执业荣格派分析师，伦敦大学金史密斯学院精神分析研究讲师。著有《荣格与后现代：对现实的诠释》（*Jung and the Postmodern: The Interpretation of Realities* 2000）和《人之为人：文化和灵魂》（*Human being Human: Culture and the Soul* 2005），编有《荣格与电影：后荣格学派对运动意象的运用》（与伊安·阿里斯特［Ian Aliste］合作，*Jung and Film: Post-Jungian Takes on the Moving Image* 2001）和《当代荣格式分析》（*Contemporary Jungian Analysis* 1988）。

维蕾娜·卡斯特（Verena Kast，瑞士），荣格派分析师，曾任IAAP和瑞士分析心理学会主席。她拥有苏黎世大学心理学博士学位，现为苏黎世大学心理学教授以及苏黎世荣格学院导师和训练分析师。已有十八部德语作品出版，其中《爱的本质》（*The Nature of Loving*）、《哀悼时刻》（*Time to Mourn*）和《创造性飞跃》（*The Creative Leap*）这三部作品已经被翻译为英语。也有作品被译为汉语、捷克语、丹麦语、荷兰语、希腊语、匈牙利语、意大利语、日语、立陶宛语、葡萄牙语、西班牙语和瑞典语。第一部英语著作是《快乐、灵感和希望》

(*Joy*，*Inspiration*，*and Hope* 1991)。

罗德里克·梅因（Roderick Main，英国），哲学博士，埃塞克斯大学精神分析研究讲师。著有《破裂的时间：共时性和荣格对现代西方文化的批判》(*The Rupture of Time*：*Synchronicity*，*and Jung's Critique of Modern Western Culture* 2004)，编有《荣格论共时性和超自然》(*Jung on Synchronicity and the Paranormal* 1997)，发表有多篇关于荣格心理学和宗教研究的文章。

斯坦顿·马朗（Stanton Marlan，美国），哲学博士，私人执业荣格派分析师，荣格派分析师区际协会训练分析师，匹兹堡派分析师协会主席，纽约分析心理学会会员，杜肯大学兼职临床教授，美国职业心理学委员会（ABPP）认证临床心理学家和精神分析师，精神分析学院成员及其指导委员会主席，美国精神分析认证委员会理事，《荣格派理论与实践杂志》编辑。著有《黑太阳：炼金术与黑暗的艺术》（*The Black Sun*：*The Alchemy and Art of Darkness*，2005)，并编有两部与炼金术有关的作品。讲座遍及美国、欧洲和亚洲，学术兴趣涉及原型心理学、赫尔墨斯哲学（hermetic philosophy)、炼金术和卡巴拉(Kabbalah)、批判理论、欧陆哲学和亚洲宗教。

玛丽·安·马顿（Mary Ann Mattoon，美国），哲学博士，毕业于苏黎世荣格学院，之后在明尼苏达州的明尼阿波利斯私人执业，并在明尼苏达大学教授分析心理学，参与创立明尼苏达荣格学会，参与编辑多卷国际分析心理学会会议论文集。

雷诺斯·K. 帕帕多普洛斯（Renos K. Papadopoulos，英国），哲学博士，埃塞克斯大学分析心理学教授，密德萨斯大学客座教授，英国心理学会副会士，分析心理学家独立团体训练分析师，塔维斯托克诊所临床心理咨询师和训练系统家庭治疗师，《收获：国际荣格研究杂志》编辑，IAAP 学术委员会第一任主席，国际荣格研究学会创始成员。所出版作品的主题包括分析心理学、家庭治疗、临床心理学和难民问题研究。作为联合国和其他组织的顾问，他为世界许多地方政治暴力的幸存者提供帮助。

安德鲁·塞缪尔斯（Andrew Samuels，英国），埃塞克斯大学分析心理学教授，伦敦大学金史密斯学院精神分析研究客座教授，罗汉普顿大学心理学和心理治疗研究荣誉教授，分析心理学协会（SAP）训练分析师。他的著作已经被翻译为十九种语言，主要包括《荣格与后荣格学派》（*Jung and the Post-Jungians* 1985）、《父亲：当代荣格派视角》（*The Father：Contemporary Jungian Perspectives* 1985）、《荣格式分析批判词典》（与巴尼·肖特［Bani Shorter］和弗雷德·普劳特［Fred Plaut）］合著，*A Critical Dictionary of Jungian Analysis* 1986）、《多元的心灵：人格、道德和父亲》（*The Plural Psyche：Personality，Morality and the Father* 1989）、《心理病理学：当代荣格派视角》（*Psychopathology：Contemporary Jungian Perspectives* 1989）、《政治心灵》（*The Political Psyche* 1993）和《躺椅上的政治：公民与内在生命》（*Politics on the Couch：Citizenship and the Internal Life* 2001）。

莫瑞·斯坦（Murray Stein，美国），哲学博士，苏黎世荣格分析心理学国际学校训练分析师，荣格派分析师区际协会和芝加哥荣格派分析师协会创始成员，2001年至2004年担任IAAP主席。主要著作有《荣格的基督教治疗》（*Jung's Treatment of Christianity* 1985）、《人到中年》（*In MidLife* 1983）和《荣格的灵魂地图》（*Jung's Map of the Soul* 1998），编有《荣格式分析》（*Jungian Analysis*，Open Court）。他同时也是一位出版人（Chiron Publications），编有“喀戎临床系列”（Chiron Clinical Series）丛书。

安东尼·斯蒂文斯（Anthony Stevens，英国），分析心理学家独立团体成员，皇家精神病学家学院成员。除了一个医学学位（牛津大学，1963），他还具有两个实验心理学荣誉学位（雷丁大学，1955；牛津大学，1959），并在已故的约翰·鲍尔比（John Bowlby）博士指导下获得牛津大学医学博士学位（牛津大学，1973），其论文的研究主题是希腊孤儿的依恋行为。他的作品有十二部，包括《重访原型：原我的现代自然史》（*Archetype Revisited：An Updated Natural History of the Self* 2002）等。

中文版推荐序一

约翰·毕比

我的姓氏以B，即英文中的第二个字母开头，因此在本书的2006年英文版中，我被列在“作者信息”的前列。但无论如何，我都没有资格为整本书发言，也没有资格验证它为读者提供的是不是从荣格到共同创作这部作品的同事和朋友所持有的心理学传统的最佳呈现。我对中国及其当代心灵的亲身体验告诉我，它已经准备好接受本书所反映的关怀和复杂性。

本书的编者雷诺斯·帕帕多普洛斯以非常高的水准要求我们认真对待荣格，因为我们中的一些人同时作为教授和医生（雷诺斯自己就是），需要批判性地研究并找到一种方法来应对困扰我们这个世界的问题。众所周知，世界上有很多人麻烦缠身，他们需要这本书提供的那种心理学视角。心灵（Psyche）并不是一个精确的词，其在古希腊的原意是飘飘的飞蛾，而在中国，这个著名的意象通过庄周梦蝶的故事为人们所知，即：“不知周之梦为胡蝶与？胡蝶之梦为周与？”这种不精确正是荣格心理学的核心，而他的心理学不可避免地建立在自画像之上。

我建议读者把这本书的每一章都当作一个单独的“自拍”，它不仅给出了荣格派视角下的主题，也给出了荣格派学者在讨论这个主题时的画面。或许这会使那些正在与此书互动并希望它成为其文本的人开始考虑，只有当你允许自己看到它对你的所思、所感，以及最重要的是对心灵的体验有什么要说的时候，它才会存在于你的脑海中。只有这样，你才能够知道或展望这些视角如何与你自己正在试图学习的内容联系在一起。如果你采取了这一步，你就能把荣格心理学很好地应用到你今天的学习过程中。

最后，希望你们喜欢这部作品。

中文版推荐序二

安·凯斯门特

雷诺斯·帕帕多普洛斯所编的《荣格心理学手册》（2006）得以翻译成中文，这是一件完全合乎情理的事情。帕帕多普洛斯和安德鲁·塞缪尔斯是知名的教授，他们在埃塞克斯大学设立了享誉世界的荣格派和后荣格派研究的硕士课程，其卓越的标准吸引了来自世界各地的国际学者，其中也有很多来自中国。本书的部分作者是荣格派和后荣格派学术领域硕士和博士课程的带头人。

书中论述分析心理学核心概念的章节构成了学习荣格的超心理学名副其实的课程体系，这些概念包括**原型**、**个人无意识和集体无意识**、**阴影**、**阿尼玛/阿尼姆斯**、**原我**、**个体化**、**移情/反移情**、**炼金术**、**释梦**、**类型学和宗教**，以及**伦理**。每一章都包括一个简单的介绍，其作者都是首先基于荣格的作品来论述相应的主题，接着系统地论述荣格对这一主题的思考，对其明确的定义和主要创新、批判和该主题的研究现状及其未来发展。每章的末尾都附有与该章主题有关的最新参考文献。

编者帕帕多普洛斯的长论文为这些具有启发性的章节开启了旅程，而巴黎国家高等美术学院荣休教授克里斯蒂安·盖拉德的另一篇长论文则为这些章节画上了句号。帕帕多普洛斯关于荣格的认识论和方法论的开篇章节是对荣格的知识基础中固有的二元性的深刻诠释，其中诺斯替式确定（Gnostic certainty）和苏格拉底式无知（我知道自己一无所知）相对立，后者可以通过荣格对自己是“经验主义者”和“现象学家”的坚持得到证实：“……我的原型和心理能量也只是辅助的概念，在任何时候都可以被一个更好的公式取代。”（Jung 1952c：par. 460）这似乎是认识论开放性的一个很好的例子，但正如开篇文章的作者所言，荣格和许多荣格派学者在他们的著作中，基本上把原型当作实在的实体。

诺斯替式本体（Gnostic hypostasis）最引人注目的例子是荣格在1959年的一次电视采访中对一个问题的回答。他当时被问到是否信仰上帝，他的回答是：“很难回答。我**知道**。我不信。我知道。”（2006：p. 45）以类似的方式，他经常知道什么适合他的分析者和病人，从而，经常知道要做什么。这篇文章为整本书奠定了基调，这不是对荣格的崇拜，而是对他全部作品的深刻理解。

在本书的最后一章，盖拉德对荣格与艺术的互动进行了广泛的探索。为了说明这一点，盖拉德选择了荣格经常引用的对詹姆斯·乔伊斯的《尤利西斯》和毕加索的画作的批评，在这些批评中，荣格看到了自己与弗洛伊德的斗争。盖拉德通过将乔伊斯的英文名与德文名的含义（即快乐）联系在一起，就像拉康所做的一样，从而得出了这一结论。接着，他开始呈现这些批评如何被用于阐明弗洛伊德在临床上使用心理传记梳理心灵的方法，目的是探索婴儿的压抑，并将其与荣格的前瞻性方法进行对比，后者侧重于集体无意识对自我所产生的动态和辩证的破坏性/创造性影响。

> 通过将对《尤利西斯》的解读与对毕加索画作的分析结合在一起，他现在越来越坚决地重申，当另一种动力试图在当前的矛盾中得到检验时，必须无情地摧毁古代世界，摧毁它们的信仰和美学。(2006：p. 345)

除了书中优秀论文那具有思想启发性的内容，很多作者也对国际分析心理学会（IAAP）这一国际性的荣格派组织的行政工作做出了突出的贡献。其中，维蕾娜·卡斯特、莫瑞·斯坦、克里斯蒂安·盖拉德是三位IAAP前主席；安德鲁·塞缪尔斯是IAAP的前名誉秘书；安·凯斯门特是IAAP伦理委员会的前任主席；雷诺斯·帕帕多普洛斯本人也曾任职于IAAP执行委员会，而且以前编辑过时事通讯。

序

马里奥·亚考毕

为什么要在荣格去世将近半个世纪之后出版一本新的《荣格心理学手册》呢？近些年来，关于荣格心理学的作品层出不穷，不断地描述、诠释、论述、称赞和批判荣格思想的创新之处，而且其中不乏十分优秀的作品，如乔兰德·亚考毕（J. Jacobi）的《荣格的心理学》（*The Psychology of C. G. Jung* 1939）、玛丽-路易斯·冯·法兰兹（M.-L. von Franz）的《荣格：我们时代的神话》（*C. G. Jung: His Myth in the Our Time* 1975）、埃利·亨伯特（E. Humbert）的《荣格》（*Jung* 1983）、波利·扬-艾森德斯（Polly Young-Eisendrath）与特伦斯·道森（Terence Dawson）合编的《剑桥荣格读本》（1997）、莫瑞·斯坦的《荣格的灵魂地图》（1998）等。但是，直至2006年，关于荣格的主题还完全没有结束。

但在我看来，这部手册来得非常及时，而且会很受欢迎。因为这是一部由大量知名且富有经验的第二代和第三代荣格派分析师共同完成的作品，其中大部分作者的母语是英语。他们知识丰富，根据自己对荣格的基本理论的理解并结合自己所擅长的主题独立地写成每一章的内容。他们将现代和过去的理论观点整合在一起，最重要的是将这些理论内容和自己的经验与理解相结合。因此，他们的临床治疗实践和根据时代的要求做出的调整使读者能够对荣格原始的思想有更深的理解。整体看来，这部作品再一次表明弗洛伊德派分析师和荣格派分析师之间的不和与敌视抵消了不少，无论是好还是坏，两个深蕴心理学流派之间有了更多的融合，特别是在临床领域。

我无法在序言中介绍讨论手册中所有的主题，实际上，我主要关注的是其中的一个主题，因为它为读者提供了一个独到的视角去理解建立在荣格理论之上的潜在原则，并反映出该书中其他作者所写的主题内容，这便是本书的编者帕帕多普洛斯教授所写的《荣格的认识论与方法论》。

尽管作者将大量的重要内容浓缩到这篇哲学论文之中，但这是一篇非常值得深入阅读的文章，因为作者充分地论述了荣格的两种截然对立的认识论，而荣格本人并没有认识到这一点。帕帕多普洛斯将之称为荣格的“苏格拉底式无知和诺斯替式知识”。

什么是“苏格拉底式无知”？可能每一位受过大学教育的人都熟悉苏格拉底的那句名言，即“我知道自己一无所知”。帕帕多普洛斯将这一点和荣格在自己临床工作中（特别是在释梦的时候）的态度，即“坚决反对任何一掠而过的‘仅此而已’之类的论述”联系在一起。他引用荣格的原话进行支持：“应该避免对梦的母题进行刻板的诠释……即使你对这些事物经验丰富，在每一个梦面前，也应该一次又一次地承认自己的无知，并摒弃任何先入为主的想法，为完全出乎意料的内容做好准备。”（Jung，1948 *Complete Works* 8：par. 543）但与此同时，荣格的作品中又充满概括性的语言和固定的信念，帕帕多普洛斯将之称为“诺斯替式知识或诺斯替式认识论”。因此，在帕帕多普洛斯看来，“荣格的不可知论式和认识论式的开放性与荣格自己的诺斯替主义交织在一起，其特点是他对自己的断言和一般理论的正确性拥有不可动摇的信念”。

具体到临床情境，这种“诺斯替式”认识论在荣格身上产生了一种与他的苏格拉底式开放性截然相反的态度。正如帕帕多普洛斯所说，荣格也以为接受他分析的人提供相当详尽的指导而著称，他会告诉被分析者具体做什么，为他们的人生提供指导。在他的通信中有很多人们向他寻求建议的例子（C. G. Jung：“Letter”，edited by G. Adler and Jaffé）。

在我看来，无论是对于荣格派学者还是荣格派分析师而言，认识和区分这两种对立的方法论是十分重要的。或许两种认识论都有自己的优点，但对我们而言，最重要的是在任何时候都能充分认识到我们在使用哪一种方法论。一方面，苏格拉底式的问话所具有的开放精神是最重要的：苏格拉底式的人物在某种程度上也被称为助产士，因为他能通过问话带来新生，即产生意识性的觉察，这是一种理所当然的坚定态度。另一方面，人们为了能够安全地立住脚，也需要某些信念。对于大多数早期的分析师而言，信念的支柱来自对荣格思想的完全认同。因此，尽管有很多内容需要再评估，但“荣格常说”已经成为认同荣格思想的合理表达。

无须再为书中的内容做过多的介绍，因为每一章的内容都是最好的诠释，每一位作者都不是在鹦鹉学舌般重复荣格的观点，而是进一步发展分析心理学的理论与实践，从而用自己的方式向荣格致敬。因此，对于想要系统地学习荣格心理学的读者而言，《荣格心理学手册》可以称得上一部及时、权威且无价的著作。

马里奥·亚考毕（Mario Jacoby）博士

苏黎世荣格学院和分析心理学国际学校讲师、训练分析师和督导师

前言

雷诺斯·K. 帕帕多普洛斯

在多位学者长期不懈的努力下，第一本《荣格心理学手册》终于面世了，这是智慧的结晶，每一位作者都展现出自己在分析工作中的敏感觉察和专注。虽然联合各个领域的杰出人物共同完成一部著作实属不易，但却十分值得，完成这部著作所遭遇到的困难和需要的时间远远超过我们原始计划时的想象。感谢所有作者的坚持、耐心和专业，他们为本书的成功出版付出了艰辛的努力。

作为一本荣格心理学的专著，它本质上最大的特点是充分地呈现出荣格心理学所有的层面，不仅包括理论和文化，还有结构。出于资金和地域的考虑，大多数作者来自英美，但是他们都是自己领域中的权威，因此我相信本书不会因此而失色。

除了本书的作者，还有很多人为本书的出版直接或间接地做出了巨大的贡献。我要特别感谢埃塞克斯大学精神分析研究中心（the Centre for Psychoanalytic Studies of the University of Essex）的同事们，他们是安德鲁·塞缪尔斯教授、卡尔·菲格里奥（Karl Figlio）教授、鲍勃·欣谢尔伍德（Bob Hinshelwood）教授、琼·拉斐尔-莱法德（Joan Raphael-Leffand）教授和罗德里克·梅因教授；还有我在塔维斯托克诊所（Tavistock Clinic）的同事们，他们是埃米莉亚·道林（Emilia Dowling）、朱迪思·贝尔（Judith Bell）和丽塔·哈里斯（Rita Harris）。非常感谢马里奥·亚考毕在百忙之中为本书作序。

感谢劳特利奇出版公司的凯特·霍斯（Kate Hawes，出版人）、尼古拉·雷文斯克罗夫特（Nicola Ravenscroft，制作编辑）、克莱尔·利普斯科姆（Claire Lipscomb，高级编辑助理）和凯瑟琳·格鲁迈特（Katharine Grummett，市场总监）为本书的出版提供的帮助和支持，特别是在最困难的时候。感谢版权编辑克里斯汀·弗思（Christine Firth）的贡献，还有丽莎·富蒂特（Lisa Footitt），她出色地编制了本书的索引。

感谢鲍比·怀特库姆（Bobbi Whitcombe）完美地编译了维蕾娜·卡斯特教授的章节。鲍比（在埃塞克斯大学获得荣格派与后荣格派研究的硕士学位）是一位心理动力取向治疗师、作家、教师和自由编辑。

没有诺埃尔·泰勒（Noel Taylor）的帮助，与计算机有关的事务（包括硬件和软件方面）都将无法完成，感谢他丰富的知识、高效和耐心。

感谢我的妻子妮娜（Nina）多年以来对我的工作一贯的支持、鼓励和关爱。

最后向我在埃塞克斯大学的好朋友们对我的支持致以衷心的谢意。

引言 1

雷诺斯·K. 帕帕多普洛斯

> 你对心灵理解得越多，你对术语的使用就会越谨慎，因为所有术语都被打上了历史的烙印和前见。你对心理学的基本问题研究得越深入，你就越喜欢带有哲学、宗教和道德前见的思想。因此，有些东西要用终极关怀来处理。
>
> (C. G. Jung 1935，*Complate Works* 17：par. 16)

1935 年，荣格在塔维斯托克诊所的系列讲座中对听众提出了如上的忠告。七十年之后，还是在这座诊所中，在我为本书写这篇引言的时候，虽然这些话年代已经久远，但我还是能够充分意识到它们在今天依然具有的重要性。

近些年来，荣格学派的活动在所有前线都取得了长足的进步，这些前线包括：出版——杂志、书籍和网站；文化、艺术和其他事件；学术课程和项目；机构、会议甚至是商业公司。而且，荣格学派的工作已经超越了原始的临床和文化环境，不断延伸到多个领域——从组织和人力资源管理到电影评论和难民干预项目。所有这些领域都产生了大量的文献资源等待消化、梳理、再研究和最终的解构。与此同时，还要不断地参考荣格的原著才能系统地进行比较和再评估。这确实是一项不小的工程。

开展这项工作的时机和条件都已经成熟，因为大量荣格派作品需要得到系统的梳理，以免它们最终因为过于庞大而失控；而且，荣格学派的学术研究产生的新现象也为进行这类研究提供了最好的条件。最重要的是荣
格学派（当然也包括后荣格学派）的研究在大学中已经取得可喜的成就， 2
而在此之前这些主要由临床分析师主导。荣格派学者不仅有充裕的时间、精力和设施确保对这些材料进行研究的学术性，而且具有得天独厚的条件使其免于分裂和派别之争的侵扰，而分裂和派别之争多年来一直困扰着分析心理学团体。

因此，对这些内容进行严谨的学术研究的时机已经到来，以便更新分析心理学，使其能够面对时代带来的新挑战。这项工程的一个最大特点是，它本质上是系统的研究，因为荣格学派的学术领域反映的就是荣格自

己的几乎全部工作，是一个自然的发展过程（并不是没有计划），既没有遵循特定的计划，也没有按照顺序诠释分析心理学引入的概念和过程。

荣格如实地指出术语都“被打上了历史的烙印和前见”，因此我们有必要停下来，不仅要重新检视荣格自己的著作，还要研究之后所有的荣格学派文献，这样我们才能够研究它们的历史“前见”，还有它们所受到的影响。荣格清晰地认识到理论的构思（和术语）都会带有“前见”，但正是概念化的过程构成了主观事物本身，即关于“基本问题”的“思想”本身就带有“哲学、宗教和道德前见”。实际上，荣格的告诫是在提醒临床工作者或学者在讨论任何一个概念或过程的有效性之前都要注意到这一点，这是对所有理论和技术所依赖的假设进行探索。荣格的观点在我们看来是很容易接受的，他认为如果没有基础研究，大量的假设不仅带有逻辑水平上的“前见”，也带有“宗教”和“道德”的前见，这不仅意味着理论的准确性或临床的有效性会丧失，也会带来一个我们对其来源和应用都一无所知的框架。如果不能充分认识到每一个概念的来龙去脉，我们将会盲目地误入歧途，最终要去面对的是难以预测的结果。

因此，对不断增加的荣格派作品进行定期的梳理是十分必要的，这本手册便是认识到这项工作的重要性的结果，编者衷心希望这本书能够为未来对荣格心理学核心主题的权威研究带来启发。尽管没有此类的作品能够给出确定的范围和内容，但作者们都在试图筛选出最新且最相关的主题，并尽最大可能地寻找一种全面且具有批判性的研究方法来论述它们。

3 这部手册的独特之处在于它对荣格作品中核心的概念进行了一次全面、系统又充分的梳理。这绝非单一的作者就能完成的任务，需要大量在荣格心理学领域对特定主题有深入研究的权威人物共同完成，这正是该手册的初衷，也是我为什么要从世界各地挑选当代最权威的荣格派学者和分析师共同完成这项工程。但很不幸，同时也难以避免，出于对翻译文本的可靠性和经济因素的考虑，我所邀请的大部分作者来自英语世界。

每一章的内容最初都会有一个标准的框架，从而确保每一个主题都能以相同的方式得到系统的论述。在此基础上，我鼓励作者们写出自己的风格，既尽可能地照顾到更多的读者，又避免行文过于简单。

每一章原始的标准框架主要包含以下内容：

- 每一章的作者都在荣格作品的框架内简要介绍相应的概念，并评估其重要性和整体的关联性。
- 系统地论述荣格在提出这一概念时的实际情况，包括按照时间顺序呈现其发展过程，以及描绘出荣格的修正过程。

- 清晰地界定每一个概念的意义和定义。
- 系统地概述其他作者对此概念的主要创新、批判和发展（包括荣格生前和去世后）。
- 指出此概念的当下状态和未来的发展趋势。
- 列出有关该主题的最新参考文献。

大多数的章节按照这个框架写作而成，但并非每一个主题都符合这个框架，有一部分章节并没有参照以上的顺序，而是遵从主题本身的结构。同时，本书的作者们在忠于荣格原著精神的基础上，又将他们的个性融入其中，因此章节之间的格式并不一致。我也不得不放弃保持所有章节篇幅一致的原始想法，允许章节形式的多样性。

手册是一门学科中特定概念的参考书，而这是荣格心理学领域的第一本手册。本书分为三大部分：理论、心理治疗和应用。不可否认的是，这三个部分并不能够涵盖所有的主题。尽管如此，分成三类在某种程度上还是有助于将大量的荣格派作品系统化，也提供了一个机会去批判性地论述 4
这种分类的适当性。克里斯蒂安·盖拉德在他的“艺术”一章中的开篇讨论的就是这一点。

本书的第一章讨论的是荣格的认识论和方法论，在某种程度上它可以被视为对荣格构思和建构自己作品的评论，因此也可以被视为手册的引言，其他章节都是将理论和临床的洞察有机地结合在一起对每一个主题进行阐释。每一章都是作者的原创，这不仅体现在他们对待材料的态度上，即绝不会对某些文章进行简单评论，也体现在他们所提出的新颖观点和创造性思想上。

但由于是由不同的作者共同创作的，书中的章节之间不可避免会有重叠和重复之处，它们并非彼此独立，而是相互交叉，因此将彼此重叠的部分降到最低也是作者的硬性任务之一。尽管相同的主题会出现在不同的章节中，但这会有利于读者观察它们的差异。由于每一位作者所掌握的知识都是有限的，很难照顾到每一个主题的方方面面，甚至有可能相互之间有重叠的地方。

最后希望这部手册能够成为学习荣格心理学的可靠参考书，同时也能促使以后定期地重新检视荣格派和后荣格派作品变成一种现实。

目录

第一篇 理论

第二篇 心理治疗

第三篇 应用

PART 1

第一篇

理论

第一章 7

荣格的认识论和方法论

雷诺斯·K. 帕帕多普洛斯

首先，在第一章让读者知道这部手册的性质十分重要，很有必要对这一点进行澄清，因为荣格的认识论和方法论鲜为人知。荣格的许多创新使他广为人知，但他的认识论专长却不为人知。大多数时候，这些贡献与他的理论内容（即他所引入的有关集体无意识和原型等的新理论思想）、他的心理治疗方法（例如，他提倡不要去否定症状，而是去探索症状的意义和价值），以及他的思想对更广泛的存在主义和文化考量的影响联系在一起。通常认识论和方法论并不是荣格涉及的领域，但这一章将提出，如果读者能够以某种角度阅读荣格的作品，就会领悟到其中的认识论和方法论，而且这些领悟在今天依然存在，不断地丰富在这些领域中的争论。

难点

我们如果要弄清楚荣格的方法论，会面临诸多难点。首先我们要面对的基本事实是荣格经常文笔不清，特别是在认识论和方法论方面，每当荣格论述这些问题的时候，他都是一掠而过，顾左右而言他。这就意味着他的认识论和方法论部分与他自己的理论和心理学交织在一起，因此需要专门对认识论和方法论的内容进行研究，才能对它们有清晰的认识。同时，这一点也和另一种状况有关，即荣格的写作语言很特别，不论是认识论专家还是大多数的荣格派心理学家，都很难看得出荣格作品中的认识论，前 8
者甚至不会在荣格的作品中寻找认识论，后者也只是关注荣格对心理治疗理论与实践的创新。

另一个难点是，揭示荣格的认识论和方法论似乎有悖于荣格强烈持有的有关自己作品本质的观点。荣格明确反对任何认为他的理论体系可以从他的整个心理学中分离出来的观点。更具体地说，他讨厌有人认为他的作品构成了任何“独立”的哲学命题，抽象、独特并独立于他的临床实践：“我创立的既不是一个体系也不是一个一般的理论，而仅是形成很多辅助的概念为我所用，这在每一个科学的分支中都是很常见的。”（Jung 1952a：par. 1507）

很明显，荣格认为理解他作品的两种视角是截然不同的。根据第一种视角，他的作品来自“经验”，建立在坚实的临床观察之上；而根据第二种视角，他的作品是哲学推理和抽象的集合，与实际的临床情境无关。荣格终其一生都为争取自己作品的合法地位而努力，坚定不移地否定第二种视角，尽一切可能向别人表达自己的第一种立场。但截然不同的视角带来两种困难：第一，根据第二种观点，任何哲学的内容都应该在荣格的作品中被摒弃，因为它们都是“哲学推测”，这就意味着任何和哲学有关的部分即使是积极的也不应该出现。由此所有认识论和方法论的内容都会受到哲学的污染，因而都被荣格拒之门外。第二，无论如何去理解，这两种截然不同的视角都不是绝对的。换而言之，任何对“经验性”“事实”的理解和（甚至是）呈现都不可避免地会涉及理论和哲学的假设。

这就意味着正是荣格对自己作品的认识（两种截然不同的视角）使他（包括后来的追随者）拒绝任何关于他的作品存在哲学倾向的可能。荣格特别反感将他的心理学著作哲学化，因此他竭力降低认识论在自己的著作中的比重。而且，似乎当荣格意识到认识论对他的思想框架产生影响时，他也只是将它们视为自己整体理论取向的内在组成部分（事实上也是如此），所以他从来不强调认识论的重要性。

9 因此，本章的主要目标是：首先，承认荣格的确拥有非常强的认识论上的敏感性和警觉性；其次，描绘出荣格作品中体现出认识论的部分，以及如何将认识论的内容发展成一个更加连贯一致的框架；再次，根据他职业生涯的不同阶段和理论框架与他自己的人生之间交互发展的构成，勾勒出他的认识论的发展过程；最后，将他对认识论的贡献所产生的影响置于更广的发展空间和今天的论战中进行检视。当然，将这么多的内容都放到一章中进行充分讨论是需要对目标结果进行压缩的。

关于认识论与方法论

在进一步探讨荣格的认识论和方法论之前，我们必须清楚认识论和方法论的含义。因为它们所包含的领域非常广泛，又拥有诸多技术性的定义，将对它们的理解限制在一个可操作的概念范围是有用的。

认识论指的是 episteme 的 logos。希腊词 logos 通常被翻译为研究、科学、学科、系统的调研和讨论。在希腊语中，episteme 的意思是知识，但不足为奇的是它有一个非常有趣的历史和广泛的含义。与其相对应的拉丁词 scientia，即知识，似乎并没有如此丰富的哲学背景。

从词源学上看，episteme 和动词 ephistemi 和 epistamai 有关，这两个词分别指的是“设定”（to set or place upon）和“知道如何”（to know how）。两个动词都指的是在其之上（epi），具有对某种活动进行“监视”（over-seeing）的含义。尽管在英语中它被理解成“立于之下”，但在希腊语中是“之上”。名词 episteme 的意思是“设立之物，例如坟墓之上设立的墓碑”（Liddell and Scott 1869：575）。因此，episteme 可以被理解成划定可观察和理解范围的行为。

古希腊哲学中对 episteme 意义的争论由来已久（主要是柏拉图和亚里士多德），这主要是和与它对立的部分 techne（通常被翻译为艺术、技艺或实践）有关。简而言之，总的趋势是把 episteme 理解为纯粹的理论知识，将 techne 理解为与实践与应用相联系的专门知识。换而言之，占主导地位的传统将 episteme 等同于理论知识，将 techne 等同于应用知识。这在某种程度上反映出大学和理工学院（希腊语中是 Pan-epistemeion 和 Poly-techneion）之间古老的分裂，这种截然的分离并不是一直有效的。例如，柏拉图继承了苏格拉底的观点，认为健康的知识（episteme）是医生的医学技艺（techne）（《查密迪斯篇》[前 165 年]）。换而言之，在苏格拉底看来， 10
应用知识和理论知识并不是相互排斥或对立的。

这个争论与荣格自己对知识和心理学与心理治疗中技艺的理解不无关系。例如，迈克尔·惠恩（Michael Whan 1987）指出，荣格式方法超越了 episteme 和 techne 之间的对立，并提出 phronesis 是形容荣格式方法最合适的术语。因此，对于惠恩而言，荣格式心理治疗并非要么立足于“理论知识”，要么立足于“技术知识”，而是觉察到他所称的“伦理意识”。事实上，伦理已经在心理健康服务中被提到主导方法论的推动力水平上，从一般范围（不仅和荣格式方法有关）上取代已知的 techne 和 episteme 之间的对立（Crowden 2003）。毋庸置疑，荣格会强烈地认同不能从认识论和技术论的角度将伦理的立场分开，事实上他在很多场合中都在强调这一点（例如，Jung 1949：par. 1412，1934a：par. 315；McFarland Solomon and

Twyman 2003；von Franz 1975）。

荣格取向语境中的 episteme 与 techne 之间的对立是在勾勒多种学科边界时所涉及的各种复杂问题，当然这些争论不仅仅局限于治疗的范围。事实上，在伦理的框架之外接受知识的问题是普遍存在的，并影响到人类活动的大多数领域。具有代表性的是，列维纳斯（Levinas）提出伦理至上，并认为没有任何知识可以摆脱伦理（例如，Bernasconi and Critchley 1989；Cohen 1986；Levinas 1984）。知识和伦理之间强烈又密切的联系使其在审慎地探索它们的边界时变得十分必要，这样它们之间的相互关系才能得到更好的理解。事实上，如果没有特别地去理解，很多危险的混淆和方法论的错误都会发生。例如，此时会变得非常明显：

> 完全只从心理学和病理学［而不考虑］心灵内部、人际和外部视角……［也不从］更广的政治、历史、社会、经济、伦理、精神和道德的维度去理解和处理政治暴力的后果时。
>
> （Papadopoulos 2005：46）

因此，我们通常会倾向于变得“混乱而且容易犯方法论和认识论的错误，最终会心理化政治世界又病理化人的痛苦”（Papadopoulos 2005：46）。

回到发展出一个关于认识论的可行意义上，大多数非专业词典对认识
11 论的定义是“知识的理论，特别指的是其方法和有效性”（《牛津英词词典》）。还有一些技术书籍将认识论定义为“对自然、环境和人类知识范围的哲学探索”（Sosa and Kim 2000b：ix）。本质上，方法论就是对我们如何学到知识的研究，其由理解/解释/知识构成。如果为本章的可行框架下一个更加一般的定义，那么认识论就是对我们所接受（思维/感觉）知识的系统研究，标记出已经观察和理解的范围。这就意味着认识论不仅关注那些使认识者知道的条件，也关注认识者与已知事物之间的交互作用，以及这种交互关系所发生的环境。

顺着对认识论定义的思路，那么方法论就是 methodos 的 logos。希腊语 methodos 是由 meta 和 odos 构成的。Meta 指的是之后（暗含发展之意），odos 指的是道路，即路径。因此，methodos 的字面意思就是“跟随其后”（Liddell and Scott 1869），即跟着一条路，沿着一条道。《牛津英语词典》把方法定义为“获得或取得某些东西的特定程序”，也是“思维或行为的规律”。因此，方法论（根据《牛津英语词典》）是“特定领域的方法系统”。由此，方法论指的就是一个人在特定的时间对认识论前提假设的应用。

在本章中，方法论指的是荣格使用自己认识论的特定方式，即他的特定方法论（有意识地或无意识地）引领他所使用的方法（也见 Dieckmann 1991；Penna 2004）。换而言之，认识论与他对知识和证据来源的假设有关，而方法论则与荣格在理论和实践中应用这些见解的方式有关。

荣格的认识论敏感性

在探索荣格特定的认识论立场和发展之前，首先建立和强调荣格具有特别锐利的认识论敏感性这一事实是比较恰当的。

这种敏感性和随之产生的方法论的最佳例子便是荣格论述《尤利西斯》的文章（Jung 1932a），这篇文章的全名是《“尤利西斯”：一篇独白》，实际上这也是荣格的独白，记录的是他对詹姆斯·乔伊斯小说的反应。荣格最初写的是他对这部小说的看法，后来逐渐被它激怒了。然后，他突然把自己的注意力转移到自己的愤怒上，并写道：“乔伊斯唤起了我病态的意志，作家不应该把读者强行带入自己的愚蠢中，但《尤利西斯》就是这么做的。”（Jung 1932a：par. 167）荣格在这里不再写关于阅读对象的内 12
容，而是观察自己和自己相应的反应。① 他继续写道：“像我本人这样的治疗师一直在练习治疗——甚至对自己。激怒意味着：你还未看到其背后的内容。因此我们必须跟随激怒我们的内容，检视我们在坏脾气下所发现的一切。”（Jung 1932a：par. 168）

尽管分析师在读到荣格这篇文章时会将之理解为荣格觉察到自己对乔伊斯小说的反移情，而且是很常见的事例，但实际上这也是荣格清晰地认识到自己方法论的例子，他是在试图回溯自己假设、知识和情感的来源。事实上，在心理治疗期间，反移情的过程只不过是认识论程序的一个例子。当治疗师尝试抓住并观察到自己的某些情感、思想，甚至是不论出于任何意图或目的讲给被分析者的话语时，分析师都是在进行认识论的追踪（当然，除此之外，还要注意很多其他的参数）。回溯一个人自己假设的起源和来龙去脉便是认识论程序的本质，也是反移情的内容。

由此而论，需要特别指出的是，尽管是弗洛伊德最先“发现”反移情现象（Freud 1910），但是荣格强调反移情在治疗过程中所起的积极作用（例如，Jung 1916/1948）。弗洛伊德在大部分的情况下认为反移情是一种

① 盖拉德（Christian Gaillard）教授在本书的第十四章从不同的背景也论述了这个不寻常的转变。

给分析师作为被分析者的纯粹观察者立场带来的不良干扰。相反，荣格认为反移情是分析师能够追踪在和被分析者的关系中自己思想、情感甚至是行动（言语和其他）来源的主要工具，根据这些原因，荣格建议说："必要条件（sine qua non）是分析师要接受分析，也就是所谓的受训分析。"（Jung：*Memories*，*Dream*，*Reflection*［*MDR*］，p. 154）荣格提出，正在接受训练的分析师应该接受个人分析（训练分析）并不是为了让他们变得完美和纯粹，而是为了学习如何从分析工作的过程中从他们自己的反应中学习；换而言之，荣格希望未来的分析师知道如何了解是什么让他们得到了解的。

这是荣格觉察到认识论的实例，而且它也显示出荣格是如何将这种觉察付诸实践的，也就是他的方法论。

在《"尤利西斯"：一篇独白》这篇文章中，荣格对认识论的觉察一直紧随着他对自己"知识"来源的系统探索。他不仅使自己保持激怒的状态，而且试图找出这种激怒对他的意义是什么。"激怒意味着：你还未看到其背后的内容。因此我们必须跟随激怒我们的内容，检视我们在坏脾气
13 下发现的一切。"（Jung 1932a：par. 168）一旦他意识到某种反应模式（即激怒）的存在，他便开始"通过对自己进行心理治疗"来观察自己。因此，治疗也几乎成为从方法论上追溯自己知识来源的同义词。

荣格对认识论保持警惕还可以从他对使用和滥用个案史的观点中看出。荣格敏锐地提醒道：

> 经验性的理智关注到的是个案史的细节，不由自主地会把自己的哲学前提假设输入材料的安排和判断中，甚至是输入明显的资料客观呈现中。
>
> （Jung 1935a：par. 548）

这句话非常重要，因为它反映出荣格觉察到所知者如何知道复杂性的水平。这里的哲学并非个人意识性地选择依附的抽象内容或学派思想。荣格在这里所讲的"哲学前提假设"指的是我们通过各种方式必然地组织和架构我们感知能力的认知过程，这些方式"不由自主地"创造某些前提和假设，给我们的理解打上烙印，使我们接受我们具有关于某些事物，如某个病人的知识。荣格强调这种架构过程至少发生在三个水平上——（个案）材料的"呈现""安排"和"判断"。尽管我们的判断很明显会受到自己某种"前提条件"的影响，但某些"哲学前提假设"即使在"明显的客观资料呈现中"也存在某种程度的无意识性干扰是比较不容易让人接受

的。通常，人们相信“事实”就是“事实”，当治疗师报告个案的“事实”时，人们一般会相信个案的报告（实质上）不会受到认识论前提的影响，而整个个案史的传统都建立在这种“客观性”之上。当时，荣格重点关注的是此类纯粹报告的“客观性”，觉察到这一点使荣格能够概括出认识论的过程：“如果隐秘的假设存在，那么最精确且最谨慎的工作的用处是什么？任何称得上科学的学科都要批判自己的假设。”（Jung 1935a：par. 548）这段话显示出荣格扩展了自己对认识论的觉察，这是在分析情境中的应用，他又用科学的方法概括出来，因此催生现在的认识论取向（参见 Bateson 1979；de Shaser 1982；Keeney 1983；Neil and Kniskern 1982；Selvini-Palazzoli et al. 1978；Watzlawick et al. 1974）。

这两个例子都显示出荣格对认识论重要程度的高度敏感性，不仅是在
心理治疗中，也在科学探索中。荣格并没有使用“认识论”这个词，但却 14
敏锐地阐述了认识论，这集中体现在他 1947 年的表述中，即“一切知识都
是在心灵系统的反应进入我们的意识时强加某种秩序的结果”（Jung 1947：
par. 362）。在他的生活和工作中，荣格都表现出对认识论过程的高度觉察。

荣格的认识论发展概述

早期的作品和工作

在与弗洛伊德进行专业合作的早期（1906 年 12 月 29 日），荣格在一封给他的信中写道，他感觉有必要讲出他们的不同之处，并找到他们在“面对面时未看到的”（McGuire 1974：14）五个要点。第一点是荣格所面对的是不同的临床“材料”（“我所面对的是……那些没有接受过教育的精神病人……他们患有早发性痴呆”，荣格并没有直接在信中指出这与弗洛伊德在维也纳所面对的受过良好教育的精英个案完全相反，但他还是很隐晦地讲出了这一点）。第三点是他们经历的不同（荣格比弗洛伊德小 19 岁）。第四点是“精神分析的天赋”，荣格认为弗洛伊德在“质和量两个水平上都”比较优秀。而第五点，荣格指出的是他并没有直接师从弗洛伊德开展训练又缺乏与老师的联系所产生的“缺陷”。但值得我们注意的是第二点，荣格警示性又强烈地直接指出：“我的成长经历、我的环境以及我的科学前提都与你的完全不同。”（McGuire 1974：14）

荣格并没有详细论述他所讲的第二点（这封信和接下来的信中都没有），而且弗洛伊德在新年当天（1907 年 1 月 1 日）的回信中也没有谈到

荣格所讲的差异，反而写道："我希望你……不要偏离我太远，如果你真的想靠近我的话。"（McGuire 1974：18）换而言之，弗洛伊德无意考虑他们之间的差异，特别是在弗洛伊德还在想在专业和个人水平上强化他们之间的亲密感的时候。总之，这是比较关键的时期，他们要一起努力协作建立精神分析并使其合法化。因此，就像荣格清晰表述的一样，他和弗洛伊德都没有追随这些差异。

荣格所讲的这些差异是什么意思？他为什么如此肯定他与弗洛伊德是"完全不同"而不只是"不同"？最后，荣格在这里说所的"科学前提"是什么意思？

为了回答这些问题，我们必须想到荣格当时的生活和工作。荣格在瑞士的伯格霍茨利（Burghölzli）医院工作，他完成的主要作品是自己的博士
15 论文和早期在饶芬吉亚（Zofingia）的讲座；此时，他也已经写完大部分关于传统精神病学问题的作品，发表了第一篇精神分析论文（为了支持弗洛伊德的癔症理论）。在伯格霍茨利医院工作期间，荣格在完成自己的精神科工作之外，还开创性地使用字词联想测验对精神分裂症进行研究。

荣格如此强调自己与弗洛伊德的差异（在他们见面之前），这显示出他对自己身份的强烈认同，不仅仅是在专业水平上，也在他自己建立的科学研究的地位上。那么，这种地位是什么，其和荣格对认识论的敏感性又是如何联系在一起的？

饶芬吉亚讲座

荣格还在大学读书的时候，他作为饶芬吉亚学生会的一员，共做了五次讲座（1896－1899）。在这些讲座中，荣格主要讲的主题有科学、心理学、宗教以及科学研究的本质，皆是从一个充满思想和哲学的维度来讲。这些讲座显示出他对认识论和方法论问题的理解深度，并为研究者描绘荣格早期的哲学和科学前提提供一个独特的机会。他在这时候发展出来的态度和他后期成为成熟的思想家之后所持有的态度高度相似，因此有些学者甚至认为荣格在这些讲座中表现出的"哲学态度"一直到生命结束都没有太大的改变（Nagy 1991：12）。但这样的观点略显牵强，因为它忽略了荣格在发展自己思想的过程中所做的重要区分。不过，从哲学的立场上看，这个观点也是准确的，因为这些讲座已经成为荣格整体哲学立场的基础。以下主要阐述荣格在这些讲座中发展出的一些（与本章内容有关的）基本前提。

第一，在描绘"精确科学的边界区域"时，荣格同时反对两种立场，

即“当代批判唯物主义的观点”（1896－1899：par. 63）以及主张在二者之间需要第三种形而上学的立场。同时，他认为生机论是第三种可能。根据生机论的观点，生命是一种充满生机的原则，与物理和化学的纯粹物质世界截然不同，尽管它们之间存在联系。荣格一生都拒绝机械化的科学取向和盲目的宗教取向，同时又一直在努力发展第三种原则。他早期支持的生机论逐渐被后来其他的理论取代，这些理论从未和最初的假设相冲突。但是，它们都同属于一种立场，都在这些讲座中第一次被提出来——强调心理学作为一个独立领域的首要地位，而不是作为机械唯物主义或抽象形而上学的产物。

> 身体现象已经得到研究，并深入每一个细节。形而上学的想象实际上就是一部合起来的书。很明显，对这些属性的研究非常重要，而非那些我们已经熟悉很久的内容。 16
>
> （Jung 1896－1899：par. 65）

第二，与上一个主题有关，荣格强调个人经验和“还原性的科学方法”（par. 175）之间的对立。

> 哲学唯一的真正基础是我们对自己和我们周围世界的体验。每一个将我们的经验转化为抽象概念的先验结构都必然让我们得到错误的结论。［而且］我们的哲学应该在真正经验的基础上……推理未知的内容，而非根据外在世界推理内在的世界，或者只根据内在的世界否定外在的现实。
>
> （par. 175）

这些内容都显示出荣格在拒绝心理化世界或只从外在的因素赋予意义时所表现出的清晰的认识论态度。这种清晰的描述是荣格后期认识论的另一个特点。

第三，在第二点的语境中，荣格一直强调自己的“经验主义”取向，这是他后期认识论的另一个特点。“所有哲学都必须以经验主义为基础。”（par. 175）他公开承认自己研究的经验主义本质以及心理层面具有首要的地位，这造成了许多困惑。对于荣格而言，这些立场并不矛盾。“经验主义心理学首要关注的是为理性心理学提供事实的证据支持。”（par. 114）

> 新的经验主义心理学为我们提供旨在拓展我们的有机生命知识以及深化我们对世界认识的理想资料……我们的身体由物质构成，我们的灵魂凝视上空，它们共同构成一个单一的生命有机体……人生活在

肉体和灵魂这两个世界的边界处。

(par. 142)

在荣格的晚年，这种对看似相互对立方法的双重强调似乎是他将自己视为“经验主义者”和“现象学者”的形式（参见 Brooke 1991）。

荣格在饶芬吉亚讲座中第一次提出的第四个认识论概念是目的论。
17 这是荣格最重要的方法论取向之一，他在这些讲座中（反常地）将其与因果性联系在一起。荣格将这种联系理解为人都是受探索事物原因的驱力驱使的，他甚至将此看作“因果本能”。这种本能必然“会把我们，即先验，从所有的外在带到超越性原因的内在”（par. 224）。这是因为“因果链是无尽的”（par. 197），一旦人开始探寻原因，最终就会去寻找可见又是外部事物之外的模式。而实际上，这种探索不仅仅是寻找事物的原因，同时也是秩序、目的以及最终的意义（von Franz 1983：xx）。“因果思维需要的满足便是真理。”（par. 171）在因果性之后有一个客观的目的：

激进的主观主义者，即那些认为世界是幻觉以及多样性仅是光彩夺目的虚无的表现之人，否定任何客观的目的。也就是说，他们不承认在人之外存在任何目的论，反而认为是我们通过大脑向世界投射了大自然的目的性。

(par. 175)

这就意味着在荣格科学生涯的早期，他都将目的论置于中心的地位，不仅将其与人类的动机和寻求联系在一起，也在整体上将之视为一般的自然原则。

对于荣格的饶芬吉亚讲座，最后一点需要指出的是他十分重视道德。沿着康德将道德置于首要地位的脉络，荣格认为科学和机械论会“毒害道德”（par. 137），并指出“不是通过伦理的渠道获得的真理都没有存在的道德权利”（par. 138）。荣格的强烈感受反映在他用来施加自己观点的强调语言中，他甚至“通过将道德强加于科学来倡导‘上述革命’……毕竟科学家们毫不犹豫地将他们的怀疑主义和道德无根据地强加于世界之上”（par. 138）。荣格在讲座中形成的强烈认识论基础一直持续到生命的结束。荣格一生都坚持认为没有任何知识可以凌驾于伦理之上，这与他在早期对认识论的伦理所进行的讨论有关。

博士论文

众所周知，荣格的博士论文是对一位 15 岁女孩（他使用 S. W. 代替她）的观察记录和分析，她是一位灵媒，经常举行降神会。实际上，这个女孩的名字叫海伦（“海丽”）·普莱斯维克（Helene Preiswerk），是荣格 18
的表亲。荣格在很长一段时间内都是作为参与者对海伦降神活动的内容以及她从一位不稳定的小女孩长大成为一个成熟稳定女性的整体过程进行研究。从认识论的角度看，荣格博士论文的主要特征有以下四点。

第一，这是荣格首次在专业的环境中尝试寻找外在言语表达背后的意义，他（在论文中）关注的是灵媒在特定的环境和氛围中所讲语言之外的部分以及这些语言对她的意义。他虽然表面上不接受她所声称的与神灵的交流，但却试图在海伦自身发展的背景下寻找它们对于她的意义。例如，他发现与她对话的某些神灵并不重要且肤浅，但荣格将之理解为海伦需要和她幼稚的部分建立联系，而这些内容并没太多的机会得到实现。随后，他指出海伦的主要“引导神灵”变成了另一个严肃、成熟又虔诚的人，并将之理解为海伦需要和她正在形成的理想人格建立联系。所有这些都显示出荣格不会被困在现象所表达的语言中，而是寻找语言对于这个人的意义。

第二点和上一点密切相关，这就是荣格将心理因素置于首要位置。简而言之，荣格并不在意神灵是否存在，而是关注其心理意义以及海伦自己相信她与神灵交流这一事实的启示。因此，这种取向后来成为荣格方法论的一个主要特征。荣格一生都在强调他所关注的是自己正在研究的现象的心理意义，并非现象的本质，他始终认为自己并没有违反现象本身。在清晰详尽地阐述自己的心理学视角和现象的意义时，荣格允许自己进入任何一个领域，并探索它们的心理学应用。在他的职业生涯后期，荣格使用同样的认识论取向研究各种名义下的现象，如“精神错乱”“宗教”“政治”“艺术”等。这里，即在他的博士论文中，荣格尊重他正在研究的现象的本质（即唯灵论），他所感兴趣的只是它对海伦的心理影响。

第三点或许是荣格最重要的理论创新，也具有巨大的理论价值，他认为海伦与“神灵”的交流具有目的论的功能（Haule 1984；Papadopoulos 1980）。在海伦的灵媒生涯中，她不断与不同的“神灵”接触，其中有一个最重要的“神灵”，她将之称为“依维内斯”（Ivenes）。荣格认为依维内斯是一位“严肃”又“成熟的人”。荣格观察到，在与依维内斯建立连接 19
时，海伦“能够预测自己的未来，并在依维内斯身上体现出她在二十年后希望成为的样子——有信心、智慧、典雅又虔诚的女士”（Jung 1902：par. 116）。对于海伦而言，依维内斯意味着帕帕多普洛斯（Papadopoulos 1980，1984）所称的“预言性整体他者”（Anticipated Whole Other），换而言之，这是她的另一个人格，能预测出她自己的完满性。这里重要的一点是，荣格没有仅仅从病理学的意义上去看待和理解心理现象，他也认识到心理功能（甚至包括病理症状）具有某些目的论的功能，它们指向人的发展的目的和目标。目的论一直是荣格认识论取向最具特色的元素。

最后一点，荣格在博士论文中引入自己独特的参与性观察的方法，这种方法后来成为他颇具特色的方法论取向。同样，荣格加入海伦的降神会中，既是参与者，又是观察者，他后来在自己的心理治疗实践中以及其他的科学研究中都使用这种方法。这就意味着他一直十分重视经验和与别人的互动中所产生的知识，现代系统方法论者将之称为知识的“共建构”（例如，Coulter 1995；Fulford et al. 2003；Gergen and Davis 1985；Gergen and Gergen 2003；Glaser and Strauss 1967；Hermans and Hermans-Jansen 1995；Sarbin 1986；Young 1997）。

伯格霍茨利

荣格在伯格霍茨利精神病院工作期间（1900—1909），这个著名的机构已经成为学科的前沿研究中心。在“精神分裂症”概念的提出者尤金·布洛伊勒教授的带领下，由国际临床医生和研究者组成的优秀团队从学术和临床的角度同时对精神病的状态进行研究。我们首先来看荣格在这段时期以及他接下来的精神心理治疗实践中主要的认识论特征。

延续他在博士论文中的态度，荣格主要关注的一点就是寻找病人言语表达的意义。他并不认为因为这些内容是出自精神病人之口，病人所讲的内容就是无意义的；荣格不会将他们所讲的话视为胡言乱语。相反，荣格深入探索寻找它们独特的意义。即使面对那些慢性病人，他们处于“完全疯狂的状态，讲出最疯狂、完全没有任何意义的内容”（*MDR*，p. 147），荣格也要在他们所讲的内容中寻找意义，“而它们至今还依然被认为没有意义”（*MDR*，p. 147）。例如，有一个病人经常感叹“我是苏格拉底的代
20 理人”，而荣格（通过细致调查他的人格和环境）发现，她“想表达的是‘我像苏格拉底一样受到不公正的指控’”（*MDR*，p. 147）。有时候，荣格通过主动地寻找语言的意义，进而能够促进明显的主动改变，甚至“治愈”他们。就像有一位精神分裂的老妇人，她经常听到一个声音，她认为这是“上帝的声音”，荣格告诉她“我们必须信赖那个声音”（*MDR*，p. 148）。通过某种方式与她连接不仅带来确认感，而且使她那无意义的“疯狂”话语具有了某些意义，荣格能在对她的治疗中取得“意料之外的成功”（*MDR*，p. 148）。

重要的是要承认，强调意义并不是荣格的发明，而是布洛伊勒倡导的整个风气和取向的一部分。布里尔（A. A. Brill，美国精神分析师，伯格霍茨利研究小组成员）指出，当时这里的精神科医生“感兴趣的不是病人所讲的内容，而是他们意味着什么”（Brill 1946：12）。这并不是抹除荣格的贡献，而是说它提供了一种氛围。他能够将这种哲学和自己的取向联系在一起，最重要的是进一步发展它，使它成为自己独有的认识论立场。

字词联想测验

通过在伯格霍茨利应用字词联想测验，很多重要的创新得以出现。尽管“情结”这一概念被认为是最重要的，但还有很多重要的认识论元素也在这项工作中涌现了出来，为荣格形成自己的概念而成为知名人物做出了巨大的贡献。

最初，实际上字词联想测验（Word Association Test，WAT）的基础是“联想主义”心理学派的思想，其也可以被视为一种知识理论。准确地说，联想主义的核心是我们的精神活动是以联想为基础的，即我们的知识和对事物的认识都是我们所具有的各种联想相互结合的产物，而这些联想所基于的元素则源自我们的感官体验。自古以来，哲学家们都在不断地发展和更新不同的联想理论和法则，从柏拉图到亚里士多德，再到现代的思想家和心理学家们。在心理学中，联想主义由哈特莱（1705—1757）、高尔顿（1822—1911）和冯特（1832—1920）引入。尽管高尔顿和冯特只是把字词联想当作认知功能研究领域的一个构成部分，但克雷佩林（1856—1926），这位伯格霍茨利医院的早期主管却发展出真正的字词联想测验，荣格最终被（布洛伊勒）任命为使用这种工具进行研究的负责人。他们不仅使用字词联想测验进行理论研究，而且将其应用到异常心理学中；他们 21
对理解“精神分裂”心理机制非常感兴趣。布洛伊勒的主要贡献是引入新的术语（“精神分裂症”）取代以前的名词“早发性痴呆”，即这种状态并不会导致某种“早衰”，而是与病人的人格和功能的实际分裂有关。实际上，字词联想测验被用来研究精神分裂症病人发展自己感知和知识的方式，从而描绘出“分裂人格”行使功能的方式。病人对刺激词的反应被分为不同的类别（语义的、语音的、句法的和语法的）进行分析，根据实验可以确定内在的分类。这是通过辨别各种主题来发现的，这些主题在他们的反应主体中形成了连贯的整体。更具体地说，荣格在反应中发现某些想法和思维的群集带有某种程度的情绪释放，从而形成不同的实体，他将之称为“情结”（complexes）。这个词并不是荣格的发明，他只是给出一个特别的研究定义：“一种充满情绪的思想情结在一个人身上变得如此重要，并且具有如此深远的影响，以至于它形成了大量的集聚体……所有这些都指向这一思想情结。”（Jung and Riklin 1904：82）但这样的一个核心——自己能够独立产生对事物的感知和认识——实际上代表一个人内部的另一个“头脑”。如荣格之后所写：

> 因此，我们证实将情结视为某种微小的次级心理是正确的，其刻意（尽管意识并不知道）驱动某些意图，而这些意图和个体意识性的意图是相反的。
>
> （Jung 1911：par. 1352）

所以，从方法论的角度看，荣格的情结理论使他能够理解认识主体并不是一个统一的实体，而是被各式各样的情结所控制。因此，情结按照自己形成的不同主题创造出一个分裂的认识主体。这意味着通过抓住心灵分离的本质（Papadopoulos 1980），荣格就能够根本上增加他自己理解人性的方法论的复杂性。

“我的科学前提……”

我们现在回到上文所提的问题上，这个问题与荣格认为自己和弗洛伊德存在差异有关。我们记得，荣格在1906年末写给他的老友的信中指出他们有三个不同点：他们的“成长经历”“环境”和“科学前提”。根据他们
22 各自的著作，荣格所说的“科学前提”指的是他们各自界定的研究对象和实施研究的特定方式，即他们的认识论和方法论。更具体地讲，荣格所说的“科学前提”应该指的是他们回答以下问题的方式：他们研究的证据是由什么构成的？他们如何知道自己已经了解某些事物？他们如何建构认识主体？

最初，读者会感到困惑，因为荣格在与弗洛伊德发展出亲密的友谊和合作关系之前（至1906年底），他写到自己的“科学前提”时就透露出：他很确信自己已经形成这样的“科学前提”，而且他认为这些和弗洛伊德的是不同的。不过，读者如果读到荣格到1906年底所取得的成就以及他建立的认识论和方法论立场，就不会再感到困惑了。尽管他们仅在那一年（1906年）开始通信，直到数月之后（1907年2月）才第一次见到对方，荣格在信中（1906年12月）还是明确地表示他很确信他们之间的“科学前提”是不同的。简而言之，荣格认为的主要差异有以下几点：

1. 荣格认识到分析理论和实践中认识论和方法论（即“科学前提”）之间的关系。
2. 荣格在遇到弗洛伊德之前就已经意识到这一点，因此他才没有和弗洛伊德的精神分析直接地联系在一起。
3. 通常人们认为他们之间的专业关系，即荣格最初是弗洛伊德的信徒是不准确的，而且也得不到本章证据的支持，尽管荣格和弗洛伊德的关系源于此，并因此持续。这意味着他们对事件的描述肯定是基于其他原因，或许是心理原因，这些原因和他们私人关系的动态有关。（Papadopoulos 1980，1984）

因此，通过对这些观察的分析，读者很难接受荣格在自己的自传中提及自己与弗洛伊德的分裂所做的戏剧性评价的准确性：

> 当我离开弗洛伊德的时候，我知道自己正在被拖入未知的世界。毕竟，在弗洛伊德之外，我一无所知；但我已经步入黑暗。
>
> （*MDR*，p. 225）

这些有点过头的词“未知的世界”“一无所知”和“黑暗”并不等同 23
于荣格甚至在遇到弗洛伊德之前就已经建立清晰的认识论立场，而且它们违背了他在 1906 年 12 月的信中简洁明了的立场。因此，这些词看起来令人迷惑，特别是如果我们考虑到他之后的作品（1906 年以后）并没有严重偏离这些认识论立场。在接下来的几年中，事实上荣格推动了很多非常重要的理论的发展，但都建立在自己基本的认识论和方法论的基础上，荣格并没有偏离自己在 1906 年之前打下的基础。但荣格为什么要给出这样一个错误的描述呢，在将近半个世纪之后依然用绝对的语调将其写出来？他为什么一直保持这个神话？除了心理原因之外（其可能非常强大而且影响深远），荣格一直保留着这种信念还可能是因为它是基于一些部分事实，或者至少是一些矛盾的东西。

理解这个难题的一种方式是接受荣格过头的词语，他在与弗洛伊德分裂之后声称自己完全无知，或许指的是荣格从另外一个角度审视自己的作品：这意味着（Papodopoulos 1980，1984）荣格在与弗洛伊德合作的期间（荣格的“精神分析时期”）和他与弗洛伊德分裂（1913 年）之后，他的认识论和他自己的实际理论之间存在着巨大的脱节。只有在后来与弗洛伊德分裂之后荣格才能够发展出更加接近自己已经建立好的认识论的理论，这就意味着荣格的认识论先于自己的理论出现。更加具体地说，在他与弗洛伊德合作的期间，荣格在很大程度上过分投入地接受并采纳弗洛伊德精神分析的理论，将之等同于自己的，尽管他对其感到并不满意。他的认识论和弗洛伊德的精神分析之间的结合并不理想。荣格对此感到很不舒服，最终与弗洛伊德分道扬镳，逐渐发展出自己的语言，使之更加符合自己已有的“倾向”和认识论立场。

因此，荣格在 1906 年的信中的描述与他离开弗洛伊德之后对“黑暗”的绝对评价（在自传中）之间不一致源自他的认识论（即他整体的“科学假设”，形成他的取向的基础，实际上也是他在理论和实践维度上如何开展工作的“自然”“倾向”）和他的“官方”理论立场（指的是他专业上支持和认可的内容）之间的差异。一旦这种差异形成，他在 1906 年的信中（明确表达自己的立场，而且指出自己的立场和弗洛伊德的不同）与他在自己的自传中所写的内容（在弗洛伊德之外，他一无所知）自相矛盾就可
24 以理解了。换而言之，荣格在自己的自传中并没有告诉读者真相，即他指的是自己明确的理论构思是他的专业立场，而他在 1906 年所指的是自己的认识论。

荣格的“官方理论语言”和他自己个人的“倾向”之间的差异也可以从另一个角度来对比（Papadopoulos 1980，1984，2002），在这里，荣格的“倾向”能得到更加细致的梳理。更加具体地说，在这些研究中，荣格的官方语言被理解成他的专业“人格面具”所带来的结果，他认为维护人格面具是非常重要的；而且（与之相反），荣格对他的研究有另一种视角，那就是他的认识论倾向，以及另一个驱动他的理论和专业发展的问题。这种视角（他的认识论）涉及他的“他者问题”，指的是他对心灵解离性的强烈兴趣，即对一个人的人格中各种形式的“他者”活跃的方式和“他者”之间相互连接的方式，以及这些“他者”与人格主体、外在世界和更广泛的集体结构之间的关系的强烈兴趣（Papadopoulos 1980，1984，2002）。实际上，前两个研究（Papadopoulos 1980，1984）

> 提出了一种阅读荣格的全新视角，主要是基于以下假设，即如果将之视为荣格是在循序渐进地形成自己对他者的理解，那么荣格的作品将会得到更加完整的理解。
>
> （Papadopoulos 2002：170）

由此，可以认为荣格的理论发展建立在对他者循序渐进理解的基础之上，

> 从万物有灵的外在他者客体［童年期的客体，例如他“自己”的火、他“自己”的石头、他“自己”的鹅卵石和雕刻的侏儒］到一种相当不成熟、整体内在的他者（第二人格），接着从心灵内部的个体功能（情结）到更具集体性的架构原则（象征）。将他者视为原型代表着荣格理论探索的顶峰，因为他给出的是一个架构原则，与更加广泛的文化和社会维度相连接。这种重构代表着内在与外在、特别/个体和一般/集体、个人/心灵内部和社会/象征之间的辩证关系。
>
> （Papadopoulos 2002：170）

这种取向不仅为“阅读”荣格提供一个新的视角，将他个人的生命与他自己对专业的兴趣和职业投入在他那个时代的更广泛思想争论中几乎是无缝地结合在一起，而且为理解荣格认识论的灵活性打下基础。换而言 25
之，理解荣格“他者问题”本质的最好方式是视其为理解认识主体动态的基础，即视其为认识论。通过深入仔细分析使一个人到达认识位置的各种结构和论述，荣格实际上发展出的是一种认识论立场。这就意味着当荣格提到自己的“科学前提”时，他所指的就是自己的认识论“倾向”和“他者问题”，他在见到弗洛伊德并投身弗洛伊德的精神分析理论之前已经对二者有了一定的研究。而且，荣格最初被弗洛伊德吸引正是因为他假设弗洛伊德和他有共同的疑问，即他们的认识论前提是一致的。从认识论的角度看，这就是荣格愿意加入精神分析运动的原因，他希望能够为自己的认识论倾向找到一个适合的理论语言。但当他意识到这并没有出现的时候，他便离开弗洛伊德，并探索发展自己的心理学，从而使其更加符合自己已经发展良好的认识论。

对荣格的认识论（更加基本的）和他的理论结构（在后期发展的）差异的明确为理解随后引入的“在弗洛伊德之前的荣格”（参见 Taylor 1998；Shamdasani 2003）这一短语提供了一种思路。

尽管（荣格的认识论和其理论主体之间的）这种差异解开了荣格在 1906 年的信中和他的自传中存在不一致的困惑，但还有些内容并不清晰。为什么荣格没有充分认识到这种差异？一方面，他很清楚自己认识论的重要性，但另一方面他对此似乎很矛盾。这可能是因为荣格害怕他过于强调自己理论的认识论本质，他可能会被视为一个哲学家，而因此失去一个严肃“科学家”的位置，而他希望自己被视为科学心理学家，从而为自己的工作赢得尊重。另一种可能就是荣格或许已经默认自己的认识论，因此几乎所有的“倾向”和自己理论工作的主体都是不同的（并且没有后者重要）。从这个角度看，荣格并不认为自己的认识论本身具有重要意义，而是仅仅是一种独立的贡献。当然，在那时，并不存在明确的心理治疗认识论领域协助他理解自己立场的重要性。

最后，我们再回到 1906 年 12 月的信上，如果将荣格所说的“成长经历”“环境”和“科学前提”三个差异放在一起进行理解，就会发现，尽
26 管当时他很年轻，但他已经意识到“科学前提”并非和个人自己的历史（“成长经历”）以及更大范围的集体背景（“环境”）没有关系。这是荣格一生所保留着的另一个重要的洞察：一个人的认识论并不是抽象的理论建构，而是植根于个体和集体现实之中。

后期的作品和工作

尽管荣格的基本认识论立场在 1906 年之前就已经建立，但还有一些额外的洞察为他的心理学终极认识论模型的发展起到重要的作用，主要包括：

- 知识的集体维度。
- 目的论：正在形成之知识。
- 原型目的论的认识论。

知识的集体维度

在他与弗洛伊德一同前往美国访问时所做的讲座中，荣格在克拉克大学（马萨诸塞州，伍斯特）的一次报告上再次提到他和自己的学生艾玛·福斯特（Emma Fürst）博士的一项研究。他在两年前已经发表过一篇相关的论文（Jung 1907），他又在四分之一多个世纪后的塔维斯托克讲座中提到这些内容（Jung 1935b）。这项研究为荣格理解自己最重要的认识论洞察之一提供了线索。

这项研究的题目是《家庭集聚体》，被收录在《荣格全集》中，主要论述的是字词联想测验的应用。荣格和福斯特对 24 个家庭中的所有成员实施了字词联想测验。他们根据已有的“逻辑语言标准”对所获得的反应进行分析（Jung 1909：par. 1000），而且荣格在此之前已经对这些标准进行过调整（Jung and Riklin 1904）。结果显示家庭成员反应模式的差异并不是随机的，而是具有一定的规律性和可预测性；在统计上，家庭中某些成员之间的反应模式具有相似性。具体而言，结果显示，儿童的反应与其母亲的联想更为相似，而非父亲的，母亲的联想与女儿的更为相似，而非儿子的。

> 如果将不同家庭成员对相似词的简单重复［并不一定是这样的结

> 果］理解成每一个家庭内部既定的习惯或文化所致，那么这些结果会 27
> 更有意义。
>
> （Papadopoulos 1996：131）

如荣格所言，“女儿和母亲的思维方式具有一致性，不仅表现在想法上，而且表现在表达形式上”（Jung 1909：par. 1005）。实际上，更重要的并非共同的“表达形式”，这可能是学习的结果，而是同一家庭的某些成员拥有相同的“思维方式”。这意味着这些研究结果需要得到进一步的检视。

“逻辑语言标准”的反应类别主要分为“动词与主语之间的关系”“定义”“对比”“简单的谓语”“表示个人判断的谓语”等组。换而言之，这些标准并非针对表面的相似之处；结果显示的是每一个被试对定义它的刺激词做出反应的频率，或者它的对比度，等等。这就意味着结果呈现的是每个人感知和构造外界刺激的倾向以及他们如何在逻辑和语言上建构自己的感知。这些都不具有重复性；它们都是根深蒂固的机制，是一个人独特的认知建构方式。实际上，这项研究表明，家庭内部必须有某些形式的“组织结构，这些结构是共同分享的”（Papadopoulos 1996：130）。这些“集体的无意识结构”影响着家庭成员架构自己的感知、知识、关系和一般心理现实的方式。这些组织结构“被称为意义的集体结构（Collective Structures of Meaning，CSM）。当然，这种意义并不是给定的，而是内在固有和潜在的”（Papadopoulos 1996：136）。

荣格不厌其烦地解释他们的研究发现。在他 1909 年的论文中，他很明显对他们的探究结果很困惑，他

> 不能为这些现象给出任何合理的解释。相反，他难以为它们找到合适的精神分析语言，并把它们归因于“婴儿时期集聚起来的情绪环境”所带来的“决定性影响”（Jung 1909：par. 1009）。
>
> （Papadopoulos 1996：131）

在这个研究的基础上，荣格觉得要理所当然地承认“家庭背景对［儿童］命运的决定性影响”（Jung 1909：par. 1009），但那时候，他还停留在精神分析的理论框架内，仅将“背景”理解为“婴儿时期集聚起来的情绪环境”（Jung 1909：par. 1009）。换而言之，荣格只能够将这些研究中的发
现和他自己现有的精神分析理论相匹配，但他一定对这种潜在的精神分析 28
式“因果-还原式”认识论感到怪异。如前文所述，荣格已经拥有一套完

备的目的论式认识论。

这就意味着家庭字词联想测验的研究已经揭示出荣格自己潜在的认识论和他“官方”的理论立场之间的不同应用；后者依然在弗洛伊德的精神分析模型之内，因此难以完全阐明这些发现。更具体地说，根据弗洛伊德的精神分析，人们之间的无意识互动是基于一个人将无意识的材料投射到另一个人身上，没有研究所呈现的“共同的”无意识结构。而且，因果-还原式地诠释研究结果明显不能令人信服，荣格在论文的末尾也承认自己理论（即精神分析理论）的局限性并认为“我们离一般的认知和规律还很远”，而且，最不寻常的是，他像一个天真又充满热情的初学者一样，对精神分析的优点大加赞赏：“只有精神分析，如弗洛伊德教授于 1909 年在我们的《年鉴》（*Jahrbuch*）上发表的精神分析，才能帮助我们走出这种困境。”（Jung 1909：par. 1014）

这些发现的意义非常重大，因为“通过发现……家庭中夫妇之间逻辑-语言的架构模式，荣格实际上才找到家庭中心灵内部的相互连接以及家庭中各式各样的小组织和小系统”（Papadopoulos 1996：131）。从认识论的立场上看，荣格在家庭字词联想测验研究中偶然的发现实际上显示出认识主体并不是一个独立的存在，完全只根据自己的体验形成自我认识。而且，潜在的认识至少还有两个来源：第一是经验的交互和关系模式，包括家庭互动，以及同一个家庭中和更广泛的社会环境中（包括荣格所讲的“情绪环境”）成员之间无意识相互投射的网络；第二是“共同的无意识结构”，这些不是由一个人投射到另一个身上的结构，而是影响家庭中的某些亚群的结构。这些必须是“集体”性质的结构，有助于一个人的感觉创造和知识形成。

（1909 年的）这篇文章显示出荣格几乎是偶然发现“共同的无意识结构”现象的，后来他将之命名为“集体无意识”。当时，这些现象暴露出他理论的局限以及他自己的认识论和理论之间的差距。不过，如上所述，虽然

> 荣格没有继续这项研究，也没有再对家庭做实验（包括临床上和理论上），但是我们也不能认为他在生命的这个阶段所观察到的现象已经
> 29 离他而去，相反，它们［必然］赋予他寻找能更好理解这些现象的任务。荣格接下来便是朝这个方向努力，从而形成一个将心灵内部和集体的世界有意义地交织在一起的视角。
>
> （Papadopoulos 1996：131－132）

这些发现的意义不仅限于荣格的方法论；通过识别出家庭中共同的无意识结构，荣格也可以被视为现代家庭治疗的先驱之一（Garnett 1993；Papadopoulos 1996；Papadopoulos and Saayman 1989）。

目的论：正在形成之知识

像他的认识论立场的大多数元素一样，目的论也绝不是荣格发明的，因为目的论的哲学传统源远流长，广泛存在于不同文化中。荣格的主要贡献是将目的论与他自己其他的认识论和心理学理论置于特定的情境之中。

目的论指的是一种根据 telos 思考现象的方法，telos 即目标、终点、意图和实现。如上文所述，荣格很早在饶芬吉亚讲座中就有一种支持目的论的取向。当时，他不仅把目的论视为一种研究方法，也将之视为“人之外”的过程（Jung 1896－1899：par. 175），是生命中更广泛的原则。后来，荣格在博士论文中再次使用目的论的取向去理解自己观察到的降神现象，他认为海伦的降神体验在协助个体的心理发展和成熟的过程中具有目的论的功能。

荣格在理解心理现象时区分出两种基本的方法：“建构”或“合成”法和“还原”（“因果-还原式”）方法。他认为自己使用的是前一种方法，后一种是弗洛伊德式分析的主要特征。荣格在迈德尔的“无意识具有预测功能”（Maeder 1913）和阿德勒的“无意识具有预知功能”（Adler 1912）观点的基础上，重点强调无意识的“目的性意义”：“我们将无意识的产物视为……一种指向目的或目标的表达。”因此，他认为：“建构法的目标……是从无意识产物中引出与主体未来态度有关的意义。”（Jung 1921：par. 701）与之相反，荣格认为：“还原法是回溯……不论是纯粹的历史维度还是回溯情结的隐喻维度，都将不同的因素引至某些更加一般且更加基本的源头。”（Jung 1921：par. 788）而且，荣格认为：

> 还原论会使无意识产物的真正意义解体，因为这要么是回溯到以 30
> 前发生之后消失的事物，要么是再次与事物出现时相同的基本过程整合在一起。
>
> （Jung 1921：par. 788）

这就意味着在理解心理现象的时候，一个人只能要么回溯到个人的历史“源头”（还原法），要么从个人目标和未来取向的角度去寻找与现象有关的目的和意义（建构法）。建构法的基础是目的论，或者是源于亚里士多德学派的术语“终极因果性”（final causality）。我们不仅可以从现象对前因之影响的角度（这就是亚里士多德学派所谓的“有效的因果性”［efficient causality]）来理解现象，还可以从它们的目的和“终极原因”即目标的角度来理解。荣格格言式的论述，即神经症“最终应该被理解为正在遭受痛苦的灵魂还在发现自己的意义”（Jung 1932b：par. 497），以及“神经症是目的取向的”（Jung 1943：par. 54），都证明他具有坚定的目的论取向。但荣格又不局限于对临床工作的目的论式的理解，他认为科学总体上是将目的论原则应用到主体事物之上。例如，荣格认为：“现代科学绝没有只把‘功能’理解为一个因果概念，它特指一种终极性的或‘目的论性质’的内容。”（Jung 1917：par. 688）他也鲜明地指出：“生命本身就是有目的的。它是一个旨在实现自身的有针对性的目标体系。每个过程的结束都是它的目的。”（Jung 1943b：par. 798）

因此荣格使用的目的论可以分为四类：

- *心理治疗的目的论*，指的是在分析心理治疗中对心理和心理病理现象的理解。
- *方法论的目的论*，指的是在一般的科学研究中使用目的论的方法。
- *人文的目的论*，指的是人在心理发展中的目的指向。
- *自然的目的论*，指的是将目的论理解为一种生命法则。

所有这四种目的论式的理解都对荣格的认识论取向产生了巨大的影响，它们暗示着完全的知识不能通过确定的方式获得，因为知识与未来的目的和目标连在一起。实际上，这意味着荣格认识论的目的论将知识置于
31 其自我产生的过程中，因此，对于荣格而言，可以说知识的产生，特别是在治疗环境中，都是如此进行的，同时目的论像有生命力的经验一样随之展开。荣格的目的论式的认识论并不关注终极结果和最终产物或状态，而是偏好一种能接受所谓*正在形成之知识*（knowledge in the making）的方法。因此，不难看出荣格不断地强调个体化的过程，而非个体化之后最终的状态。通过与目的论的道路连接，一个人便可以获得某种意义，它是真实的和实在的，即使它在以逻辑性和理性诠释和定义的形式表达自身方面不是决定性的和最终的。荣格意识到这种细微的差别，因而他在以下情境中使用了“终极性”（finality）一词：

> 我刻意使用终极性这一词，目的是避免与目的论概念相混淆。关于终极性，我仅仅指的是对一个目标的内在心理追求。一个人也可以说“目的的感觉”，而非“追求目标”。所有心理现象内在都有一些此类的目的感。
>
> （Jung 1916/1948：par. 456）

显然，荣格关注的是目的论可能暗含着对一个确定目标的粗暴期待，同时又有理性的架构，因此，荣格使用“终极性”来阐述*正在形成之知识*这一概念。

由此，荣格进一步发展了他对目的论的原始理解，并在他那不断得到适当关注的心理认识论的背景下进行提炼（例如，Horne 2002；Jones 2002；Nagy 1991；Rychlak 1968，1973，1984）。

原型目的论的认识论

在为自己的方法建立起稳固的目的论意图之后，荣格需要引入更多的基本要素来支持它，使之更加具有应用价值，至少是在自己的治疗目的论的范围之内。他最初对知识的集体结构的理解打下了一个良好的开端，但需要对其进行进一步阐释。直到荣格引入原型的概念，他才能够最终完成这个阐释。

从认识论的角度看，荣格的原型理论引入的是一种复杂的状态，通过将个人的世界和更广泛的集体结构进行桥接，扩展了自己早期的目的论架构。具体而言，荣格认为“原型……仅通过其组织意象和观念的能力显现出来”（Jung 1954：par. 440），而且“如我们所知，原型是……意识的基础”（Jung 1958：par. 656）。因此，从认识论的角度讲，如果一个人没有 32
理解原型对认识过程和意识的组织效应，那么他就无法明确地理解自己知识的来源。

这就意味着，除了将认识过程中各种起作用的因素纳入一个还原的过程，即连接到个人的历史、人际关系和社会影响（如上所述），荣格式的方法还包括一个建构的过程，其将原型组织效应考虑其中。如果制作成图，将会有几条虚线箭头表示对个体（图 1.1 中的人物 A 与 B）的影响以及人际互动和无意识的相互投射（IE 和 UP），同时还有个人与其自身历史之间的交互作用（PHA 和 PHB）以及社会文化的影响（S-CI）。

图 1.1 需要进一步的说明。交互网络中并非只有一个原型，而是由一组原型构成（“原型意象网络”），因为原型之间是紧密联系在一起的，不存在只有单一的原型被激活，而其他原型没有参与到和其他个体的关系网络中（Papadopoulos 1996）。而且，即使是在单独一个个体身上，原型也并不是自我激活的，而是被相关的原型触发的（以补偿或补充的方式）。这就意味着在大多数情况下，原型以群组/网络/集聚体而非孤立的形式影响个体和群体。

图 1.1 中还描绘出这个过程的另一些特点：首先，原型（或原型集聚

33

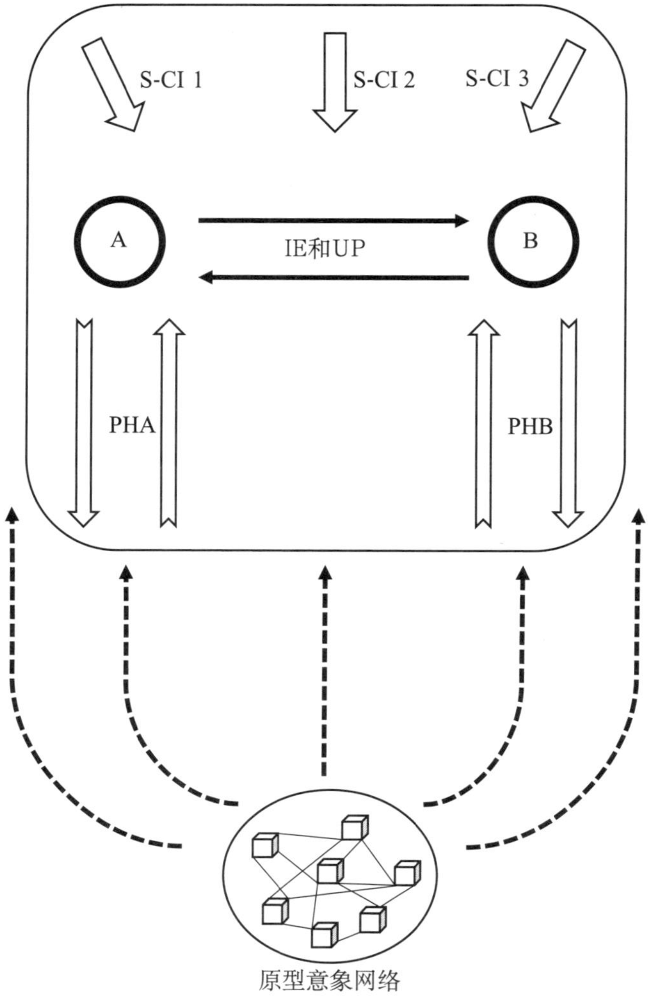

图 1.1

体/网络）不仅能够影响个体，也能够影响个体的一切关系和互动；这些包括个体和自身个人历史以及其他个体和群体的互动，同时也包括社会文化对个体施加的影响。其次，虽然荣格本人也没有特别强调这一点，但从他的理论可以推论出一个人的个人历史不只对个体施加单向的、因果的影响（就像因果-还原法所强调的一样）；相反，个体的关系也会在个体面对自己的过去时因自己立场和角度的改变而受到影响。产生这些改变的原因有很多，包括原型集聚体所产生的特有组织效应，这正是其特有的本质，而这并非指向过去，而是指向未来，即原型效应不是倒退而是前进，带有目的论性质的终极性（因此图中虚线箭头有别于其他交互关系中的箭头，因为它们永远朝着一个终点运动)。事实上，这表示荣格式的方法意味着(不论它乍一看是多么自相矛盾)“不仅是过去塑造现在，而且现在也在塑造过去”(Papadopoulos 1996：158)，二者的影响是相互的。

图 1.2 显示的是因果-还原式认识论的线性模型。根据这个模型，如果 A 导致 B 进而导致 C，就可以说现象 B 是由现象 A 引起的，现象 C 是由现象 B 引起的。例如，荣格认为弗洛伊德对神经症的理解就是线性的：一个 34
人自己的童年经历(A)导致其人格的形成(B)，接着导致神经症症状(C)。该模型呈现的治疗取向是逆向追溯：治疗师需要通过揭示人格(B)来回溯症状(C)的肇因，而揭示人格需要通过探索童年冲突(A)来实现。荣格认可因果-还原式认识论的价值，但他认为这个模型并不是唯一的，而且也绝对不是在情结的目的功能情境中理解情结现象的最好模型，特别是在将原型考虑其中的时候。对于这些情境，荣格认为使用建构的方法更加适合，其强调的是“终极”的功能：“当一个心理事实需要被解释的时候，我们要谨记心理数据需要一个双重的立场，即因果性和终极性的立场。”(Jung 1916/1948：par. 456)而“使用因果性理解心灵只能理解其中的一半”(Jung 1914：par. 398)。

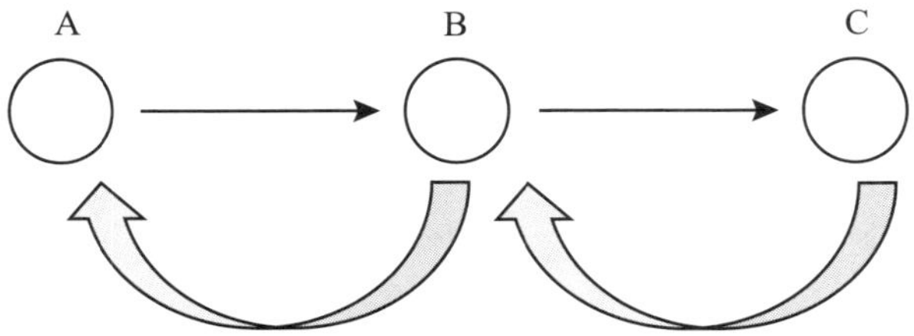

图 1.2

这表示荣格对情结心理现象的理解主要是基于“终极性的方法论”，其中也可能包括线性的方法论。终极性的方法论和现代系统家庭治疗师所称作的“循环”或“系统”方法论相类似(参见 Becvar and Becvar 2002；Keeney 1983；Papadopoulos 1996，1998)。根据这种认识论，三个位置(图 1.2 中的 A、B 和 C)的关系不仅仅是一种线性的、因果-还原的模式，也以循环的方式不断相互影响(如图 1.3 所示)。重要的是，不要忘记相互影响的模式是荣格炼金术模型的核心所在，在炼金术的模型中，圆(曼陀罗)便是完满的最卓越的象征。更确切地说，这三个位置(A、B 和 C)处在不断的交互关系中，其中症状更为“终极”，即影响人格的目的功能会影响我们理解过去的视角。

35

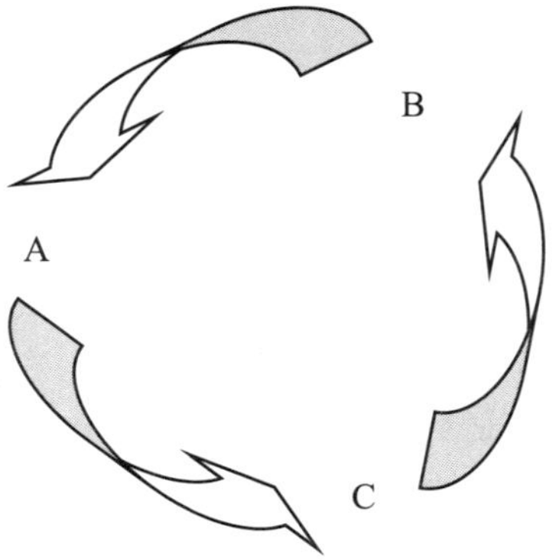

图 1.3

这种新认识论的另一种重要启示是所有这三个位置（A、B 和 C）并不是孤立存在的，而是受原型集聚体的激活的影响（又总是与原型有关，但是以目的论的方式，而非因果-还原的方式）。这就意味着三个位置之间的交互作用模式受到更广泛的原型网络的影响。循环认识论的治疗取向并非建立在追溯“原因”或“诸多原因”的基础之上，而是与其所在环境的模式建立有意义的连接。当荣格关注这些关系并澄清分析师不能够分析、转译或诠释言行或原型对人的影响（以还原的方式），而只能与其建立连接或联系（以建构、目的性和目的论的方式）时，他所指的是“目的感”，而非清晰的解释：

> 因此，“解释”应该始终确保原型的功能意义不受损害，由此意识心理和原型之间适当且有意义的连接才能够得到保证。
>
> (Jung 1940：par. 271)

这句话可能是荣格对认识主体/人与原型之间关系的最佳描述。首先，他用引号将“解释”强调出来，以保证读者不会将此类的交互（主体和原型之间）和给出逻辑解释的理性过程相混淆。在论述到这种特定的交互类型时，很多作者都会回到社会科学中理解（Verstehen）和解释（Erklären）的传统划分中（参见 Jaspers 1923/1963；von Wright 1971），即在领悟/理解和逻辑/理性之间，倾向于选择前者（例如，Brooke 1991；
36 Giannoni 2004；Hillman 1974；Rauhala 1984；Shelburne 1988）。荣格在同一个句子中提到原型的“功能意义”，他希望这一点不要被“削弱”。但需要提醒的是荣格强调“功能”的意义超越其一般的因果内涵，包含目的论的维度（见上文）；他使用的是“意义”而非意思，很明显，他的目的是避免与逻辑的解释和阐释相混淆。意义暗含着内在固有而非客观的知识。因此，荣格在这里所讲的“功能意义”指的一定是含义，其从原型的交互中涌现出来，而实际上主体之间交互作用的网络关系应该如图 1.4 所示。

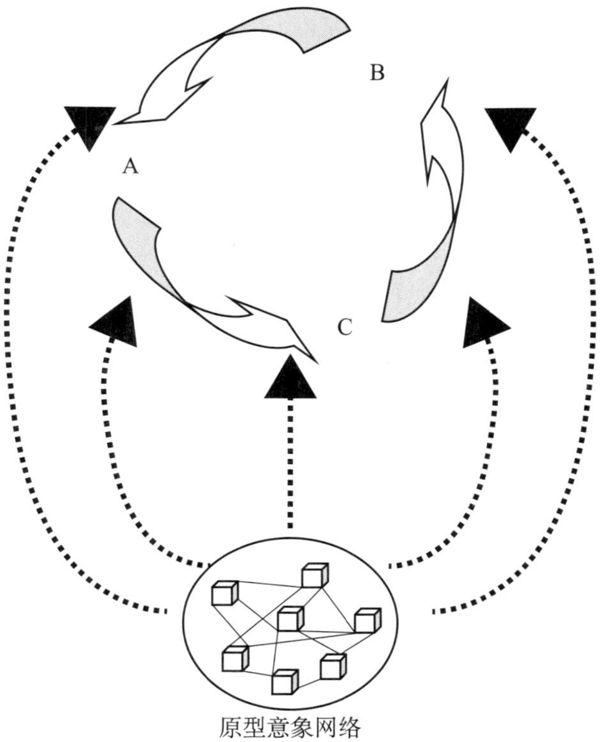

图 1.4

尽管荣格在同一个句子中所阐述的仅仅是“意识心理和原型”之间的关系，但如上文所述，二者并不是相互独立且可以被清晰描绘的实体。在 37
两者都卷入关系的网络中的时候，“功能意义”在这里指的是从所有这些关系的交互中涌现出的意义。很明显，这种意义并不是外在的逻辑定义或解释所赋予的含义类型（参见 Mathers 2001）。

最后，荣格阐明他所偏好的原型和“意识头脑”之间的关系一定是“有意义的连接”。荣格赋予认识主体和原型之间交互的首要特征是“连接”，即一种关系、交互以及“有意义”，但并非暂时的连接，而是可以经受住时间的考验从而深化的联系。一旦“有意义的连接”得以建立，那么某条道路便会被开辟出来，新的环境便会被建构出来，主动的过程和鲜活的经验便会开启，新觉察、新目的感和新知识也会逐渐涌现出来。但这并不是一般的主体拥有客体的知识类型，而是一种全新的感觉，一个人位置的改变，他在带有目的方向的原型簇被激活之后所产生的交互关系网络中觉察自己的位置。

在梳理荣格论述原型的这句话时，我们现在能够理解荣格想要明确传递的独特交互关系（认识主体和原型之间）并不是一套清晰确定的逻辑描述，而是一种拥有目的和终极性、超越因果-还原和线性认识论的鲜活经验。原型集聚体会在个体身上产生一种新的环境、改变和新的独特模式，从而塑造，事实上也是模式化一个人对自己的理解、与别人的关系和自己的认同感。涌现出的模式也将个体与更广泛的社会文化生态学（包括“意义的集体结构”［Papadopoulos 1996］）以及自然的生态学以能够预见的方式联系在一起。

在提到原型与模式之间的关系时，荣格经常将之与“行为模式”联系在一起。比较心理学和生理学领域，荣格所使用的模式指的是当某种本能被激活时所产生的行为系列组合。同样，他认为原型在触发思想、观念、意象和情感等一系列人类的功能性心理（同时还有生物）元素时，也以类似的方式起作用（例如，Jung 1954：par. 398）。模式这个词（包括在生物学和心理学领域）指的是交互关系的网络，而非线性的因果关系。《牛津英语词典》将模式定义为“一系列事物产生时一种有规律的或可识别的形式或秩序”，这就是以上示意图所呈现的交互关系组合。

38 这种原型性的模式化会产生新的情境，个体在这种情境中获得新的视角，产生不同于以前的思想和感受。因此，可以说通过引入原型，荣格的认识论可以被视为“认识论式的语境主义”。认识论式的语境主义表明我们所认识到的一切都依赖于情境，因此不同的情境产生不同的流行标准和条件（例如，Annis 1978；Cohen 1998；Sosa and Kim 2000a；Williams 2001）。

因此，进一步阐述荣格的认识论需要引入荣格的原型理论，图 1.1 至图 1.4 所概括与呈现的新内容都要包含在内。原型性的模式化推动了荣格以前不完整的目的论联系，使其以新的方式来重构他旧有的基本假设，将它们整合进一种新的原型终极认识论之中，从而使系统模式代替孤立的实体互动，以创造一种新的认识论条件得以出现的全新环境。

更广泛的思考

普累若麻与克雷亚图拉、原型与系统

英国人类学家和社会科学家格雷戈里·贝特森（1904—1980，也是系统认识论和家庭治疗的创始人之一）在很大程度上依赖于荣格的部分认识论来展开自身的工作，对这种相互的渗透及其与荣格自身的认识论之间关系的研究是非常重要的。讽刺的是，这一部分在很大程度上都被荣格学者甚至是荣格本人忽略了。

首先，需要重点指出的是，在贝特森诸多富有创造性和创新性的项目中，其中一个与荣格的极为相似。他对此进行了简洁的论述：

> 弗洛伊德的心理学将心理的概念向内拓展，使其包含身体内部的整个交流系统——自动的、习惯性的以及广大范围的无意识过程。我的理论是将心理向外拓展。这两种变化最终都缩小了意识自我的视野。受到成为某些更大事物之一部分所带来的尊严和愉悦的调和，一定程度的谦卑是适当的。
>
> （Bateson 1972：461－462）

即使只是基于这一简短的论述，也能够找到贝特森和荣格的相似之处——他们都关注影响个体构造自己知识方式的集体结构，而且都特别重 39
视"某些"比个体"更大的东西"（参见 Relph 1987）。贝特森通过观察笛卡尔认识论中的基本认识论缺陷建立自己的项目，并使用荣格的论述来阐述它：

> 我认为笛卡尔最初的认识论步骤——"心理"与"物质"分开和我思（cogito）——为认识论建立的是一个不良的前提，或许根本上就是一个致命的前提，我相信荣格对普累若麻和克雷亚图拉之间关系的论述是一个更加良性的首要步骤。荣格的认识论始于对差异的比较，而非物质的比较。
>
> 因此，我将认识论定义为一门研究认识过程的科学，这一认识过程就是对差异做出反应的能力与这些差异以某种方式而产生的物质世界的交互作用过程。我们关注的是普累若麻和克雷亚图拉之间的**接口**。
>
> （Bateson and Bateson 1987：18）

“普累若麻”（pleroma）与“克雷亚图拉”（creatura）并不是荣格心理学的常用术语。荣格最初在自己的长诗《向死者的七次布道》（Seven Sermons for the Dead）中引入这两个术语。这部作品是他在1913年至1916年之间（与弗洛伊德分裂之后不久）完成的，并在1925年开始私下流传，直到1967年才公开出版。在这部作品之后，荣格基本上没有再使用过这两个术语，尽管它们形成了基本的建筑单元，使荣格在此基础上发展出自己的原型和集体无意识思想（参见Brenner 1990；Brewer 1996；Fodor 1964；Heisig 1972；Hoeller 1982；Hubback 1966；Jaffé 1972；Papadopoulos 1980；Segal 1992，1995，1998）。

荣格在《向死者的七次布道》中将普累若麻描述为

> 虚无，[它]等同于充满……无尽和永恒没有质，因为它拥有所有的质……在那里，思维和存在都已停滞，因为永恒和无尽没有质……普累若麻内空无一物又具备一切。
>
> （第一次布道）

这意味着普累若麻不会发生改变。

> 但是，克雷亚图拉是变化无常的……普累若麻拥有一切，相异和相同。相异是克雷亚图拉。相异是它的本质，因此它会区分。因此人会分辨，因为他的本质是相异。
>
> （第一次布道）

40　贝特森评论道：

> 在普累若麻的世界中，事件是由力量和影响造就的，这里没有“相异”。或者，我会说没有“差异”。在克雷亚图拉中，作用正是由差异带来的。事实上，这与古老的心与物的二元对立是一样的……我认为我们能够有效地运用“普累若麻”和“克雷亚图拉”这两个词，因此审视存在于这两个“世界”之间的桥梁是十分有意义的。认为“硬科学”只涉及普累若麻而心理科学只讨论克雷亚图拉的观点是过度简化的想法。事实远非如此。
>
> （Bateson 1972：456）

还有什么呢？

贝特森感兴趣的是对超越普通人意识过程和人类皮肤界限的心理维度

的理解，并观察到我们能够理解心理，而且

> 它能够被应用于更广的复杂现象，即“系统”，包括由多重有机体构成的系统或部分鲜活而部分没有生机的系统，或者甚至是完全没有生机的系统。
>
> （Bateson and Bateson 1987：19）

他所指的“更广的复杂现象”与荣格的原型世界相呼应，其超越个体，但又属于个人。

但在问到什么是“心理”（a mind）时，贝特森补充道：

> 如果这是一个有用的概念，那么是否可以将之变为复数形式，并且在谈到“心理们”（minds）时，认为其可能反过来与精神产生交互作用？……该定义将心理（a mind）这一概念稳固地锚定在物质成分的排列上。
>
> （Bateson and Bateson 1987：18）

他为这个定义给出的标准主要包括：“心理是交互作用的部分或成分的总和。心理的各个部分的交互作用是由差异激发的……精神的过程需要的是循环的（或者更复杂的）决定链。”（Bateson and Bateson 1987：18－19）

使用反馈的控制论原则，贝特森将系统理解为是由内部各个部分的信息与外部的信息交换所产生的，并将信息定义为“带来差异的差异”。在反复被问到“我所说的‘我的心理’是什么意思时”，他回答道：

> 我认为对个体心理的界定肯定一直依赖于我们希望去理解或解释的现象。很明显，皮肤之外有大量的信息通道，无论什么时候，这些通道和它们所携带的信息都必须是与之相关的精神系统的一部分。 41
>
> （Bateson 1972：458）

贝特森以“树、人与斧子”为例来说明这三者所形成的一个完整的、差异出现于其中的循环系统：“如果你想要理解或解释人类的行为，那么你要处理的是整个循环”（Bateson 1972：459），它自然也包括属于普累若麻的无生命客体（如斧子）。“实际上，带有信息循环的基本控制论系统是心理中最简单的单元。”（p. 459）根据这个观点，贝特森写道：

> 我所提出的控制论的认识论指的是一种新的取向。个体心理是内在的，但并非只在身体内。在身体之外的通道和信息中，它也是内在固有的；个体心理只是一个更大心理（larger Mind）的子系统。
>
> （Bateson 1972：461）

这个“更大的心理”（larger Mind，首字母大写）确实与荣格的集体无意识相对应，而认识论的含义将是认识主体是个体与之互动的更广阔的知识之池的一部分。因此，贝特森甚至将人（他称之为带引号的“自我”）界定为“这个更大的连锁过程领域中不恰当分隔部分的错误具体化”（1972：331）。这与荣格的论述相呼应：“个体化是与自己的合一，同时也是与人性的合一，因为自己也是人性的一部分。”（Jung 1945：par. 227）

最后，贝特森将他的认识论前提应用到理解心理病理状态中，由此，他对荣格在创作独特的诗歌《向死者的七次布道》时的精神状态进行了评论。多年之后，荣格指出就在他创作这部诗歌之前不久，“他的房子里似乎挤满了大量的神灵”（*MDR*，p. 216）。贝特森认为，这是荣格对自己认识论的困惑。

> 如果你对自己的认识论感到困惑，你就会精神错乱，而荣格正在经历自己的认识论危机。因此他坐在自己的桌前，拿起笔，并开始书写。当他开始创造的时候，所有的幽灵便都消失了，因此他写出这本小书［《向死者的七次布道》］。
>
> （Bateson 1972：455）

42 在这部诗歌/书的开篇，荣格写的是普累若麻和克雷亚图拉之间的区别，因而似乎是分化为他混乱的“认识论危机”带来了理智。贝特森写道，根据“一般的精神病学概念”，荣格的“认识论危机”可以被视为是“一种精神错乱”（Bateson 1972：455）。这就意味着认识论不仅仅是一个抽象的概念，也的确会影响到一个人的心理和精神状态。需要指出的是，贝特森早期关于精神分裂症的双重约束理论也是基于认识论的视角（Bateson 1956）。

在评论荣格的原型都是“普累若麻式的”（Jung 1952b）这一观点之时，贝特森写道：“然而，确实如此，当观念群的概念性特质还未被认识时，它们在主观上似乎类似于‘力量’。”（1972：455n）这就意味着原型内容与个体（克雷亚图拉）和纯粹的原型（普累若麻）之间交互作用所产生的混乱会带来认识论的危机。如果一个人占有普累若麻式的材料，那么他将会有失去辨别力（差异）的危险，而且不再意识到他仅是更广泛系统中交互作用的一部分。这样的错误占有不仅是一种错觉，也是一种妄想，事实上个体是将自己认同为更大的整体，即整个系统。荣格将这种状态称为原型控制一个人的人格时的心理膨胀。没有区分和分化，就没有信息也没有系统，取而代之的是错觉/幻觉，它仅是“驱力”的表现。这样的状态能够产生认识论危机，甚至会带来认识论的崩溃。

正如贝特森所强调的一样，普累若麻和克雷亚图拉之间的接口非常重要，正是由于这个接口，创造系统的交互作用才能够利用差异，从而为其所创造的信息激活。任何一侧都具有认识论的和心理学的决定作用。个体不能与集体混淆，原型也不能取代个体。这里隐含着荣格在使用原型时的一个独特的线索：一方面，它们能促进成长并具有治愈力，因为它们能够通过拓宽视角和打开更广泛的视野，使之意识到自己是“某些更大事物之一部分”来丰富个体的人格（Bateson 1972：462）；另一方面，它们又能够淹没人格并以模糊它们和人格的界限的方式占据人格。在后者的情况中，原型能够对人格产生有害的作用，因此它们能够创造出一种病理状态。

与荣格的观点相呼应，贝特森认为：“受到成为某些更大事物之一部分所带来的尊严和愉悦的调和，一定程度的谦卑是适当的。”（Bateson 1972：461－462）

荣格的苏格拉底式无知和诺斯替式知识 43

荣格的认识论的最后一部分涉及荣格在自身认识论的开放性上的二元性。

可以说，

> 荣格有意或无意使用的两种对立的认识论实际上是能够区分的。第一种比较接近“苏格拉底式无知”，而第二种本质上是一种“诺斯替式认识论”。
>
> （Papadopoulos 1997：298）

根据前者，

> 荣格坚决地反对任何一掠而过的“仅此而已”之类的论述，真正的苏格拉底式无知的精神应有的论述是：“应该避免对梦的母题进行刻板的诠释……即使你对这些事物经验丰富，在每一个梦面前，也应该一次又一次地承认自己的无知，并摒弃任何先入为主的想法，为完全出乎意料的内容做好准备。”（Jung 1948：par. 543）或者：“……很明显，梦的诠释首先是一种对两个人都立即有效的经验。”（par. 539）
>
> （Papadopoulos 1997：298）

这些是荣格在坚持不要去想当然时的典型论述，在研究任何一个现象本身的时候，不要用以往的知识做任何假设，不要把预先准备好的理论框架套在任何情境之上，而是对每一种既定环境的独特之处保持开放的态度。在临床情境中，这就意味着荣格愿意将自己暴露在任何一个被分析者的特异性中，努力去理解他与被分析者互动的意义，而不带有任何先入之见。这就是为什么他认为梦只有在分析的互动，也就是在分析师和被分析者之间的互动中才有意义。

苏格拉底式的无知可以通过两种方式来理解。第一种指的是苏格拉底的立场，即不去拥有任何智慧，但他的智慧便是他知道自己的无知。柏拉图的《申辩篇》中有一则这样的例子，其中苏格拉底说：

> 尽管我并不认为我们知道真正的美和善，但我比他做得更好——因为他一无所知，但却认为自己知道。我既不知道自己知道，也不认为自己知道。特别是在后者，我做得比他好。

44 理解苏格拉底式无知的第二种方式可参照他与他人交谈时应用它的方式。这指的是他对自己“无知”的实际使用方法。就像苏格拉底告诉泰阿泰德：“我的朋友，你忘记了我既不知道，也不认为自己知道这些事物；你是劳作者，我就是不生育的助产士。”（柏拉图《泰阿泰德篇》）通过强调自己对问题的无知，苏格拉底将自己和与他交谈的人从他们对正在讨论现象的各式各样的假设以及维度的探索和研究中解放了出来。换句话说，他的任务和认识论的本质以及他将此联系到助产士，即将孩子拖出来的人，是催生某一主题知识的出现，因此他的方法被称为“启发性的”（maieutic，其中 maia 在希腊文中的意思是做助产士）。

苏格拉底式的启发法和荣格并不回避去使用的方法之间有惊人的相似之处（例如，Jung 1913：par. 519，1943：par. 26，1912：par. 437）。除了在自己的分析性临床工作中使用“苏格拉底式的无知”之外，最重要的是荣格在更广泛的研究要点上坚持认为自己是“经验主义者”和“现象学家”，同样具有认识论的开放性特征。他在《英国医学杂志》（*British Medical Journal*，1952 年 2 月 9 日）上非常自豪地引用他对实证取向的评论：“资源应该在怀疑之上。‘事实优先而理论其次是荣格作品的主旨。他完全是一个经验主义者。’我十分支持这个观点。”（Jung 1952a：par. 1502）此外，荣格还区分了两种方法，一种是盲目地遵循集合理论，另一种是他自己的方法，即将理论反思与实证发现相结合，由此，荣格对自己的认识论信条有如下的表述：

> 尽管我经常被称为哲学家，但我是一位经验主义者，坚持现象主义者的立场。我认为偶尔做出某些反思而超出纯粹的经验积累和分类，与科学的经验主义原则并不冲突。事实上，我认为不可能存在没有反思的经验，因为“经验”是一个积累的过程，没有反思就没有理解。综上所述，我是从科学而非哲学的角度去理解心理问题的。尽管宗教也有很重要的心理学意义，但我是从纯粹经验的角度进行研究的，也就是我只观察现象，而不进行任何形而上或哲学的反思。我并不否认其他反思的正确性，但我并不认为我能够恰当地应用它们。
>
> (Jung 1938/1940：par. 2)

不难发现荣格的“苏格拉底式无知”和他自己认可的以及所有荣格派学者都认可的他自己的方法之间一致性。但荣格使用的对立认识论立场并未得到研究，很明显他自己并未认识到自己的相反方向，这就是“诺斯替式认识论”（Papadopoulos 1997）。按照这种认识论，荣格根本不是开放的，他的研究都是根据自己对现象预先设定的思想而进行的，尽管他一直向经验主义者“苏格拉底式无知”的旗帜挥手，但事实上他的方法也包含封闭的且预先设定的认识论。 45

最能够暴露荣格的诺斯替式认识论的句子是他对约翰·弗里曼（John Freeman）所提的“你现在信上帝吗?”这一问题的回答（1959年在BBC著名的《面对面》访谈中）：“很难回答。我知道。我不信。我知道。”(McGuire and Hull 1977：414)

荣格“知道”，而且没有做进一步的解释。这样一种对待知识的方法在荣格的作品中并不罕见，而是贯穿他的全部作品。但迄今为止他都没有承认这一点，在他明确支持的认识论类型中也没有清晰的描述。相反，他的“诺斯替式认识论”可以在他的观点中一窥踪迹。例如在为维克多·怀特（Victor White）神父的书所写的序言中，荣格认为：

> 像所有的经验科学一样，心理学不能少了辅助的概念、假设和模型。但神学家和哲学家非常容易犯对它们进行形而上学式推测的错误。物理学家所讲的原子并不是一种本体（hypostasis），而是一种模型（model）。同样，我的原型或心灵能量也只是辅助的概念，在任何时候都可以被一个更好的公式取代。
>
> (Jung 1952c：par. 460)

这似乎是对认识论开放性的一个良好表述，但我们知道，无论是荣格，还是荣格派学者，都没有使用“更好的公式”来取代原型理论，而且原型并未被视为模型，实际上更多是一种本体性的实体。

在同一段中，荣格直截了当地说：“在现实中……个体化是生物过程的表现……通过这个过程，每一种生物都变成它自己最初要成为的样子。”（Jung 1952c：par. 460）这里并没有本质上的开放性；荣格教条式地宣称这就是它“在现实”中的具体样子。而且，他以同样的自信宣称“这个过
46 程自然地在人自己身上表现出来，犹如心身一致”，并认为这样的主张“绝非神秘的推测，而是临床观察和对与其他领域类似的现象进行比较之后所做的诠释”。他似乎已经陶醉于自己所讲的内容，在下一段中，他实际上是在承认“我的出发点是每个人都能够去验证的事实”（Jung 1952c：par. 461）。通过宣扬这种客观性和外在的验证，荣格不知不觉地放弃了他对心灵现实和心理体验互动的独特认识论，反而沦为接受精确科学的实证主义方法论，而这正是他到处批判的，因为他认为其并不足以理解心理现象的独特性。

同时，这种绝对的主张不仅落后于其目标，而且背离了荣格封闭的信仰系统。在两个段落的空间内，他提倡认识论的开放性，接受他的理论作为工作假设，然后，他转而去宣扬他有关现象的确定性“知识”，这些现象以同义的方式证实了他的理论。正是这种认识论被称为“诺斯替式认识论”（Papadopoulos 1997）。正是这种认识论提供了现成的答案，在一个封闭的信仰系统中提供了声明和观点。

德欣曾经指出“荣格的方法中存在一个内在的矛盾”，他认为“不可知论的经验主义者经常变成先知。荣格的大多数观点是假设性的，但时常会变得具有本体性质”（Dehing 1990：393）。因此，荣格的不可知论式和认识论式的开放性与荣格自己的诺斯替主义交织在一起，其特点是他对自己的断言和一般理论的正确性拥有不可动摇的信念，因而与他的苏格拉底式无知并行。当荣格使用这种认识论的时候，他暗示“某些洞察只适用于启蒙”（Papadopoulos 1997：298）。而这种精英主义是诺斯替运动的另一个特征（Lee 1987）。

有人认为：

> 荣格的诺斯替主义的不利一面和影响并没有得到充分的认识。除了精英主义的态度，这些也包括一个循环重言式的封闭系统：人们相信某些东西是真的，无论他们看到什么，他们都会根据这些信念进行判断，尽管他们总是认为自己是开放的，而且自己的信念也都是建立

> 在真实的证据之上。新的元素不能使这种取向得到丰富，因此它也不会得到进一步的发展。被肯定的启蒙便是他们的信念绝对正确而且符合这个现实。这种封闭的取向不仅是自我实现的，而且还促进狂热。
>
> （Papadopoulos 1997：299）

这并不奇怪，因为即使是汉斯·乔纳斯也承认：“在诺斯替教的背景下……‘知识’有非常明显的宗教或超自然的意义，其所指的客体是我们今天为信仰而非理性的东西”（Jonas 1963/1992：34）。而且他也进一步澄清说，在某些诺斯替作者看来，“‘知识’不仅是一种救赎的工具，其本身就具有救赎目标的最终形式，即终极完美”（p. 35）。这证实了荣格所追寻的不仅仅是开放性的认识论假设，而是某种知识的转化，其远不止有三段论法的功能和特点。 47

那些反对当权者的诺斯替反叛者的浪漫主义思想只是诺斯替传统的一个方面，这也是荣格和荣格学派所青睐的一方。但其他对诺斯替主义更加无益的方面并没有被荣格学派认真地考虑过。例如，像艾瑞克·沃格林（Eric Voegelin 1968/2005）、曼弗雷·汉宁森（Manfred Henningsen 1999）和菲利普·J. 李（Philip J. Lee 1987）提出的对诺斯替主义的批判都被荣格学派忽略了，他们似乎非常满足于荣格提出的对真理的诺斯替式主张。但就像政治哲学家沃格林（Voegelin 1968）所提出的令人深思的观点一样，希特勒也可以被定义为现代的诺斯替主义者！

在临床背景下，荣格的诺斯替式认识论是苏格拉底式无知的对立面，即他的诺斯替式认识论，根据他能够感觉到自己对心灵工作的正当性，便催生荣格相信什么是对病人是有益的，并能够对他们做出特定的行为，但这样的实践过程完全与他苏格拉底式的开放性相对立。例如，众所周知，荣格对他的被分析者有明确的规定，他会对他们在生活中特定的行为和方向给出指示（例如，Jung，*MDR*，pp. 156f）。

结语

有关我们知道什么和如何知道的认识论研究与对心理治疗取向的研究密不可分。荣格对哲学的矛盾立场使他无法完全承认自己认识论敏感性的意义。这一章（极其有限的篇幅）尽力呈现并论述荣格的认识论立场，从而为更深入地理解分析心理学和其他心理治疗取向提供帮助。

荣格对治疗式互动的心理学认识论做出了巨大的贡献，重要的是人们能够从整体上（即各个部分的交互关系）去理解他的贡献，而且并不将它们视为孤立的元素。本章最后关于荣格的两种对立认识论立场的论述并不
48 会削弱荣格对认识论的贡献。就像所有的先驱一样，荣格陶醉于自己的发现，而且也只有人才能够连续不断地想要坚持自己的理论并带着巨大的热情去宣传。换句话说，重要的是我们要理解两个荣格的同时存在。也就是说，一个有开放的认识论和苏格拉底式的无知，是作为建构主义者和理性主义者的荣格；而另一个接受诺斯替式的认识论，实际上是作为本质主义者和普遍主义者的荣格。

荣格对心理治疗认识论的贡献需要更多深入研究的支持（例如，Barratt 1984；Christou 1963；Clark and Wright 1986；Goldberg 1988；Grünbaum 1984；Haynal 1993；Hogenson 2004；Knorr Cetina 1981，1999；Mackay 1989；Mills 2004；Orange 1995；Phillips 1996；Ricoeur 1970，1981；Rorty 1991；Spence 1982；Strenger 1991）。

就像荣格所强调的，多元的观点非常重要，不要只追求片面的视角："没有任何声称其主题……是'仅此而已'（nothing but）的研究能够为知识做出贡献。"（Jung 1944：par. 120）

参考文献

Adler, A. (1912) *The Neurotic Character*. San Francisco, CA: Alfred Adler Institute, 2002.

Annis, D. (1978) 'A contextual theory of epistemic justification'. *American Philosophical Quarterly*, 15: 213–219.

Barratt, B.B. (1984) *Psychic Reality and Psychoanalytic Knowing*. London: Analytic Press.

Bateson, G. (1956) 'Toward a theory of schizophrenia', in G. Bateson (1972) *Steps to an Ecology of Mind*. New York: Ballantine.

—— (1972) *Steps to an Ecology of Mind*. New York: Ballantine.

—— (1979) *Mind and Nature: A Necessary Unity*. New York: Dutton.

Bateson, G. and Bateson, M.C. (1987) *Angels Fear*. New York: Macmillan.

Becvar, D.S. and Becvar, R.J. (2003) *Family Therapy: A Systemic Integration*, 5th edn. Boston, MA: Allyn and Bacon.

Bernasconi, R. and Critchley, S. (eds) (1989) *Re-Reading Levinas*. Bloomington, IN: Indiana University Press.

Brenner, E.M. (1990) 'Gnosticism and psychology: Jung's *Septem Sermones ad Mortuos*'. *Journal of Analytical Psychology*, 35(4): 397–419.

Brewer, M. (1996) 'Jung's interpretation of Gnostic myths in the light of Nag Hammadi'. *Harvest: Journal for Jungian Studies*, 42(2): 93–116.

Brill, A.A. (1946) *Lectures on Psychoanalytic Psychiatry*. New York: Knopf.

Brooke, R. (1991) *Jung and Phenomenology*. London: Routledge. 49

Christou, E. (1963) *The Logos of the Soul*. Vienna: Dunquin Press.

Clark, S. and Wright, C. (eds) (1986) *Psychoanalysis, Mind and Science*. Oxford: Basil Blackwell.

Cohen, R.A. (ed.) (1986) *Face-to-Face with Levinas*. Albany, NY: State University of New York Press.

Cohen, S. (1998) 'Contextualist solutions to epistemological problems'. *Australasian Journal of Philosophy*, 76: 289–306.

Coulter, J. (1995) *The Social Construction of the Mind*. New York: Macmillan.

Crowden, A. (2003) 'Ethically sensitive mental health care: is there a need for a unique ethics for psychiatry?' *Australian and New Zealand Journal of Psychiatry*, 37(2): 143–149.

Dehing, J. (1990) 'Jung and knowledge: from gnosis to praxis'. *Journal of Analytical Psychology*, 35(4): 377–396.

de Shaser, S. (1982) *Patterns of Brief Family Therapy: An Ecosystemic Approach*. New York: Guilford.

Dieckmann, H. (1991) *Methods in Analytical Psychology: An Introduction*. Wilmette, IL: Chiron.

Fodor, N. (1964) 'Jung's sermons to the dead'. *Psychoanalytic Review*, 51: 74–78.

Freud, S. (1910) 'The future prospects of psycho-analytic therapy', in *Standard Edition* 11. London: Hogarth Press.

Fulford, B., Morris, K., Sadler, J. and Stanghellini, G. (eds) (2003) *Nature and Narrative: An Introduction to the New Philosophy of Psychiatry*. Oxford: Oxford University Press.

Garnett, R.L. (1993) 'Family resemblance'. *Harvest: Journal for Jungian Studies*, 39: 97–113.

Gergen, K.J. and Davis, K.E. (eds) (1985) *The Social Construction of the Person*. New York: Springer Verlag.

Gergen, M. and Gergen, K.J. (2003) *Social Construction: A Reader*. London: Sage.

Giannoni, M. (2004) 'Epistemological premise, developmental idea, main motivation in Jung's and Kohut's psychoanalysis: looking for some analogies'. *Journal of Analytical Psychology*, 49(2): 161–175.

Glaser, B.G. and Strauss, A.L. (1967) *The Discovery of Grounded Theory: Strategies for Qualitative Research*. Chicago, IL: Aldine/Atherton.

Goldberg, A. (1988) *A Fresh Look at Psychoanalysis: The View from Self Psychology*. Hillsdale, NJ: Analytic Press.

Grünbaum, A. (1984) *The Foundations of Psychoanalysis*. Berkeley, CA: University of California Press.

Haule, J.R. (1984) 'From somnambulism to the archetypes: the French roots of Jung's split with Freud'. *Psychoanalytic Review*, 71(4): 635–659.

Haynal, A. (1993) *Psychoanalysis and the Sciences: Epistemology – History*. London: Karnac.

Heisig, J. (1972) '*The VII Sermones*: play and theory'. *Spring*: 206–218.

Henningsen, M. (1999) *Eric Voegelin: Modernity without Restraint: The Political Religions, the New Science of Politics, and Science, Politics, and Gnosticism* (Collected Works of Eric Voegelin). Columbia, MO: University of Missouri Press.

50 Hermans, H.J.M. and Hermans-Jansen, E. (1995) *Self-narratives: The Construction of Meaning in Psychotherapy*. New York: Guilford.

Hillman, J. (1974) 'Archetypal theory: C.G. Jung', in J. Hillman (1978) *Loose Ends: Primary Papers in Archetypal Psychology*. Dallas, TX: Spring.

Hoeller, S.A. (1982) *The Gnostic Jung and the Seven Sermons to the Dead*. Wheaton, IL: Theosophical.

Hogenson, G. (2004) 'Archetypes: emergence and the psyche's deep structure', in J. Cambray and L. Carter (eds) *Analytical Psychology: Contemporary Perspectives in Jungian Analysis*. London: Routledge.

Horne, M. (2002) 'Aristotle's ontogenesis: a theory of individuation which integrates the classical and developmental perspectives'. *Journal of Analytical Psychology*, 47(4): 613–628.

Hubback, J. (1966) 'VII Sermones ad Mortuos'. *Journal of Analytical Psychology*, 11(2): 95–112.

Jaffé, A. (1972) *The Creative Phases of Jung's Life*. Dallas, TX: Spring.

Jaspers, K. (1923/1963) *General Psychopathology*. Manchester: Manchester University Press.

Jonas, H. (1963/1992) *The Gnostic Religion*. London: Routledge.

Jones, A.M. (2002) 'Teleology and the hermeneutics of hope: Jungian interpretation in light of the work of Paul Ricoeur'. *Journal of Jungian Theory and Practice*, 4(2): 45–55.

Jung, C.G. (1896–1899) *The Zofingia Lectures*, in *The Collected Works of C.G. Jung*, ed. Sir Herbert Read, Michael Fordham and Gerhard Adler, executive ed. William McGuire, trans. R.F.C. Hull, 21 volumes (hereafter *CW*). Supplementary Volume A. London: Routledge and Kegan Paul; Princeton, NJ: Princeton University Press, 1983.

—— (1902) 'On the psychology and pathology of the so-called occult phenomena', in *CW* 1: pars. 1–165.

—— (1907) 'Associations d'idées familiales'. *Archives de Psychologie*, 7(26): 160–168.

—— (1909) 'The family constellation', in *CW* 2: 466–479.

—— (1911) 'On the doctrine of complexes', in *CW* 2: 598–604.

—— (1912) 'New paths in psychology', in *CW* 7: pars. 407–441.

—— (1913) 'The theory of psychoanalysis', in *CW* 4: pars. 203–522.

—— (1914) 'On psychological understanding', in *CW* 3: pars. 388–424.

—— (1913/1916) *Septem Sermones ad Mortuos*, in S.A. Hoeller (1982) *The Gnostic Jung and the Seven Sermons to the Dead*. Wheaton, IL: Theosophical.

—— (1916/1948) 'General aspects of dream psychology', in *CW* 8: pars. 443–529.

—— (1917) 'Prefaces to *Collected Papers on Analytical Psychology*', in *CW* 4: pars. 670–692.

—— (1921) *Psychological Types*. *CW* 6.

—— (1932a) '"Ulysses": a monologue', in *CW* 15: pars. 163–203.

—— (1932b) 'Psychotherapists or the clergy', in *CW* 11: par. 497.

—— (1934a) 'The practical use of dream analysis', in *CW* 16: pars. 294–352.

—— (1934b) 'The soul and death', in *CW* 8: pars. 796–815.

—— (1935a) 'Editorial for Zentralblatt 8:1', in *CW* 10: par. 548.

—— (1935b) 'The Tavistock Lectures', in *CW* 18: pars. 1–415.

—— (1938/1940) 'Psychology and religion', in *CW* 11: pars. 1–168.

Jung, C.G. (1940) 'The psychology of the child archetype', in *CW* 9i: pars. 259–305. 51
—— (1943) 'On the psychology of the unconscious', in *CW* 7: pars. 1–201.
—— (1944) *Psychology and Alchemy*. *CW* 12.
—— (1945) 'Psychotherapy today', in *CW* 16: pars. 212–229.
—— (1947) 'On the nature of the psyche', in *CW* 8: pars. 343–442.
—— (1948) 'On the nature of dreams', in *CW* 8: pars. 530–569.
—— (1949) 'Foreword to Neumann: *Depth Psychology and a New Ethic*', in *CW* 18: pars. 1408–1420.
—— (1952a) 'Religion and psychology: a reply to Martin Buber', in *CW* 18: pars. 1499–1513.
—— (1952b) 'Answer to Job', in *CW* 11: pars. 553–758.
—— (1952c) 'Foreword to Fr. Victor White's *God and the Unconscious* and Werblowsky's *Lucifer and Prometheus*', in *CW* 11: 449–467.
—— (1954) 'On the nature of the psyche', in *CW* 8: pars. 343–442.
—— (1958) 'Flying saucers: a modern myth', in *CW* 10: pars. 589–824.
—— (1961/1995) *Memories, Dreams, Reflections*. London: Fontana.
Jung, C.G. and Riklin, F. (1904) 'The associations of normal subjects', in *CW* 2: 3–196.
Keeney, B.P. (1983) *Aesthetics of Change*. London: Guilford.
Knorr Cetina, K. (1981) *The Manufacture of Knowledge: An Essay on the Constructivist and Contextual Nature of Science*. Oxford: Pergamon.
—— (1999) *Epistemic Cultures: How the Sciences Make Knowledge*. Cambridge, MA: Harvard University Press.
Lee, P.J. (1987) *Against the Protestant Gnostics*. Oxford: Oxford University Press.
Levinas, E. (1984) 'Ethics as first philosophy', in S. Hand (ed.) (1989) *The Levinas Reader*. London: Blackwell.
Liddell, H.G. and Scott, R. (1869) *A Greek–English Lexicon*. Oxford: Clarendon Press.
Mackay, N. (1989) *Motivation and Explanation: An Essay on Freud's Philosophy of Science*. Madison, WI: International Universities Press.
McFarland Solomon, H. and Twyman, M. (2003) *The Ethical Attitude in Analytical Practice*. London: Free Association.
McGuire, W. (ed.) (1974) *The Freud/Jung Letters*. London: Hogarth Press and Routledge and Kegan Paul.
McGuire, W. and Hull, R.F.C. (1977) *C.G. Jung Speaking: Interviews and Encounters*. London: Thames and Hudson.
Maeder, A. (1913) 'Über das Traumproblem'. *Jahrbuch fur psychoanalytische und psychopathologische Forschungen*, 5: 647–686.
Mathers, D. (2001) *An Introduction to Meaning and Purpose in Analytical Psychology*. London: Routledge.
Mills, J. (2004) *Psychoanalysis at the Limit: Epistemology, Mind, and the Question of Science*. Albany, NY: State University of New York Press.
Nagy, M. (1991) *Philosophical Issues in the Psychology of C.G. Jung*. Albany, NY: State University of New York Press.
Neil, J. and Kniskern, D. (eds) (1982) *From Psyche to System: The Evolving Therapy of Carl Whitaker*. New York: Guilford.
Orange, D.M. (1995) *Emotional Understanding: Studies in Psychoanalytic Epistemology*. London: Guilford.

52 Papadopoulos, R.K. (1980) 'The dialectic of the Other in the psychology of C.G. Jung: a metatheoretical investigation', PhD thesis, University of Cape Town.
—— (1984) 'Jung and the concept of the Other', in R.K. Papadopoulos and G.S. Saayman (eds) *Jung in Modern Perspective*. London: Wildwood.
—— (1996) 'Archetypal family therapy: developing a Jungian approach to working with families', in L. Dodson and T. Gibson (eds) *Psyche and Family*. Wilmette, IL: Chiron.
—— (1997) 'Is teaching Jung within university possible? A response to David Tacey'. *Journal of Analytical Psychology*, 42(2): 297–301.
—— (1998) 'Jungian perspectives in new contexts', in A. Casement (ed.) *The Jungians Today*. London and New York: Routledge.
—— (2002) 'The other other: when the exotic other subjugates the familiar other'. *Journal of Analytical Psychology*, 47(2): 163–188.
—— (2005) 'Political violence, trauma and mental health interventions', in D. Kalmanowitz and B. Lloyd (eds) *Art Therapy and Political Violence: With Art, Without Illusion*. London: Brunner-Routledge.
Papadopoulos, R.K. and Saayman, G.S. (1989) 'Towards a Jungian approach to family therapy'. *Harvest: Journal for Jungian Studies*, 35: 95–120.
Penna, E. (2004) 'Methodological perspectives in Jung's *Collected Works*'. *Harvest: International Journal for Jungian Studies*, 50(1): 100–119.
Phillips, J. (1996) 'Key concepts: hermeneutics'. *Philosophy, Psychiatry, and Psychology*, 3(1): 61–69.
Rauhala, L. (1984) 'The basic views of C.G. Jung in the light of hermeneutic metascience', in R.K. Papadopoulos and G.S. Saayman (eds) *Jung in Modern Perspective*. London: Wildwood.
Relph, A. (1987) 'A Jung–Bateson correspondence'. *Australian and New Zealand Journal of Family Therapy*, 8(1): 1–5.
Ricoeur, P. (1970) *Freud and Philosophy*. New Haven, CT: Yale University Press.
—— (1981) *Hermeneutics and the Human Sciences*. New York: Cambridge University Press.
Rorty, R. (1991) *Objectivity, Relativism and Truth*. Cambridge: Cambridge University Press.
Rychlak, J.F. (1968) *A Philosophy of Science of Personality Theory*. Boston, MA: Houghton Mifflin.
—— (1973) *Introduction to Personality and Psychotherapy: A Theory Construction Approach*. Boston, MA: Houghton Mifflin.
—— (1984) 'Jung as dialectician and teleologist', in R.K. Papadopoulos and G.S. Saayman (eds) *Jung in Modern Perspective*. London: Wildwood.
Sarbin, T.R. (ed.) (1986) *Narrative Psychology: The Storied Nature of Human Conduct*. New York: Praeger.
Segal, R.A. (1992) *The Gnostic Jung*. London: Routledge.
—— (1995) 'The allure of Gnosticism for Jung'. *Harvest: Journal for Jungian Studies*, 41(1): 78–88.
—— (1998) 'Jung and Gnosticism: a reply to Matthew Brewer'. *Harvest: Journal for Jungian Studies*, 44(1): 113–136.
Selvini-Palazzoli, M., Cecchin, G., Prata, G. and Boscolo, L. (1978) *Paradox and Counterparadox*. New York: Jason Aronson.

Shamdasani, S. (2003) *Jung and the Making of Modern Psychology: The Dream of a Science*. Cambridge: Cambridge University Press. 53

Shelburne, W.A. (1988) *Mythos and Logos in the Thought of Carl Jung*. Albany, NY: State University of New York Press.

Sosa, E. and Kim, J. (2000a) 'Epistemic contextualism', in E. Sosa and J. Kim (eds) *Epistemology: An Anthology*. Oxford: Blackwell.

—— (eds) (2000b) *Epistemology: An Anthology*. Oxford: Blackwell.

Spence, D. (1982) *Narrative Truth and Historical Truth*. New York: Norton.

Strenger, C. (1991) *Between Hermeneutics and Science: An Essay on the Epistemology of Psychoanalysis* (Psychological Issues, Monograph 59). New York: International Universities Press.

Taylor, E.I. (1998) 'Jung before Freud, not Freud before Jung: Jung's influence in American psychotherapeutic circles before 1909'. *Journal of Analytical Psychology*, 43(1): 97–114.

Voegelin, E. (1968/2005) *Science, Politics, and Gnosticism*. Wilmington, DE: ISI Books.

von Franz, M.-L. (1975) *C.G. Jung: His Myth in our Time*. New York: C.G. Jung Foundation for Analytical Psychology.

—— (1983) 'Introduction to Jung, C.G. (1896–99) *The Zofingia Lectures*'. *CW* Supplementary Volume A. London: Routledge and Kegan Paul.

von Wright, G.H. (1971) *Explanation and Understanding*. London: Routledge and Kegan Paul.

Watzlawick, P., Weakland, J. and Fisch, R. (1974) *Change: Principles of Problem Formation and Problem Resolution. New York: W.W. Norton.*

Whan, M. (1987) 'On the nature of practice'. *Spring: An Annual of Archetypal Psychology and Jungian Thought*: 77–86.

Williams, M. (2001) 'Contextualism, externalism and epistemic standards'. *Philosophical Studies*, 103: 1–23.

Young, G. (1997) *Adult Development, Therapy, and Culture: A Postmodern Synthesis*. New York: Plenum Press.

54

第二章

个人无意识与集体无意识

克里斯托弗·豪克

被命名之前的无意识

无意识的概念——无论是“集体的”还是“个人的”——当然不是始于荣格或弗洛伊德。在人类的日常“意识”心态之外，甚至超越这种心态的心理或精神或“意志”概念——就我们所知——似乎存在于不同的文化中，并贯穿于整个人类历史。在其他时代，这种“心理”的类似内容存在于其他强大之物上，例如神、动物、类似于风或河的元素、唯一的上帝等，其比现代观念中强调这是人类自己心理本身的一个方面要重要得多。人类对梦的关注似乎清楚地表明，人类尊重和关心心理的无意识面。但我们从人类学的研究中知道，意识和无意识心理概念的分离（就像我们今天所划分的）未必是远离我们当代城市工业化生活的人所共有的理解形式，例如，本杰明·保罗（Benjamin Paul）曾写到过一位危地马拉的农村妇女，她有神游症和精神崩溃，但他没有借助意识和无意识的过程去理解，而是采纳一位萨满专家的观点，该萨满专家将她的状态归因为祖先神灵在表达对她和她丈夫的父母以及所有祖辈的愤怒；因此，她需要的不是心理治疗，而是某种形式的忏悔（Paul 1953/1967：150－165）。传统实践，例如研究梦或服用精神药物，其目的是与神祇——有时候会以动物的形式——进行私人的沟通，从而为实践者提供专业的知识，将其带回正常的意识世界，这与荣格所讲的“无意识”有内容告诉我们的观点非常相似。而且，这些仪式——不论是由个别的萨满、宗教仪式上的团体，还是作为
55 通行仪式的一部分——都是在协商一致的社会情境中进行的。因此来自精神世界或者“无意识”的启示都为整个群体带来共同的意义，而这个意义

经过几代人重复的教导、实践和讲述被建立起来。从这个角度看，我们注意到，人类能够有效地获取通常不存在于（意识）心理中的宗教和实践知识的想法，是如何作为个人和集体经验而产生的。当代学者强调我们的人性都是一致的，像我们的生理构成一样重要，并提供了一种健康的方式来研究以前完全依赖生物学和进化论解释的现象（参见 Malik 2000）。当我们考虑荣格在 20 世纪初对集体无意识的现代化重构时，我们需要回头看看此前对无意识的推测。

弗洛伊德和荣格之前不久的无意识

我们当代关于个人无意识和集体无意识的思想起源稍早于弗洛伊德和荣格——部分源自启蒙运动的思想（尽管具有讽刺意味的是，启蒙运动排斥无意识心理这一概念），特别是德国浪漫主义哲学，例如卡鲁斯（C. G. Carus）、叔本华、冯·哈特曼（Eduard von Hartmann）和冯·谢林的哲学等。怀特曾写道："一般的无意识心理过程概念……在 1700 年左右出现，1800 年左右成为话题，并在 1870 年至 1880 年之间开始流行起来。"（Whyte 1960：168－169；强调为原文所有）我认为早期的文学作品，例如威廉·莎士比亚（1616 年去世）的戏剧，也呈现出我们心理过程中已知和未知面之间存在固有冲突的思想；这在对哈姆雷特和李尔王等角色的刻画中都有体现。而且，从一个角色到另一个角色，诸如"她申辩得太多了"这样的提法引起了人们对防御心理策略的注意，这表明莎士比亚和他的观众们持有一种关于人类心理的观念，在这种观念中，主体很少能够觉察到自己的想法，但此类隐藏的"无意识"过程可以通过对待他人的态度、语言和行为得到揭示。

在莎士比亚之后的大约一个世纪，启蒙运动一方面热衷于探索人的灵魂，并因此产生早期的心理学，但另一方面对理性的强调和理性至上，却导致倾向于对我们心理的各个方面进行分级，使得情绪和"非理性"思维（被称为"迷信"）被取代成心理的低级活动，这就意味着无意识概念即使不是多余的，也会被贬低。笛卡尔的"我思故我在"是我们人类"存在"的总和，它被描绘为完全由我们的理性意识觉知构成。在启蒙思想中，我们或许会注意到研究无意识的先驱对人类的知识和智慧感兴趣，并进行探 56
索。有时候，这会涉及古老、智慧的早期人类，即处于亚特兰蒂斯或埃及或者被诺亚时期的大洪水冲走的人类的想法，其只留下一些睿智的头脑将这些原始智慧传递到今天。这种对人类知识深度的推理和探索——超越今天的意识性思维——似乎也预示着一种无意识的思想。似乎是源于科学启蒙的超理性主义导致了补偿性地转而去关注被理性头脑所拒绝接纳的一切。这些方面一直存在于启蒙思想的边缘，当有空间去质疑启蒙的“确定性”时，这种思想便会重新出现。它们在19世纪末以超自然、灵媒、灵性接触和无意识心理的新心理学思想的形式出现。

但是，在西格蒙德·弗洛伊德（1857—1939）、C.G. 荣格（1875—1961）和弗雷德里希·尼采（1844—1900）诞生之前的半个世纪，德国浪漫主义者是展现无意识最直白的作家。弗雷德里希·冯·谢林（1775—1854）所创立的“自然哲学”清晰地指出无意识是“人类的根本基础，根植于宇宙中无形的生命之中，因此它是人与自然的真正纽带”（Ellenberger 1970/1994：204）。对于18世纪的浪漫主义者而言，对无意识的关注使我们能够通过梦、神秘主义的表现以及诗化的想象直接理解宇宙，进而理解我们“原初的”自己。这些目标和方法是古代人类所使用的，但这并不是巧合——它们在大约70年之后的荣格心理学中明确地得到了体现。

亚瑟·叔本华（1788—1860）在1819年出版的《作为意志和表象（或观念）的世界》一书中提出，人是受盲目的、自己几乎觉察不到的内在力量驱使的：这些内在力量是自我保存或繁殖的本能或者性本能。对于叔本华而言，意志——与无意识类似——不仅驱动我们产生那些与自己的理智（自我-意识）相冲突的思想，也使我们排斥来自意识的不必要的认知。很多人都发现了无意识概念与后来的结构之间的相似之处，例如作家托马斯·曼，他“觉得弗洛伊德对本我和自我的描述‘就像’叔本华对意志和理智的描述，只是从形而上学转译为了心理学”（Ellenberger 1994：209）。爱德华·冯·哈特曼在他的作品《无意识的哲学》（1869）中将早期的思想统合在一起，重新给叔本华的意志贴上“无意识”的标签，将其和种种心理现象具体地联系在一起，例如人格、感知、观念的联想、情绪，并在语言、宗教、历
57 史和社会生活中研究无意识的作用。他还将无意识分为三个层次。第一层是绝对的，是一种宇宙的无意识，它是另外两种形式的来源：“在包括人类在内的生物的起源、发展和进化过程中起作用”的生理无意识（Ellenberger 1994：210）；第三层，更多的是心理上的、无意识的，它为有意识的心理生活提供了基础。

上一段提到的第二层无意识非常接近C.G. 卡鲁斯（1798—1869）的构思，他可能是对荣格的个人和集体无意识构思的影响最贴近的人物。卡

鲁斯在1846年出版的作品《心灵》(*Psyche*)中所写的开篇词听起来与荣格的观点十分相似:

> 了解灵魂意识的生命本质的关键在于无意识领域。排除不可能性,这就解释了真正理解灵魂秘密的困难……但如果这种不可能性非常明显,那么灵魂科学的首要任务便是论述人的精神如何能够进入这些深度之中。
>
> (Carus 1846,引自 Ellenberger 1994:207)

卡鲁斯也区分出三种水平的无意识:一是绝对的且不可知的。二是一种前意识,通过身体的器官影响我们的情感生活。意识可能会影响到这个水平的无意识,这就是为什么卡鲁斯认为一个人的面部和躯体能够反映出他的人格。第三个水平的无意识对应于被压抑的材料——曾经有意识的情感、表象和随后变得无意识的感知。这三个水平分别对应于荣格的心灵结构中类心灵的无意识、集体无意识和个人无意识(第三个水平)这一清晰的初期形式。卡鲁斯也提及过荣格后来不断强调的无意识特征:与意识心理的活力不同的是,无意识不使用能量,因此不会像意识一样“需要休息”。它是身心疗愈的源泉,正是通过无意识,我们才能够与周围的世界以及其他人保持联系。

不同的病人如何催生弗洛伊德和荣格对“无意识”的不同理解

弗洛伊德对无意识概念的构思源自他和布洛伊尔对一个遭受癔症折磨的年轻女性的治疗——在新精神病学的几个核心城市,癔症是一种比较流行的诊断结果,例如在维也纳、柏林,特别是巴黎,沙可(Charcot)和让内(Janet)是主要的专家。对待这些病人和他们的症状的创新之处是,在精神病学领域躯体因素导致心理问题的思想正在被症状源自心理因素的思想所取代。通过自己的临床工作,弗洛伊德发展出他的重要病人安娜·O 58
所称的“谈话治疗”。弗洛伊德曾经尝试过纯粹的暗示疗法和催眠,但他发现,通过“自由联想”的过程,鼓励病人说出脑海中出现的任何东西,使他能够将它们与症状的来源或起因联系起来。一旦这种因果链能够建立,又得到了理解,也就是说被意识化,那么症状就会消失,因此这很明显就证明了病因不是躯体因素,而是某些心理创伤机制。按照这个方法,创伤性的经历被压抑在无意识中,因为意识心理不能忍受它们,而弗洛伊德学派分析师的主要任务是回溯、发现和重构原因,非常类似于一种考古发掘。

但是，弗洛伊德也希望将精神分析科学确立为他那个时代的精确科学，为此他将心理学理论与更具唯物主义色彩的生物学理论相结合。因此，在他大约1896年的初期构思中，他认为创伤性经历被压抑与本能被压抑有关，特别是性本能。从这个假设出发，他发展出自己的思想，即人类的心理，以至所有的文明生活，都是以对本能的压抑为基础的，这些本能主要是我们的性和攻击本能。性本能为心灵提供精神能量或力比多（libido，拉丁文的原意是“欲望”），这种精神能量或力比多如果能够得到升华，便会产生人类的成就，从艺术创作到对知识的好奇以及科学发明。尽管弗洛伊德将自己的理论扩展成了一种包括自我（部分无意识，但具有现实检验、区辨性思维和保护的意识性功能）、无意识的本我（本能或“激情”）以及超我的结构模型，但性本能是心灵动力的思想占了上风。即使是他后期关于死本能（Thanatos，趋向惰性或死亡的精神驱力）与生本能或爱欲（Eros，表现为亲缘关系中的生命保存本能）之间持续存在张力的思想也从未越过他的性中心论。

在弗洛伊德通过治疗年轻的、“患有癔症的”维也纳人，即资产阶级女性从而发展自己的理论和方法的时候，比他年轻19岁的卡尔·荣格，已经放下成为真正的考古学家的愿望，受训成为一名医生，并开始在苏黎世大学附属的伯格霍茨利精神病医院工作。荣格入职的时候，当时的负责人是尤金·布洛伊勒（后来成为荣格的导师），布洛伊勒是一名精神病医生，他不仅认可精神病问题并不一定是由躯体疾病造成的这一思想，而且认可这些病人所讲的话及其症状尽管乍一看非常令人困惑但却具有意义。荣格与弗洛伊德早期精神科执业经历的另一个关键不同之处是荣格在伯格霍茨利主要治疗的是患有严重精神疾病的人。由于所受的教育和社会阶层的差
59 异，当时的精神科医生和他们所治疗的病人是分开的，尽管今天也经常如此。在瑞士，由于不同的州和方言的差异，除了他们的病情，城市里上层阶级的医生很难理解他们，但荣格和布洛伊勒都是来自瑞士的乡村，他们能够利用自己熟悉的乡村方言使自己在对病人的话产生共情之前就可以和病人更加亲近。而且，布洛伊勒最先提出躁狂（躁狂-抑郁或双相障碍）与早发性痴呆的差异，并提出精神分裂症这一概念来取代早发性痴呆。荣格主要治疗的是精神病人，而像弗洛伊德等人治疗的主要是神经症患者，因此荣格对心灵有不同的洞察，最终发展出不同的无意识概念。

根据荣格在自己的自传《回忆，梦，思考》（1963/1983）中的描述，

他对无意识的兴趣以及概念形成最初的来源有三个：他对自己人格的觉察、他对降神现象的兴趣，以及尼采的作品。小时候，荣格已经觉察到一种内在的分裂，他后来将之称为自己的“一号”和“二号”人格。第一人格在日常的朋友相处、学校、家庭和社会活动中表现出来，而第二人格却显得更加黑暗和神秘，其似乎是来自另外一个世界，而非来自这位瑞士乡村牧师儿子的世界。这是他人格的一部分，与梦，也和恐惧以及幻想连接在一起，而且正是这一洞察使他第一次觉察到无意识。他的母亲是一位非常敏锐的女性，可能拥有通灵的能力和敏感性，还有与这种气质相伴随的超凡特质和心态。她似乎影响了荣格的第二人格，当荣格还是学生的时候，他对降神现象非常感兴趣，甚至他的博士论文研究的都是这一领域。他以表妹海伦·普莱斯维克为研究对象，他研究的是表妹作为灵媒所表现出来的能力，而灵媒在当时的欧洲非常流行。通过这个过程，他逐渐不再相信她的通灵“力量”，而更加相信她在恍惚状态中所呈现出来的现象和知识，此时她的意识心理不能觉察到这些，这些都来自她的无意识心灵。而且她自己也不知道这些内容，因此这就暗含着某种文化的集体无意识。荣格推论，研究对象涌现的无意识材料，通常是梦的意象（不仅仅是普莱斯维克在恍惚时所讲的话），不能被视为是通过个人的学习或经验获得的，他假设这可能来自一个集体的、一般的和普遍的集体心理部分，通过无数次重复的人类文化意象和经验而产生，尽管在细节上会存在差异，但仍然具有可识别的共同特征和意义。荣格一生都在发展这一思想，但在初期阶段，其与早期人类学思想，如詹姆斯·弗雷泽（James Frazer）的《金枝》 60
（*The Golden Bough* 1890－1915）中的思想有许多共同之处，这些思想试图展现人类文化和行为之间的相似性，而这些文化和行为以前被那些通过欧洲殖民而首次接触到它们的人认为是怪异的，几乎没有人性的成分。

尼采对弗洛伊德和荣格都产生了影响，尽管弗洛伊德并未公开承认这一点。荣格认为自我是“意识的中心”，但他同时也吸收了尼采的思想，即心灵是一个整体，无意识是核心来源，因此完全将自我-意识的中心地位相对化。尼采强调不是“我”思考想法而是“想法思考我”这一事实，以及“梦如何为大脑提供一种消遣，因为大脑在白天不得不满足更高文化对思维提出的严格要求”（Nietzsche 1878：24－27），这些在荣格的心理学和他关于个人无意识和集体无意识的思想中都有所体现。但当荣格开始在伯格霍茨利成为精神科的专业医生时，他开始为建立无意识的概念及其过程寻找更加科学的方法。为了达到这一目的，他使用的是字词联想测验，这一方法最初是由弗朗西斯·高尔顿爵士发明，荣格通过广泛的研究将这个测验应用到对精神病人的测试中。最初，荣格把它当作诊断工具使用，之后字词联想测验研究的经历帮助他提出关于人类心理过程本质的假设（Jung 1906a，1906b；也见 Jung 1909）。

与将荣格的方法视为思辨和“神秘主义”取向的一般论调完全相反的是，他的字词联想测验所使用的量化方法与今天的心理学实验非常一致。荣格和他的同事所使用的字词联想测验程序是，向病人呈现一系列刺激词，要求病人尽快报告出他们看到词的那一刻的第一想法，实验结果的分析主要是勾勒出完成任务过程中引起意识中断的情绪节点，因为无意识节点的词汇会影响理性意识行使功能。弗洛伊德在维也纳的临床实践中使用自己的方法要求病人报告自由联想时最先进入脑海的内容，从而提出的无意识性压抑的概念在这里有了实验证据的支持。类似于字词联想测验中的联系，弗洛伊德发现病人的联想会将他们引向一个核心的经验中，也就是被压抑从而被排除在意识之外的记忆。但他缺乏更有力的（即定量的）证据，而字词联想测验能够为相关和受阻的想法提供支持。荣格将自己的发现发给
61 弗洛伊德，二人从 1906 年开始合作，一直持续到 1912 年。对于荣格而言，他们共同认可的概念是个人无意识，而情结是个人无意识的主要内容。

荣格的差异日趋明显

最初，荣格是弗洛伊德精神分析的支持者，他会在会议上以及出版的作品中为其辩护，但他也是一位独立的思想家，试图根据自己的经验、新的资料和见解来扩展弗洛伊德所开创的用来解决异常问题的一般精神分析理论。因此，荣格在 1913 年发表的论文《精神分析理论》（1913）中详细阐述弗洛伊德的基本理论及其发展（根据荣格的理解），并给出自己的扩展，我们在这里可以看到他以弗洛伊德学派的方式对无意识所做的最简洁的论述。尽管荣格已经开始对集体无意识有所思考，但他形成个人无意识和集体无意识范围的概念是在他论述一般的无意识之后。因此，当他在精神分析的范围内提到“无意识”时，他指的是自己后来所讲的个人无意识。

荣格写道，弗洛伊德早期关于癔症和创伤的研究工作产生了

> 一个远远超出创伤理论范围的概念，这就是“压抑”。正如你们所知道的那样，所谓“压抑”，我们指的是意识的内容被转移到意识范围之外的机制，我们将该领域称为无意识，并将之定义为我们无法意识

到的心灵元素。

（Jung 1913：par. 210）

这篇文章发表之后不久，荣格的创新随之出现。荣格一直对弗洛伊德教条式地强调性本能和婴儿性欲是心灵能量或力比多唯一的来源心存不满，他认为“力比多”的拉丁文原意是“饥饿”（类似于营养本能）以及“强烈的愿望”。根据物理学以前将力视为独立的部分而现在视其为一种“能量”，但会将其导入不同的形式中，荣格认为性不是心灵能量的唯一来源，但“力比多”是一种一般的心灵能量，它可以进入不同的通道，从而服务于性、生育、营养或其他任何本能。这就是他那众所周知的关于心灵能量的泛化或遗传理论，标志着与弗洛伊德学派关于无意识的精神分析观点的彻底决裂。荣格注意到神经症病人是如何夸大过多投入力比多的作用的：

病人自己看不到也接触不到力比多……精神分析的任务是找到力比多的藏身之地，因为病人自己不能到达那里。这个隐藏之地就是“非意识”，我们也将之称为“无意识”，同时没有赋予它任何神秘色彩。 62

（Jung 1913：par. 255）

而且，荣格非常直接地反对弗洛伊德将性这一术语延伸到类似于吮吸的婴儿活动中：“吮吸动作可以从营养功能的角度进行思考，在生物学的基础上，该动作的起源比弗洛伊德的观点更能够得到验证。”（Jung 1913：par. 262）

荣格关于无意识的进一步观点可以在他这一早期的文本中找到，尽管上面有两个例子，但这一文本的出发点显然是捍卫精神分析观点——并试图通过提供“改进”来做到这一点。荣格将婴儿的幻想描述为无意识范围的一部分，并且在神经病人身上，这种幻想更为强烈：

他［神经症病人］从未意识到他还有某些婴儿般的要求……他沉溺于各种宠爱的幻想中，但他几乎从未意识到自己拥有这些。它们通常只存在于情绪性期待、希望、偏见等之中。在这种情况下，我们称之为无意识幻想。

（Jung 1913：par. 313）

但是，即使荣格试图为精神分析辩护，反对其诋毁者，他仍然成功地透露出自己的观点，而弗洛伊德最终无法容忍这种观点。著名精神病学家古斯塔夫·阿萨芬堡（Gustav Aschaffenburg）认为：“所谓的无意识幻想仅仅是对病人的暗示，只存在于分析师的脑海中。”荣格在反驳这个批评时认为：

> 只有那些没有心理学教育经历和心理学历史知识的人才能够做出这样的指责。任何一个少许窥视过神话的人，都不可能看不出精神分析学派所揭示的无意识幻想和神话思想之间的惊人相似之处。反对的观点认为神话知识是通过暗示传递给病人的，但这一点根本站不住脚，因为精神分析学派首先看到幻想，之后才认识它们的神话。我们知道，神话在医生的知识范围之外。
>
> (Jung 1913：par. 316)

63 尽管荣格明显是在支持弗洛伊德的精神分析，但他是在主张无意识幻想的真实性，这与弗洛伊德的性幻想或创伤理论并不相符，而是完全落在神话学领域。这是在荣格已经使用一般性的心灵能量取代性力比多，并敢于质疑弗洛伊德赋予婴儿性欲核心地位这一观点之后。在引用神话学内容的时候，荣格似乎在暗示俄狄浦斯幻想，但他对俄狄浦斯叙事中的性欲张力元素只是轻描淡写，并认为其本身就是一个神话，因此他在一团云雾中远离了精神分析。尽管他对此感到很兴奋，但弗洛伊德比较反感神话学的非科学、非生物学特征，并指责其在支持生物进化理论。而现在他“钦定的继承人”卡尔·荣格却要坚定地将神话引入精神分析理论的结构中。因此，荣格一边巧妙地应对其他精神分析师对他不忠于团队的指责，一边开启自己的视角，后来建立分析心理学，提出自己的主要概念：集体无意识。

集体无意识概念的构想

荣格一直不满于弗洛伊德的无意识概念，但直到他形成自己的集体无意识概念，他才给出了心灵结构的模型，不仅将集体无意识纳入版图中，而且以他自己的思路厘清了个人无意识。荣格谈到在1909年他和弗洛伊德前往美国的途中所做的一个梦如何使他开始回答自己构思的一些迫切的问题：

> 它们是：弗洛伊德的心理学建立在什么前提之上？它属于人类思想中的哪一类？其几乎完全排他的个人主义和一般的历史假设是什么关系？
>
> (Jung 1963/1983：185)

荣格在《回忆，梦，思考》(1963/1983：182－183) 中详细地记录了这个梦，他写道：“对我而言，这个梦成为一个指导性的意象，在未来的日子里，它得到了证实，我完全不用怀疑。”(Jung 1963/1983：185) 在这个梦中，荣格在一所房屋中逐层向下走，他进入的每一个房间在建筑风格上都越来越古老。楼上有一个“用古老精美的画作装饰的洛可可式大厅”(Jung 1963/1983：182)，其下方是一个15或16世纪的房间，里面摆着“中世纪的家具，地板则由红砖铺成”(Jung 1963/1983：182)。接着荣格向下走到

> 一个漂亮的、看起来非常古老的圆顶房间。通过对墙的检测，我发现 64
> 砖层夹在普通的石块之间，砖与砖之间是白灰。当我看到这些的时候，我立刻明白这些是罗马时期的墙。
>
> (Jung 1963/1983：182)

最后一层是一个洞穴，“地上积着厚厚的尘土，尘土中散落着骨头和破碎的陶器，像是原始文化的遗迹”(Jung 1963/1983：183)。荣格是在发现内在世界的某些侧面以及关于心灵的理论很难与弗洛伊德分享的情况下记录下这个梦的，他经常对质疑弗洛伊德的精神分析感到挣扎，并告诉我们弗洛伊德如何给出一个个人化的诠释，但对于荣格而言，这个梦有着非常不同的意义：它暗示着某些与弗洛伊德的精神分析模型以及精神分析计划的原始概念完全不同的内容。在对个人和非个人-历史关系的思考中，荣格发现：

> 我的梦在为我提供答案。很明显，它指向的是文化历史的基础，即意识的历史连续层。因此我的梦由一种人类心灵的结构图式构成，它假定人类的心灵深处同时存在某些非个人的本质。
>
> (Jung 1963/1983：185)

这个梦启发荣格回到对考古学、神话和诺斯替教的研究之中，同时对他的病人米勒小姐的幻想进行探索，最终出版《无意识的心理学》一书(Jung 1912/1916/1952)，这是他与精神分析分裂之后的第一部著作。荣格在谈到这部作品的时候，提到了自己和弗洛伊德的合作：

> 我主要的目标之一是将医学心理学从当时以主观的和个人的偏向为特点的世界观中解放出来，从而使其能够将无意识理解成一种客观的和集体的心灵。
>
> (Jung 1956：xxiv)

界定个人和集体无意识

一旦荣格开始与另一个客观的、文化的和集体的无意识接触，那么它

65 就变得更加紧迫，但也更加容易定义他所说的个人无意识。集体无意识肯定与弗洛伊德的概念不一样，但荣格的个人无意识概念和弗洛伊德的一致吗？二者有相似之处：都包含被压抑的内容，其通常是婴儿性质的材料以及来自个人成长史的素材。荣格指出，在他对神经症创伤理论的修正中，童年经历或许会扮演一种回忆的角色，限制心灵能量，之后为成人癔症症状的自我管理提供形式。但这与认为童年经历是症状的肇因是完全不一样的；相反，荣格发现症状都有一个*目标或目的论*（“未来肇因”），童年经历只为成人在试图解决当下危机时提供形式。他引用一位患有癔症的女性作为例子进行支持，这位女性在骑马的时候会回想起一个与教练和马有关的创伤经历，但实际上她的无意识驱力是当前想和已经结婚的情人保持关系的渴望。荣格的结论是：“*病理性冲突的肇因主要是当前的状况。*”（Jung 1913：par. 373；强调为原文所有）

在 1927 年的论文《心灵的结构》（Jung 1927）中，荣格或多或少对个人无意识的传统立场做了更大的澄清。

> 个人无意识首先是由那些成为无意识的内容构成，因为它们要么已经失去自己的强度，要么被遗忘或者已经离开意识（压抑），其次是程度从未强烈到可以触及意识或在某种程度上进入心灵中，但某些内容是可以感觉到的。
>
> （Jung 1927：par. 321）

随后，荣格（1946）在《论心灵的本质》中详细论述了无意识概念的历史（包括我在上文提到的那些历史先驱），目的是将本能和意志或精神的角色分离开来。心灵散布在身体有机物质中，也就是本能的领域，它是如此缺乏意识性，以至于永远不会接触到意识以及被他称为*心灵*的领域。在未知的本能和可能为意识所知的意象之间有一个连续体，本书第三章（“原型”）对此会有详细的论述。但以下是荣格后来对无意识的更加成熟的定义，它最初是在精神分析中构思出来的：

> 如此定义，无意识呈现的是事件的一种极端流动状态：我知道，
> 66 但在这一刻并未想到的一切；我曾经意识到，但现在已经忘记的一切；我的感官感知到，但未进入意识的一切；偶然出现，但未被注意到、感受到、思考到、回忆起、想要并去做的一切；所有在我脑海中成形而且有时候会进入意识的未来的东西。所有这些都是无意识的内容。可以说，这些内容或多或少都具有意识的能力，或者曾经是有意识的，

> 或者下一刻可能再次成为有意识的……对于这种边缘现象……我们已经看到弗洛伊德的发现也属于这一范畴。
>
> （Jung 1946：par. 382）

荣格将自我视为意识的中心，但他也看到无意识的创造性，其能影响到我们的意识性思维，因此“更加真实和富有智慧”。个人无意识的内容包括情结，同时荣格扩展了这个概念，将可以在梦中清晰看到的人格化部分或解离的人格片段也包括进来。理解个人无意识以及与之相连的碎片化的另一种重要方法是利用荣格的阴影概念，阴影可能会在梦中或者被投射到别人身上时显现。“阴影是所有未被主体承认的内容的化身，并且它还总是可能直接或间接地施加到个体身上——例如性格上的劣势和其他不相容的倾向。”（Jung 1939：par. 513）阴影是一切“不是自己”的东西，也可能包括对整体人格有益的创造性特质，但由于主体成长或社会状况而丧失或被压抑。由于我们的主要目的是追溯个人无意识的定义，注意到荣格强调“阴影……首先是个人无意识的代表，因此它的内容比较容易变得有意识”（Jung 1950：par. 19）这一点是比较有趣的——这个论述强化了他早期的主张，即“阴影与‘个人的’无意识（相当于弗洛伊德的无意识概念）重合”（Jung 1939：par. 513）

集体无意识本身

荣格认为意识源于无意识心灵，无意识比意识更古老，但并不是说无意
识仅仅是更古老材料的残留。荣格在说这句话的时候，指的是一个无意识的
领域，为了反对个人无意识，他对这个领域进行了消极的定义。集体无意识
是心灵的一部分，它不是个人获得的，而且也不是通过个人经验获得的。它 67
的内容从来不会进入意识——它们不是被压抑也不是被遗忘的——并且它们
不能够通过后天获得，因为它们只以传承的形式存在。荣格因此总结道：

> 那么，我的论点如下：我们当下的意识是完全个人特质的，而且我们相信它是唯一的经验性心灵（即使我们把个人无意识视为一种附属），除此之外，还存在着另外一种心灵系统，它带有集体、普遍和非个人的特质，在所有个体身上都是一样的。集体无意识不会独立发展，只能传承。它由预先存在的形式构成，也就是原型，但它不能直接变得有意识，而是为某些心灵内容赋予形式。
>
> （Jung 1936：par. 90）

荣格注意到早期的精神分析理论，如弗洛伊德和阿德勒的理论，在本能上也有一个先验的一般基础，这些本能都是非个人的、先天的和普遍的。事实上，他说，原型与本能相似。

在荣格确定“原型”概念之前，他在1927年《心灵的结构》讲座中阐述了他的集体无意识思想，并根据1913年修正弗洛伊德的精神分析时我们可以读到的线索，给出了相应的证据，即病人的意象和梦中的神话学材料。集体无意识由“原始意象”和“神话学母题”构成，荣格得出结论，我们的神话、传说和童话都是被投射的无意识心灵的载体。荣格将这个过程类比为人类将有意义的意象投射到恒星上，并将这些恒星“星座化或集聚”（constellated）为随后被命名的形式。他不认可功能主义者的观点，即古人通过将它们拟人化来解释自然事件。相反，荣格认为经过百万年的发展，心灵像身体一样，已经适应了环境中的物理事件，通过神秘参与（participation mystique）创造神话材料，而在神秘参与中，主体和客体的分离并不明显。并且，不是闪电或云朵或地震等物理现象依然存留在心灵中，而是“*它们激发的效应所产生的幻想*”（Jung 1927：par. 331；强调为笔者所加）。饥饿和性之类的躯体功能像危险、疾病和死亡一样，会产生根深蒂固的幻想意象。但是，最重要的是日常发生的事件，“诸如丈夫、妻子、父亲、母亲和孩子等近亲……这些都在不断地重复，并创造出最强大的原型，很明显，即使在我们所处的理性年代中，它们也到处无休止地活跃着”（Jung 1927：par. 336）。

因此，集体无意识是人类心灵的记录，它可以追溯到遥远的古代，就
68 像我们的身体形态以及“爬行动物的大脑”还保留着祖先的痕迹一样。但
它绝不是一种

> 死亡之物、一类被遗弃的垃圾堆，而是一种鲜活的反应和自然倾向系统，它以一种看不见的方式决定着个体的生活……原型只是本能的假定形式。一切富有创造性的东西都是从本能的活泉流出的，因此无意识不仅仅受历史制约，它也是创造性驱力的源头。
>
> （Jung 1927：par. 339）

虽然集体无意识和个人无意识一样与个体息息相关，但当荣格考虑“文明”社会，即现代性的心理层面时，他认为集体无意识更加重要。当弗洛伊德在构思俄狄浦斯情结时，他就已经将本能和“一般的”心理现象联系在一起，而俄狄浦斯情结在他命名它之前很久就已经有了神话的表达。但弗洛伊德的强调是还原性的，仅用神话母题来表达某一类个体的自

我发展以及特定的家庭动力机制。弗洛伊德甚至将根植于他幻想中的俄狄浦斯在《图腾与禁忌》（1912－1913）一书中延伸到对原始部落里儿子谋杀父亲的建构中，但他主要强调个体的病理机制，当我们希望从总体上把握现代心灵的意义时，我们就要转向荣格。

荣格指出，从远古时代起，集体无意识就通过各种形式的哲学和宗教与意识产生联系，并在意识中表现出来。但在理性主义的压力以及科学认识论的约束下，特别是中世纪结束之后，这些形式逐渐衰退，心灵进行表达的象征或仪式方式越来越少，从而倾向于以集体的方式投射出来，未来也是如此。一个纯个人化的心理机制倾向于否认和扭曲这种效应："既然大多数的神经症不只是个人问题，更多的是社会现象，我们就必须假定原型也在这些个案那里集聚。"（Jung 1936：par. 98）1936 年，当荣格为伦敦的医生们准备讲座报告的时候，历史给了他一个机会将这一切看得清晰，也就是德国纳粹的崛起。

> 今天，我们可以比二十年前更好地判断出相关力量的本质。难道我们看不出国家作为一个整体如何复苏古老象征的活力，甚至是古老宗教的形式，以及这一大众情绪如何以灾难性的方式影响和变革个人生活吗？古人在今天还存活在我们身上，其程度在［第一次世界］大 69
> 战之前令人难以想象，那么归根结底，除了是个人心灵变化的总和之外，大国的命运还会是什么呢？
>
> （Jung 1936：par. 97）

最近，威尔士王妃戴安娜以及大众对她死亡的反应被荣格派学者视为集体无意识寻找投射对象的例子（Haynes and Shearer 1998）。我在《荣格与后现代：对现实的诠释》（Hauke 2000）一书中指出，戴安娜似乎拥有被我们当代的主导意识所犹犹豫豫珍视的品质；在某个时期被边缘化的人的品质依然存在于集体无意识中，并且将会找到表现形式。这是通过无意识的投射来实现的，然后，就像在戴安娜事件中一样，这是一种通过与意象建立关系来"收回"投射的形式，那些站在葬礼前的人低语说"我好像认识她"便是典型的例子。一千多年来，人们通过圣母玛利亚的意象来"认识"她也是如此。荣格认为这样的象征在比较非理性的时代比较常见。它们曾经为人类和心灵服务，但现在已经失去了将意识与它在心灵本能基础上的根源联系起来从而为人类带来一个自然和其他（非人类）世界的连接的能力。

与此同时，集体无意识的内容会对自我和人格产生有害的影响，因为如果它们没有被投射到外部世界，那么它们会使用强大的情绪反应和意象吞噬自我-意识。事实上，这就是荣格看待精神病妄想的方式，他的严重病患的话语和意象中普遍性和神话性的特质使他相信存在集体无意识这一事实。荣格最早在 1912 年将这些材料出版（Jung 1912/1916/1952）。梦以及他自己的主动想象体验（Jung 1963/1983：194－225）都为他提供了进一步的证据——主动想象是一种清醒的梦，其中无意识的材料自发地涌现，但自我始终保持足够“清醒”以便观察涌现出来的内容。

还有支持集体无意识存在的其他证据吗?

荣格派分析师安东尼·斯蒂文斯（Anthony Stevens 1995）指出，由于行为主义的盛行，先天结构在 20 世纪初的科学领域逐渐没落不被重视——而现在，先天的结构似乎已经在生物学、心理学和自然科学的许多科学观点中占据了重要的地位。尼古拉斯·廷贝亨在动物身上发现了他所谓的“先天释
70 放机制”，尤其在涉及父母和孩子的关系时。约翰·鲍尔比在他的依恋理论中提到了这一点。诺姆·乔姆斯基关于人脑“深层结构”的思想似乎也得到了越来越多证据的支持，“深层结构”赋予人类语言中普遍语法结构的潜能，尽管人类的语言看起来存在巨大的差异。社会生物学和进化心理学都认为，经过数千年进化，适应性的心灵结构得以产生，这个思想非常接近荣格的集体无意识原型概念：“专门的学习机制将经验组织成适应性的有意义模式或框架。”（Cosmides 1985，引自 Walters 1994）

在进一步支持荣格的观点时，斯蒂文斯还提到了保罗·麦克林恩（Paul Maclean 1976）如何证明人类大脑中的哺乳动物和爬行动物成分仍然在现代人类中发挥作用。他引用了米歇尔·朱维特（Michel Jouvet）的睡眠实验，朱维特的实验证明，梦是产生于大脑的古老区域，似乎具有明显的进化适应功能（Jouvet 1975）。

但是，最近对无意识过程的研究来自认知科学领域，它运用计算机建模和脑成像技术来研究大脑功能的神经基质。如索伦·埃克斯特罗姆（Soren Ekstrom）所写：“弗洛伊德和荣格的推测为推断无意识过程的特定突触和神经表现埋下了伏笔。”（Ekstrom 2004：662）莱考夫和约翰逊在他们的著作《肉身哲学》（1999）中利用神经科学、认知语言学和神经建模领域的研究得出结论：“我们大部分的思维是无意识的，不是弗洛伊德所说的被压抑，而是在认知觉察水平之下被操作，意识注意不到，而且运转很快，几乎很难被锁定住。”（Lakoff and Johnson 1999：10）虽然荣格

的无意识概念将宗教与科学结合在一起，但当他 1935 年在英格兰演讲时，他却清晰地预见到神经病学研究将为他的推测提供进一步的证据：

> 意识像是在广阔未知的无意识区域之上的外表或皮肤……为了建立一个远离我们感官和心灵的那个世界的图景，我们需要一个拥有非常复杂仪器的实验室……对无意识也是如此，我们应该建立一个实验室，从而可以在这里形成客观的方法，对事物在无意识状态下的真实状况进行研究。
>
> （Jung 1935/1977：par. 11）

今天的认知科学似乎拥有荣格所渴望的研究设备，他知道这些设备能够补充此前数百年哲学和心理学对无意识心灵的推测。

结语 71

我经常问自己和我的学生：“如果没有弗洛伊德，荣格会成为什么？”他会被边缘化吗？或者像 C. G. 卡鲁斯一样被遗忘？卡鲁斯对无意识富有见地的思考比弗洛伊德和荣格都早。荣格与弗洛伊德之所以闻名世界（而卡鲁斯没有）似乎是因为精神分析和分析心理学是*治疗的方法*，在弗洛伊德提出治疗精神疾病的新方法之后，深蕴心理学已经从一种哲学理论转变成一种应用心理学理论，它的方法可以启发个体变得更好。通过荣格的发展，这种方法被延伸得更远，因为分析心理学不仅关注个体，而且在某种程度上可以被视为对自启蒙运动以来西方的工业化带来的社会变化如何普遍影响人类心灵的隐晦批判。非常像他之前的尼采，荣格一方面强调现代意识是如何以一种特殊的方式进化的，从而使得人类有史以来对世界的最大控制得以实现。另一方面，对无意识的忽略已经导致巨大的人性丧失，具体表现就是仅认可只有依赖理性意识才能取得发展的假设，从而忽略心灵的创造性潜能，这是最好的情况。而最坏的情况是忽视人与世界的关系，以及不能辨识我们对它的投射，这会导致巨大的破坏。因此，荣格的无意识思想不仅为个体的灵魂，而且在一般意义上也为 21 世纪社会的“灵魂”提供了一种疗愈方式。

这也远远不是一项纯粹的社会学工程，因为荣格一直强调个体的重要性，重视全部潜能得到发展的过程，他称之为个体化。然而，在每一个个体都承载着普遍的集体无意识心灵的心理学中，每一个处于个体化中的人都在推动意识和无意识心灵的整合，从而为大众集体观念的改变做出贡献。因此，我将后现代哲学和社会学的批评与荣格心理学联系在一起，因为二者都肯定主观的经验，从而能够在真正且多元的意义上和只依赖“客观性”的主导认识论平分秋色（Hauke 2000）。与此同时，后荣格派学者安德鲁·塞缪尔斯（Andrew Samuels 1995，2001）也使用荣格的观点讨论了如何可能更好地理解我们的政治行为（包括性别、种族和阶级政治）——以及或许还有，如何通过关注无意识心理学而从其犬儒主义中复苏。在这两种情况中，心理学视角的应用在现代社会里会被错误地视为只
72 关注个体，但这种视角正被当作批判社会理论的新工具而得以应用，这类似于法兰克福学派的理论家们对弗洛伊德思想的应用。不同的是，我和塞缪尔斯并不将深蕴心理学焊接到社会理论上，而是恢复和放大荣格心理学视角中已经存在的连接，荣格的视角已经包含了集体现象，并且是由他在他所生活的世纪里需要理解人类集体行为心理学而推动的。

今天，作为一种思维和行动方式，荣格心理学在当今比以往任何时候都显得更为重要，它不仅像在精神分析中那样正在应对个体的心理痛苦问题，而且正在对世界上更广泛的心灵上的可能后果采取行动。通过发展同时具有个人和集体部分的无意识心理学，荣格提供了理论工具，使心理治疗师——以及诸如电影、文学、国际关系、艺术和社会政策等其他领域的学者——就回答 21 世纪初的我们是谁和我们将走向何处这些问题提供了全新的视角。

参考文献

Carus, C.G. (1846/1975) *Psyche*. Darmstadt: Wissenschaftliche Buchgesellschaft.

Cosmides, L. (1985) ‘Deduction of Darwinian algorithms? An explanation of the “elusive” content effect on the Wason selection task’, doctoral dissertation, Department of Psychology and Social Relations, Harvard University.

Ekstrom, S. (2004) ‘The mind beyond our immediate awareness: Freudian, Jungian and cognitive models of the unconscious’. *Journal of Analytical Psychology*, 49(5): 657–682.

Ellenberger, H. (1970/1994) *The Discovery of the Unconscious: The History and Evolution of Dynamic Psychiatry*. London: Fontana.

Frazer, J.G. (1890–1915) *The Golden Bough: A Study in Comparative Religion*, twelve volumes. London: Macmillan.

Freud, S. (1912–1913/1983) *Totem and Taboo*. London: Ark/Routledge and Kegan Paul.

Hartmann, E. von (1869/1931) *Philosophy of the Unconscious*, trans. W. Coupland. London: Kegan Paul.

Hauke, C. (2000) *Jung and the Postmodern: The Interpretation of Realities*. London: Routledge.

Haynes, J. and Shearer, A. (eds) (1998) *When a Princess Dies: Reflections from Jungian Analysts*. London: Harvest.

Hunt, R. (ed.) (1967) *Personalities and Cultures: Readings in Psychological Anthropology*. New York: Natural History Press.

Jouvet, M. (1975) 'The function of dreaming: a neurophysiologist's point of view', in M.S. Gazzaniga and C. Blakemore (eds) *Handbook of Psychobiology*. New York: Academic Press.

Jung, C.G. citations: except where a different publication or translation is noted below, all references in the text are to the hardback edition of *The Collected Works of C.G. Jung*, ed. Sir Herbert Read, Michael Fordham and Gerhard Adler, 73
trans. R.F.C. Hull, 21 volumes (*CW*). London: Routledge and Kegan Paul.

Jung, C.G. (1906a) 'Psychoanalysis and association experiments', in *CW* 2: pars. 660–727.

—— (1906b) 'Association, dream and hysterical symptom', in *CW* 2: pars. 793–862.

—— (1909) 'The association method', in *CW* 2: pars. 939–998.

—— (1912/1916/1952) *The Psychology of the Unconscious*. *CW* 5.

—— (1913) 'The theory of psychoanalysis', in *CW* 4: pars. 203–522.

—— (1927) 'The structure of the psyche', in *CW* 8: pars. 283–342.

—— (1935/1977) 'The Tavistock Lectures: Lecture 1', in *CW* 18: pars. 1–73.

—— (1936) 'The concept of the collective unconscious', in *CW* 9i: pars. 87–110.

—— (1939) 'Conscious, unconscious and individuation', in *CW* 9i: pars. 489–524.

—— (1946) 'On the nature of the psyche', in *CW* 8: pars. 343–442.

—— (1950) 'The shadow', ch. 2 in *Aion*. *CW* 9ii: pars. 13–19.

—— (1956) 'Foreword to the fourth Swiss edition', in *CW* 5: xxiv.

Jung, C.G. (1963/1983) *Memories, Dreams, Reflections*. London: Fontana.

Lakoff, G. and Johnson, M. (1999) *Philosophy in the Flesh: The Embodied Mind and its Challenge to Western Thought*. New York: Basic Books.

Maclean, P.D. (1976) 'Sensory and perceptive factors in emotional function of the triune brain', in R.G. Genell and S. Gabay (eds) *Biological Foundations of Psychiatry*, Volume 1. New York: Raven.

Malik, K. (2000) *Man, Beast and Zombie: What Science Can and Cannot Tell Us about Human Nature*. London: Weidenfeld and Nicolson/Phoenix.

Nietzsche, F. (1878) *Human, All Too Human*, trans. H. Zimmern and P.V. Cohn, quoted in Jung, *CW* 5: par. 27.

Paul, B. (1953) 'Mental disorder and self-regulating processes in culture: a Guatemalan illustration', in R. Hunt (ed.) (1967) *Personalities and Culture*. New York: Natural History Press.

Samuels, A. (1995) *The Political Psyche*. London: Routledge.

—— (2001) *Politics on the Couch: Citizenship and the Internal Life*. London: Profile.

Schopenhauer, A. (1819/1958) *The World as Will and Representation*, trans. E.F.J. Payne, two volumes. Indian Hills, CO: Falcon's Wing Press.

Stevens, A. (1995) 'Jungian psychology, the body, and the future'. *Journal of Analytical Psychology*, 40: 353–364.

Walters, S. (1994) 'Algorithms and archetypes: evolutionary psychology and Carl Jung's theory of the collective unconscious'. *Journal of Social and Evolutionary Systems*, 17(3): 287–306.

Whyte, L.L. (1960) *The Unconscious before Freud*. New York: Basic Books.

74

第三章

原型

安东尼·斯蒂文斯

引言：原型理论在荣格思想中的地位、重要性以及相关性

荣格的原型理论是集体无意识的运作部分，他试图以此去界定人类心理的基石。在 20 世纪的深蕴心理学家中，实际上只有他拒绝接受人的心理发展的白板（tabula rasa）理论，完全接受进化压力造就人类心理基本结构和功能的观点。荣格写道：

> 认为新生婴儿的心灵是一块白板也就是完全一片空白的观点是错误的，因为新生儿出生时就有一个分化的大脑，这个大脑由遗传决定，因此是个体化的，它使用特定的能力而不是任意的能力对来自外在的刺激进行反应。
>
> (Jung 1936/1954：par. 136)

这些特定倾向的基底是由原型构成的。

> 那里没有人类经验，也不可能有任何经验，不受任何主观能力的影响。那么什么是主观能力呢？它根本上由先天的心灵结构构成，从而使人有相应的经验。因此男人的整体天性由女人决定，包括身体上的和精神上的。他的系统起点是女性，就像有水、光、空气、盐、碳水化合物的地方才有相当确定的世界一样。他所诞生在的世界的形式
> 75 已经像一个真实意象一样随他出生，同样，父母、妻子、孩子、出生和死亡都是他生来就有的真实意象、心灵能力。这些先验的范畴本质上具有集体的特征，它们是父母、妻子和孩子的一般意象，而非个体的预先设定。因此，我们必须将它们视为缺少实际内容的意象，就像无意

> 识一样。它们只有在遇到经验事实时才获得稳固性、影响力和最终的意识，这些事实触及了无意识的能力并使赋予生命的速度得到提升。在某种意义上，它们是我们祖先经验的沉淀，但又不是经验本身。
>
> (Jung 1928：par. 300)

“因此，所有这些因素对我们最近和远古的祖先都必不可少，对于我们也是如此，因为它们都根植于遗传的器官系统中。”(Jung 1928/1931：par. 717)

除荣格之外，几乎所有其他20世纪的心理学家和精神分析师，以及社会学家和人类学家都会关注个体的种种差异，并试图将这些差异归因于他们在成长的过程中所受的文化和社会影响。与这些观点相反，荣格认为真正的心理学必须在研究个体差异之前先研究人类共有的内容，从而才有希望获得有意义或可靠的结论。

在这里又不可避免地提到他和弗洛伊德的冲突。尽管弗洛伊德坚持认为无意识心理的内容完全由个人的和特别属于个体的以及被压抑的愿望与创伤性的记忆构成，但荣格指出还存在另外一个种系发生层（“集体无意识”），它包含整个人类的心灵潜能。荣格与他的同事在苏黎世的伯格霍茨利医院对精神分裂症病人的幻觉和幻想所进行的研究为这个概念提供了支持，他们的研究能够显示出其中包含的母题和意象也出现在全世界的神话、宗教和童话中（Jung 1956）。因此荣格得出结论：必然存在一个动态的基底，其对于所有人都是一样的，每一个个体都在这个基底上建构自己的特征。换句话说，集体无意识中的原型为人类的生活提供基本的主题，个体在此基础上发展出各式各样的形式。

因此，原型是荣格的基本概念，它之于分析心理学的重要性就像万有引力之于牛顿的物理学、相对论之于爱因斯坦的物理学，或者自然选择之于达尔文的生物学一样。这是20世纪涌现出的重要思想之一，对社会和自然科学都有深远的启示。

荣格原型思想的发展年谱：荣格自身作品中的主要发展和修正 76

当荣格被童年的梦中超出直觉理解范围的内容震撼到时，直觉在他心灵中的地位似乎在开始的时候就在个体的经验之上。例如他所记得的第一个梦，那时候他3岁，他梦到了地下的阳具之神（Jung 1963：25－26）。

在精神分裂症研究权威尤金·布洛伊勒的带领下，荣格在伯格霍茨利医院的研究证实了儿童早期的这一直觉。他开始确信所有男性和女性的心理和大脑中必然存在某些共通的结构，而且它们存在于所有人类的经验和行为之下。

荣格在1912年第一次将这些普遍的结构称为“原初意象”，这是一个援引自雅各布·布克哈特（Jakob Burckhardt）的概念，后来在1917年，他将之称为“集体无意识的主导者”。他在1919年发表的《本能和无意识》一文中（1929：par. 270）第一次使用了“原型”这一术语。

术语之所以随着时间的推移而发生改变，是因为荣格认识到普遍主导者的显现不只局限于意象，还会以思想、情感和经验以及行为特征模式的形式出现。因此，在他的作品中，“原型”逐渐代替“原初意象”，尽管很多年以来他都是交互使用两者。

缺乏精确性使他被视为拉马克主义者，也就是说，像弗洛伊德一样，他也认可让-巴普蒂斯特·拉马克（1744—1829）难以令人信服的理论，也即上一代获得的经验可以通过基因传递给下一代。荣格所写的某些段落也增加了这种批评的可信度，例如，他认为原型经验是通过人类数千年生存的重复而“刻在”心灵上的。“不断的重复使这些经验被刻在了我们的心灵结构中，但并不是以充满意象内容的形式，最初只能是以*无内容的形式*”（1936：par. 99；强调为原文所有）。

荣格所讲的原型只代表某类知觉或行动的可能性并不会造成困难，但没有现代的生物学家会赞同无尽的重复已经将原型经验刻在心灵的结构中。荣格对此的辩护可以被认为是他在以象征的方式使用这个术语，而非以科学的方式，他后来煞费苦心地去纠正这一印象，即他相信实际经验的传承，而不相信拥有这些经验的能力的传承。

77 但是，直到发表论文《心理学的精神》（1947；修订后被收录在《荣格全集》第8卷中，名为《论心灵的本质》，1954），他才最终摆脱拉马克主义的色彩，对深层无意识和未知的部分以及不可呈现的原型自体（archetype-as-such，类似于康德的物自体）和原型意象做出清晰的界定。原型自体（拥有某种经验的倾向）可以传承，但经验不能。

这种倾向完全与现代生物学的用法一致，不再带有拉马克主义的色彩，而是认为儿童天生具有获得语言或者直立行走的倾向。荣格本人在埃斯特·哈丁（Esther Harding）的著作《女性的秘密》一书的序言中坚持认为原型

指的并不是一种传承性的概念，而是一种传承性的心灵功能模式，是一种

> 天生的方式，类似于小鸡破壳而出、小鸟建巢、黄蜂能够刺入毛毛虫的运动神经节以及鳗鱼找到游回百慕大群岛的路。换句话说，它是一种“行为模式”。原型的纯粹生物性一面正是科学心理学所关注的。
>
> (Jung 1949：par. 1228)

这样的论述清晰地将原型和本能联系在一起，荣格也完全承认这个关系，将原型描述为本能的来源，“因为原型就是本能呈现的形式”（1927/1931a：par. 339）。或者换另外一种方式表达：“原型是本能的无意识意象……*它们是本能行为的模式*。”（1936：par. 91；强调为原文所有）又或者：“原初意象或许适合被描述为*本能的知觉本身*，就像本能的自我肖像一样。”（1919/1929：par. 277；强调为原文所有）最终，本能和原型可能拥有一个共同不可呈现且超越性的来源，而非一个是另一个的来源或版本。

原型与本能的连接或许可以解释原型为何会被感知为“超自然的”（numinous）——借自鲁道夫·奥托（Rudolf Otto 1917）的术语——其拥有可怕的力量和能量，就像上帝原型被激活一样。因此原型是“一个*动力系统*，它使自己在原型意象中被感觉为超自然和神奇的力量”（1947/1954：par. 414；强调为原文所有）。

除了从生物学和宗教中寻找共同点之外，荣格也喜欢做晶体学的类比，将原型比作水晶的轴系统：

> 它类似于母液中形成晶体的结构，尽管它本身没有存在的材料。这个结构首先以特定的方式出现，离子和分子在里面聚集。原型本身 78
> 是空的，纯粹是形式的，没有内容，只不过是一种先验表现的可能性（facultas praeformandi）。表现本身并不能传承，只有形式可以传承，因此从这个角度看，它们与本能完全一致，本能也是只由形式决定。本能的存在是原型存在的最好证明，因为它们不会具体地显现。考虑到形式的不确定性，我们将之比喻成水晶是具有启发性的，因为轴系统只决定立体的结构，而不是单个水晶的具体形式。水晶可大可小，形状各异，平面多种多样，或者是两个水晶的结合。唯一保持不变的是它们的轴系统，甚至可以说潜在的几何比例保持不变，这同样适用于原型。从原则上讲，它可以被命名，其内核的意义不变，但这永远只是在原则上，从来不是具体的表象。同样，母亲意象在任何特定时间的特殊表现只能从母亲原型推断得出，但要依赖其他无数的因素。
>
> (Jung 1938/1954：par. 155)

荣格毫不犹豫地将原型和大脑的结构联系在一起：

> 每个人的大脑天生都有深刻的分化，这使人能够有形形色色的心理功能，它们既不是本体发展出的也不是获得的……例如，这种特别的情况就能够解释距离最遥远的种族或民族在无意识上呈现出的惊人相似之处。
>
> （Jung 1916：par. 452 - 453）

因此，非常相似的文化制品会在全世界出现。“人类大脑的相似性让我们承认某种心灵功能的存在，其在所有个体身上都是一样的，我们将之称为集体心灵。”（Jung 1916：par. 454）

事后看来，这似乎是一种非常合理的立场，以至于会很难理解，为什么荣格的提议遭到了如此多的反对。除了依附于标准社会科学模型（SSSM，其完全否定生物学或内在结构对人类心理的影响）的学术固有的敌对之外，荣格也遭受来自弗洛伊德学派的残酷攻击，他们自认为站在科学的制高点，将荣格视为怪人和神秘主义者。具有讽刺意味的是，在 21 世
79 纪初，荣格的原型理论正重新受到新学科进化心理学和进化精神病学的青睐，尽管在一百多年前他最初将之称为“原初意象”，而弗洛伊德的科学资格已经受到严厉的批判（Macmillan 1997；Webster 1995）。

总之，原型构成了一切人类生存现象的基础，我们通过传承获得它们，我们把它们作为我们天赋的一部分传承下去。它们是种系发生（进化）的基础，使个体发生（个体发展）可以进行下去。个体的全部原型传承构成集体无意识，掌管集体无意识和心灵能量的核心被荣格称为“原我”或“原型之原型”。

定义、起源和意义

像其他所有深刻的思想一样，原型假设也并不完全是全新的。它的源头至少可以追溯到柏拉图时代，或者更早。荣格自己将原型描述为“积极鲜活的素质，即柏拉图意义上的理念，这种素质预先决定并持续影响我们的思维、情感和行为”（1938/1954：par. 154；强调为笔者所加）。对于柏拉图而言，“理念”是纯粹的心灵形式，起源于诸神的心理，远在人类生命开始之前就已经存在，因此它们高于客观的现象世界。它们在意义上是集体的主要是因为它们具体体现的是事物一般的特征而非特定的特质，这一点同样适用于动物和植物以及物体和理念。例如，指纹的轮廓和螺旋状

能被立即识别出来，但每一个人的指纹都是唯一的：这就是为什么入户盗窃的贼为了逃避追捕而戴上手套掩盖自己的指纹。

原型直接将普遍和个别、一般和特殊结合在一起。尽管它们对所有人都是一样的，但它们在每一个个体身上都会以带有个人特点的方式表现出来。

荣格的“原型”概念来自《秘义集成》(*Corpus hermeticum*)，在这里，上帝指的是原型之光。在《论圣名》(*De divinis nominibus*) 中，大法官狄尼修 (Dionysius) 通过将原型比作官方印章引出一般与特殊之间的悖论：

> 所有印章的印记并不都是完整且一样的……但这并不是印章本身的原因……物质的差异使同一个完整又一致的原型产生了不同的印记。
>
> (引自 Jocobi 1959：34)

荣格也在爱任纽 (Irenaeus) 的《反对异端》(*Adversus haereses*) 中 80
找到了这个概念：“造物主并不是按照自己的样子创造万物，而是根据自己外部的原型进行复制。”尽管圣奥古斯丁并没有使用“原型”这个词，但他也谈到“概念原则，其并不是形成的……而是被包含在神圣的理解中”(Jung 1934/1954：par. 5)。

其他对荣格的原型概念发展有重要影响的人物是康德和叔本华。康德认为我们不能在理解真实世界的行动中增加或减少什么，我们只能以行动的方式体验世界，这是因为我们的感官以及时间和空间的先验分类决定了我们所有的知觉。这些特定又不可避免的因素像有色眼镜一样，我们不能将之移除，最终我们所做的观察都会带上色彩。

荣格在他的作品中经常引用康德的《纯粹理性批判》以及它的主张：“没有被认知的先验结构捕捉到或者限制，就没有经验性知识。”荣格将先验结构等同于原型。对荣格产生更大影响的是叔本华。叔本华将他所称的“原型”(prototype) 描述为“一切事物的原始形式”，他认为原型拥有真实的存在，“因为它们一直在那里，但从未成形也未消失”(Jarret 1981)。

尽管充分承认早期思想家对他的影响，但荣格认为原型不仅仅是精神的抽象，更是一个动态的实体、一个鲜活的有机体，具有生产的力量，像中枢神经系统的“中心”一样存在，在心灵中和世界上主动地寻求表现。荣格多次强调原型不是一个干枯的抽象概念，而是一个鲜活的经验实体，不仅充满意义，还充满情感。“如果我们忽略原型的情感价值，”他写道，“这会是一个不可饶恕的错误。原型的情感交织不仅具有理论的重要性，还具有心理治疗的重要性。”（1947/1954：par. 411；强调为原文所有）他认为心理学是唯一一门会考虑“情感价值”的科学，因为情感“一方面形成心灵事件的连接，另一方面形成意义和生命的连接”（Jung 1961：par. 596）。换句话说，原型是“生命的一部分”，是“一个鲜活的反应和倾向系统”（1927/1931a：par. 339），同时“它通过情绪的桥梁将个体联系起来”（1961：par. 589）。

这个概念存在某些词源学上的争议。Archetype 的希腊文原意指的是一个可以进行复制的原始形式。

> 前一部分“arche”指的是“开始、起源、起因、源头和原则”，
> 81 但同时还表示“领导的位置、至高无上的规则和政府”（换句话说是“主导”的意思）；后一部分“type”指的是“击打或击打所留下的东西，即一种印痕……形式、意象、蓝本、模型、秩序以及基准”……在隐喻和新式的意义上，则是“模式、潜在形式、原始形式”（例如，“潜藏在”相似的人、动物以及其他物种之下的形式）。
>
> （Schmitt，引自 Jacobi 1959：48－49）

但是，范·德·哈曼（van der Hammen 1981）认为希腊名词 τυποζ 表示一种模式以及“击打所留下的东西”这一观点并不符合原意。正是“模具”或“基质”的意义传递给歌德原像（Urbild）或者“原始计划”的思想，他认为所有动植物都生活在该基础之上。查尔斯·达尔文也觉得在《物种起源》（1859）中有必要使用与原型意义几乎相同的术语，他认为自然选择是通过对一种持久或稳定的模式进行一系列轻微修改而发生的：

> 如果我们假设一位远古的祖先——可以被称为原型——是所有哺乳动物、鸟类以及爬行动物的先祖，拥有建立在现在一般模式基础上的四肢……那么我们便能够立即清晰地感觉到所有物种四肢同源构造的明显意义。

相似的概念和发展

尽管“原型”这个术语并非荣格的首创，但它现在的意思主要由荣格的用法决定。这个概念在临床中的重要性可以通过其他领域的研究者在他们自己的领域不断地发现荣格的假设并重述它而得到验证。在阅读当代人类学、生物学或者心理语言学的权威作品时，荣格所写的段落经常会被读到。因

此，法国分子生物学家以及诺贝尔奖获得者雅克·莫诺在他的作品《偶然性和必然性》(1971）中写道：“一切皆源自经验，但并非每一个个体每一代所重复的实际经验，而是全体物种的祖先在进化过程中所积累的经验。”荣格在论述原型时清晰表达的就是这个概念，他认为原型是“我们所有祖先的经验的积淀，但并非经验本身”（1928：par. 300)。

诚然，一些早期关于原型假设的发现早于他提出的“原始意象”，他自己也知道这些。有些是在他活着的时候出现的，但很多是在他去世之后才浮现的。

19 世纪的神话学已经发现人类神话中大量重复出现的“母题”，人类学家吕西安·列维-布留尔（1857—1939）认为某些集体表象（représentations collectives）是原始民族的心理特点。人种学者阿道夫·巴斯蒂安（Adolf Bastian，1926—1905）在环球旅行的过程中记录下各种文化的民间传统，他发现存在共同的母题，并将之称为“原始思想”或“基本观念”，它们都以当地的形式（“民族观念”）表现出来，是他所研究的这个人群所特有的；而在比较宗教学领域，休伯特和莫斯（Hubert and Mauss 1909）描述了普遍信仰和教义的反复出现，并将它们称为“想象的类型”。 82

特别重要的是克洛德·列维-斯特劳斯的作品，斯特劳斯是结构人类学的奠基人，他对人类社会、经济、政治和文化生活中典型模式的无意识基础结构进行了研究。斯特劳斯认为，人类的所有生活都是一般规律的投射，这些规律制约着心灵的无意识活动。其他与之相关的概念有查尔斯·达尔文（1809—1882）的“社会本能”、亨利·柏格森（1859—1941）的“力”(faculties)、格式塔心理学家沃尔夫冈·科勒（1887—1967）所提出的“同构”(isomorphs)。

在生物学领域，与荣格的原型理论高度一致的是恩斯特·迈尔（Ernst Mayr 1974）的“开放的程序”，它们帮助动植物适应环境的变化——像动物在夏天脱毛，或者，被更高的植物遮挡住的时候，较低的植物会朝太阳生长。

来自罗格斯大学的人类学家罗宾·福克斯（Robin Fox）和莱昂内尔·泰格（Lionel Tiger）将动物行为学的概念应用到人类社会行为的研究中，并指出行为的基本功能是以“生物语法”的形式被编码的（Tiger and Fox 1972)，这种“生物语法”每个个体生来就具有，而且在人的生命过程中会得到适当的发展。

心理语言学家诺姆·乔姆斯基（1965）认为不同文化中的儿童都具有说他父母的语言或方言的能力主要是内在“语言获得装置”激活的结果，这个装置存在于中枢神经系统中，包含所有语言发展的“深层结构”。

对于原型理论的实证基础及其未来应用来说，最重要的是动物行为学（研究动物的自然习性）、进化心理学和进化精神病学这些新科学中明显存在的类似发现（Stevens 1982，2002；Stevens and Price 2000a，2000b）。

在 20 世纪 40 年代晚期，动物行为学家尼古拉斯·廷贝亨和康拉德·洛伦茨指出，每一种动物所具备的所有行为都依赖于中枢神经系统中先天
83 释放机制。当在环境中遇到相对应的刺激——称为“符号刺激”——之时，它们就会被激活。在遇到这些刺激的时候，先天机制就会释放，动物会用通过进化已经适应环境的“行为模式”进行反应。将动物行为学的发现与荣格心理学的发现进行比较，可以看出，这两个学科研究的原型现象是相同的，但研究的目的是相反的：荣格心理学关注的是内倾的心灵表现，而动物行为学研究的是外倾的行为表达。这两种取向在亲子关系、性欲和性别差异、求偶与交配、个体之间和群体之间的合作与敌对、个体在人类生命周期中的发展等基本领域有着丰富的互补关系（Stevens 1982，2002）。支持原型假设的进一步证据来自对全世界各地人类社群的跨文化研究（Brown 1991；Eibl-Eibesfeldt 1971；Ekman 1973；Fox 1975；Murdock 1945）、对梦的跨文化研究（Hall and Domhoff 1963；Hall and Nordby 1972；Stevens 1995），以及布克（Booker 2004）对故事和神话情节的大量研究。

自 20 世纪 80 年代早期以来，来自大西洋两岸的进化心理学家和精神病学家已经发现并宣布神经精神倾向的存在，这些倾向实际上与原型并无区别。吉尔伯特（Gilbert 1997）将之称为“脑力”（mentalities），加德纳（Gardner 1988）称之为“主程序”或“倾向状态”，而维纳格拉特（Wenegrat 1984）使用社会生物学的术语“遗传性传递反应策略”。巴斯（Buss 1995）将之称为“进化而来的心理机制”，内瑟（Nesse 1987）称之为“准备倾向”，而考斯米兹和托比（Cosmides and Tooby 1989）称其为“多重心理模块”。这些进化而来的倾向或模块是物种所有成员的心理社会目标和策略的基础，不论它们是健康的还是病态的。“最终，”荣格写道，“每个独立的生命同时也是物种永恒的生命。”（Jung 1938/1940：par. 146）

各个学科的研究者独立地发现原型假设或与之非常类似的内容是其实证效度的有力证据。尽管荣格最初对人类心灵中固有结构存在的洞察来自他对自己的梦和经验的反思，以及对精神病人的研究，但对不同人类社会和物种行为模式的详尽研究已经给出大量的相关证据。进化精神病学家正

在对钱斯（Chance 1988）的享乐和无偏模型的两个主要原型系统的意义进行探索：一个与依恋、依附、看护、保健和利他有关，而另一个与等级、地位、规训、法律和秩序、领地和财产有关（Stevens and Price 2000a）。 84
从广义上看，这两种社会原型系统与荣格的爱洛斯（Eros）和逻各斯（Logos）原理相对应。虽然这可能是荣格心理学的一个重大贡献，但其忽略了人类原型倾向的社会后果，这主要是因为荣格的内倾心理类型——他的许多追随者也都有这种倾向。

总而言之，本能和社会行为的普遍形式确实存在，同样还有普遍的象征和母题（Jung 1956；Jung and von Franz 1964；Stevens 1998a）。这些形态受进化的基本生物学过程的影响，其程度不亚于解剖学结构，其同源性是查尔斯·达尔文理论的基础。

范例

人们在《荣格全集》中真正寻找原型的范例时，会发现术语的混乱暗藏在他对“原型”和“原始意象”的交叉使用之中。因此，他描绘出原型事件（如生、死、与父母分离、接受教育、结婚等）、原型形象（如母亲、孩子、父亲、上帝、小丑、英雄、智慧老人等）、原型象征（如太阳、月亮、水、曼陀罗、十字架、鱼、马、蛇等）以及原型母题（如天启、大洪水、创世、招魂之旅等）。

不可否认的是，所有这些事件、形象、象征和母题都是我们古老物种经验的一部分，但荣格对诸如“蛇的原型”“马”或“鱼”的使用存在很多令人困惑的地方。这些生物“意象”肯定都是普遍的，但我们在多大程度上有理由得出这样的结论，即这种普遍性是由于一种天生的、能催生意象的“原型自体”的存在而产生的？既然这些生物在外部世界是普遍存在的，那么它们距离我们有多远？荣格会说原型自体同时是一种形成这样一个意象的先天倾向和一种在环境中遇到并对生物本身做出适当反应的准备。但他没有详细研究生物和意象之间的这种对应关系是如何在个体身上产生和复制的。斯蒂文斯（Stevens 1998a）对这如何与蛇的原型发生关系给出了一定的解释。与之相关的固有因素很可能是存在的，而且证据能够支持这一点。例如，灵长类动物很少独居，在突然遇到蛇的时候，会表现出恐惧，但在突然遇到哺乳动物的时候就不会。精神病学家发现，生活在城市里的人一般会表现出对蛇和蜘蛛的恐惧，即使这些生物不会造成威胁（Stevens and Price 2000a）。但是，荣格对这些问题的忽视，再加上他对原型概念 85

的松散使用，给他的那些更有洞察力的读者造成了一定程度的认知失调。

原型作用于个体经验所产生的最深刻影响在于原型控制人类生命周期的方式。荣格假设人的成熟需要经过渐进的过程，他将这个过程称为生命的阶段。每一个阶段都是通过一套新的原型来调节的，这些原型要求在人格和行为两个方面得到满足，这些方面包括成为父母、探索环境、在同伴群体中发挥作用、面对青春期的挑战、成人、求爱和成婚、养育孩子、狩猎和战斗、参与到宗教仪式中、承担高级责任、老去和死亡。除协调整个生命进程的心灵核心，即原我之外，荣格还提出其他在每个人的心灵发展和社会适应过程中起到重要作用的结构，它们包括人格面具、阴影、阿尼玛和阿尼姆斯。

原型的现实化和心理发展

由原型单元构成的集体无意识拥有在现实生活中，也就是随着生命周期在环境中展开，在个体的行为和人格中寻求现实化的动力性。荣格在他的论文《心与地》（1927）中写道：“原型是行为的准备系统，同时也是意象和情绪。它们是通过大脑结构而继承的——事实上，它们是大脑结构的心灵部分。”（1927/1931b：par. 53）作为行为和心灵事件共同来源的原型概念具有重大的理论价值，因为它能够使心理学走出生机论和副现象论的泥淖，而它们现在已经阻碍身心之间神秘关系研究的进展。

原型的现实化决定了个体化之超越性目标的实现程度。原型的现实化（荣格也使用“唤出”或“集聚”来表述）的出现似乎符合19世纪末心理学家提出的联想律。其中两个规律非常适当：它们是相似律（law of similarity）和接近律（law of contiguity）。因此，例如母亲原型在儿童个人心灵中的呈现是通过一个与女性照料者接近的形象实现的，她的特点与母亲
86 原型的固有期望足够相似，以便孩子感知她并将它体验为“母亲”。由此，母亲原型在集体无意识中被激活或“激发”，随着依恋关系的发展，母亲原型在儿童的个人心灵中被建构成母亲情结的形式。情结是构成个人无意识的功能单元，就像集体无意识是由原型构成的一样。

所有的原型都以这种方式被现实化：“集聚起来的原型总是当下所需要的原始意象。”荣格如是说。

> 尽管多变的生命情境会以无数种形式出现在我们的思维中，但它们的数量绝不会超出某些自然的范围。它们差不多会有一些典型的形式，从而不断地重复出现。无意识的原型结构类似于事件的一般轨迹。出现

在一个人身上的变化并非不计其数，相反，它们的典型变化形式是有限的。当压力状况出现的时候，与之相对应的原型也将在无意识中集聚。由于原型是超自然的，即带有特定的能量，它能够将自己吸入意识的内容中，即意识观念中，使其能够被感知到，从而实现意识化。

(Jung 1911－1912：par. 450)

由于自身的动力性，现实化之后的原型会对意识人格产生巨大的影响。这会对自我施加一种道德责任，在严峻的环境或易受影响的个体身上带来精神疾病的后果。

当一个情境的发生符合一种既定的原型时，那么原型会被激活，同时强迫性出现，它就像本能驱力一样，战胜一切理性和意志，还会产生病理维度的冲突，也就是说神经症。

(Jung 1936：par. 99)

因此，原型的现实化是荣格对发展心理学的核心理解，包括健康和异常发展心理学。在发展的关键阶段，环境的缺陷所造成的损害会导致原型策略出现障碍，从而导致心理疾病发生（Stevens and Price 2000a）。

其他学者也在尝试修正荣格关于原型的传承本质立场，彼得里·派提凯恩（Petteri Pietikainen 1998）认为原型是“由文化决定的功能形式”，乔治·霍根森（George Hogenson 1999）认为原型是“大脑、环境和叙事动态发展系统自然产生的特质”。这些观点在原型自体和原型本身所产生的原型观念、母题、意象以及行为之间造成一种语义学上的混淆。接受他们的定义就意味着违反奥卡姆剃刀原理，这将会再一次将大脑归入过时的状态，即一种“一般目的加工机制”，并破坏荣格的假设所具有的诠释学美感（Stevens 1998b，2002）。 87

类心灵的原型和一元世界

原型具有基本的二元性：它既是心灵的也是非心灵的，既是“精神”又是“肉体”，因为原型是一切身心事件的基本前提。

原型是意识心理的隐藏基础，换一种类比的表达即是，心灵沉入的源头不仅是狭义上的地球，还是一般意义上的世界。

(Jung 1927/1931b：par. 53)

荣格将非心灵的一面称为“类心灵的”原型，这是他对解决身心问题争论的最显著贡献。

为了说明他所讲的原型的非心灵或“类心灵”一面，荣格将之类比成电磁波谱。电磁波谱中肉眼可见的一段（即紫外线一极），代表我们能够意识到的心灵过程；而不可见的红外线一极就类似于原型的无意识生物性一面，是“有机体的生理基础，因此以化学或物理的状态出现”（1947/1954：par. 420）。

荣格接着指出原型结构不仅是一切有机体存在和生存的根本，也是它们使用结构控制无机物行为从而得以延续的前提。原型不仅仅是心灵实体，也是“连接一般物质的桥梁”（1947/1954：par. 420）。正是原型的这种类心灵一面，激发了物理学家、诺贝尔奖获得者沃尔夫冈·泡利（1955）的想象力。泡利认为，它使我们具有理解宇宙创造法则的能力。

为了描述作为一切现象之基础的单一现实，荣格找到了一个古老的术
88 语——一元世界（unus mundus），其指的是一切经验存在的永恒基础。他将原型视为一元世界的中介，负责在心灵中组织观念和意象以及在物质世界中操控物质和能量的基本原理。泡利接受荣格的思想，并指出原型能够为属于科学研究范畴的物理事件和研究心理的科学家提供“遗失的连接”。因此，制约我们的知觉和观念的原型本身是一种客观秩序的产物，而这种客观秩序是超越人类的心理和外在世界的。

除此之外，泡利重申了德国天文学家约翰内斯·开普勒（1572—1630）的观点，开普勒将他科学发现的乐趣归结为“匹配”，即将上帝植于他心中的“内在观念”和他通过感官感知到的外在事件匹配在一起。开普勒所说的“内在观念”实际上指的就是“原型性质的”，同时他又将它们视为知识的必要基础。“因为了解就是将外在感知和内在观念相比较，从而判断是否相符合。”我们的感官经验“唤起了内在的理智观念，因此以前藏在灵魂里的东西，就像潜于面纱之下的东西，现在却在现实中发光了”（Kepler 1619，引自 Pauli 1955）。开普勒所谓“潜于面纱之下”的“内在观念”与荣格的“原始意象”之间的相似性非常明显。

荣格与泡利的合作带来的另外一个重要贡献是分析心理学和量子物理学之间的类比。就像荣格对心灵结构和功能的探索引领他提出动态的“不可表征物”（原型）存在一样，量子物理学的研究也催生了类似的“不可表征物”（基本粒子）假设，它们由物质构成并与所有时空描述相悖，这两个领域的研究能够接近现实的同一面吗？“在假设存在两个或两个以上不可表征物时，”荣格写道，“某种可能性是一直存在的，而我们却倾向于忽略，即这可能并非两个或两个以上因素的问题，而是仅有一个。”

(1947/1954：par. 417)

另外一位著名的物理学家沃纳·海森堡在晚年的时候认为自然的根本不在粒子中，而在粒子形成的“对称”中。根据海森堡的“对称”和荣格的“原型”之间的共同之处，大卫·匹特（David Peat）认为：“这些基本的对称可以被视为一切物质和事物存在基础的原型，基本粒子本身就是这些潜在对称的物化表现。”（Peat 1987：94）

> 就像基本粒子是由超越心与物的舞动所维持的一样，维持心理的
> 动力机制也在心与物之外。存在于心与物之外的模式和对称具有生成 89
> 和启动的效果。
>
> （Peat 1987：111－112）

显然，生物学必须在对称的两极起到桥接的功能，而且可以想象的是，分子生物学家正在研究的 DNA 结构的对称，或者负责大脑和中枢神经系统中的神经元和突触事件的分子对称能够对这一点提供支持。

在荣格看来，这种超越心与物世界的舞动是“有意义的巧合”现象的原因，他将之称为共时性（synchronicity），即“两个或两个以上没有因果关系但具有相同或类似意义的事件同时发生”（1952：par. 849），例如在梦到远方的亲戚去世的时候，她刚好去世。两个事件没有因果联系，但令人印象深刻的非因果关系建立在它们共同的意义之上。

荣格认为，共时性是建立在原型功能之上的非因果秩序的表现。这样一种因果式的原型秩序出现在质数的性质以及物理不连续性中是显而易见的，它必须对心理和物理事件的巧合所隐含的意义负责。荣格写道：“我明显感觉到数字是解开谜团的钥匙，因它的发现与发明一样多。它既是数量，也是意义。”（von Franz 1974）他将数字视为“人类心理秩序的最原始要素”，并从心理学的角度将数字定义为“一种已经成为意识的秩序原型”（von Franz 1974：45）。

荣格在 80 岁的时候开始对前五个整数进行研究，在他去世之前，他将自己的笔记交给自己的好友玛丽-路易斯·冯·法兰兹（Marie-Louise von Franz），并说道：“我所剩时日不多，难以写完这一部分，因此我将它传给你。”（von Franz 1974：ix）因此，冯·法兰兹承担起对数字原型作为心灵和物质的动态组织原则进行深入全面研究的工作，最终将自己的研究结果以《数字与时间》（1974）的名字出版，这部作品是对荣格和泡利的原型假设的重要延伸。

冯·法兰兹对数字中固有的原始原型的研究与乔姆斯基对语言普遍性

的探索之间的共同之处已经得到物理学家查尔斯·卡德（Charles Card 1991a，1991b，2000）的关注，他对一般原型假设的重新表述如下：

> 所有心理和生理现象都是同一单体，即超越性现实的互补面。在
> 90 所有生理和心理现象的基础上都存在某种可以称为数字原型的基本动态形式或行为模式。任何特定的生理或心理过程都是某个原型的特有表现。特别是，数字原型为所有可能的象征性表达提供基础。因此，由数字原型的抽象象征表现构成的中性语言可能提供了一种高度统一但并不唯一的对心理和生理现象的描述。
>
> （Card 2000）

卡德显然认为，这种一般的原型假设可能被证明对物理学和我们科学世界观的认识论基础具有最高的意义。在卡德最近的作品（2000）中，他提出原型理论能形成当代自然哲学的基础。

由于原型是所有存在的前提，它们出现在艺术、科学和宗教的精神成就中，同时也出现在有机物和无机物的组织中。因此，原型为理解所有科学和人类活动的资料提供了基础——尤其是因为它对认识论（对知识本身的研究）的影响。

科恩（Cohen 1975）、霍根森（Hogenson 1999）、麦克道威尔（McDowell 1999）、马伦尼（Maloney 1999）、鲁斯（Routh 1981）、萨比尼（Sabini 2000）、谢尔本（Shelborne 1988）和沃尔特斯（Walters 1994）已经对原型理论的科学潜能进行了研究，格雷（Gray 1996）推进了其与社会学的结合，纳吉（Nagy 1991）探索了它的哲学意义，麦克伦南（MacLennan 2005）、斯蒂文斯（Stevens 1986，1998a，2004）以及斯蒂文斯和普莱斯（Stevens and Price 2000b）勾勒了其对宗教研究以及对战争和恐怖主义心理研究的启示，罗伯逊（Robertson 1995）对超越生物和物理科学从而成为数学基础的原型假设进行了论述。这个概念非常基础，因此它已经超越荣格学派的范围，被其他领域的理论家和实践者所使用。它本应如此，因为荣格从未说过他的心理学是确定的或最终的。原型理论的完整意义并未实现。

参考文献

Booker, C. (2004) *The Seven Basic Plots*. London and New York: Continuum.

Brown, D.E. (1991) *Human Universals*. New York: McGraw-Hill.

Buss, B.M. (1995) 'Evolutionary psychology, a new paradigm for psychological science'. *Psychological Enquiry*, 6(1): 1–30.

Card, C.R. (1991a) 'The archetypal view of C.G. Jung and Wolfgang Pauli, part I'. *Psychological Perspectives*, 24: 19–33. 91
—— (1991b) 'The archetypal view of C.G. Jung and Wolfgang Pauli, part II: the relevance of the archetypal hypothesis to physics'. *Psychological Perspectives*, 25: 52–69.
—— (2000) 'The emergence of archetypes in present-day science and their significance for a contemporary philosophy of nature', in B. Goertzel, A. Coombs and M. Germine (eds) *Mind in Time*. Creskoll, NJ: Hampton Press.
Chance, M.R.A. (1988) 'Introduction', in M.R.A. Chance (ed.) *Social Fabric of the Mind*. Hillsdale, NJ: Erlbaum.
Chomsky, N. (1965) *Aspects of the Theory of Syntax*. Cambridge, MA: MIT Press.
Cohen, E.D. (1975) *C.G. Jung and the Scientific Attitude*. New York: Philosophical Library.
Cosmides, L. and Tooby, J. (1989) 'Evolutionary psychology and the generation of culture, Part II. Case study: a computational theory of social exchange'. *Ethology and Sociobiology*, 10: 51–97.
Darwin, C. (1859) *The Origin of Species by Means of Natural Selection*. London: John Murray.
Eibl-Eibesfeldt, I. (1971) *Love and Hate*. London: Methuen.
Ekman, P. (1973) 'Cross-cultural studies of facial expression', in P. Ekman (ed.) *Darwin and Facial Expression: A Century of Research in Review*. New York: Academic Press.
Fox, R. (1975) *Encounter with Anthropology*. London: Peregrine.
Gardner, R. (1988) 'Psychiatric syndromes as infrastructure for intra-specific communication', in M.R.A. Chance (ed.) *Social Fabrics of the Mind*. Hillsdale, NJ: Erlbaum.
Gilbert, P. (1997) 'The evolution of social attractiveness and its role in shame, humiliation, guilt and therapy'. *British Journal of Medical Psychology*, 70: 113–148.
Gray, R.M. (1996) *Archetypal Explorations: An Integrative Approach to Human Behaviour*. London and New York: Routledge.
Hall, C.S. and Domhoff, B. (1963) 'A ubiquitous sex difference in dreams'. *Journal of Abnormal and Social Psychology*, 66(3): 278–280.
Hall, C.S. and Nordby, V.J. (1972) *The Individual and his Dreams*. New York: New American Library.
Hogenson, G. (1999) 'Evolution, psychology and the emergence of the psyche', presentation at the National Conference of Jungian Analysts in Santa Fe, New Mexico, October.
Hubert, H. and Mauss, M. (1909) *Mélanges d'histoire des religions*. Paris: Alcan.
Jacobi, J. (1959) *Complex, Archetype, Symbol*. London: Routledge and Kegan Paul.
Jarret, J. (1981) 'Schopenhauer and Jung'. *Spring*: 201.
Jung, C.G. (1911–1912) 'The battle for deliverance from the mother', in *CW* 5ii.
—— (1916) 'The structure of the unconscious', in *CW* 7: pars. 442–521.
—— (1919/1929) 'Instinct and the unconscious', in *CW* 8: pars. 263–283.
—— (1927/1931a) 'The structure of the psyche', in *CW* 8: pars. 283–342.
—— (1927/1931b) 'Mind and earth', in *CW* 10: pars. 49–103.
Jung, C.G. (1928) 'The relations between the ego and the unconscious', in *CW* 7: pars. 202–406.

92 —— (1928/1931) 'Analytical psychology and *Weltanschauung*', in *CW* 8: pars. 689–741.
—— (1934/1954) 'Archetypes of the collective unconscious', in *CW* 9i: pars. 1–86.
—— (1936) 'The concept of the collective unconscious', in *CW* 9i: pars. 87–110.
—— (1936/1954) 'Concerning the archetypes, with special reference to the anima concept', in *CW* 9i: pars. 111–147.
—— (1938/1940) 'Psychology and religion', in *CW* 11: pars. 1–168.
—— (1938/1954) 'Psychological aspects of the mother archetype', in *CW* 9i: pars. 148–198.
—— (1947/1954) 'On the nature of the psyche', in *CW* 8: pars. 343–442.
—— (1949) 'Foreword to Harding: "Woman's Mysteries"', in *CW* 18: par. 1949.
—— (1952) 'Synchronicity: an acausal connecting principle', in *CW* 8: pars. 816–968.
—— (1956) 'Foreword', in *CW* 5. London: Routledge and Kegan Paul.
—— (1961) 'Healing the split', in *CW* 18.
—— (1963) *Memories, Dreams, Reflections*. London: Routledge and Kegan Paul; New York: Random House.
Jung, C.G. and von Franz, M.-L. (eds) (1964) *Man and his Symbols*. London: Aldus.
Kepler, J. (1619) *Harmonices Mundi*, Book IV. Augsburg.
McDowell, M.J. (1999) 'Relating to the mystery: a biological view of analytical psychology'. *Quadrant: Journal of the C.G. Jung Foundation for Analytical Psychology*, 29(1): 12–32.
MacLennan, B.J. (2005) 'Evolution, Jung, and theurgy: their role in modern neoplatonism', in J.F. Finamore and R. Berchman (eds) *Plato Redivivus: History of Platonism*. New Orleans, LA: University Press of the South.
Macmillan, M. (1997) *Freud Evaluated: The Completed Arc*. Cambridge, MA and London: MIT Press.
Maloney, A. (1999) 'Darwin and Jung in a new psychiatry'. *San Francisco Jung Institute Library Journal*, 18: 11–22.
Mayr, E. (1974) 'Behavior programs and evolutionary strategies'. *American Scientist*, 62(6): 650–659.
Monod, J. (1971) *Chance and Necessity*. New York: Alfred A. Knopf.
Murdock, G.P. (1945) 'The common denominator of culture', in R. Linton (ed.) *The Science of Man in the World Crisis*. New York: Columbia University Press.
Nagy, M. (1991) *Philosophical Issues in the Psychology of C.G. Jung*. Albany, NY: State University of New York Press.
Nesse, R.M. (1987) 'An evolutionary perspective on panic disorder and agoraphobia'. *Ethology and Sociobiology*, 8(3): 73–84.
Otto, R. (1917/1950) *The Idea of the Holy*. Oxford: Oxford University Press.
Pauli, W. (1955) 'The influence of archetypal ideas on the scientific theories of Kepler', in C.G. Jung and W. Pauli, *The Interpretation of Nature and the Psyche*. London: Routledge and Kegan Paul.
Peat, F.D. (1987) *Synchronicity: The Bridge between Matter and Mind*. New York: Bantam.
Pietikainen, P. (1998) 'Archetypes as symbolic forms'. *Journal of Analytical Psychology*, 43(3): 325–343.
Robertson, R. (1995) *Jungian Archetypes: Jung, Gödel, and the History of Archetypes*. York Beach, ME: Nicolas-Hays.

Routh, V. (1981) 'Jungian psychology and evolutionary theory: an enquiry into the relation of psyche to phylogenesis', unpublished dissertation, Brunel University, Uxbridge, Middlesex. 93
Sabini, M. (2000) 'The bones in the cave: phylogenetic foundations of analytical psychology'. *Journal of Jungian Theory and Practice*, 2: 17–33.
Shelburne, W.A. (1988) *Mythos and Logos in the Thought of Carl Jung*. Albany, NY: State University of New York Press.
Stevens, A. (1982) *Archetype: A Natural History of the Self*. London: Routledge and Kegan Paul; New York: William Morrow.
—— (1986) 'Thoughts on the psychobiology of religion and the neurobiology of archetypal experience'. *Zygon*, 21(1): 9–29.
—— (1995) *Private Myths: Dreams and Dreaming*. London: Hamish Hamilton.
—— (1998a) *Ariadne's Clue: A Guide to the Symbols of Humankind*. London: Allen Lane.
—— (1998b) 'Response to P. Pietikainen'. *Journal of Analytical Psychology*, 43(3): 345–355.
—— (2002) *Archetype Revisited: An Updated Natural History of the Self*. London: Brunner-Routledge; (2003) Toronto: Inner City.
—— (2004) *The Roots of War and Terror*. London and New York: Continuum.
Stevens, A. and Price, J. (2000a) *Evolutionary Psychiatry: A New Beginning*, 2nd edn. London: Routledge.
—— (2000b) *Prophets, Cults, and Madness*. London: Duckworth.
Tiger, L. and Fox, R. (1972) *Imperial Animal*. London: Secker and Warburg.
van der Hammen, L. (1981) 'Type-concept, higher classification and evolution'. *Acta Biotheoretica*, 30: 5.
von Franz, M.-L. (1974) *Number and Time*. Evanston, IL: Northwestern University Press.
Walters, S. (1994) 'Archetypes and algorithms: evolutionary psychology and Carl Jung's theory of the collective unconscious', unpublished paper, Department of Psychology, Simon Fraser University, Burnaby, British Columbia.
Webster, R. (1995) *Why Freud was Wrong: Sin, Science, and Psychoanalysis*. London: HarperCollins.
Wenegrat, B. (1984) *Sociobiology and Mental Disorder*. Menlo Park, CA: Addison-Wesley.

94

第四章

阴影

安·凯斯门特

> 一个人不是通过想象光的形象，而是通过使黑暗变得有意识而得到启示的。
>
> (Jung 1967：265)

引言

阴影（shadow）概念是荣格对心理学的一个巨大贡献，这是他对20世纪初弗洛伊德最初对人类的心灵做出光明和阴暗面之区分的拓展。在荣格看来，阴影一旦被激活，就通常以投射的形式出现，它将充满情感，并具有自己自主的生命，超越自我的控制。荣格像是一位结构主义思想家，他对提出高度系统化的超心理学没有兴趣，反而主要关注不同心灵现象之间的相互关系。因此，他并未对不同的心灵现象给出清晰的界定，并将此纳入他的阴影思想中。和这一部分紧密相连的概念是补偿（compensation），由此不论是个人的还是集体的阴影，都是对自觉持有的态度的补充。

在经典的荣格式分析中，与阴影有关的问题被认为应该最先得到注意。这些在很大程度上来自个人阴影的领域，它被认为是储存一个人难以接受的和厌恶的内容之地。作为一名临床工作者，他会遇到各式各样的阴影现象，包括嫉妒、攻击、贪婪、懒惰和妒羡（其与羞耻感有关），但这绝非阴影的全部。然而，重要的是要注意，阴影并不总是消极的，例如，在那里，个体更加积极的部分被压抑，因此生活在阴影中。在这些情况中，当一个积极的阴影投射被一个欣赏或喜欢它的外在客体激活时，自我
95 本质上起到的是消极作用，例如在分析情境中，受伤的疗愈者（wounded

healer）原型通常会在分析师身上集聚，要求接收被分析者的“疗愈者”投射，直到被分析者能够将投射收回。

个人阴影的很多方面都可以追溯到与父母或养父母以及兄弟姐妹的关系中。一个有巨大的妒羡阴影问题的人会感觉到被从父母的关系中排斥出去。同样，与一位年长的哥哥姐姐或受到宠爱成为家庭关注重点的弟弟妹妹比起来，其会感到自己是不受欢迎的。

这种由家庭动力造成的阴影问题在一个人的生活中起到非常重要的作用，并会被带入与异性的关系中，其中过度的妒羡能够成为具有破坏性的力量。这将会渗透到个体的其他关系中，并削弱个体适应良好的社会功能。在分析中，个人阴影的问题会以移情的形式出现，病人/被分析者会将分析师体验为排斥性的父母或需要去战胜或者屈服的对手。后一种移情会激发分析师强烈的反移情，以优越的姿态或掌握一切智慧之人的形式表现出来。

荣格在对他的一个哲学学生的分析中给出了这种移情/反移情的例子。他诊断该病人有父亲固着，这导致她寻找一位父亲一样的男性分析师，从而与其在理智上进行竞争，同时迫使他进入一个被钦佩的优越位置上。荣格认为她真实的自己藏在她“超级智慧、非常成熟、全然理解母亲关爱”的面具之下（Jung 1953b：159）。

该病人在童年早期就取得了俄狄浦斯式的胜利，从母亲那里赢得父亲，因此父亲成为理想的家长，母亲成为病人的阴影对手。荣格被该病人明显激发出的反移情是后者的一种表现。在分析的早期，个人阴影的移情/反移情应该在分析的早期得到修通，但这背后可能隐藏着源自集体无意识的原型性的俄狄浦斯冲突。原型的部分是心灵中固有、非个人的部分，是原型意象的世界，而意象通过象征的方式表现出来。

荣格指出，分析心理学中进行的分析实际上只不过是对古老真理的科学再发现，它是宣泄或净化的治愈性力量。这会引发病人在分析的过程中开始意识到自己身上更加黑暗的部分，并且能够承认它。如荣格所言：“所有对灵魂的分析治疗的开始都可以在它的原型，即忏悔中找到。”（Jung 1954：55）通过对处在无意识世界从而无法被看到的意象和感觉进行观察，被压抑和被忘记的阴影内容会呈现出来。在荣格看来，个体化过程始于病人开始意识到自己的阴影，而病人最初体验到的阴影是劣势人格，它由不符合意识要求的内容构成。尽管很痛苦，但这是一个进步，因为它给人所需要的东西。人要变得完整，就会遇到黑暗的一面，不断意识 96

到自己也是普通人的一员。

除个人的阴影之外，也有集体的阴影，历史上有很多这样的例子。20世纪最臭名昭著的例子就是纳粹将集体的阴影投射到犹太人身上，将他们刻画成劣等或邪恶的民族予以“铲除”。如荣格所言：“在希特勒身上，每个德国人都应该看到自己的阴影，它是自己最大的危险。”（Jung 1964：223）

阴影现象也存在文化差异，美国能接受的，日本就不一定能接受。在同一个文化中也会在不同的历史时期有不一样的表现，因此在英国社会中，良好的修养和社会地位一度被认为是最重要的，而今天却被视为非常过时的特权，一个更加平等的社会已经将之取代。

还有一个会被以上内容碰触到的部分是原型阴影，它来自集体无意识的原型或神话学领域。荣格将之等同于恶，这一部分将在后文中论述。

荣格论阴影

荣格认可弗洛伊德所做的贡献，即作为一名医生，弗洛伊德在19世纪末向世人展示了人类心理的主宰不是理性而是人性，其充满深不可测的黑暗。此后，心理治疗开始以不同的方式对这一部分进行探索。

在《回忆，梦，思考》中，荣格写到他在1913年12月与个人阴影的遭遇，而此时他正在经历自己“创造性疾病”的时期。如艾伦伯格所写：“从1913年到1919年的过渡时期是一个遭受创造性疾病……即一种全神贯注于人类灵魂奥秘的时期。”（Ellenberger 1970：672）在此期间，他梦到自己接受一个棕色野蛮人的命令杀死了英雄齐格菲（Siegfried），他醒来之后感到巨大的悲痛，但之后他将之视为“原始”阴影的一面，在其督促下放弃自己英雄般、理想化的自觉态度。另外一种解释是，将齐格菲和萨宾娜·斯皮勒林（Sabina Spielrein）想与荣格一起生育的孩子联系在一起。
97 她是荣格所分析的第一个病人，但二人最终却陷入异常强烈的性欲移情/反移情的关系中。

在荣格的作品中，来自个人无意识的阴影会被投射到同性别的个体身上，而来自阿尼玛/阿尼姆斯的内容会被投射到异性身上，从而直面异性和集体无意识。荣格在《转化的象征》（1956）中论述到了这一点，这是他早期的一部作品，后来得到不断修订。这部作品最早的名字是《无意识的心理学》（*The Psychology of the Unconscious*），在1912年出版，他在这一版中并未提到阴影，阴影是后来发展出的，他在该版本中使用的是情结（complex）这个词。荣格在《转化的象征》中写道：“我在对美国的病人进行分析的时候观察到他们人格中的劣势部分，也即阴影，它通常是由一个黑人或印第安人代表。”（Jung 1956：183）荣格在书中使用的素材来自一位年轻的美国女士，她是荣格的同僚西奥多·弗洛诺瓦（Théodore Flournoy）所治疗的病人。荣格认为自己梦中的阿兹台克形象并不是她的阴影，因为他是一个男性形象，所以他应被视为与她人格相对应的男性成分。

综上所述，需要着重指的是，荣格在当时提出与阴影所象征的内容连接是可以接受的，甚至是理所当然的。而后荣格派的学者却有不同的观点，他们并不会自动地假设黑人在白人的梦中就是阴影的形象，反之亦然。他们也不认为阴影的形象必须是同性别的。换句话说，男性的阴影形象可能是女性，女性的也可能是男性。

之后，荣格出版了《心理类型》（*Psychological Types*，1921 年出版）一书。尽管他只在索引中提到阴影三次，但整部作品都是在围绕着这个概念展开。荣格部分是受到威廉·詹姆斯所划分的两种气质类型（刚性和柔性）的启发，认为两种气质类型互为阴影。荣格在《心理类型》中提出两种态度类型，即外倾和内倾，二者同样互为阴影。外倾的个体主要关注的是外在客观世界提供的素材，而内倾的个体主要关注的是内在主观世界提供的素材。荣格将内倾和外倾的概念和四种功能（思维、情感、感觉和直觉）结合在一起，并指出外倾的思想家达尔文是如何成为内倾的思想家康德的阴影的。

在这部作品中，荣格对被尼采应用到古希腊人中的阿波罗式美学和狄奥尼索斯式（酒神）美学进行了检验，古希腊人认为后者被困在两者的冲突中。尼采认为，被驯服的阿波罗精神和狄奥尼索斯精神的野蛮天性之间 98
的对抗可以通过艺术来桥接。露西·赫斯金森（Lucy Huskinson 2004）在其著作《尼采与荣格：对立结合中的整体原我》中指出，尼采对荣格的核心概念有非常重要的影响。例如，她将尼采的超人概念和荣格的原我联系在一起，认为它们都与直面阴影有关。她认为尼采的“阴影朝我走来，最安静、最轻盈的万物都朝我走来！超人的美丽像阴影一样朝我走来”与荣格的“阴影包含原我。原我在阴影之后若隐若现”表达的意义相同（Huskinson 2004：103）。

荣格在《移涌》（*Aion*）一书中对阴影概念进行了最系统的论述。概括该作品的内容或许有利于读者理解荣格的核心思想。

首先，荣格简要地论述了个人无意识和集体无意识之间的差异。前者的内容来自个人的人生经历，而后者的内容来自原型的世界。最常被体验到的是阴影和阿尼玛/阿尼姆斯的投射。

如上文所述，在经典的荣格式分析中，处理个人的阴影时会遇到问题，因为“它代表首要的个人无意识”（Jung 1959a：10），需要最先得到修通。荣格认为，如果没有首先拥抱自己的阴影，那么人就不能获得对自己的领悟或者自我认识。他隐晦地指出这是一个道德问题，自我人格需要使用大量的精力在很长的时间里去面对这个挑战。

阴影的某些方面比较抗拒被吸收到意识中，因为它们通过投射所产生的巨大情感而存在。当对这种现象的领悟完全失败的时候，外在的世界会变得更加贫瘠和虚幻，在极端的状况下，个体会被困在与环境隔离的自闭状态中。这是因为阴影通过投射而存在，外在的世界变成个人未知部分的复制品。因此，可以说人人都害怕自己的阴影。

“当它以原型的形式出现的时候”（Jung 1959a：10），状况会更加严重，因为原型属于集体无意识，表示与恶的遭遇。这会导致个人在碎片化的经验中直视恶。但是，荣格指出，个人无意识或阴影的原型内容实际上是伴随着集体无意识中的原型内容涌现的，当阴影被激活的时候，集体无意识的内容会被带入意识中。恶可能来自消极的父母意象与原我阴暗面的
99 融合，从而导致融合的过程中携带原型的力量。这可能会在分析中遇到，其方式是，原型性的消极父亲移情集聚起来，然后被投射到分析师身上，分析师因此被体验为一个无比蛮横的人。

生活在投射中的个体会确信别人拥有坏的品质，并会作恶，因此都是他们的错，应该与他们进行斗争。而与此同时，成功地承担起部分世界的责任，并认为世界的问题并非与自己无关的个体则会有严重的问题。如荣格所言，只有学会处理自己的阴影的个体才为世界做了一些真正的事情，因为如果他们看不到自己，就没有人能看得清楚。

荣格在《移涌》一书中继续探讨为了个体的福祉将阴影在意识中呈现出来的必要性。因此，如果自卑感被意识到，那么就会有机会纠正它。反而，如果它被压抑，没有被意识到，它将得不到纠正，出其不意地爆发出来。这就可以解释为什么安排最周密的计划会出错，良好的意愿会变坏，因为阴影的压抑问题并未得到解决。

当阴影最终导致神经症的时候，它会变得非常强烈，个体必须找到可以让意识人格和阴影共存的方法。压抑不会起到作用，二者的调和对个人和整个社会都是一个重大问题，但如果要使人变得超越二维性，就必须解

决这个问题。

荣格将劣势功能等同于阴影，因为它被大量的自动性内容和情感包围着，有本能的特点。荣格的类型学假设存在四种功能：思维、情感、直觉和感觉。在他的模型中，如果垂直轴的两端是理性功能，那么非理性功能就落在水平轴的两端。“荣格还假设垂直轴上与优势功能相对的是劣势功能。”（Casement 2001：151）荣格认为，获得理性功能的个体会付出难以将劣势功能整合到意识人格中的代价，他自己会像婴儿一样无知，因为“第四功能没有到来”（Jung 1958a：166）。这里的“第四功能”指的是分化程度最低的功能，因此最少被意识到，当它被激活的时候，会带有无意识的原型内容。荣格甚至说劣势功能是人格的黑暗部分，是通往无意识的大门。

个体会陷入各式各样的陷阱中，其中一个便是认同阴影。这样的人总 100
喜欢给别人留下不受欢迎的印象，在没有人的地方给自己设置障碍。但相反的方式同样也是一个陷阱，也就是认同人格面具，它是我们呈献给世界的外表。如果个体过分依赖自己的身份，那么这个人会被认为活出的是虚假的自己。但认同自己面具的诱惑非常大，如荣格所言：“人格面具通常会以金钱的形式得到回报。”（Jung 1959b：123）

他用很大的篇幅论述劣势功能和阴影的相似之处，同时指出个体的个体化过程必然是从阴影的意识化开始的。劣势功能自发地进入意识，这个过程不能被操纵和控制。个体化只能通过对阴影的认识来实现并不意味着放弃海德先生（Mr Hyde）这一侧，反而是与之进行斗争，从而取代该侧的神经症式解离，这才是将阴影带入意识的真正尝试。荣格对化身博士（Jekyll and Hyde）的故事印象非常深刻，经常在自己的作品中引用。

荣格认为，神经症是一种内在的分裂，也就是一种在内部与自己交战的状态。个体进入这种状态的原因是两种敌对力量，也就是阴影和自我存在冲突。为了说明这一点，荣格引用了浮士德的说法，即他的心中住着两个灵魂。

如果个体不能使这两部分和解，那么它将会导致人格出现神经症式的分裂。荣格认为，治疗这种分裂是一个宗教问题。就像基督教教义宣扬在外部环境中宽恕外部敌人一样，个体需要转向内在去学习与内部敌人共处，把狼称为同胞。但荣格提出警告，不能将这个过程看得像在现实中接受游走在边缘的人性阴影部分一样简单，因为这意味着与非理性、无意义，甚至是与恶达成一致。

但是，就像荣格所指出的那样，如果阴影还未完全被认识到，那么不与这个超人斗争的危险便是脆弱的自我会认同超越性的原我。这反过来会导致自我的膨胀，结果是出现全知或全能的幻觉，最后是发疯。就像原我可以被视为内在的上帝意象一样，荣格（1953b）在《分析心理学两论》中指出恶就是阴影原型的一个变种。

荣格在炼金术的象征中看到了与个体化过程的类比，也就是说，人在个体化的过程中成为与别人相分离、与他人不一样且又完整的自己。荣格将炼金术工作第一阶段，即黑化（nigredo）等同于心理学上与阴影的遭
101 遇。这是抑郁和停滞的阶段，一切都变得静止。阴影表现出与意识人格完全相反的特点，意识人格代表一种战胜邪恶部分之后的积极美德。事实上，在荣格看来，由阴影带来的对立问题在炼金术中起到决定性的作用，因为它会使原型性的圣婚（hierosgamos）或更高层面的婚姻中的对立双方最终结合。当冲突被带到意识中的时候，它会使人认识到自己身上陌生的一部分。炼金术士将之称为墨丘利（Mercurius），他们将之定义为神、灵、人、事物以及心与身，也就是一切的对立之源。

荣格指出基督和原我的地狱或阴间的一面都是自主的意象，我们的心灵状态来源于集体无意识中的原型形象。因此，荣格认为基督是意识的原型，而墨丘利是无意识的原型。

17 世纪的炼金术士克里斯蒂安·罗森克罗伊茨（Christian Rosencreutz）的著作《化学婚礼》（*Chymical Wedding*）主要关注的是转化以及其中王室伴侣的结合，还有个体在炼金术过程中的道德发展。这是基于与阴影的结合以及对立问题，这些对立会集聚起来，并反过来激活集体无意识中对立的原型内容。这个过程带来的结果是超自然或难以想象的体验。

荣格认为，墨丘利的本质就是无意识，而且其既是主动的又是被动的。在炼金术中，他身上主动的或“向上的”部分被称为太阳或国王，而被动的或“向下的”部分被称为月亮或王后。在荣格看来，炼金术中光明和阴影的二元性也是心灵生活的二元性。炼金术可以被视为一种补偿中世纪纯净意象的破坏性力量。通过一种类似的方式，可以说是动力心理学使性压抑的问题在 19 世纪得以浮现。荣格继续写道：“炼金术的秘密是填充基督教世界观空白的原型观念，也就是没有得到桥接的对立两极，特别是善与恶。”（Jung 1963：473）

炼金术和分析心理学中直面阴影所产生的冲突最终必然导致一种结合或合体（coniunctio），后者是荣格从炼金术中借用的术语。个体必须经历

和体验这个斗争，它不能以理性或压抑的方式被消除掉，因为后者意味着它仍然存留在无意识中，从而变得对意识人格更加具有威胁性。阴影与心灵中原始的部分相同，理性对其束手无策。

如果分析引发了一次合体，那么藏在惯常的面具，即阴影之后的内容 102
就会被意识化或者被整合到自我之中。荣格认为，这就意味着随着阴影被吸收，本能中动物性的部分进入意识中，使个体朝完满又迈进了一步。

这是所有人发展的唯一道路，因为试图通过压抑来回避阴影会导致解离。为了避免片面化发展，个体必须学会与阴影共存，而非带来一系列灾难。对阴影的认识能使人变得谦卑，并对人性的深度心存恐惧。对此的忽略会给人造成最大的危险。

阴影的含义和定义

个人阴影

上文总共讨论到三种阴影，即个人阴影、集体阴影和原型阴影，接下来将是进一步的论述。需要铭记在心的是它们并不是彼此独立而是彼此在很大程度上交叉重合的三个实体，因为在荣格的图式中，它们存在于一切之中。

荣格与弗洛伊德之间复杂的关系中存在着大量的个人、集体和原型阴影。当然，这并不意味着他们之间的复杂关系可以被简化为阴影的相互投射。不过，将之视为阴影投射的例子进行分析是很有用的。从个人阴影的角度看，这段关系始于积极阴影内容的相互投射，因为他们相互填补对方作品中的空白、弗洛伊德需要荣格的字词联想测验支持自己的无意识内容理论，而荣格需要弗洛伊德的无意识理论巩固自己的情结理论。

荣格在 1906 年的时候谈到过他对弗洛伊德卓越发现的感激，反过来，弗洛伊德也毫无保留地承认苏黎世学派对精神分析的传播所做的贡献，特别是荣格和布洛伊勒（布洛伊勒是荣格所工作的精神病院的上级）。

两个人在接下来长达七年的通信使二者之间积极阴影的投射不断增强，表现为相互的尊重、情感联结的加深以及信心和想法的分享。这种情况逐渐发生了变化，直到最后变成了两人之间的阴影中消极的一面，摧毁了他们的友谊和工作合作。

将阴影分为“积极的”和“消极的”两部分有助于从临床角度进行理解，因为这能够使分析师看到理想化的移情和妖魔化的移情是在何地又是如何出现的，特别是在对边缘型病人进行分析的时候，因为他们通常会在 103

分析的过程中表现出强烈的分裂式移情。

荣格在 1907 年盛赞弗洛伊德的作品《格拉迪瓦》(*Gradiva*)，他一口气将其读完。弗洛伊德对此的回应是，他对一个如此饱学的人从自己的作品中学到新的内容感到非常惊讶。

在 1907 年晚些的时候，荣格向弗洛伊德承认他对弗洛伊德的仰慕到了有宗教冲击的边缘。但是到 1912 年，二人之间的关系开始逐渐紧张起来，弗洛伊德最后给荣格写信否认他试图在思想上控制荣格。

荣格对此的回应是，他认为弗洛伊德对待自己的学生像对待病人或儿子与女儿一样的方法是个错误，而弗洛伊德实际的动机是自己可以像父亲一样高高在上。弗洛伊德在 1913 年最终提出终结他们的私人关系，荣格也认为他们的友谊不宜再继续。他最后写道："唯余沉默。"(MacGuire 1974：540)

这两位伟大思想家之间的关系本质上是阴影关系，在很大程度上建立在相互吸引的基础上。对立的两极总是会有可能相互排斥，因此积极的阴影投射最终会以消极的阴影投射结束。在弗洛伊德和荣格的关系中存在大量的阴影内容：他们来自不同的文化，年龄有差异；他们行使的功能非常不同，弗洛伊德的主导功能是外倾情感，而荣格的是内倾直觉。此外，这段关系中还伴随着强烈的同性爱欲成分，伴随着未解决的父子移情感受。弗洛伊德称荣格为自己的继承人，而荣格将自己对父亲的失望投射到弗洛伊德身上。

集体阴影

荣格在自己的作品中称："集体的阴影形象……部分来自超自然的集体阴影形象。"(Jung 1959b：262) 最近历史中大量的人被集体阴影控制的可怕例子便是纳粹运动。同样，这种观点并不意味着整个纳粹运动都可以被简化到以阴影为基础进行心理学诠释。但是，从荣格的阴影理论角度看待这个令人不安的现象是有益的。很多人陷入纳粹运动的蛊惑中，荣格在很长一段时期与之模糊不清的关系似乎暗示着他也受到了影响，他在 1933 年到 1940 年与纳粹的关系已经引起巨大的争论。这方面的一些主要来源在安·凯斯门特的《卡尔·古斯塔夫·荣格》(2001) 一书中都有记载，其
104 中，乔弗里·考克斯 (Geoffrey Cocks)、詹姆斯·基尔希和托马斯·基尔希 (James and Thomas Kirsch)、米查·诺伊曼 (Micha Neumann) 以及安德鲁·塞缪尔斯等表达了不同的观点。但本章主要讨论的主题是阴影，我只引用书中重要的部分。

荣格成为《文摘》(*Zentralblatt*) 的编辑引发的争议最大，这是一份在德国出版的心理治疗杂志。他为该杂志所写的一篇区分犹太和德国科学

的文章遭到很多德国之外学者的攻击，因为它呼应了纳粹为巩固其政权所提出的主张。引用文章的内容会有利于我们理解这一点。荣格指出，人们长期拥有的视角使人们认识到承认德国和犹太心理学存在差异对科学是有益的。这句话的影响通过全力支持纳粹政权的作家马蒂亚斯·戈林（Matthias Göring）的一篇主题相同的文章被放大。通过这一方式，荣格的观点可能会被种族主义者用来支持纳粹政权。

考克斯（1997）在《第三帝国时期的心理治疗：戈林研究院》一书中详细论述了荣格与纳粹运动的关系，考克斯持中立的观点，他并未彻底地否定荣格，但也指出荣格在做出以上论述的时候缺乏判断。他强调的是他在荣格的思想中看到令人烦扰的歧义，并“明确指出对荣格不加批判的仰慕者试图将在政治敏感时期的论断视为是无害的”（Casement 2001：107）。

考克斯并不认为荣格是为了摧毁阴影而刻意接触偏见的阴影。他坚持认为这样的论断不仅天真地忽略了人行为背后的多重动机，而且无视荣格早期缺少对希特勒的批判和其带来的消极后果。

荣格的态度也给他自己和与他关系密切的同僚埃里希·诺依曼（Erich Neumann）之间造成很多困难，最后诺伊曼选择与荣格保持密切的关系，尽管他们对犹太教和基督教的观点有很大的差异。但诺伊曼的儿子——也是一位精神分析师——米查·诺依曼的立场完全和他父亲不同，他认为荣格在对待犹太人的立场上存在盲点，原因在于荣格和弗洛伊德之间复杂的父子式的关系，以及纳粹意识形态中强烈的宗教性内容。米查认为，荣格无意识地认同了纳粹的象征、意识形态和犹太主义，并且“相信自己属于积极的集体‘德意志灵魂’”（Maidenbaum and Martin 1991：276）。

另外一位学者安德鲁·塞缪尔斯在他的著作《政治心灵》（1993）中指出，围绕着荣格的阴影一直挥之不去，因为它们渴望得到心理学的注意。除了批判荣格加入纳粹所支持的心理治疗以及《文摘》，塞缪尔斯也对荣格的另外两个视角提出了批评，例如荣格试图建立一种与纳粹思想类似的文化心理学。这与他对领导问题的兴趣有关，其深植于德国浪漫主义哲学之中，它一旦被激活，会在心灵中释放巨大的力量。“1946 年，荣格在苏黎世向利奥·拜克（Leo Baeck）拉比承认自己已经‘失语’。”（Casement 2001：114）上述偏离阴影这一核心主题的简短文字介绍了荣格与纳粹主义的复杂关系。荣格被这一神话般的“魅力”及其所倡导的世界统治所迷惑，他似乎落入了一种阴影权力情结的陷阱之中。 105

另外一个关于集体阴影的破坏性潜能的例子出现在约瑟夫·康拉德（Joseph Conrad）的《黑暗之心》（*Heart of Darkness*）一书中：

白人殖民者库尔茨（Kurtz）……面对的是殖民自我（Colonial

> Ego）对刚果的专制统治和剥削，并完全认同它。这是一种心灵膨胀，能战胜任何想在环境中使用强权的人，能够激活个体无意识中最黑暗的阴影部分。库尔茨没有整合自己的阴影，而是制约它，因此他不但在自己身上还在他建立的社会中释放出深层的破坏力。刚果被殖民者残暴地对待和剥削，他们将自己集体阴影中的恶投射到刚果身上。
>
> （Casement 2003：44；强调为原文所有）

原型阴影

荣格在他的著作《答约伯书》（1958b）中所描述的上帝意象或神的原型是“一块锑，即内在对立的整体，这是一种因巨大的动力、全知和全能而必不可少的状态”（Jung 1958b：7）。在他这部后期的作品中，荣格开始论述神性的阴影一面，并认为《圣经·旧约》中的耶和华和撒旦是同一个上帝的两面。这部作品是荣格多年与这个问题斗争的结晶。就像在《回忆，梦，思考》中所写的一样，荣格（1963/1983）梦到自己身处巴塞尔一座美丽的中世纪文理中学的阴暗院子中，他从大门进去，看到自己站在巴塞尔大教堂前，阳光正照在屋顶上。令荣格印象深刻的是上帝正坐在大教堂的宝座上。荣格感到这个景象非常美，完全沉醉于对世界之完美与和谐的惊叹之中。突然，上帝出乎意料地朝教堂扔下一大坨粪便，并把它砸得粉碎。荣格从梦中惊醒。

荣格认为，这是基督教上帝阴影的启示。在《答约伯书》中，荣格认为耶和华对约伯的残酷是通过他儿子撒旦的主动，使耶和华实现了约伯相
106 对于他自己的道德优越性。“从这个角度看，人已经超越造物主。”（Jung 1958b：43）在荣格看来，这种情境带来真正反思的需要，是索菲亚或女性智慧进入的地方。通过“她”对反思需要的强化，在发现自己做错了的时候，耶和华决定成为人。通常，伴随着阴影的爆发，获得女性特质而变得完整的可能性便会出现，因为女性特质是男性特质的对立面。

荣格接着指出，即使上帝以耶稣的形式变成肉身，也依然缺乏自我反思，只有在十字架上大呼“上帝啊，我的上帝啊，你为什么抛弃我”时他的人性才能获得神性，因为他喝下的是自己为他的仆人酿的苦酒。在荣格看来，在这个重要的时刻，约伯得到了答案。

荣格认为，从人的角度看，耶和华的阴影使他的敏感多疑以及虚伪的行为令人作呕，因为他既将知识之树告诉亚当和夏娃，但又禁止他们去吃。荣格指出，耶和华无意识地促成了人类的堕落。

阴影概念的主要创新、批判和发展

荣格批判基督教中恶的教义是善的缺失（privatio boni），是他在《答

约伯书》中的核心观点。这样，恶就被否定为绝对存在。可是，如果没有恶，何谈善呢？如果恶没有实体，那么善也必须保持朦胧，而恶也仅仅是善的缺失。荣格认为生命是一个能量过程，需要对立的两面，而善与恶正是这种自然对立两极的道德面。

荣格与英国多明我会的神父维克多·怀特就这一中心主题展开了持久的争论，安·康拉德·拉默斯（Ann Conrad Lammers）在自己的著作《在上帝的阴影下：维克多·怀特和C.G.荣格的合作》(1994）中记录了他们的争论。荣格感到非常惋惜，因为另外两位神学家将他视为一名无神论的哲学家，而非不可知论的心理学家。与此相反的是，他感觉怀特神父是他最后遇到的神职人员，但却能够理解自己在讲什么。

两个人争论很多年，旨在找到他们在善的缺失这一问题上的冲突的解决之道。在怀特写给荣格的一封信中，格哈德·阿德勒（Gerhard Adler）将其收录在《荣格通信集》（1976）中予以出版，怀特认为善的缺失是教条或基督教的真理，影响了所有的价值判断。但荣格认为，这个教条来自基督教将上帝提升到至高的善的来源之上，但上帝是善的还是恶的并没有 107
在经验的角度得到神学的判断。相反，他认为上帝是超越性的，这就意味着上帝超越人的逻辑。而怀特认为没有一个经验性的例子呈现出善的缺失不能够被证明。荣格对此提出质疑，他认为基督教已经偏离固有的二元主义，因为其否认恶的存在。

荣格接着说善的缺失是一个原型性的、富有象征意味的事实，并质疑怀特，向他说明有多少人已经处理了恶的问题，因此他们能够摆脱基督教的象征。正是与基督教中代表基督与撒旦的阴影的象征性冲突，指明了上帝身上原我的统一之路。荣格认为，撒旦是基督的阴影，但根据天主教的教条，基督知道一切，因此没有阴影。

怀特在自己的著作《上帝与无意识》（1982）一书中总结了自己的观点，他认为他理解荣格的概念，荣格认为吸收阴影意味着以意识的形式提供缺失的善。

二人之间的差异难以调解，因此彼此分道扬镳，尽管他们从未完全决裂。怀特对荣格《答约伯书》的回应多次变化，但他最终对荣格的作品表示批评，因为这使他在自己的秩序和更广泛的天主教教区陷入困难的境地。安·拉默斯在她的著作《在上帝的阴影下》中对此有详尽的描述，其中引用了怀特和荣格的通信。怀特在自己的最后一部作品中表达了自己对荣格的《答约伯书》的强烈不满，不过，他还是写信给荣格说他们的道路虽然必然要分开，但他永远不会忘记也不会失去对荣格作品和友谊的感激。他们持续通信，一直到怀特因癌症在1960年去世。

在20世纪50年代，保罗·雷丁（Paul Radin）为支持荣格的集体阴影概念出版了关于美国印第安神话的作品《小丑》（1956）。荣格认为小丑与集体阴影和墨丘利意义相同，它们都很狡猾、顽皮而且能够改变外形。荣格在为雷丁的书所写的题为《论小丑形象的心理学》的评论中指出，小丑经常出现在神话、嘉年华和适合所有年龄段的以歹徒为题材的故事中，因为它是一个原型结构。

基督教使自己摆脱这个异教的象征符号，从而将其压抑到无意识中，因此它像集体阴影一样活在文明人身上。它偶尔也会以其他的形式再次出现，像在意大利的即兴喜剧中、炼金术中以及雷丁的小丑的循环中，在这个循环中，在美国印第安人达到更高的意识状态之前，阴影以其原始的形式被保存下来。这个神话故事只有在经历了后一阶段之后才能被讲述出来，所以“可以预料的是，在这一回溯过程中会夹杂着大量的嘲讽和轻
108 蔑”（Jung 1959b：263）。

英国埃塞克斯大学荣格学派与后荣格学派研究中心的硕士研究生乔斯林·詹姆斯（Jocelyne James）在其论文中对荣格的阴影概念提出过批评。例如，她引用冯·法兰兹的观点，即“阴影就是整个无意识”（James 2000：页数未知）。詹姆斯指出，如果是这样，那么它应该包括整个人类的历史、进化和文化。尽管她在定义阴影方面意识到含糊性的效用，但詹姆斯也暗示她所持的波普尔式立场，即如果一个东西可以解释一切，那么它就不能够被证伪，处在实证验证的范围之外。但在荣格所有的作品中，他一直声称自己是个经验主义者，因此冯·法兰兹的观点与荣格的似乎相左。

詹姆斯也对荣格派学者（包括我自己）对这一主题进行的研究提出挑战，为阴影在临床中的应用带来了批判性的反思。她质疑为什么而且试探性地给出一些可能：分析学派的心理学家要继续理解这个概念，因为它造成一个认识论问题的泥潭。她又指出，兹维格和伍尔夫（Zweig and Wolf 1997）的作品《渲染阴影》一书主要强调的是性和效力。詹姆斯的论文在最后一部分是开放的，旨在研究未来的发展趋势。

对现状和未来发展趋势的一种解读

如詹姆斯（2000）在她的论文中所写，分析心理学家们都在使用阴影这个术语，但需要更加细致的区分，而非像冯·法兰兹一样主张阴影是一个神话概念，指的是人难以名状的一切内容。阿道夫·古根鲍尔-克雷格（Adolf Guggenbühl-Craig）在阐述它与“助人职业”的关系时写到过相关的内容，他认为，当分析师开始对病人有虐待倾向或试图讨好病人的时

候，江湖医生的阴影会在分析师身上集聚。讨好病人的倾向可以被解释为：把女王的积极原型一面夸大成渴望权力的女性，或把缺乏勇气解释为病人积极的内倾。这两种解释都助长了病人的自恋，同时鼓励人们对年迈的母亲不去尽职尽责来做出回应，以摆脱母亲的消极阿尼姆斯。分析师需要注意把握在鼓励病人重视自己的心灵需求的同时而不促进自恋的尺度。 109
自恋会导致与病人的共谋，使分析最终严重到落入阴影中。由此，"心灵发展的更深层价值被出卖了"（Guggenbühl-Craig 1971：74）。

这个职业的另一阴影部分是对意义的滥用。对配偶、朋友或亲戚的不公的或不忠的行为会被赞扬为自我实现或无意识的工作。在推动自己成为伟大的疗愈者的同时，分析师可能会认为自己拥有超越性的知识。"分析师会像一个小神一样将一切看得很清楚……不会再出现任何悲剧，以及任何难以理解的恐惧"（Guggenbühl-Craig 1971：77）。

古根鲍尔-克雷格（1971）也指出，明显的两极能够发展成任何形式的疗愈者/病人之间的关系，疗愈者被认为拥有一切权力，而病人被认为携带着被压抑的阴影，是个充满恐惧的孩子。由于社会要求"助人职业"的从业者有更高的责任，滥用权力已经成为公开的主题。这样一来，在分析工作中，分析就不再是照出社会阴影的镜子，反而是社会本身有时候一直在照出这一阴影。

尽管修通阴影是荣格式分析的一个特点，特别是对于经典取向的分析师而言，但在分析心理学世界它也是显而易见的，这不仅仅体现在全世界的荣格派职业组织明显的分裂上。《分析心理学杂志》（*Journal of Analytical Psychology*）在 1995 年邀请我写一篇关于分析心理学组织在英国发展的过程中分裂情况的文章。在 20 世纪 70 年代，分析心理学会内部的困境导致"阿德勒小组"的形成，并最终分裂出去。在过去的七年中，一个中间小组逐渐形成，尽管有很多成员试图阻止这次分裂，但分裂最终还是出现了。这一中间小组的分析师凯思林·纽顿（Kathleen Newton）富有预见性地指出："分裂不但对现在而且对未来强化防御态度和激发相互敌对投射会产生灾难性的影响。"（Casement 1995：335）

托马斯·基尔希（2000）在自己的著作《荣格分析师：比较和历史的视角》中记述了诸多分析心理学小组的分歧。在某种程度上，这些分歧可以被看作一种摆脱阴影的破坏性行动，尽管还有其他的原因，但它们也都是破坏性的。尽管如此，分析心理学运动需要去做的最重要的工作还是对自己内在阴影的反思，特别是在与阴影进行持续的全方位斗争中为世界带来启发。

110 参考文献

Adler, G. (ed.) (1976) *C.G. Jung Letters*. London: Routledge and Kegan Paul.

Casement, A. (1995) 'A brief history of Jungian splits in the United Kingdom'. *Journal of Analytical Psychology*, 40(3): 327–342.

—— (2001) *Carl Gustav Jung*. London: Sage.

—— (2003) 'Encountering the shadow in rites of passage: a study in activations'. *Journal of Analytical Psychology*, 48(1): 29–46.

Cocks, G. (1997) *Psychotherapy in the Third Reich: The Göring Institute*. New Brunswick, NJ: Transaction.

Ellenberger, H.F. (1970) *The Discovery of the Unconscious: The History and Evolution of Dynamic Psychiatry*. New York: Basic Books.

Guggenbühl-Craig, A. (1971) *Power in the Helping Professions*. Dallas, TX: Spring.

Huskinson, L. (2004) *Nietzsche and Jung: The Whole Self in the Union of Opposites*. Hove, UK: Brunner-Routledge.

James, J. (2000) 'The shadow: a critical enquiry into the significance of the concept of the shadow in analytical psychology', unpublished MA thesis, Essex University.

Jung, C.G. (1953a) *Psychology and Alchemy*. London: Routledge and Kegan Paul.

—— (1953b) *Two Essays on Analytical Psychology*. Princeton, NJ: Princeton University Press.

—— (1954) *The Practice of Psychotherapy: Essays on the Psychology of the Transference and Other Subjects*. London: Routledge and Kegan Paul.

—— (1956) *Symbols of Transformation: An Analysis of the Prelude to a Case of Schizophrenia*. Princeton, NJ: Princeton University Press.

—— (1958a) *Psychology and Religion: West and East*. London: Routledge and Kegan Paul.

—— (1958b) *Answer to Job*. Bollingen Foundation New York. Princeton, NJ: Princeton University Press.

—— (1959a) *Aion: Researches into the Phenomenology of the Self*. Princeton, NJ: Princeton University Press.

—— (1959b) *The Archetypes and the Collective Unconscious. Part One*. London: Routledge and Kegan Paul.

—— (1963) *Mysterium Coniunctionis*. London: Routledge and Kegan Paul.

—— (1963/1983) *Memories, Dreams, Reflections*. London: Fontana.

—— (1964) *Civilization in Transition*. London: Routledge and Kegan Paul.

—— (1967) *Alchemical Studies*. London: Routledge and Kegan Paul.

—— (1971) *Psychological Types*. London: Routledge and Kegan Paul.

Kirsch, T. (2000) *The Jungians: A Comparative and Historical Perspective*. London: Routledge.

Lammers, A.C. (1994) *In God's Shadow: The Collaboration of Victor White and C.G. Jung*. New York: Paulist Press.

McGuire, W. (ed.) (1974) *The Freud/Jung Letters*. London: Hogarth Press.

Maidenbaum, A. and Martin, A. (1991) *Lingering Shadows: Jungians, Freudians, and Anti-Semitism*. Boston, MA: Shambala.

Radin, P. (1956) *The Trickster: A Study in American Indian Mythologies. With Commentaries by Karl Kerényi and C.G. Jung*. London: Routledge and Kegan Paul.

Samuels, A. (1993) *The Political Psyche*. London: Routledge and Kegan Paul. 111

White, V. (1982) *God and the Unconscious*. Dallas, TX: Spring.

Zweig, C. and Wolf, S. (1997) *Romancing the Shadow: How to Access the Hidden Power in your Dark Side*. London: Thorsons; New York: Ballantine.

推荐阅读

Berry, P. (1982) 'The training of shadow and the shadow in training', in P. Berry, *Echo's Subtle Body: Contributions to an Archetypal Psychology*. Dallas, TX: Spring.

Bly, R. (1988) *A Little Book on the Human Shadow*, ed. W. Booth. New York: HarperCollins.

—— (1989) *The Human Shadow*. Lecture in New York (audio video). New York: Sound Horizons.

Brinton Perera, S. (1986) *The Scapegoat Complex: Toward a Mythology of Shadow and Guilt*. Toronto: Inner City.

Conger, J. (1988) *Jung and Reich: The Body as Shadow*. Berkeley, CA: North Atlantic Books.

Dalal, F. (1988) *Jung: A Racist*. Dallas, TX: Spring.

De Shong Meador, B. (1992) *Uncursing the Dark: Treasures from the Underworld*. Wilmette, IL: Chiron.

Edinger, E. (1986) *Encounter with the Self*. Toronto: Inner City.

Eliade, M. (1990) *The Symbolism of Shadows in Archaic Religions*, in D. Apastolos-Cappodona (ed.) *Symbolism, the Sacred, and the Arts*. New York: Crossroad.

Fechner, G. (1991) *The Shadow is Alive*. Dallas, TX: Spring.

Giegerich, W. (1991) *The Advent of the Guest: Shadow Integration and the Rise of Psychology*. Dallas, TX: Spring.

Guggenbühl-Craig, A. (1970) *Must Analysis Fail through its Destructive Aspect?* New York: Spring.

—— (1971) *Power in the Helping Professions*. New York: Spring.

Henderson, J. (1990) *Shadow and Self: Selected Papers in Analytical Psychology*. Wilmette, IL: Chiron.

Hillman, J. (1964) *Suicide and the Soul*. Dallas, TX: Spring.

—— (1979) *The Dream and the Underworld*. New York: Harper Row.

Hollis, J. (1996) *Swamplands of the Soul: New Life in Dismal Places*. Toronto: Inner City.

Johnson, R. (1991) *Owning your Own Shadow: Understanding the Dark Side of the Psyche*. New York: HarperCollins.

Mattoon, M.A. (ed.) (1987) *The Archetype of Shadow in a Split World. Proceedings of the Tenth International Congress for Analytical Psychology*. Einsiedeln, Switzerland: Daimon Verlag.

Scott Peck, M. (1983) *People of the Lie: The Hope for Healing Human Evil*. London: Arrow.

Stein, M. (1995) *Jung on Evil*. London: Routledge.

von Franz, M.-L. (1991) 'The realisation of the shadow in dreams', in C. Zweig and J. Abrams (eds) *Meeting the Shadow*. New York: Tarcher/Putnam.

—— (1995) *Shadow and Evil in Fairytales*. Boston, MA: Shambala.

112 Whitmont, E. (1991) 'The evolution of the shadow', in C. Zweig and J. Abrams (eds) *Meeting the Shadow*. New York: Tarcher/Putnam.

Zweig, C. and Abrams, J. (eds) (1991) *Meeting the Shadow: The Hidden Power of the Dark Side of Human Nature*. New York: Tarcher/Putnam.

第五章

阿尼玛与阿尼姆斯

维蕾娜·卡斯特
（鲍比·怀特康姆编译自德文）

荣格作品中的阿尼玛与阿尼姆斯

个体化过程理论是荣格式治疗的核心概念，个体化的目标是接近更加真实的自己，与他人区分开来，但又与他人保持关系。这是一个我们与世界、与和我们有关的人以及与内在世界的情结和原型直接对话的系列过程。荣格认为，这个过程的一个重要部分是男性意识到自己的阿尼玛，女性意识到自己的阿尼姆斯，将自己和它区分开来，不要受它的控制。与阿尼玛建立关系（荣格在其作品中对阿尼玛的探讨比阿尼姆斯多）会带来生机、创造性和灵活性。

荣格一再强调每一个男性身上都存在“女性”元素，同样每一个女性身上也存在“男性”元素，这些元素需要得到认可，这是他的巨大贡献。荣格的阿尼玛和阿尼姆斯概念已经使很多人能够接受真实的自己，而且不用固守僵化的性别成见。而且，荣格在描述阿尼玛和阿尼姆斯的时候，他基本上使用他所处时代的性别成见去界定什么是男性以及什么是女性。

阿尼玛和阿尼姆斯的概念非常受欢迎，因为它能够解释坠入爱河，以及我们发现自己把阿尼玛或阿尼姆斯，或两者都投射到对方身上时所产生的那“无法解释的”迷恋。它能够解释“不可能”的爱情以及为什么我们会在关系中做出我们并不想做或不能理解的行为，因为，例如，我们扮演了一个被投射到我们身上的阿尼玛的角色。

对荣格观点的系统探索

阿尼玛的发现

荣格在他的自传（1961）中记述了自己发现阿尼玛的过程。在与弗洛伊

114 德分裂之后，他处在一段脆弱的时期，感觉应该接触自己的幻想。他想象着自己坠入地下。在其中一幅画面中，他遇到一位白胡子老人，他说自己是以利亚（Elijah）。一位漂亮的女性莎乐美（Salome）和以利亚一同出现，但她是一个盲人。这是一对奇怪的伴侣：莎乐美和以利亚自古就在一起，和他们一起的还有一条黑蛇。荣格后来解释说，像这样的伴侣——老人和年轻女孩——经常出现在这样的“梦境游荡”中，就像出现在神话故事中一样。

荣格将莎乐美称为阿尼玛，称以利亚是一位智慧老先知。荣格对莎乐美“极度怀疑”，他“靠近以利亚，因为他似乎是这三个形象中最理性的”（Jung 1961：181）。以利亚后来变成腓利门，而多年来，腓利门都是荣格内在一个非常重要的形象，是内在的向导，他“把心灵的客观性和心灵的真实性教给我”（Jung 1961：183）。今天我们会把腓利门称为阿尼姆斯，代表智慧老人的原型。尽管荣格只讨论了阿尼玛和智慧老人，但他的幻想可以被视为是这一对正在他心灵中集聚的阿尼玛和阿尼姆斯的人格化。

在进一步探索阿尼玛的时候，荣格后来发现他自己和一个内在的女性声音产生了争执，因为那个声音说他正在创作的是艺术，而非科学。他进入与这个声音的对话中，发现这个声音来自他曾经的一位女病人，但他认为这个女性不只是一个主观的人物：她为他的无意识说话。这是一种重要的阿尼玛体验，通过与阿尼玛的对话，荣格发展出主动想象的技术，使我们能够表达出无意识的材料，并且改变它。荣格并不是总能够和阿尼玛达成一致，他感到她令人不快，而且怀疑她。这可能是他早期对阿尼玛的定义并没有后期那样充满热情的原因吧。

荣格根据其原型本质，将这个内在形象和集体无意识联系在一起，并称之为阿尼玛。他认为，女性也一定会体验到同样的男性人格化形象，即阿尼姆斯。

他为什么使用拉丁文术语*阿尼玛*（anima，灵魂）和*阿尼姆斯*（animus，精神）呢？这两个词在某种程度上是可以互换的：古希腊和古罗马人认为，人死之后，其*灵魂*（soul），即生命之原则会离开身体——但或许也可以说，*精神*（spirit）已经离开了。自古希腊人以后，人类历史中有很多关于灵魂和精神的理论出现，灵魂和精神的概念在不同的文化中的意义不一样。通常，阿尼玛和阿尼姆斯是一同出现的。例如，圣奥古斯丁认为阿尼玛或灵魂与身体绑定在一起，阿尼姆斯拥有领悟的力量，它不仅能够理解灵魂和身体，也能够理解上帝。

115 **荣格对这一概念的发展**

荣格在 1916 年将阿尼玛和阿尼姆斯描述为心灵结构中与*人格面具*（persona）互补的部分（Jung 1916/1966：par. 507）。但他将人格面具描述为“在外在现实和个体之间形成的妥协”，因此他认为“阿尼玛是个体和无意识之间形成的妥协，也即是历史意象或‘原始意象的世界’”。因此，行为非常具有男性特质（他的人格面具）的男性会拥有一个非常具有女性特质的阿尼玛。

他在1925年的《幻象研讨集》（*Visions Seminar*）中对此做了更加精确的解释，并在《回忆，梦，思考》的术语表中引用：“阿尼姆斯和阿尼玛行使像桥或门一样的功能，带领意象进入集体无意识，就像人格面具是通往外在世界的桥一样。”（Jung 1961：392）阿尼姆斯和阿尼玛的功能是与心灵的深处建立连接。

当荣格试图描述阿尼玛的内容之时，复杂的情况出现了：

> 如果让我试图概括……阿尼姆斯与阿尼玛相对的特点是什么，我只能说：阿尼玛产生**心境**（moods），而阿尼姆斯产生**观点**（opinions）……但在现实中，观点完全不是想出来的；它们是现成的，而且人们是那么肯定，那么坚定地持有它们，以至于这个女人从来没有怀疑过它们。
>
> （Jung 1928/1966：par. 331）

这开始变得令人困惑：在自我情结还没有完全从母亲情结（心境）或父亲情结（观点）中分离出来的时候，荣格描述的是阿尼玛和阿尼姆斯，还是阿尼玛和阿尼姆斯的特定状态？在同一段，我们发现以下论述：

> 阿尼姆斯可以说是所有女性对男性的祖先式体验的沉淀——不仅如此，他还是一个有创造力和生育能力的存在……他能带来可以被我们称为……精词（spermatic word）的某种东西。就像男性因为他内在的女性特质而完整一样，女性的内在男性一面也会带来创造性的种子，其有力量滋养男性的女性一面。
>
> （Jung 1928/1966：par. 336）

很多女性主义者经常引用上述的内容作为荣格持有以下观点的证据：阿尼玛和阿尼姆斯的概念认为男性比女性更具有女性特质，拥有内在的**女性襄助者**（femme inspiratrice），但这也表示他实际上是在否认女性的天然创造性。而且，我们也可以怀疑荣格是不是不能接受男性不能生孩子这一事实，因此他会假设男性至少拥有内在女性特质，从而在不需要真实女性的基础上成为一个完整的个体。由此，我们被带入性别问题的争论中。但 116

事实上，这段话可以从另外一个角度去理解。如果我们最初从男性和女性都拥有阿尼玛和阿尼姆斯的角度来看（后荣格学派的一个发展），这段话的含义就完全不一样了。我们更加接近古希腊人的思想，即精神启发灵魂，物质通过它的中介而存在。

但性别问题，再加上对女性轻微的贬低以及理想化阿尼玛，都暗含在这个概念中。不可否认的是，荣格将他那个时代中的性别成见和阿尼玛与阿尼姆斯作为原型的概念混为一谈。

在 1925 年的一篇论婚姻的文章中，荣格说：“每个男性的内心都有一个永恒的女性意象，但并不是这个或那个女人的意象，而是一个确定的女性意象。”（Jung 1925/1972：par. 338）而且，女性的内心也有一个永恒的男性意象。荣格在这里所指的是阿尼玛和阿尼姆斯的原型本质，他说的是这些内在形象投射到真实的女人和男人身上。这是阿尼玛和阿尼姆斯的共同定义。

在同一篇文章中，荣格也谈到阿尼玛和阿尼姆斯的投射是一种对他人的迷恋或者爱，这有时候是良好关系的基础，但更多时候可能来自深层的情绪和相关的幻想，并由于理想化、未得到满足和幻灭感而造成很多问题，尽管这些很容易被理解为是“命运”。阿尼玛能够引发最深刻的个人理解或者开启一个人生命中最大的冒险（Jung 1934/1976：par. 62）。这同样也适用于阿尼姆斯。在这一点上，荣格不再说阿尼玛和阿尼姆斯是人格面具的对立部分。

荣格在 1927 年的文章《心与地》中论述了阿尼玛和阿尼姆斯的发展（Jung 1927/1974：par. 71－76）。在青春期，一个新的原型开始集聚：在男性身上是女性的原型，即阿尼玛；而在女性身上则是男性的原型，即阿尼姆斯。阿尼玛和阿尼姆斯一直被父母的意象掩盖着，并严重受到父母意象的影响。年轻人受到父母意象的影响越大，其选择的对象就越容易成为父母意象的积极或消极部分的替代品，荣格认为这是一种很普遍的现象。认识到阿尼玛和阿尼姆斯的基础是父母原型或父母情结似乎是重要的，荣格认为青春期的变化不仅表现在性欲体验上，而且表现在吸引的精神体验上，这种吸引由投射出来的阿尼玛和阿尼姆斯意象所支配。

117 荣格观察到在投射的过程中存在着某些模式：

> 阿尼姆斯倾向于将自己投射到“智者”或各式各样的“英雄”（包括男高音歌唱家、艺术家和体育名人）身上。阿尼玛偏好女性身上一切无意识、黑暗、模糊和无关的东西，也偏好她的虚荣、冷淡和

无助等等。

(Jung 1946/1971：par. 521)

荣格在1936年的文章《论原型和阿尼玛的概念》中继续沿着发展的路径，并指出年轻的男性需要将自己从受到母亲影响的阿尼玛偏爱中解放出来（Jung 1936/1976：par. 146）。在前半生，年轻人能够承受阿尼玛的丧失，而在后半生，与阿尼玛关系的失去会导致“生命力、灵活性和仁慈心的减弱”(Jung 1936/1976：par. 147)。

个体化过程是荣格心理学理论的核心部分之一，在这个过程中，为了将意识人格和这些原型性的影响分开，理解阿尼玛和阿尼姆斯是非常必要的。如果它们还在无意识中，它们会像自动化的情结一样起作用，带来消极的影响。如果它们被带入意识中，它们就会使创造成为可能，从而为生命增加意义。荣格将自我和阿尼玛/阿尼姆斯的分化称为分析的“杰作”(Jung 1934/1976：par. 61 - 64)。

在1934年的论文中，荣格又强调阿尼玛和阿尼姆斯是原型：“我们借助阿尼玛原型进入诸神的世界……一切碰触到阿尼玛的东西都变得超自然——无条件的、危险的、禁忌的、神奇的。”(Jung 1934/1976：par. 59）他称阿尼姆斯为意义的原型，称阿尼玛为生命的原型（Jung 1934/1976：par. 66)。

荣格在1936年对自己的阿尼玛和阿尼姆斯概念进行辩护时提到融合体(syzygy）的概念，他从不同神话的证据中得出结论：圣婚将神圣伴侣结合在一起，这个母题和男女的存在一样具有普遍性（Jung 1936/1976：par. 134)。他假定，在融合体中，父母的原型性结合得到表达，母亲与阿尼玛相对应。荣格认为，融合体的这些原型意象或幻想性意象比对现实的统觉还要真实，并因此变成对现实的统觉，特别是对父母的现实的统觉(Jung 1936/1976：par. 135 - 136)。

1950年，荣格在《移涌》中的《阿尼玛和阿尼姆斯的融合》一文中又论述了他的这一概念（Jung 1950/1976：par. 20ff.)。在这篇文章中，他认为集体无意识的自主性在阿尼玛和阿尼姆斯形象中表现了出来。“阿尼玛，或者由阿尼玛代表的无意识，是制造投射的因素。”(Jung 1950/1976：par. 26）这篇文章清晰地指出阿尼玛和阿尼姆斯“只能通过与异性伴侣之间的关系”被觉察到，“因为只有这样的投射关系才具有可操作性”(Jung 1950/1976：par. 42)。同样是在这篇文章中，荣格肯定了自己的表述，他指出大多数情况下它们会在梦中出现，但只能通过主动想象的过程被带入意识中（Jung 1950/1976：par. 39)。 118

如果阿尼玛和阿尼姆斯尽可能地进入意识，那么个体便不再受它们的主导，关系中的幻觉也会减少，更广泛的情绪和认知体验将成为可能，更好的联结将会出现。这些发展能够出现在与“他者”的任何一种情绪关系中。如今，我们会质疑阿尼玛和阿尼姆斯的实现只能在与异性的关系中发生这个观点。我们今天发现同性别的人身上也有阿尼玛或阿尼姆斯的意象。

在1954年的《神秘合体》中，荣格针对阿尼玛和阿尼姆斯做了一些重要的结语：

> 就精神而言，它也是一种“永恒之窗”，作为阿尼姆斯这一理性体而不朽，它给灵魂带来某些神圣的影响……而对更高层次的世界系统的认识，其中恰恰包含了它所谓的灵魂的阿尼玛。
>
> (Jung 1954/1968b：par. 338)

而且，“阿尼玛的产物（梦、幻想、幻象、症状、巧合现象）如果被吸收、消化和整合，就会对灵魂的成长和滋养产生有益的影响”(Jung 1954/1968b：par. 83)。

同样在他这最后一部作品中，荣格强调阿尼姆斯补偿的是女性意识，其认同的是“爱洛斯”；而阿尼玛补偿的是男性意识，其认同的是“逻各斯”(Jung 1954/1968a：par. 218－227)。他在这里依然面临着男性身上有更强的阳性意识而女性身上有更强的阴性意识的问题。我们再重新回顾这个思想的背景。荣格在《移涌》中指出阿尼玛相当于母亲的爱洛斯，而阿尼姆斯相当于父亲的逻各斯。荣格认为，爱洛斯意味着心灵的连接，而逻各斯的意思是分化、客观的知识和理性的判断。

> 阿尼姆斯的积极面表达的是……精神，特别是哲学或宗教观念，更确切地说，是由此产生的态度。因此，阿尼姆斯也是（像阿尼玛一
> 119 样）无意识和意识之间的中介，是人格化的无意识……就像阿尼玛给男性的意识带来关系和连接一样，阿尼姆斯为女性的意识带来反思、深思以及自我认识的能力。
>
> (Jung 1950/1976：par. 33)

小结

荣格在论述阿尼玛和阿尼姆斯的共同之处时，他写的是原型在意识和无意识之间起到中介的功能，特别是以想象的方式。荣格论述了阿尼玛和阿尼姆斯原型的动态创造性一面。然而，动态创造性是每一个原型集聚体

的特点。

在特定的时候，阿尼玛和阿尼姆斯可以被视为在代表无意识。

阿尼玛和阿尼姆斯给自我带来的是迷恋和令人不安的刺激——一种超自然的体验——这也是原型状态的特点。

阿尼玛和阿尼姆斯通常出现的形式是对别人的投射，因为它们代表无意识的核心内容，这些投射使投射者非常依赖阿尼玛和阿尼姆斯所依附的对象。对于投射者而言，保持投射的行为是非常难的，最终会导致其做出模式化的假设，例如认为“所有女性的行为方式”都是如此。一旦所做出的投射被消解，你会感觉到自己像被撕裂了一样，你会发现你不是看起来的那样，因为你不是独立的个体，而只是阿尼玛或阿尼姆斯的载体。

由于阿尼玛和阿尼姆斯主要在男性和女性的关系中被体验到，而且荣格早期并没有引入原型思想，只是将阿尼玛和阿尼姆斯称为人格面具的互补部分，因此他的理论可以被视为对性别成见的反思和确认。与此同时，在 20 世纪 30 年代，在个体化理论的前提下，关于女性接触到自己人格的“男性”面这一部分已经得到更新。

荣格用爱洛斯和逻各斯的原则来认定个体的阿尼玛或阿尼姆斯——即使他同时认为这些是原型——很容易再次导致性别成见。将阿尼玛与希腊的男神爱洛斯等同起来似乎有点奇怪。另一个值得质疑的是将情感——我们今天所说的“情绪”——与阿尼玛，以及将思维——我们今天所说的“认知”——与阿尼姆斯等同起来，这同样是因为它们暗合着性别成见。

值得注意的是，这里提到了融合体这一母题，以及合体的原型。在这种结合中，男性和女性之间的区分被超越，心灵的男性特质和女性特质之间形成一种平衡。在荣格看来，认可创造性和推进成为自己的过程似乎是非常重要的。 *120*

发展心理学与这个概念有相连接的部分，但荣格并没有清晰地解释。当他在自己的想象中发现“他自己的”阿尼玛的时候，荣格很怀疑。阿尼玛和阿尼姆斯的早期定义突出的是其病理性的元素。因此，我们可以推测他的阿尼玛还有母亲情结的内容。荣格也提出，父母是我们的阿尼玛和阿尼姆斯最初投射的对象（Jung 1954/1968a：par. 226）。因此阿尼玛和阿尼姆斯受到这些情结的影响，从而使他们变得“困难”或者甚至带有病理性的元素。这可能是荣格在很多年之后赋予阿尼玛和阿尼姆斯更多积极意义的原因，他已经将它们更加充分地与自己的母亲和父亲情结分离。荣格也以更加心理学的方式指出：当这些心灵功能被尽可能地整合到意识中的时候，它们就会有积极的效果；当它们被拒绝或者继续留在投射中的时候，便只有消极的效果。

此外，荣格在后来的作品中将这一精神称为“永恒之窗”，它能够使灵魂具有生命力。这与个体心理学是不一样的，并且阿尼玛和阿尼姆斯变成了基于人性的性别中立概念。也就是说，随着阿尼玛-阿尼姆斯现实化，人类也与阿尼玛世界（anima mundi）联系在一起，并有可能对生命原则本身产生启示。

实践中的这一概念

一个理论不仅仅通过人们的建立和再建立，而且通过日常的使用得到发展。在治疗师使用荣格的阿尼玛-阿尼姆斯理论时，该理论有时候会被简化，甚至被误用：阿尼玛指的是男性身上的女性一面，阿尼姆斯是女性身上的男性一面。这是依据性别角色成见而产生的说法，其忽视了这个概念的原型一面。我们也会看到分析时术语使用的偏差：除了阿尼玛附体或“自由漂浮的阿尼玛”的情况，还有阿尼玛被给予尊重，甚至是尊敬。而阿尼姆斯的概念经常被用来贬低女性的成就，甚至是被女性自己这样使用：有人会说“她只是有一个好的阿尼姆斯”，意思是她已经失去大量的女性特质。评论中的这个批评在暗示一个女性的立场是“阿尼姆斯化的”，其能够使女性保持沉默，除非她已经发展出足够的自主性，以至于她会质疑这个行话——这又自然地再次指向她的阿尼姆斯！男性在女性身上看到的是他的阴影，也是男权的阴影，通常被认为是“消极的阿尼姆斯”。我们也不要忘记父亲情结和阿尼姆斯之间的混淆之处。女性身上的破坏性（男性身上也有）可能是很多严重情结集聚的结果，但却经常会被错误地归因于消极的阿尼姆斯。

121 主要的创新、批判和发展

几乎所有发表过论文的荣格派分析师都谈到过这个基本的概念。它涉及很多要点：个体化的过程，原我的发展，原我的婴儿期起源，移情-反移情与分析关系，我们对神话象征的痴迷，关系、爱与分离过程的原型基础。因此，我在这里简要概述一些创新、批判和发展。

在荣格的一生中，并不是对这一概念的过多批判，而是对这些神话学材料中的原型形象的现象学推测导致了对他作品中的这一部分有很多不同的理解。例如，玛丽-路易斯·冯·法兰兹对童话故事的研究呈现出它们与临床个案的关系，特别是在个体化的过程中。她在自己的著作中探索阿尼玛和阿尼姆斯的现象有多广泛，不断地强调阿尼姆斯的积极面，同时又不否认消极的部分。“阿尼姆斯能够将一种进取的精神、勇气和真诚，以及以最高的形式将精神的深处人格化。”（von Franz 1968：195）

艾玛·荣格（Emma Jung）在1931年讲座的基础上改编出版了自己的著作《阿尼姆斯和阿尼玛》（1967），她同样也是从现象学的角度论述，并和神话象征以及临床应用结合在一起。但书中的内容基本上是论述20世纪30年代“现代女性”和“现代男性”应该如何结合荣格的新理论来理解自己，以及感激这个新的视角。虽然在她的书中，女人、女性特质和阿尼玛都是混在一起的，但这本书还是给人一种改变的氛围。

埃斯特·哈丁（1932）就阿尼玛-阿尼姆斯理论在女性身上的应用写过一部优秀的著作。她呈现的是阿尼玛和阿尼姆斯如何在日常生活中、关系中和幻想中起作用。她论述的一个主题是阿尼玛和阿尼姆斯的投射对女性的影响——在今天我们会称之为投射性认同——同时她也给出女性如何将自己从这些投射中解放出来的建议。她认为这是一个文化问题，即男性将阿尼玛投射到女性身上，女性会按照投射的期待做出行为。当女性能够使自己摆脱这个投射时，她就是在为自己负责：她就是一个自知、自我肯定的女性。这部作品呈现的是阿尼玛和阿尼姆斯的概念对20世纪30年代的女性解放运动的重要性。

之后，有学者对这个概念提出了质疑。希尔曼（Hillman 1985）对阿尼玛的概念进行了研究，并试图划分出这个思想的不同侧面。他拒绝对立性别的说法，并对强加到阿尼玛之上的二分提出批评，例如意识-无意识、人格面具-阿尼玛、阿尼玛-阿尼姆斯，因为如果是这样，那么阿尼玛只是 122
“串联结构”的一部分，没有必要存在，这意味着如果一个男性有非常男性化的人格面具，他就需要有一个非常强的阿尼玛来补偿。

希尔曼认为阿尼玛是对立两极的一极的原因可以在与融合体，即男-女神圣伴侣的连接中找到。两极的对立是固有的，但它使希尔曼得出阿尼玛和阿尼姆斯相互触发的结论。灵魂和精神彼此需要对方，如果我们碰触到阿尼玛，那么我们也会碰触到阿尼姆斯。他把融合体的心灵体验看作心灵-精神上的灵感。在对荣格将阿尼玛定义为“女性”的原型（Jung 1949/1976：par. 356），以及“生命本身”的原型进行评论的时候，希尔曼（1985）得出了这些原型对男性和女性同等重要的结论。他否认原型具有特定性别的思想，他也指出我们在临床工作中会在女性身上看到阿尼玛，以及与女性身上的阿尼玛相连的情绪。

塞缪尔斯（1989）认为，女性原则并不存在。他提出女性或男性特质的差异源于文化和社会。希尔曼和塞缪尔斯都反对对立性别的思想，但接受阿尼玛和阿尼姆斯的原型一面。

戈登（Gordon 1993）指出男性和女性都拥有阿尼玛，他认为二者的差异在于与阿尼玛的关系：男性通过将其投射到女性身上与其建立联系，而女性则是认同它。戈登还指出阿尼玛和女性是不一样的，并注意到荣格和他的追随者中的这种混淆，其中女性和阿尼玛有时被视为可以互换。她在阿尼玛中看到了原型、文化和集体影响，她也对“母亲”和“阿尼玛”进行区分，指出母亲是基本的角色，而阿尼玛是转化的角色。她在这里引用诺伊曼的概念，同时还有神话和童话的内容，阿尼玛在这里诱惑世间的英雄，将其带离他的母亲，但他的母亲试图将他留在身边。

扬-艾森德斯和魏德曼（Young-Eisendrath and Wiedemann 1987）在他们的著作《女性权威：通过治疗授予女性力量》中对阿尼姆斯发展的一个模型进行了论述，在这个模型中，女性被视为正在与女性特质的“缺陷模型”和内化的女性自卑感进行斗争。书中有大量的临床例子，并提出了一个处理“阿尼姆斯情结”的女性治疗模型。对于女性而言，人际关系是人格发展的关键。建立在女性原我之上的阿尼姆斯发展模型非常有趣，不过这个领域需要有更多的研究。

吉格里希（Giegerich 1994）论述了荣格式心理治疗中阿尼玛的地位。他指出，最初该理论的这一部分并未引起兴趣。他认为阿尼姆斯有消极的
123 内涵，似乎专门以机械的方式在制造阿尼玛的对立面。他的结论是，阿尼姆斯概念本身来自消极的阿尼姆斯，因此女性是否能够发展阿尼姆斯的品质是值得怀疑的。他甚至怀疑阿尼姆斯是否存在，并主张心理学的概念必须来自灵魂的现象学。吉格里希将阿尼姆斯与思维联系在一起，并认为作为一个概念，其应该在荣格心理学中得到进一步的发展。

我在自己的著作（Kast 1984）中探索了融合体的概念，即被视为一体的阿尼玛和阿尼姆斯。与处在哀悼中的人工作的时候，我发现接受死亡比让他们意识到关系之下潜藏的幻想更加容易。这样的个体明白当他们的关系至关重要时，哪些幻想将他们和自己的伴侣绑在一起，他们人格的哪些方面活跃在自己的伴侣身上。这些人感觉自己被伴侣的去世掠夺，但他们也意识到伴侣的去世从他们这里带不走的是什么。对哀悼进行工作的关键在关系的幻想中暴露无遗。这些幻想在一生中会发生改变，却能够以个体发展和生命的形式揭示出关系的意义。潜藏在这些关系之下的幻想是圣婚中的神话意象，像著名的湿婆和夏克缇（Shakti），或者宙斯与赫拉。在论

述圣婚神话的过程中，我呈现的是在叙事、梦、幻想和文学中的人类关系如何反映神圣伴侣之间的关系。我也假设男性和女性都拥有阿尼玛和阿尼姆斯，而且阿尼玛和阿尼姆斯通常在无意识材料中被体验为一对伴侣。这也具有临床启示：如果阿尼玛-阿尼姆斯关系失衡，我们可以问是什么样的阿尼玛形象可以借助相关的阿尼姆斯形象碰触到并通过想象修通。

我在《阿尼姆斯和阿尼玛：精神的成长和分离》（Kast 1993）一文中讨论了阿尼玛和阿尼姆斯的发展，它们脱离与母亲和父亲情结的融合（Kast 1997），成为较少受到这些情结影响的阿尼玛和阿尼姆斯形象代表。

个体化不仅需要整合阿尼玛和阿尼姆斯，还需要与父母情结分离。人需要在情绪上与真实的父母分离，同时在心理上与父母情结分离。我们在痛苦的分离过程中可以使用的资源是原型性的父母意象的仓库。分离过程中重要的资源是阿尼玛和阿尼姆斯的原型，它们以非常有机的方式规划这个过程。在分离的某一阶段早期（似乎有许多分离阶段），阿尼玛和阿尼姆斯与父亲和母亲情结混在一起，因此会阻碍它们的自我认同和行使功能。在大多数时候，阿尼姆斯和阿尼玛受到父亲和母亲情结的影响。但它 124
们的核心总是闪耀着更重要的部分，即原型性的阿尼姆斯和阿尼玛，其会带领自我情结进入与父母情结分离的旅程。

在进行研究的过程中，我观察了大约600个梦，从中发现各式各样的阿尼玛和阿尼姆斯类别，它们呈现出与父亲和母亲情结的关系，同时显示出发展成为独立的阿尼玛和阿尼姆斯的可能性（Kast 1993）。

分类如下：

- 权威形象：老师、政客（男性和女性）、神父或女神职人员、国王和王后。这样的形象非常类似于父亲和母亲的意象。
- 兄弟/姐妹形象（带有原型特质）。
- 神秘的陌生人：女水妖、吉卜赛人、来自外太空的旅行者、去世的兄弟/姐妹、神和女神。这包括动物新郎或新娘的一个子类。
- 智慧老人。
- 陌生的女孩/男孩：这些形象通常和圣童联系在一起，代表阿尼玛/阿尼姆斯的发展阶段；阿尼玛和阿尼姆斯的新轮廓最初的象征通常是陌生的孩子。

在与同僚和学生讨论这些类别的时候，严格上讲，我逐渐地感觉到只有神秘的陌生人（包括智慧老人和圣童）才具有阿尼玛/阿尼姆斯的特点。但神秘陌生人的某些方面总是出现在其他分类之中，这对心理治疗具有非常重要的价值。

如果我们认为权威阿尼玛/阿尼姆斯形象完全来自父亲/母亲情结或者权威情结，那么我们的诠释就是片面的，我们将会难以完成帮助被分析者解决与父母情结分离的问题。事实上，这样的诠释甚至是在通过强化一切都不会改变的想法来肯定被分析者和父亲/母亲情结之间的连接。通过对幻想和想象的工作我们认识到神秘陌生人的这个维度，那么我们的诠释就能够打开情结，看清楚神秘的内容并提供一些希望。潜在的成长和发展的新道路就会被打开。我相信权威-阿尼姆斯/阿尼玛和较小程度上的兄弟/姐妹-阿尼姆斯/阿尼玛彼此重合，并可能潜藏着大量不同的难度。因此，分析应该是带领着被分析者认识和体验包含潜在情结意象的各个维度和细微差别。

125 如果我们只在个体的父亲、母亲、姐妹和兄弟身上看到这些意象，那么无意识就会被降到家庭坟墓的水平上。（当然，基本的父亲和母亲情结也会对神秘陌生人的意象有影响。）但如果我们能够考虑到模糊的维度，那么我们就为自我情结打开通往集体无意识的道路，我们能够使人们发现自己的心灵世界并不是由和父亲、母亲以及兄弟姐妹的关系决定的。在这个过程中，我们能够为发现个体的精神性提供帮助。

丹妮拉·海希格（Daniela Heisig）1994 年在波恩和苏黎世大学的课题从阿尼玛是否具有特定性别的角度对希尔曼、戈登、卡斯特以及其他人的假设进行了实证研究。她的研究素材是不同梦境库中的梦境。她综合使用两种研究方法：以小组的形式对梦进行放大诠释，以及质性-量化内容分析。结果使用统计分析进行比较。最后显示，男性和女性在梦中都会体验到阿尼玛的原型意象。

阿尼玛形象和梦中的女性形象有很多不同之处：阿尼玛形象的特点有引起迷恋、奇怪、极度热情、带来转化的启动和在困境中提供帮助。我认为需要对这些类别分别进行详细论述。因此，作为神秘陌生人的阿尼玛可以细分为作为向导的阿尼玛、作为转化向导的阿尼玛，以及作为陌生人的阿尼玛。海希格将这些结果收录在了自己的一本书中（Heisig 1996）。

艾伦·海因克（Ellen Heinke 2000）在她的苏黎世大学的课题中也使用统计分析的方法试图验证男性和女性都能体验所谓的“阿尼姆斯”这一假设。她设计了一份问卷，该问卷从荣格自己对阿尼玛和阿尼姆斯的核心定义开始。她用这份问卷对初级和高级荣格派分析师进行了半结构化的访谈，其中，男性和女性分析师各半。她根据这些访谈提出了自己的分类，并使用非度量多维尺度分析（NMDS）进行统计阐述。结果非常有趣：我从未见过在一部作品中阿尼姆斯会有如此多的表现，所有这些都来自我的同僚们提供的素材。结果显示荣格的阿尼姆斯概念和这些专家的一般理解之间存在差异，阿尼姆斯并没有特定的性别，但在女性和男性身上是不一样的，因为对其体验的期待不一样。与阿尼姆斯有关的积极情绪比荣格所认为的要多很多；特别是，“有活力”和阿尼姆斯的体验联系在一起。

安妮·斯普林格（Anne Springer 2000）在她的一篇文章中提出放弃阿尼玛和阿尼姆斯的建构，情结和原型结构也一样。她认为这个概念用处不大，特别是在与女同性恋个案进行工作的时候。斯普林格认为女同性恋 126
是一种成功的生活模式，是个体化成功的例子，并不一定是病理性的发展，即使在与男性的性关系中没有体验到阿尼姆斯也是如此。斯普林格对阿尼玛和阿尼姆斯的对立性别建构提出批评。布劳恩和威尔克（Braun and Wilke 2001）在《分析心理学杂志》上发表的文章对斯普林格的观点进行的回应，清晰地显示出他们对这个概念的理解是非常不一样的：布劳恩和威尔克并不愿意放弃对立性别的建构，而是进行区分。但他们并不否认同性恋的发展是一种成功的个体化形式。

霍普克（Hopcke 1989）从男性同性恋关系的角度对阿尼玛和阿尼姆斯的概念进行了探讨。他认为性别认同的种种表现，例如生理性别、社会-文化性别角色和性取向，在荣格心理学中是彼此混淆的。他指出个人的体验和原型的觉知非常重要，并“提出个体的性取向是由原型性的男性特质、原型性的女性特质和原型性的双性特质之间复杂的交互作用决定的”（参见 Christopher 2000）。

当前的观点和未来的趋势

不同人引用荣格在发展这个概念时不同阶段的定义已经给这个领域造成诸多的困难和误解。但或许我们都会认可以下内容：荣格从未提出原型具有特定的性别。那么阿尼玛和阿尼姆斯必然以两种性别的形式存在，实证研究的结果也是如此。

荣格认为阿尼姆斯是“男性化的意识”（逻各斯），阿尼玛是“女性化的意识”（爱洛斯）。这很容易使人得出结论认为女性是男性的对立面，而20 世纪 30 年代心理学的流行观点便是如此。在谈到爱洛斯“形成连接和建立关系”和逻各斯“做出区分、表达观点、有识别力”时，荣格的思想与传统的性别角色是一致的（Jung 1954/1968a：par. 218）。

近些年来，女性主义心理学家认为，形成连接和建立关系是女性角色，因此应受到重视（Gilligan 1982）。尽管如此，我们依然意识到两种性别都需要关系和区分的能力。换句话说，假设自主性自然地来自单一性别是讲不通的，反而假设关系来自彼此显得更合理一些。此外，我们肯定要问，将意识视为“男性”或“女性”是否有意义。我对此表示怀疑，并支持上述观点——这一观点得到了现代神经生物学研究结果的证实（Damasio 1999）。

127 荣格认为阿尼玛补偿男性意识，阿尼姆斯补偿女性意识，并假设男孩最初将其投射到母亲身上，女孩将其投射到父亲身上。但这源自一个基本的误解——女孩和男孩一样，与母亲关系密切。我们再一次看到女性心理学是如何建立在男性心理学的基础之上的。

总而言之，阿尼玛和阿尼姆斯都是原型，但它们没有性别特征，它们都可以在男性和女性身上集聚，而且通常是成对出现。但是，即使我们认可阿尼玛和阿尼姆斯都是原型的观点，关于原型本身也有很多争议的地方。

我将原型或原型场理解为秩序或结构原则，它们对所有人都是一样的，使我们拥有信息和情绪，通常是以意象的形式，带来有意义的连接。它们还促进在既定环境中的有意义和保持生命的行为以及行动。我所说的并不是一种静态的秩序或结构，而是在对身体和外在世界进行反应从而不断自我更新的心灵自我组织。原型意象以及与之相连的故事在其叙事核心中都是非常稳定的，但具有非常明显的边际变异能力。这些原型意象都通过我们的情结得到调节，并带有情结的色彩（Jung 1957/1971：par. 856），也就是说，我们内化的关系模式会受到当下社会氛围的影响。

我把情结理解为一种泛化的、内化的情景式关系模式，它总是暗含着一个重要的人在任何既定的时间与自我之间情感上的碰撞。

只有在超自然的女性或男性形象出现的时候，特别是在梦里，我才会说阿尼玛和阿尼姆斯是原型意象和原型经验。它们充满大量的情绪，制造一种能够超越日常生活感觉的紧张情感。这时候它们才和荣格所描述的原型经验类似。

阿尼玛和阿尼姆斯在最广泛的意义上调节着关系，与“你”的关系，与“他者”的关系，首先是爱的关系、情欲和性关系，还有自我和幻想的内在世界之间的关系。我们甚至可以把它们称为关系和连接的原型。从心理发展的角度看，阿尼玛和阿尼姆斯都始于和父母情结的连接，很明显会受到他们的影响。与阿尼玛和阿尼姆斯建立连接的驱力引导自我情结和其他情结恰当地分离，使我们更接近个体的人格，更接近原我，甚至可能更接近在与阿尼玛世界这样的东西之关系中存在的意象。从现象学的角度看，阿尼玛和阿尼姆斯以神秘、迷人的陌生人的形式出现，其能够从情绪上激发朝重大改变迈进的氛围。

未来的发展 128

我不会对关于这一主题的某些观点正确与否做出评价。当我们从其他的角度看这些概念的时候，我们会发现不同的观点。事实上，我们对阿尼玛和阿尼姆斯有不同的体验，因此我们会偏好理论的某些部分，而忽略其他的。

我们需要采访更多的专家、荣格分析师，他们能从经验的角度给出更多的分析。我们应该看到这个概念之于分析师本人的意义，以及他们是如何在临床的关键情境中使用这个概念的。我们可以研究它是一个临床概念，还是个体的人性幻象，这自然会影响到他们的临床理论和工作。

我们需要更多的实证研究去探索是否男性和女性都有阿尼玛和阿尼姆斯，它们是否在男性和女性身上因这些特定的原型情境体验不同而产生统计差异，以及我们会在什么情境中发现阿尼玛和阿尼姆斯是成对出现的。

在与阿尼玛和阿尼姆斯的关系中，我们必须经常提到投射，我们需要对这种关系做进一步的研究。或许我们需要更多地谈到“共鸣”。我经常感觉到不同原型场之间的共鸣，特别是在关系紧密的人身上的阿尼玛和阿尼姆斯，还有个体与自然、艺术和思想观念之间，而且投射的改变似乎过于静态，难以解释这种交互关系。毫无疑问，从这个角度看，我们将会受到神经科学研究发现的持续挑战。

参考文献

Braun, C. and Wilke, H.-J. (2001) 'Bye-bye anima'. *Analytical Psychology*, 32: 53–65.

Christopher, E. (2000) 'Gender issues: anima and animus', in E. Christopher and H. McFarland Solomon (eds) *Jungian Thought in the Modern World*. London: Free Association.

Damasio, A.R. (1999) *The Feeling of What Happens: Body and Emotion in the Making of Consciousness*. New York: Harcourt Brace.

Giegerich, W. (1994) *Animus-Psychologie*. Frankfurt a/M, Germany: Lang.

Gilligan, C. (1982) *In a Different Voice: Psychological Theory and Woman's Development*. Cambridge, MA: Harvard University Press.

Gordon, R. (1993) *Bridges*. London: Karnac.

Harding, E. (1932) *The Way of all Women*. New York: Longmans, Green.

Heinke, E. (2000) 'Das Animus-Konzept C.G. Jungs aus der Sicht Analytischer Psychologinnen und Psychologen. Eine empirische Untersuchung', unpublished thesis, University of Zürich.

129 Heisig, D. (1996) *Die Anima: Der Archetyp des Lebendigen*. Zürich and Düsseldorf: Walter.

Hillman, J. (1985) *Anima: An Anatomy of a Personified Notion*. Dallas, TX: Spring.

Hopcke, R. (1989) *Jung, Jungians and Homosexuality*. Boston, MA: Shambhala.

Jung, C.G. (1919/1966) 'The structure of the unconscious', in *CW* 7: pars. 442–521.

—— (1925/1972) 'Marriage as a psychological relationship', in *CW* 17: pars. 324–345.

—— (1927/1974) 'Mind and earth', in *CW* 10: pars. 71–76.

—— (1928/1966) 'The relations between the ego and the unconscious', in *CW* 7: pars. 202–406.

—— (1934/1976) 'Archetypes of the collective unconscious', in *CW* 9i: pars. 1–86.

—— (1935) 'The Tavistock Lectures', in *CW* 18: pars. 1–415.

—— (1936/1976) 'Concerning the archetypes and the anima concept', in *CW* 9i: pars. 111–147.

—— (1946/1971) 'The psychology of the transference', in *CW* 16: pars. 353–539.

—— (1949/1976) 'The psychological aspects of the Kore', in *CW* 9i: pars. 306–383.

—— (1950/1976) *Aion*. *CW* 9ii.

—— (1954/1968a) *Mysterium Coniunctionis*. *CW* 14i.

—— (1954/1968b) *Mysterium Coniunctionis*. *CW* 14ii.

—— (1957/1971) 'Synchronicity: an acausal connecting principle', in *CW* 8: pars. 816–968.

—— (1961) *Memories, Dreams, Reflections*. New York: Random House.

Jung, E. (1967) *Animus und Anima*. Zürich: Rascher.

Kast, V. (1984) *Paare: Wie Götter sich in Menschen spiegeln*. Stuttgart: Kreuz, trans. (1986) *The Nature of Loving: Patterns of Human Relationship*. Wilmette, IL: Chiron.

—— (1993) 'Animus and anima: spiritual growth and separation'. *Harvest*, 39: 5–15.

—— (1997) *Father–Daughter, Mother–Son: Freeing Ourselves from the Complexes that Bind Us*. Shaftesbury: Element.

Samuels, A. (1989) *The Plural Psyche*. London: Routledge.

Springer, A. (2000) 'Überlegungen zur weiblichen Homosexualität'. *Analytical Psychology*, 31: 26–38.

Stein, M. (1998) *Jung's Map of the Soul*. La Salle, IL: Open Court.

von Franz, M.-L. (1968) 'The process of individuation', in C.G. Jung (ed.) *Man and his Symbols*. Garden City, NY: Doubleday.

Young-Eisendrath, P. and Wiedemann, F. (1987) *Female Authority: Empowering Women through Psychotherapy*. New York: Guilford.

第六章

心理类型

约翰·毕比

引言

对于大多数学习荣格分析心理学的学生而言，他们有时候并不明白荣格著名的“类型”是什么类型，最常见的观点认为这是对人的分类。但是对于荣格而言，它们是意识的类型，也即自我在建立和区分个体内在和外在现实时所使用的性格取向。对于心理治疗师而言，理解各式各样的先天认知立场，会对日常工作有巨大的帮助，能够支持来访者基本的人格优势和协助一个特定的意识去认识它自身固有的局限。这个基本理论传达的对个体差异的理解能够降低来访者对他相对较弱区域的羞耻感，也能够减小来访者依赖强大的自我防御的需要，因为自我防御会使治疗变得复杂。

荣格论心理类型

自从荣格出版自己的标志性著作《力比多的转化与象征》（1912）之后，他便发现在分析中可以观察到心灵朝意识方向的活动，他还发现意识在每一个人身上的表达方式也不同。因此，荣格认为自我是意识的中心，其通过基本的态度和功能表现它在心灵中的能力。

1902 年伊始，荣格在伯格霍利茨精神病医院开始进行字词联想测验研究，在做联想测验期间，荣格的这个想法开始萌芽。荣格在一篇和弗兰兹·里克林（Franz Riklin）合写的文章《正常被试群体的联想实验》中描述了被试对所呈现的 400 个刺激词的联想，结果显示联想受到无意识情结的影响。但是即使在这个最早的研究中，荣格也发现“一个主要特征就是个体因素”，他和里克林写道：

131 从我们的实验中可以看到两种容易识别的类型：

(1) 一种类型的反应是主观的，通常带有感情色彩。

(2) 另一种类型的反应显示出一种客观、非个人的感觉。

(Jung 1973：148)

1913 年 9 月末，荣格在慕尼黑精神分析大会所做的报告中，把他的注意力转向在临床工作中观察到的心理病理学，在这里也能观察到两种“客体关系”的类型，一种是“歇斯底里式的”，由于“离心式的”外倾，它“表现出来就像一种规则，一种超乎常人的紧张感”，另一种是“精神分裂式的”，在这种人身上，由于“向心式的”内倾，“常人根本碰触不到”(Jung 1971：499 - 500)。[①] 荣格加入另外一个在情结之外的维度分析被试的意识问题，而这个问题是其他观测科学中发现的，包括实验心理学，这些学科将此称为“人差”(the personal equation)，荣格现在借用这个术语来描述他研究领域中的现象（Shamdasani 2003：30 - 31）。

在接下来的七年中，在汉斯·施密德-吉桑（Hans Schmid-Guisan）和托妮·伍尔夫（Toni Wolff）的帮助下，荣格开始了他的类型理论的研究。他和汉斯·施密德-吉桑的通信尤其帮助他去检视和弄清楚外倾情感和内倾思维的原始差异。他的亲密助手托尼·伍尔夫让他意识到，除了目前知晓的在严格的理性基础上组织心灵的外倾-内倾和思维-情感，他的理论还需要考虑另一个方向轴，即感觉-直觉这一非理性“轴”。(荣格自己似乎也认识到他最初的思维-情感轴和托尼·伍尔夫的感觉-直觉轴之间存在差异，这种差异是，第一对功能使用一种理性的方式去解释经验，而后一对功能仅仅是去理解外在或内在世界已经给我们提供了什么，并不去使用任何选择性的认知和评估过程，参见 Marshall 1968。）到 1919 年和 1920 年他开始写《心理类型》时，他已经形成一套成熟的系统去分析四种对立的意识类型：外倾-内倾、思维-情感、感觉-直觉、理性-非理性。从此之后他都在不断地完善这个系统，并且接下来的作品中都带有心理类型的色彩。

---

① “外倾”和“内倾”明显是从比奈的术语“外感受性”和“内感受性”改编而来的（Binet 1903，Oliver Brachfeld 引自 Ellenberger 1970：702 - 703）。

定义

在《心理类型》一书中，荣格指出四种意识功能，分别是感觉、思维、情感和直觉。这些术语并不是荣格创造的，而是从心理学术语中选出 132
来的，它们都携带一点很早之前生理学家和哲学家赋予的意义，例如，希波克拉底的四种气质类型：胆汁质、多血质、黏液质和抑郁质。荣格的心理类型理论在某种程度上和18世纪由克里斯蒂安·冯·沃尔夫（Christian von Wolff）和托马斯·里德（Thomas Reid）发展出来的机能心理学类似，他们认为心灵由各种能量或者能力构成，称为机能。其中一种机能称为意志，而意志是叔本华对无意识心理的主要贡献。弗洛伊德和阿德勒的理论中把这个主题发展成为愿望的满足和过度的补偿，他们认为自我是一个中介，不让自己知道过多来自无意识心理意志的信息，因此对它的机能最恰当的描述是防御，即使这些防御促使心灵使用伪装的方式去达到真正的目的，防御依然如故。

与他着重强调意识的潜力一致，荣格认为意志是自我的一部分(Jung 1971：486)，同时也关注自我需要的功能，以适应它必须应对的任何现实。荣格认为，为了理解现实，我们需要一个功能去如实地记录现实，他称之为感觉功能，这个功能传递给我们感受到的是什么（Jung 1968：11）。他说，当我们注意到某个东西，需要一个功能去定义我们感知到的内容时，这就是思维功能。接着，他看到我们需要一个功能去为我们感知到或者命名的东西赋予价值，这称为情感功能。[①] 最后他意识到，我们需要一个功能让我们能够预测事物的意义或可能性，这些是我们经验性地感知到、逻辑性地定义和有区别地评价的事物，这就是他所称的直觉功能。

荣格发现，与第四个功能相比，定义前三种功能比较容易。有一次，他说：

> 感觉告诉我们这是一个东西，思维告诉我们这个东西是什么，情感告诉我们这个东西有什么用。那么现在还剩下什么呢？一个人会假设当他知道那里有一个东西的时候，脑海中就有了整个画面，它是什么，它有什么价值。

---

① 卡罗琳·费伊（Carolyn Fay 1996）认为应该称之为“情感价值”。

他立刻补充道：

> 但是还有另外一个分类，那就是时间。事物都有过去和未来，它们有源头，也有归宿，但是你不知道它们来自哪里，也不知它们要去哪里，你能获得被美国人称作预感的东西。
>
> （Jung 1968：13）

133 直觉是获得和具有某种程度信任的能力，预感就是荣格所说的直觉。这就是他对信任的理解，这个认知过程的主要特征是非理性，荣格用此去解释那些自然地使用直觉去面对现实的人。

荣格认为情感和思维是理性功能，感觉和直觉是非理性功能，但他并没有将这等同于机能心理学家的理性和激情之间的对立。也就是说，荣格把“情感”理解为理性过程，不同于引起情感的因素（或者有时候我们将之称为“情感集”），也不是源于基于情绪的更加无意识的过程，即使他承认我们的情结是“情感基调”。但是，荣格明确表示赋予情感价值的过程就是一种自我功能，是和定义和创立逻辑连接（思维）过程一样的理性运作方式。

荣格也认为，即使感觉很明显是我们对经验性现实进行检测的基础，它也仍然是一个非理性过程，就像直觉把我们的“预感”传递给我们一样，片刻思考之后，会发现我们不会理性地去选择我们看到的、听到的、尝到的和抓到的。通过把情感和思维归为意识的理性功能，把感觉和直觉归为意识的非理性功能，荣格摆脱了 19 世纪的传统，即把情感和直觉一并称作一种“浪漫”气质与把思维和感觉一并误认为是“务实”性格的标志。反而，在《心理类型》中，他很明确地指出对于我们所有人而言，意识是在遭遇和评估现实时，理性和非理性过程的共同产物。

内倾的概念到现在已经完全从荣格在早期使用思维和客观性所写作品的混乱中解放出来了，就像外倾也从他之前带有情感和主观性的固定联想中解放出来一样。在《心理类型》中，荣格写道：

> 外倾者因努力朝向客体和他对客体的共情与认同而与众不同，他的意志依赖客体。他努力同化客体，同时又受到客体的影响。
>
> （Jung 1971：317）

相反，

> 内倾者的显著特征是一意孤行地与客体对立。他与任何对客体的依赖做斗争，他拒绝客体的任何影响，甚至有些害怕它，所以他会越发依赖概念，这些概念使他摆脱外在现实并获得内在自由的感觉——尽管他显然要为此付出一种心理能量。 134
>
> （Jung 1971：317－318）

荣格在这里所使用的人格化——他所提及的是内倾者和外倾者——需要一些解构。从字面上看，这些他已经写过很多，他似乎在说内倾——“力比多转向内在”和外倾——“力比多转向外在”，对不同的人进行了区分。在《心理类型》一书中的其他部分，他指出我们都会使用这两种过程，也就是说，在我们每个人身上，既有“内倾”的一面，又有“外倾”的一面。当他不是以名词而是以形容词的方式使用这些著名的术语时，他最终能够清晰地去定义一个特定个体使用不同意识功能的方式。因此，他有了这些内容，即外倾思维、外倾情感、外倾感觉、外倾直觉、内倾思维、内倾情感、内倾感觉和内倾直觉，所有这些“基本的心理类型在同一个个体身上很少或者从不具有相同的强度和发展水平”，而且又符合“一种规则，只有一种类型是主导功能，无论是在强度还是在发展水平上”（Jung 1971：346）。但是，这暗含八种不同的认知过程都存在，或者在某种程度上都存在于我们每个人身上。因此，今天我们称为人格的“整体类型八功能模型”（Geldart 1998；Clark 2000；Haas et al. 2001）也直接源于《心理类型》。

荣格所谓的对一种功能的内倾化使用方式，体现在他那“依赖于观念”者这一人格化概念中。他解释说，他使用观念（idea）这个术语“来表达一个原始意象”的“含义”（Jung 1971：437），这个原始意象也可以说是一种原型。因此，内倾直觉的个体是从客体上转移开并转移到原型“观念”上，这个观念应该是与客体是最匹配的。原型观念，处在我们的内在世界，可以被理解为一种深刻的思想、一种价值、一种形而上学的意象或者一个现实的模式，如何去理解取决于内倾的功能是思维、情感、直觉还是感觉。当一种内倾功能被用来适应外在的事物时，它就处在与原型相对的一端，既不是刺激客体也不是情境本身，最终会控制这个功能的注意力。这种情况可以被视为从客体本身撤回。

内倾感觉，作为一种过程，“受到由客观刺激所引发的主观感受的强烈程度影响”（Jung 1971：395）。强烈认同这个功能的人会立刻对内在的、身体的感觉做出反应，例如这种感觉会被一顿饭的食物激发，所以胃胀或
135 者饭中的胡椒粉，甚至餐桌上其他人的声音，比男主人或者女主人如何安排这个晚宴都更能决定他在晚宴上的开心程度。这是因为美食原型的失调通过过度的刺激被集聚起来，但通常这个过程是不可见的。当一个人的首要功能是内倾感觉时，

> 从外面看，这就像客体的情感根本无法进入主体一样。尽管一个主体的内容的确会受到无意识的干扰和客体情感的阻碍，但事实上这种评价是正确的。这个干扰或许太突然，个体会直接把自己从所有的客观影响中撤回来。
>
> （Jung 1971：396）

当然，内倾感觉也可以被视觉线索所引导：阿尔弗雷德·希区柯克似乎就是以主导的方式来运用这种功能，用看似普通的意象所具有的离奇力量让我们目眩神迷，激发出出乎意料的原型性反应。

那些大量使用内倾功能——内倾直觉或者内倾情感——的人会被其他人认为在贬低客体。荣格学派的个案研究显示，有时候当内倾直觉占主导时，病人会被丢在神话式“放大”这一迷宫之中。诗人里尔克似乎知道，他的敏感性被一种强烈的内倾情感所掩盖，据说他曾这样写情书给一位小姐：“我爱你，但不关你的事。”

从个人关系的角度看，一个特别难界定的内倾功能是内倾思维，因为当其对象是一个人时，“这个人拥有一种很特别的情感，那就是他只使用一种消极的方式去看待问题”。通常，“他避免让自己去感受那些肯定会令人不安的东西”（Jung 1971：383）。当这种功能被使用时，客体会被回避，因为此类人使用这种功能去“建立他的概念世界，并且从不逃避去对一个想法的思考，因为他认为逃避的结果是危险的、破坏性的、异端的或者会伤害他人的情感”（Jung 1971：384）。但是，他遭遇到的观念都是原型观念，它们在日常的交流之外。不过相对外倾思维常见的发号施令，内倾思维会更加深刻，更加适合一个情境的实际界限。但是这些“新”思想很难被表达出来，当其他人已经没有耐心时，内倾思维者还在不断地重申自己的概念：他不知道何时停下来。

内倾直觉，作为一种功能，它关注的是“意识的背景过程”，对于这类使用一种不同的方式行使功能的人，“无意识的意象要求获取事物的尊严”(Jung 1971：399)。这种意识类型天生能“理解从先天固有的无意识中涌现出来的意象”。也就是说，相对于思考、经验上的比较，或感受原型出现在一种情境下，内倾直觉功能直接觉察到原型是一个意象，好像“看到”它一样。因此，内倾直觉是一种可以带来视觉体验的功能，对于他人而言，它是“神秘的”。 136

相反，内倾情感只能感受到情境的原型意象，它无法看到原型意象。如果你认为印度是一个内倾情感在集体意识中占主导地位的国家，那么关于三个盲人和大象的古代印度故事就更有意义。因此，所有盲人（在有些版本中有多达六个盲人，有时候他们来自所有民众都是盲人的城市）可以说代表的是内倾情感功能，字面意思是，围着原型，即他们中间的大象慢慢地感受其方式。很明显，在任何时刻，这种体验的思考式定义都是片面的——“这是一根绳”“这是一条蛇”“这是一堵大泥墙”——但是这个过程在大象被全部感受完之前不会停止。重要的是意识到，例如，当内倾情感功能在感受“不好”时，它是在感受“不好”的整个原型范畴，而且在整个原型性的“不好”被感受完之前，它不太可能放弃。如荣格所说：

> 这种情感的深度只能靠猜测，从来不会被清晰地看出来。给人沉默的感觉，很难接近；它会退缩，就像紫罗兰从客体的粗野性中退缩回来去填补主体的深度一样。它会带着消极的判断和假设，漠不关心的神情是它的防御方式。
>
> (Jung 1971：387)

或许当我们抑郁的时候，我们都会进入我们的内倾情感。在理解内倾情感时，需要抓住一个要点：原型能够被完全感受到，就像完全可以被思考出来、被直接地直觉到或者被身体体验到一样。如荣格所说：

> 当然，概念和情感的原始意象是一样的。基础概念，类似于上帝、自由、永恒，既是重要的概念也是情感价值。
>
> (Jung 1971：387－388)

正如荣格已经告诉我们的那样，外倾功能使我们能够完全融入客体从而与客体相一致。它们通常不能和呈现给它们的刺激保持适当的距离。外
137 倾情感是对他人的情感，也即情绪和偏见，或者广义上来说是对社会的情感，所以一个强烈认同这个功能的人的人格“表现出对外在情境的适应。她的情感与客观情境和一般价值观相协调”（Jung 1971：356）。荣格告诉我们，女性被外倾情感带入她“爱的选择”中，能够确认那个“‘般配的’男人就是她所爱的人，而非其他人”（Jung 1971：356）。另外，没有其他类型比外倾情感更能够去表达欣赏和同情。

同样，外倾思维倾向于迷恋既定的想法，频繁地忽略最新思考所表达的内容和真正适合它的语言的作用。因此，缺乏制动因素来抗衡对这些想法应该控制每个人的行为这一观念的坚持。如荣格所说，强烈认同这个功能的人“把……客观导向的理智准则……提升到支配原则，不但将其用到他自己身上，还用到他所在的整个环境中”。这一启蒙运动时期最特色的功能一定指导约翰·洛克确立了许多西方人仍认为具有普适性的政府原则，也一定指导莫扎特阐述了人人很快就能跟上的音乐理念。

外倾感觉，作为一种认知过程，寻求的是“对具体客体实际体验的积累”（Jung 1971：363），在这个功能强烈地关注“在那里正在进行的”现实时，它就无法注意到同时还有其他的事情发生：对于观看一场篮球赛而言，这个功能非常完美，但是它不会注意到别人会说什么，也不会做意料之外的事情。

外倾直觉可以变得如此关注于其对象的可能性，以至于对于强烈认同这一功能的人而言，“仿佛他的整个生命都被淹没在新环境之中”（Jung 1971：368）。若使用一个隐喻来描述这个直接的、本能的过程的真实情况，那就是这个功能像交通信号灯一样运作，当绿灯出现时，可以通行，红灯出现时，交通暂停，黄灯出现时，需要用心等待。对于那些不具有同等外倾直觉发展水平的人而言，显著的问题是根本不能感知到任何信号的存在，所以别人也无法理解为什么这些依赖直觉的人在这个时候前进、停止或者暂停。而外倾直觉不去注意感觉线索会破坏所追求的可能性的实现。

荣格在《心理类型》中提出了一个至关重要的观点，即意识的各种功能的选择性分化是个体表现出不同程度和风格的意识的关键。正如他书末那 79 页的定义部分所说：

分化意味着发展程度不同，是不同部分从整体中分离出来。在这里，我所使用的分化这个概念主要涉及心理功能。只要一个功能还和其他一个或者几个功能——思维和情感、情感和感觉等等——融合在一起，那么这个功能将会无法起作用，它处在原始的状态，即没有分化，或者没有从整体中分离出来成为一个特别的部分且独立存在。未分化的思维离开其他功能是不能行使思维功能的。它不断和感觉、情感和直觉搅和在一起，就像未分化的情感会和感觉和幻想搅和在一起一样，例子就是神经症患者身上情感和思维的性欲化（弗洛伊德）。 138

（Jung 1971：424－425）

而且，只要一个功能没有分化，它就不能有意识地以一种真正受自我控制的、能够应用于任务和目标的、有指导的心理过程的方式得到行使：

没有分化，指向性将不会存在，因为一个功能朝一个目标的指向依赖于对其他不相关事物的排除。与不相关事物的融合会妨碍指向性；只有一个分化的功能才能够被用来指向。

（Jung 1971：425）

在第一个英译本中（拜恩斯［H. G. Baynes］译），这些段落是解释其副标题“个体化的心理学”的关键（Jung 1921，1923）。荣格所说的个体化的一重含义是意识的不同心理功能的持续分化。就像他在定义部分给出的解释一样，“个体化是一个分化的过程（q. v.），目的是个体人格的发展”。个体化是“一种意识环境的扩展，是意识心理生活的扩大”（Jung 1971：450）。

由于荣格认为个体化，也就是意识的发展，是一个自然的过程，他认为存在一种方式可以描绘它在我们所有人身上有序地展开的过程，并使用他的心理类型概念来提供某些发展指引。这些指引在很大程度上被忽略了，只留在那些对心理类型理论本身感兴趣的狭窄圈子中，但是这些指引是非常重要的，在心理治疗中，当一个人的人格开始发展时，这些指引在很多情况下起关键作用。

荣格相信，我们所有人都要通过在我们所有互补的八个功能中分化出来至少两个功能-态度的自然倾向来开始我们的个体化。[①] 在我们每一个人自我-意识发展的早期，最自然分化出来的两个功能-态度都是不同的。因
139 为它们发展得很早，它们好像是先天固有的，尽管环境影响所致的“虚假类型”会扭曲个体的类型结构（Benziger 1995）。十六种类型结果能够被简明地区分开来，区分的基础是八种功能-态度中哪一种分化程度最高，就是“优势”功能，次之，就是“辅助”功能。

荣格发现“对于所有在实践中遇到的类型而言，有一个适用规则，即是在意识化的、首要的功能之外，还存在一个相对无意识的、辅助的功能，这个功能在每一个层面上都与首要功能的性质不同”（Jung 1971：405-406)。他还相信“从性质上看，只有那些与主导功能在性质上不是对立的功能才能够做辅助功能”(强调为笔者所加)，例如，情感“永远不能作为思维的第二功能”，感觉对直觉也是如此。也就是说，如果一个人分化最高的部分，或者是优势功能在理性轴上（即要么是思维，要么是情感)，那么这个人的辅助功能只能来自非理性轴（要么是感觉，要么是直觉)。

在一个正常的类型发展中，一个优势思维功能只能和另外两个非理性功能中的其中一个组合在一起——要么辅助感觉，要么辅助直觉。同样，处在非理性轴上的一个优势感觉功能，其辅助功能只能来自理性轴，也即只能和思维或者情感组合在一起。以下是这些自然的组合：

优势/辅助
情感/直觉
情感/感觉
思维/直觉
思维/感觉
直觉/情感
直觉/思维
感觉/情感
感觉/思维

---

① 严格意义上讲，“功能”是指四种意识功能，即感觉、思维、情感和直觉，而“态度”是指当心灵去行动或者作反应时，注意指向的习惯性方式，即内倾或者外倾（Jung 1971：414)。在类型文献中，在具体指一个功能时，通常是指一个功能以内倾或者外倾的方式被使用，而不是直接说四种功能和两种态度，而我们今天常说的是八种功能-态度（H. Thompson 1996)。这八种认知模式为意识定向提供了全部的可能性，这种可能性可以随着我们的个体化而被区分开来。

这种组合是不同类型的个体身上八种功能-态度分化的基本模型。由于每一个主导功能都有外倾或者内倾两种可能（例如，情感/直觉对于一个人的类型学而言，可以是“内倾情感和辅助的直觉”或“外倾情感和辅助的直觉”），从类型学的角度来说，会产生至少十六种类型的人。

即使很不幸，分化在一个具体的个体身上前两个功能之间是否存在态度上的差异表现得不明显，临床治疗师也必须意识到，荣格的文本被 140
后来的学者用两种不同的方式去诠释。通过从字面上抓住荣格的假设，即次要功能与首要功能“不是对抗关系”，约瑟夫·惠尔赖特（Jo Wheelwright 1982）认为前两个功能拥有相同的外倾或者内倾态度。与此同时，伊莎贝尔·布里格斯·迈尔斯（Isabel Briggs Myers）抓住的是荣格之后的论述，即辅助功能“在每一个层面都与优势功能的性质不同”，表示辅助功能必须与优势功能在态度上是不同的（I. Myers and P. Myers 1980：18－21）。

必须要指出的是，荣格认为很多人都相当未分化，以至于即使是辅助功能，也是“相对无意识的”。有过度的差异对于辅助功能的态度而言，并没有太大的意义：在优势功能旁边的一切，或多或少都是无意识的。荣格也谈到了一种模糊的第三功能，还有第四即“劣势”功能，他赋予这种功能一个特殊的地位，因为它最接近无意识，是问题和“敏感”“过敏”反应的来源。这个劣势功能就是“拖分化过程后腿的功能”（Jung 1971：450）。劣势功能通常是羞耻的来源，在男性身上，它由他的阿尼玛构成，女性身上则是阿尼姆斯，与优势功能相反，它是人格面具。

劣势功能总是落在类型轴上（不论是理性还是非理性）与优势功能相对的另一端。因此，让优势思维功能痛苦的是劣势情感功能，优势感觉的是劣势直觉，优势直觉的是劣势感觉，优势情感的是劣势思维。而且（荣格式分析的传统中在这里有更多的共识）如果优势功能是内倾，劣势功能就是外倾；如果优势功能是外倾，劣势功能就是内倾。我把优势功能和劣势功能搭配组成的轴称作人格的“脊柱”。共有八种可能的脊柱，如图 6.1 的纵轴所示。如果你把里面的线形图想象成一幅剪贴画，代表面对着读者的一个人，那么辅助功能就显示为画的“右手”，即读者的左侧。具有相同优势功能的不同的画成对并排显示，它们具有相同的脊柱，但辅助功能不同，这样总共就有十六个立足点。

142

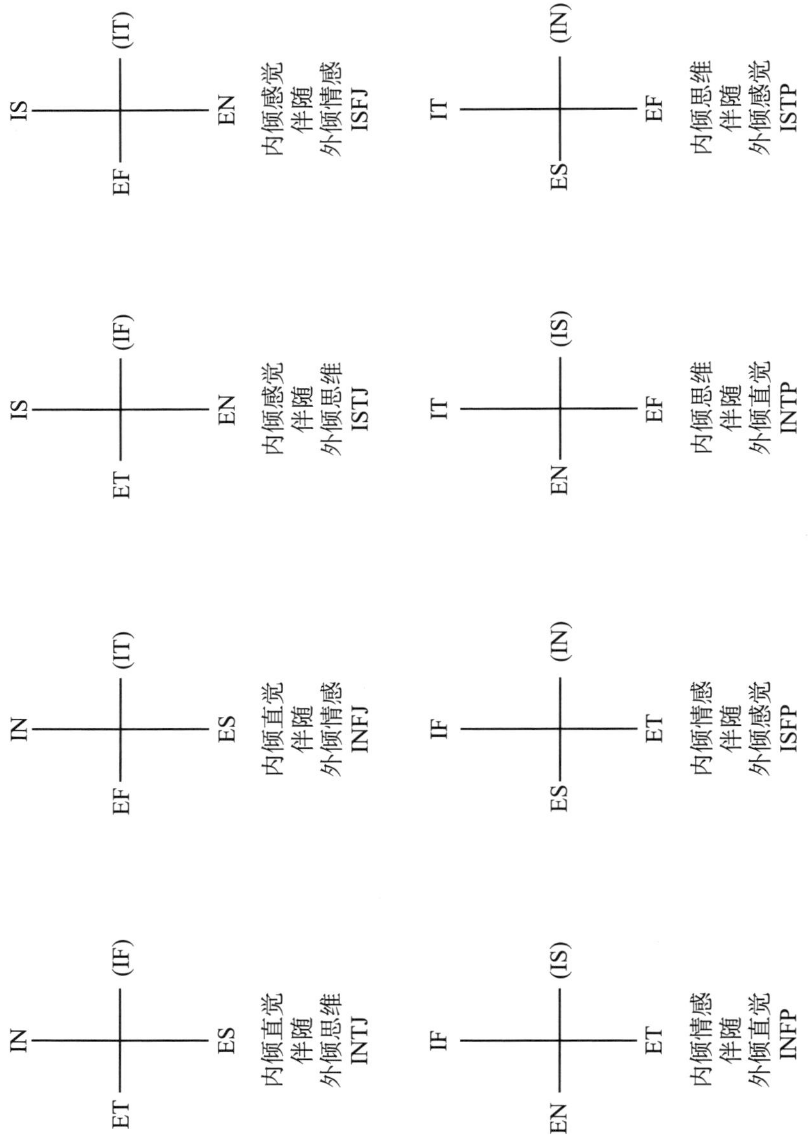
IT EF (IN) ES
内倾思维
伴随
外倾感觉
ISTP
IT EF (IS) EN
内倾思维
伴随
外倾直觉
INTP
IF ET (IN) ES
内倾情感
伴随
外倾感觉
ISFP
IF ET (IS) EN
内倾情感
伴随
外倾直觉
INFP
IS EN (IT) EF
内倾感觉
伴随
外倾情感
ISFJ
IS EN (IF) ET
内倾感觉
伴随
外倾思维
ISTJ
IN ES (IT) EF
内倾直觉
伴随
外倾情感
INFJ
IN ES (IF) ET
内倾直觉
伴随
外倾思维
INTJ

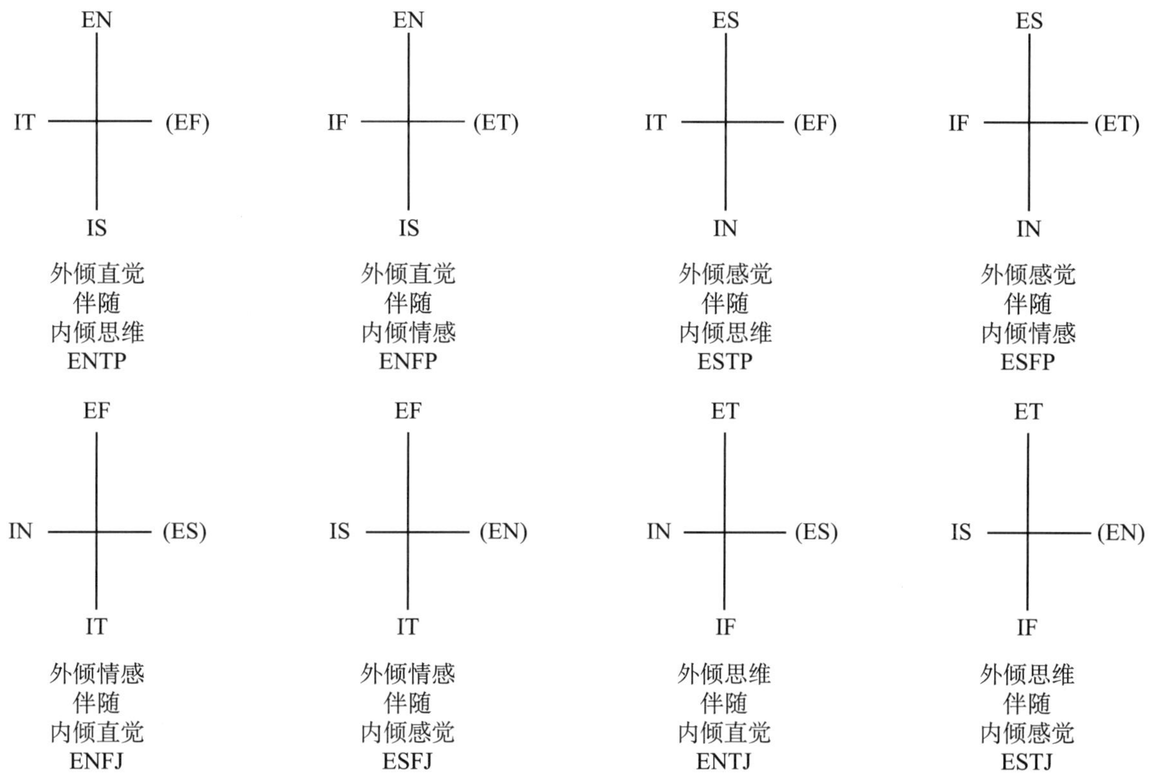

图6.1

代码: E=外倾; I=内倾; N=直觉, S=感觉; T=思维; F=情感。图中带括号的为第三功能。约定俗成，在MBTI测量结果代码的四个字母中非理性功能放在理性功能之前，不论这个功能是优势功能还是辅助功能。P和J分别指代主导外倾功能是非理性（感知）和理性（判断）。

这些就是大多数人经常提到的著名十六种人格“类型”，当人们使用“心理类型”这个术语时，对于那些借助迈尔斯-布里格斯类型指标识别优势和辅助功能的人而言，他们所说的就是“MBTI 类型”。不过，我倾向于把它们称作“类型剖面”（type profiles）。在使用荣格的类型分化原则和理解伊萨贝尔·布里格斯·迈尔斯的“良好类型发展”（good type development）这一术语时（K. Myers and Kirby 2000），很明显一个强大
141 的天然优势功能和与之相随的劣势功能的分化在每一个层面上都是不同的，这是后续分化的起点。其他功能-态度的运作很大程度上无法被意识到，直到或者除非在发展过程中它们需要被意识化。

创新、批判和发展

尽管类型已经被很多分析师细致地研究过，他们都直接受过荣格的训练，包括梅尔（Meier 1959）、亨德森（Henderson 1970）和惠尔赖特（Wheelwright 1982），但是对心理类型在分析心理学中的发展做出最大贡献的人是荣格一位亲密的同事玛丽-路易斯·冯·法兰兹，她系统地研究了每一种类型的劣势功能（1971/1998）。她也澄清了劣势功能和荣格的超越功能之间的关系，指出如果劣势功能被意识化，那么与无意识有关的改变和人格就会成为一体（也见 Beebe 1992：102 – 109）。她认为在荣格的等级系统中，第一、第二和第三是功能的相对顺序，在心理治疗过程中功能可以按照顺序去分化，尽管她也表示一旦优势功能已经建立，一个人可以选择接下来去发展第二或第三功能。但是，从来没有人（包括荣格也这么说）能够直接使用劣势功能，并且发展它。它不仅倾向于“停留在低水平”（E. Osterman，个人交流，1972），还只能通过已经分化了的前三个功能来接近。

我遵循这个思路，试图澄清在发展过程中与功能-态度发展有关的原型性约束（关于我对这个概念的讨论，参见 Harris 1996：65 – 76）。留意到主导功能的优势性源于它与英雄原型相连，我已经找出携带荣格和冯·法兰兹所建立的等级系统中的其他三个功能的原型形象。根据梦中和电影中出现的证据，即辅助功能和第三功能通常被象征为同性别的老人和年轻人，正如优势功能所认同的形象，我认为辅助功能由一个稳定的父母形象携带（通常男性身上是父亲，女性身上是母亲），第三功能由不稳定的儿童形象携带，倾向于停留在膨胀和退缩的循环中（男性身上是永恒男童，

女性身上是永恒女童）。尽管冯·法兰兹基本上把第四，即劣势功能称为“通往无意识的门”（1971/1998：67），但我是使用阴影，而不是使用阿尼玛和阿尼玛斯来确定第四功能，这一功能被自我体验为其本身有问题的一面。我相信，正是另外四个功能构成了前四个功能的阴影，这种阴影由于分化的过程而更加突出，使得前四个功能得以发展并成为意识化的功能-态度。[①] 因此一个有着优势外倾思维和辅助内倾感觉的人，会有内倾思维 144 和外倾感觉被严重地留在阴影中，如果这个人的第三功能是外倾直觉，内倾直觉就会被排斥，成为阴影的一面。从这个角度看，即使是劣势功能也有阴影，同样在这个个体身上，会有劣势内倾情感，它由阿尼玛携带，外倾情感的阴影也会存在。

按照这个思路，我提出了第一个阴影类型学概念（尽管不久之后，娜奥米·昆克［Naomi Quenk 1993］也在《有若疯狂》［*Beside Ourselves*］一书中提出她自己的阴影类型学模型）。根据我所提出的类型学模型（Beebe 2004），特定的原型携带前四个功能的阴影：对立人格（携带英雄的阴影）、长老或女巫（父亲或者母亲的阴影）、小丑（男童或者女童的阴影）和恶魔/恶魔人格（阿尼玛/阿尼姆斯的阴影）。图6.2呈现了这个模型如何组织基本的原型情结，部分人格通过它们的个体功能-态度来表现自己。

这个模型表示所有八种功能-态度的发展都与每一个对应的原型情结高度相关，每种功能的分化都是原型的表现形式。在整合一个人的类型学时，必须要去面对与每一个类型相关的原型情结，特别是在经典的个体化中，个体化被设想为通过与一系列原型形象的作用对集体无意识进行不断整合的过程。而且，如帕帕多普洛斯（Papadopoulos 1992 vol.2：6）所说，这个模型为在类型学基础上分析个体之间的原型性互动提供了一个理性基础。认识到病人身上功能和情结之间的相互关系，对于治疗师大有裨益，特别是在遇到心理状态已经严重扭曲的病人时。在这个时候，治疗师可以通过说病人优势功能的语言而非带有情结的类型学土话（Sandner and Beede 1995：317－344）协助病人重新建立自我的强度。在一份荣

---

① 在这里，我的依据来自迈尔斯，而非惠尔赖特，我认为辅助功能与优势功能在态度上是不同的，而且坚持认为在它们分化的过程中功能的态度是相互对立的，所以，如果第一，即优势功能是外倾，那么辅助功能就是内倾，第三功能是外倾，并且劣势功能是内倾。

145

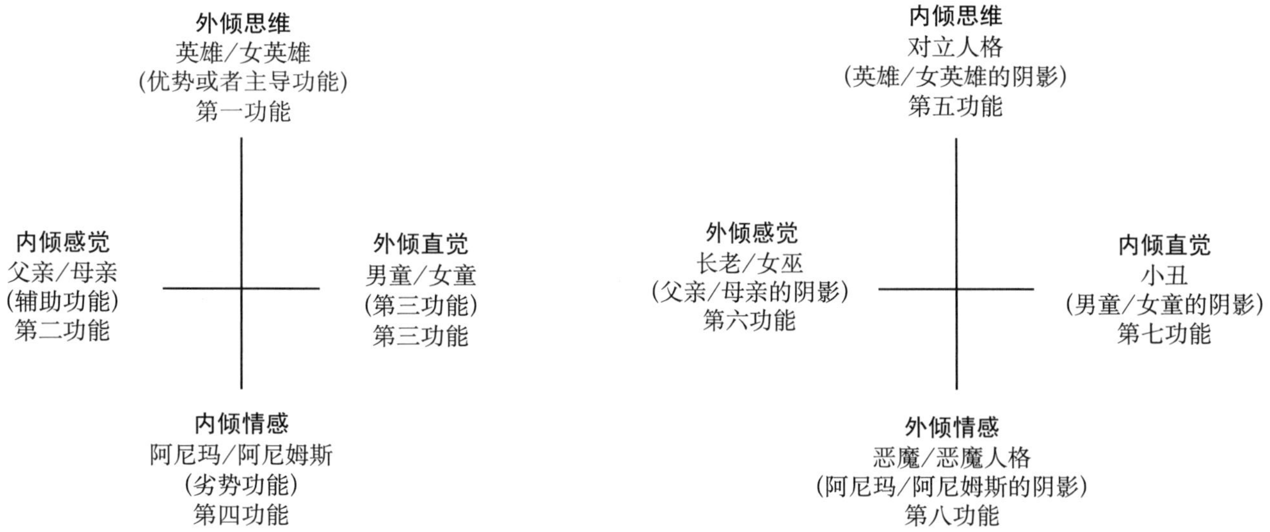

图6.2 约翰·毕比博士所提出的携带八种意识功能的原型情结排列图

格对一位病人的分析记录中，这位病人的现实感被一个直觉性的宗教意象爆发所破坏，荣格运用他对类型学的理解进行干预，协助这位病人恢复她原始的感觉类型取向（von der Heydt 1975）。但是如果条件要求不严苛，在较不复杂的边缘和自恋的情境中，那么对于一个来访者来说，处于阴影中的功能-态度可以与原我的原型性防御联系起来，并且这有助于治疗，从而理解这些防御的确切特征（Beebe 1998b）。

其他对心理类型理论概念和临床阐释的重要贡献有：

- 梅尔（Meier 1959）根据分析师的类型学曼陀罗“轮转”能够促进 146 分析师和被分析者的关系变得协调这一点来解释移情-反移情。
- 曼、西格勒和奥斯蒙德（Mann，Siegler and Osmond 1968）讨论了在不同功能之间存在不同的时间关系（在他们看来，感觉注重现在，情感看重过去，直觉着眼未来，思维有一条持续不断的时间线）。
- 马歇尔（Marshall 1968）通过功能的概念化分析来澄清“理性”和“非理性”（感觉和直觉是“给定的功能”，思维和情感是“选择的功能”）。
- 詹姆斯·希尔曼（James Hillman 1971/1998）详细描绘出情感功能的不同层面、阿尼玛和人格面具之间的区别，并讨论了共时性现象中的劣势功能。
- 威廉·威尔福德（William Willeford 1975，1976，1977）坚持认为在功能登记系统中情感具有“首要性”（因为情感是区分感情的功能）。
- 夏皮罗和亚历山大（Shapiro and Alexander 1975）从现象学角度分析了制造经验时以外倾（与客体融合）和内倾（与原型匹配）为特征的“行动”。
- 格罗斯贝克（Groesbeck 1976）在分析期间检验了分析师的第三和劣势功能在“受伤的疗愈者”原型集聚体中的作用。
- 基尔希（Kirsch 1980）认为内倾型的治疗师倾向于从主观水平释梦，而外倾型的治疗师倾向于从客观水平释梦。

- 萨比尼（Sabini 1988）探讨了治疗师的劣势功能。
- 希尔（Hill 1998）探讨了阿尼玛的类型。

所有这些作者都赞赏并扩展了荣格的类型学架构在治疗上的可能性。

心理类型理论的另外一个重要发展方向是在标准化测验领域确定一个人的类型和类型发展水平。尽管在 20 世纪 40 年代，约瑟夫·惠尔赖特和他的妻子简·惠尔赖特（Jane Wheelwright）、贺瑞斯·格雷（Horace Gray），以及后来的约翰·比勒（John Buehler）一起开发出第一套纸笔类型测验，即格雷-惠尔赖特荣格类型测验（JTS），并使用这套工具进行了开创性的研究（Mattoon and Davis 1995），但事实上是伊萨贝尔·布里格斯·迈尔斯和她的母亲凯瑟琳·布里格斯（Katherine Briggs）共同开发的迈尔斯-布里格斯类型指标（MBTI）让标准化测验变得国际化，而这两位并不是荣格派分析师。MBTI 的开发可追溯至 1942 年，最终在 20 世纪 60 年代获得施测许可，并成为英语世界中最流行的心理测验工具之一，接着
147 开始在其他国家得到翻译使用（最新描述，参见 Quenk 2000）。MBTI 通常被职业咨询师用于评估来访者的“类型”，从而找到适合他们的工作，MBTI 也在人力资源和全世界的个人机构中得到使用。在佛罗里达州盖恩斯维尔市的心理类型应用中心拥有一个非常巨大的测验结果数据库。在美国，拥有超过 4 000 名会员的心理类型协会定期举办会议分享使用 MBTI 的经验和研究，在其他国家也有类似的组织。MBTI 也有儿童版，即墨菲-梅斯盖尔儿童类型指标（MMTIC）。所有这些纸笔测验都采用迫选题，这源于荣格的“双极假设”，即我们不能同时思考和进行情感体验，或者不能既吸收感觉又使用直觉。1980 年，荣格派分析师琼·辛格（June Singer）和玛丽·卢米斯（Mary Loomis）提供了她们自己的测验，即辛格-卢米斯人格调查表（SLIP），但此测验不是基于这个假设，反而分别评估八种功能-态度中每一种功能-态度的发展水平（Loomis 1982）。发表于 1944 年的一项研究对比了 JTS、MBTI 和 SLIP 测验结果之间的一致性程度。

> 结果显示，MBTI 和 JTS 的外倾-内倾一致性较高，感觉-直觉一致性居中，思维-情感一致性有限。关于这些工具能测量出主导功能的证据并不可靠。SLIP 与 MBTI 和 JTS 测验的结果并无不同，所以

没有证据支持辛格和卢米斯对人格双极假设的挑战。

（Karesh et al. 1994：30）

MBTI 的流行带来大量出版物的出现，《心理类型期杂志》（*Journal of Psychological Type*）、《心理类型公报》（*Bulletin of Psychological Type*）、《类型报告者》（*The Type Reporter*）和《类型面》（*TypeFace*）就是其中的代表。迈尔斯也用“判断”和“感知”来替代“理性”和“非理性”，但测验使用“J”和“P”作为主导外倾功能的标志符号。迈尔斯也引入“良好类型发展”这个术语，通过优势、辅助、第三和劣势的等级系统来表示功能的不断分化。近些年，关于第三功能和第四功能是否继续作用于由前两个功能发起的态度改变（指内倾或外倾）出现了争议。格兰特等（Grant et al. 1983）和布朗斯沃德（Brownsword 1988）提出另外一种常用模型，与 MBTI 不同的是，他们认为辅助、第三和劣势功能在态度上都与主导功能相反。

把 MBTI 应用到临床和分析心理学传统中的安吉洛·斯伯托（Angelo 148
Spoto 1995）、约翰·贾尼尼（John Giannini 2004）和我自己（Beebe 1984），对整合实证研究结果做了重要尝试。也有人尝试把八种荣格式功能-态度和十六种 MBTI 类型剖面与一个新的气质概念（Keirsey and Bates 1984；Berens 1998）、谢尔登（Sheldon）的身体类型（Arraj and Arraj 1988）、DSM-IV 人格障碍（Ekstrom 1988）、“大五”人格因素（McRae and Costa 1989；Wiggins 1996；Scanlon 1999）、认知心理学的“多元智力”（Gardner 1983；K. Thompson 1985；Goleman 1995）联系起来。类型也被与宗教取向（Ross 1992）及道德决策风格（Beebe 1992，1998a；Burleson 2001）联系起来。在学院心理学研究中，卡根（Kagan 1994，1998）承认荣格对气质理论的贡献，但警告说，试图理解这些问题时，如果不掌握内在的生理机制和心理机制，就会出现固有的问题。也有人尝试把荣格的类型学和性格学的神秘传统结合起来，例如九型人格和星相学。

现状和趋势

类型在很多荣格分析师中仍然是一个“滞销品”。普劳特（Plaut 1972）的一项研究表明，不到一半的荣格派分析师会在他们的临床工作中使用类型。[①] 这些人也经常依赖测验结果而不是进行临床观察来做出“类型诊断”。这些分析师中的大部分没有意识到联想测验对心理类型的作用，仅仅基于MBTI的结果来确定类型是不正确的，MBTI毕竟只是一个“指标”。至少要有后续的访谈，测验的结果中要有一行附加语，如：“这里是类型测验的结果，请你检查一下是否真的与你相符。”尽管如此，安妮·墨菲·保罗（Annie Murphy Paul 2004）还是对教师和职业咨询师使用MBTI去给个体贴标签提出强烈的批评。

在心理治疗圈子中，很不幸，很少有临床心理师知道八种功能-态度，即使知道，也会混淆内倾情感和内倾直觉，不了解外倾思维和内倾思维的区别，等等。（夏普［Sharp 1987］的书是非常出色的入门读物。）很多人并不能真正理解内倾和外倾在原我过程上的区别。（拉温［Lavin 1995］的文章对此有相应的论述。）类型理论在临床工作中所占的地位有限，但在伴侣和婚姻咨询领域有较好的应用前景。很多治疗师把类型结果解释给来访者之后，得到了很满意的回应，能使伴侣之间形成合适的期待并帮助他们调整他们的交流模式。但是，在理解荣格对自我心理学最隐秘和影响最深远的贡献方面，在更多的分析心理学家比他们今天更
149 精通类型之前，不可能有真正的进展。由此，我们可以期待后续一些有趣的研究，在荣格心理类型理论的更大影响下，这些研究也可以推动我们对个体化之路的理解。

参考文献

Arraj, J. and Arraj, T. (1988) *Tracking the Elusive Human*, Volume 1. Chiloquin, OR: Inner Growth.

Beebe, J. (1984) ‘Psychological types in transference, countertransference, and the therapeutic interaction’, in N. Schwartz-Salant and M. Stein (eds) *Transference/Countertransference*. Wilmette, IL: Chiron.

—— (1992) *Integrity in Depth*. College Station, TX: Texas A&M University Press.

—— (1998a) ‘Toward a Jungian analysis of character’, in A. Casement (ed.) *Post-Jungians Today*. London: Routledge.

—— (1998b) ‘Review of Donald Kalsched’s *The Inner World of Trauma: Archetypal Defenses of the Personal Spirit*’. *Quadrant*, 28(1): 92–96.

—— (2004) ‘Understanding consciousness through the theory of psychological

① 布莱德威和德特洛夫（Bradway and Detloff 1978）确定了在荣格派分析师中不同心理类型的分布，布莱德威和惠尔赖特（Bradway and Wheelwright 1978）考察了分析师的类型和分析师的实际分析实践之间的关系，其发现诸如外倾型分析师比内倾型分析师在与病人建立关系和做解释时使用类型学较多，以及和旧金山的荣格派分析师相比伦敦的荣格派分析师更常使用类型学。

types', in J. Cambray and L. Carter (eds) *Analytical Psychology*. Hove, UK: Brunner-Routledge. 150

Benziger, K. (1995) *Falsification of Type*. Dillon, CO: KBA.

Berens, L. (1998) *Understanding Yourself and Others: An Introduction to Temperament*. Huntington Beach, CA: Temperament Research Institute.

Binet, A. (1903) *L'Etude expérimental de l'intelligence*. Paris: Schleicher.

Brachfeld, O. (1954) 'Gelenkte Tagträume als Hilfsmittel der Psychotherapie'. *Zeitschrift für Psychotherapie*, 4: 79–93.

Bradway, K. and Detloff, W. (1976) 'Incidence of psychological types among Jungian analysts, classified by self and by test'. *Journal of Analytical Psychology*, 21(2): 134–146.

Bradway, K. and Wheelwright, J. (1978) 'The psychological type of the analyst and its relation to analytical practice'. *Journal of Analytical Psychology*, 23(3): 211–225.

Brownsword, A. (1988) *Psychological Type: An Introduction*. Nicasio, CA: Human Resources Management Press.

Burleson, B. (2001) *Pathways to Integrity: Ethics and Psychological Type*. Gainesville, FL: Center for Applications of Psychological Type.

Clark, P. (2000) 'Work and the Eight Function Model'. *Bulletin of Psychological Type*, 23(7).

Costa, P. and McCrae, R. (1985) *The NEO Personality Inventory Manual*. Odessa, FL: Psychological Assessment Resources.

Ekstrom, S. (1988) 'Jung's typology and DSM-III personality disorders: a comparison of two systems of classification'. *Journal of Analytical Psychology*, 33(4): 329–344.

Ellenberger, H. (1970) *The Discovery of the Unconscious: The History and Evolution of Dynamic Psychiatry*. New York: Basic Books.

Fay, C. (1996) *At the Threshold* (video cassette). Houston, TX: C.G. Jung Educational Center.

Gardner, H. (1983) *Frames of Mind*. New York: Basic Books.

Geldart, W. (1998) 'Katharine Downing Myers and whole MBTI type – an interview'. *The Enneagram and the MBTI: An Electronic Journal* http://tap3x.net/EMBTI/journal.html (February 1998).

Giannini, J. (2004) *Compass of the Soul: Archetypal Guides to a Fuller Life*. Gainesville, FL: Center for Applications of Psychological Type.

Goleman, D. (1995) *Emotional Intelligence*. New York: Bantam.

Grant, W.H., Thompson, M.M. and Clarke, T.E. (1983) *From Image to Likeness: A Jungian Path in the Gospel Journey*. Ramsey, NJ: Paulist Press.

Groesbeck, C. (1978) 'Psychological types in the analysis of the transference'. *Journal of Analytical Psychology*, 23(1): 23–53.

Haas, L., McAlpine, R. and Hartzler, M. (2001) *Journey of Understanding: MBTI© Interpretation Using the Eight Jungian Functions*. Palo Alto, CA: Consulting Psychologists Press.

Harris, A. (1996) *Living with Paradox: An Introduction to Jungian Psychology*. Pacific Grove, CA: Brooks/Cole.

Henderson, J. (1970) 'Inner perception in terms of depth psychology'. *Annals of the New York Academy of Sciences*, 169: 664–672.

151 Hill, G. (1998) 'Men, the anima, and the feminine'. *San Francisco Jung Institute Library Journal*, 17(3): 49–61.
Hillman, J. (1971/1998) 'The feeling function', in M.-L. von Franz and J. Hillman, *Lectures on Jung's Typology*. Woodstock, CT: Spring.
Jung, C.G. (1912) *Wandlungen und Symbole der Libido*. Leipzig and Vienna: Franz Deuticke.
—— (1921) *Psychologische Typen*. Zurich: Rascher.
—— (1923) *Psychological Types, or, The Psychology of Individuation*, trans. H.G. Baynes. New York: Harcourt Brace.
—— (1968) *Analytical Psychology: Its Theory and Practice*. New York: Pantheon.
—— (1971) *Psychological Types*, trans. R.F.C. Hull. Princeton, NJ: Princeton University Press.
—— (1973) *Experimental Researches*, trans. L. Stein and D. Riviere. Princeton, NJ: Princeton University Press.
Kagan, J. (1994) *Galen's Prophecy: Temperament in Human Nature*. New York: Basic Books.
—— (1998) *Three Seductive Ideas*. Cambridge, MA: Harvard University Press.
Karesh, D.M., Pieper, W.A. and Holland, C.L. (1994) 'Comparing the MBTI, the Jungian type survey, and the Singer-Loomis Inventory of Personality'. *Journal of Psychological Type*, 30: 30–38.
Keirsey, D. and Bates, M. (1984) *Please Understand Me: Character and Temperament Types*. Del Mar, CA: Prometheus Nemesis Books.
Kirsch, T. (1980) 'Dreams and psychological types', in I. Baker (ed.) *Methods of Treatment in Analytical Psychology*. Stuttgart, Germany: Bonz Verlag.
Lavin, T. (1995) 'The art of practicing Jung's psychological types in analysis', in M. Stein (ed.) *Jungian Analysis*. La Salle, IL: Open Court.
Loomis, M. (1982) 'A new perspective for Jung's typology: the Singer-Loomis Inventory of Personality'. *Journal of Analytical Psychology*, 27(1): 59–70.
McCrae, R. and Costa, P. (1989) 'Reinterpreting the Myers-Briggs Type Indicator from the perspective of the Five-Factor Model of Personality'. *Journal of Personality*, 57: 17–40.
Mann, H., Siegler, M. and Osmond, H. (1968) 'The many worlds of time'. *Journal of Analytical Psychology*, 13(1): 33–56.
Marshall, I. (1968) 'The four functions: a conceptual analysis'. *Journal of Analytical Psychology*, 13(1): 1–32.
Mattoon, M. and Davis, M. (1995) 'The Gray-Wheelwrights Jungian type survey: development and history'. *Journal of Analytical Psychology*, 40(2): 205–234.
Meier, C. (1959) 'Projection, transference, and the subject-object relation'. *Journal of Analytical Psychology*, 4(1): 21–34.
Myers, I. and Myers, P. (1980) *Gifts Differing: Understanding Personality Type*. Palo Alto, CA: Consulting Psychologists Press.
Myers, K. and Kirby, L. (2000) *Introduction to Type Dynamics and Development*. Palo Alto, CA: Consulting Psychologists Press.
Papadopoulos, R. (ed.) (1992) *Carl Gustav Jung: Critical Assessments*. London: Routledge.
Paul, A.M. (2004) *The Cult of Personality*. New York: Free Press.
Plaut, F. (1972) 'Analytical psychologists and psychological types: comment on replies to a survey'. *Journal of Analytical Psychology*, 17(2): 137–151.

Quenk, N. (1993) *Beside Ourselves: Our Hidden Personality in Everyday Life*. Palo Alto, CA: Consulting Psychologists Press. 152

Quenk, N. (2000) *Essentials of Myers-Briggs Type Indicator Assessment*. New York: John Wiley.

Ross, C. (1992) 'The intuitive function and religious orientation'. *Journal of Analytical Psychology*, 37(1): 83–103.

Sabini, M. (1988) 'The therapist's inferior function'. *Journal of Analytical Psychology*, 3(4): 373–394.

Sandner, D. and Beebe, J. (1995) 'Psychopathology and analysis', in M. Stein (ed.) *Jungian Analysis*. La Salle, IL: Open Court.

Scanlon, S. (ed.) (1999) 'The MBTI and other personality theories: Part 2 – "The Big Five" and the NEO-PI'. *The Type Reporter*, 72.

Shamdasani, S. (2003) *Jung and the Making of Modern Psychology: The Dream of a Science*. Cambridge: Cambridge University Press.

Shapiro, K. and Alexander, I. (1975) *The Experience of Introversion: An Integration of Phenomenological, Empirical, and Jungian Approaches*. Durham, NC: Duke University Press.

Sharp, D. (1987) *Personality Types: Jung's Model of Typology*. Toronto: Inner City.

Singer, J. and Loomis, M. (n.d.) *The Singer-Loomis Inventory of Personality: Experimental Edition* (booklet). Palo Alto, CA: Consulting Psychologists Press.

Spoto, A. (1995) *Jung's Typology in Perspective*. Wilmette, IL: Chiron.

Thompson, H. (1996) *Jung's Function-Attitudes Explained*. Watkinsville, GA: Wormhole.

Thompson, K. (1985) 'Cognitive and analytical psychology'. *San Francisco Jung Institute Library Journal*, 5(4): 40–64.

Von der Heydt, V. (1975) 'A session with Jung', *Harvest*, 21: 108–110.

von Franz, M.-L. (1971/1998) 'The inferior function', in M.-L. von Franz and J. Hillman, *Lectures on Jung's Typology*. Woodstock, CT: Spring.

Wheelwright, J.B. (1982) 'Psychological types', in J.B. Wheelwright, *Saint George and the Dandelion*. San Francisco, CA: C.G. Jung Institute of San Francisco.

Wiggins, J. (ed.) (1996) *The Five-Factor Model of Personality: Theoretical Perspectives*. New York: Guilford.

Willeford, W. (1975) 'Toward a dynamic concept of feeling'. *Journal of Analytical Psychology*, 20(1): 18–40.

—— (1976) 'The primacy of feeling (Part I)'. *Journal of Analytical Psychology*, 21(2): 115–133.

—— (1977) 'The primacy of feeling (Part II)'. *Journal of Analytical Psychology*, 22(1): 1–16.

第七章

原我

沃伦·科尔曼

第一部分　荣格

引言

由于荣格认为原我（the self）是心灵的中心和整体，我们就有足够的理由相信这是他整个心理学的核心概念。个体化过程所追求的目标是原我。它代表心灵的完满以及原我分裂可能被治愈的过程。

原我的心理学也是宗教体验的心理学，荣格对原我的研究是他对心灵的宗教功能和其在西方历史意识中的种种表现进行探索的核心。从20世纪20年代开始，荣格不断地对原我和神圣进行比较研究，特别是在他后期的作品中，他强调“在临床实践中，不可能对原我或完满的自发象征与上帝意象加以区别”（Jung 1951：par. 73）。荣格把上帝意象视为原我的象征。

个性与对立的和解

或许是因为它非常重要，原我的概念才在荣格的作品中缓慢涌现，直到在1928年版本的《自我与无意识的关系》中才第一次出现对它的着重论述。如果再回看这篇论文的1916年版本，我们会发现荣格使用的是“个性”（individuality），而之后用“原我”将其取代。这些内容显示出个性的本质即原我和个性实现的过程即个体化之间的密切关系。在这个早期的模型中，荣格从意识和无意识的水平上对比“个体”和“集体”。他将人格面具置于个体和集体之间，将之视为“向外的态度”，其面对的是外部集体意识的世界，而阿尼玛是“向内的态度”，其面对的是内在的集体无意 154
识世界。[1] 他将个性定义为“自我-意识最深处的核心，就像无意识最深处的核心一样”(Jung 1916：par. 507)。因此，它与自我（作为意识的中心）紧密联系在一起，也与自我不同，因为它同时也是无意识的核心。

荣格所理解的心灵如下所示，其显示出个体如何被置于心灵生活的“中点”：

集体意识/外在的现实

↓ ↑

人格面具

↓ ↑

个体

↓ ↑

阿尼玛

↓ ↑

集体无意识

他写道：“可以说，个体处在集体心灵的意识部分和无意识部分之间。”(Jung 1916：par. 507) 他还强调个体由在集体和世界中的元素构成，但其特定的组织结构构成他们的独特性。因此，个性“同时具有独特性和普遍性”(1916：par. 505)。

这些对立的组合（意识/无意识、个体/集体、特殊/普遍）是荣格后来视为原我作为一种复杂对立体（complexio oppositorum）的例子。但是，个体化的过程将内在冲突和对立的那种状态转化为一种对立统一体（coincidentia oppositorum），这是一种能带来完满的对立联合体。荣格在《心理类型》(1921 年出版）一书中对这一主题有更深入的探索。他在书中提到“将个体的核心”从对立功能中“分离出来的潜力”，如果失败，那么对立功能会使“个性消解到对立的两极中”并“使自己分裂”(Jung 1921/1950：par. 174)。他最初特别指出原我是不同于自我的实体，他写道：“原我从对立中分化出

---

① “内在人格是个人与自己内在心灵过程形成关系的行为方式，它是一种内在的态度，是转向无意识的特有一面。我将向外的一面即外在的态度称为人格面具，将向内的一面即内在的态度称为阿尼玛。”(Jung 1921/1950：par. 803)

来”就是内在冲突的释放（疗愈）过程（Jung 1921/1950：par. 183）。

荣格当时在发展原我和对立概念的时候明显引用了东方的哲学和宗教内容（特别是在《心理类型》中），这两个概念深受东方传统中类似概念的影响。例如，佛教、中国哲学和《奥义书》中都包含“对立统一”的内容。荣格后来承认东方哲学的影响，特别是《奥义书》在他选用“原我”
155 作为人格的“超验”或“超个人”核心时的影响，同时原我也是“人的整体，意识和无意识的总和”（Jung 1938/1940：par. 140）。

曼陀罗与“生命之池”

荣格在《回忆，梦，思考》（1963）中对这段时期的记述显示出这些思想有多少是来自他自己“直面无意识”，这是他与弗洛伊德分裂之后，进入一种内在动荡和冲突的时期。在这段时期快结束的时候（1916 年），荣格开始画曼陀罗，但他后来才不断地开始发现它们的重要性。

> 在 1918 年到 1920 年之间，我开始明白心灵发展的目标是原我……我知道在发现曼陀罗是原我的表现时，我已经收获最终的果实。
>
> （Jung 1963：222）

荣格在 20 世纪 20 年代继续画曼陀罗，但这个发展的高潮在 1927 年“生命之池”（Pool of Life）的梦中出现，梦中的他身处“利物-浦”（Liver-pool），这是曼陀罗的典型象征。在这个梦中，荣格来到城市中心的一个大广场上，周围很多街道都朝这里聚合。

> 广场中心是一个圆形池塘，池塘中间有一座小岛。岛上只有一株木兰树，它矗立在阳光之下，同时也是光之源。

荣格在晚年回顾自己的一生时评论道：

> 这个梦带有终极意义。我认为目标在这里得到揭示，人不能超越这个中心，这个中心就是目标，一切都朝向该中心。我通过这个梦理解到原我是方向和意义的原则和原型。因此这里有疗愈的功能……这个梦描绘出整个意识发展过程的顶峰。我对它非常满意，因为它将我的状况完整地描绘了出来。
>
> （Jung 1963：224）

荣格对自己深度神秘体验的描述证实了他在自己的著作中关于原我的思想是来源于1921年到1928年这一段关键时期。“生命之池”的梦和荣格修订《自我和无意识的关系》一文以及补充“个体化”（Jung 1928）的部 156 分应该发生于同一时期。之后，荣格几乎所有的作品都可以被认为是在研究这个时候的思想和体验。尽管在接下来的二十五年中这个概念有相当大的发展，但他的基本思想基本上没有发生改变。相反，荣格之后的作品是在通过回溯原我的现象学从而更加巨细无遗地阐述西方宗教中的象征符号。只是在他最后一部关于炼金术的作品《神秘合体》（1954）中（我会在后文论述）有明显的朝自我和原我之间关系的转向。

整体和中心

在1928年对《分析心理学两论》的补充内容中我们发现原我最迟的定义是心灵的“整体”，它能够重生，本质不变，荣格写道：

> 意识和无意识……彼此相互补充，形成一个整体，即原我。根据这个定义，原我包括自我，它不仅包括意识也包括无意识心灵，因此可以说它也是我们的人格。
>
> （Jung 1928：par. 274）

同时，他继续对原我是个性和个人获得的独特性这一主题进行探索：“由于‘个性’包含我们最深的、最终的和唯一的独特性，它也就意味着成为自己的原我。因此我们可以把个体化翻译成‘成为自己’（coming to selfhood）或‘自我实现’（self-realization）”（1928：par. 266）。这个过程也可以被视为获得超越对立面的人格中心（centre）的过程，该中心也被定义为原我（1928：par. 389）。在回应早期将“个性”置于人格中心的模型时，他指出转化

> 的目标是获得人格的中点……人格的中心不再是自我，而是意识和无意识之间的一个点。这是新的平衡点，整体人格的一个新中心，一个实质的中心。
>
> （Jung 1928：par. 364－365）

很明显，这里指的是荣格自己的曼陀罗体验，像“生命之池”一样，整体的形象处在中心，给周围带来一种超自然的“拉力”，既决定整体， 157 又受整体限制。荣格在后期的作品中多次回到原我既是整体又是中心的悖

论上。他在《心理学与炼金术》(*Psychology and Alchemy*，写于1944年)的引言中写道：

> 我将这个中心称为原我，它也应该被理解为心灵的整体。原我不仅是中心，也是整体，包含意识和无意识。它是整体的中心，就像自我是意识的中心一样。①
>
> (Jung 1944：par. 41)

原型与象征

荣格从20世纪40年代早期开始将原我称为原型这一事实又带来另外一个悖论。尽管他认为原我是中心原型，但也留下一个难题，即原我如何既是心灵的整体又是心灵中的一个原型内容。② 对这个问题最好的理解是将原型作为整体的概念视为其固有的难点。从其本质上看，原我的整体性是不能被体验到的，因为它大部分的内容在无意识中，我们觉察不到。荣格不断强调无意识的不可知性：由于知道的内容都属于意识的范畴，无意识的内容就是不可知的，因为它是不可知的，所以我们对其本质和范围一无所知。我们所知道的一切都是基于其在意识中的表现。对于原我而言，荣格认为，这些以原型象征的形式出现的表现可能是未知的心灵事实的最好表现(Jung 1921/1950：par. 814)。原我必然通过象征表现出来，因为它没有其他的方式可以让其表现："意识心理感知不到这个整体，因为它不仅包括意识心灵还包括无意识心灵，因此它不能被感知，也不能表现出来。"(Jung 1942/1948：par. 230)。

换句话说，荣格研究的是原我的"实证表现"，即它的原型象征，这些是获得它核心本质的"线索"，尽管其核心本质能够被碰触到。同时，这些象征的本质以及与之相关的超自然、神秘体验会产生一种完满(完整)的感觉，这是无可争辩且不证自明的。就像我们所看到的一样，荣格

---

① 这反过来又指向上帝是"一个圆，圆心到处可见，圆周无处可寻"的说法(*CW* 6：par. 791 and n. 74)。17世纪波兰神秘主义者安格勒斯·希莱修斯(Angelus Silesius)对这个悖论的描述非常精彩，荣格在《移涌》(1951)中引用的内容如下：

> 当我把上帝置于心中时，他就是我的中心
> 当我在他内部融化时，他就是我的外周

② 福德汉姆(Fordham 1985)对这一主题进行过深度研究。

是从宗教的神秘体验中直接了解到这一点的。但作为一名科学家，他竭尽所能地对它们进行客观分析。神秘体验是中心从自我（意识的中心）转移到原我（意识和无意识的中心）的结果这一思想实际上是他最具原创性的 158
观点，为这一类难以解释的体验提供了一种解释。

经验与概念

这就意味着荣格关于原我的观点有三个水平。第一个水平是直接的经验。在他最后一部作品的结尾，荣格论述了他从这个角度进行这项工作的内在不可能性：

> 描述［原我的经验］的整体特点是不值得尝试的。任何有过类似经历的人都会明白我的意思，任何没有类似经历的人都不会对我所给的任何描述感到满意。而且对此的描述不计其数，但我还没发现任何能够传递出这种经验的情况。
>
> （Jung 1954：par. 799）

第二个水平是原我的象征表现的现象学分析和分类。这是荣格的研究的主体。这样的象征为原我的表现，以及作为强大的引子从而实现个体化过程的目标提供了经验指标。尽管这些象征可能代表整体，但它们最常具有“中心”的特质并将一种难以言说和不可侵犯之核心的深层满足感传递给人格。这些象征包括“超验人格”，如国王、英雄、先知、救世主（Jung 1921/1950：par. 790），以及“包含圆和四位一体元素（即圆形和球形）的几何结构……和分成四部分或十字架形式的二次形象”（Jung 1951：par. 352）。这些象征的超自然性使荣格肯定地提出“原我不仅仅是一个概念或逻辑假设，更是一种心灵现实”（Jung 1942/1948：par. 233），而且“没有科学的证据可以证明”（Jung 1928：par. 405）。

第三个水平是抽象的观点、理智的主张，荣格在这里同样坚持认为原我只是一个“假设”。也就是说，我们能够从理智的水平上推测原我的性质，但它的无意识部分、无限的一面使我们难以得出任何实质的定义。荣格在 1950 年给《心理类型》补充的定义中非常小心地做出区分：“作为人格的整体，它有无意识的成分，只能有部分在意识中，因此原我的概念只能部分可以得到实证，从而形成假设。”因此，荣格强调的是概念和经验的区别，也就是理智的“客观”视角和现象学上的“主观”视角之间的区别。

159 **心灵的组织原则**

特别是在他后期的作品中，荣格偶尔会将原我称为“人格的组织者”（Jung 1958：par. 694）或集体无意识的“组织原则”（Jung 1951：par. 304，1954：par. 373）。这也暗含在他具有疗愈功能同时带有几何结构的曼陀罗体验中。由于它是抽象的，它存在于“经验”和“概念”的边界上，构成象征经验的基础。在研究后荣格学派关于原我的不同观点时，这个区分尤为重要。

上帝意象

观念和经验之间的区分在荣格对原我和“上帝意象”之间建立连接的时候也非常重要。荣格认为从心理学的角度讲，上帝是一种原型，心灵中的“印记”或“类型”和上帝在世界历史中各式各样的意象相似（Jung 1944：par. 15）。即使如此，荣格也坚持认为：

> 心理学……并不是去做形而上的论述。它只能在心灵完满性的象征意义上与上帝意象是一致的，却永远不能证明上帝意象就是上帝本身，或者是用原我将上帝取代。
>
> （Jung 1951：par. 308）

因此，在承认上帝意象和原我象征在实验和现象学上一致的同时，荣格也主张原我和上帝“自体”（as such）之间存在概念上的差异。① 就像“原我”只是心理现实的一个概念名称一样，而心理现实将原型的象征经验以及整体所涉及的思想集合在一起，上帝也是形而上现实的概念名称，其已超出心理学的描述范围。

基督教中的上帝意象

尽管荣格对东方的宗教传统保持兴趣，但从 20 世纪 20 年代中期开始，基督教中的上帝意象（和炼金术）似乎已经成为他想象的主题。② 在荣格看来，作为神和人，基督是意识和无意识结合以及自我和原我之间关系的象征。他既是独特的、有局限的又是属人的，同时还是无限的神圣。

---

① 参见“原我只能从概念上而不能从实践的角度上和一直提到的‘上帝’区分开”（Jung 1954：par. 778）。

② 在《心理学与宗教：西方与东方》（*CW* 11）中，有 475 页的内容是在探讨西方（犹太-基督）宗教，关于东方的有 135 页。如果将《移涌》（*CW* 9ii）中 300 页关于诺斯替教和基督教的内容包括在内，这个比例会更大。

从某个角度看，基督代表整体，这是因为“任何人类假设的一个比自己更大的整体都能够成为原我的象征”（Jung 1942/1948：par. 232）。但是，作为完美的意象，基督缺少阴暗面，因此并不是一个完整的整体。荣格强烈地认为善与恶是对立的两极，需要在原我中统一，就像意识/无意识或特殊/普遍以及在基督教中被压抑的原我黑暗面，在荣格所生活的20世纪前半叶以暴力和邪恶的方式爆发出来一样。在他后期的作品中，特别是在《移涌》（1951）和《答约伯书》（1952）中，荣格强调光明和黑暗、基督与反基督、自我-意识和原型阴影之间的对立，认为这是西方文化中上帝意象与原我对立的关键问题。 160

自我与原我

在他早期的作品中，荣格总是强调自我和原我以及集体无意识之间的关系非常小。1928年，他生动地将意识人格意象描述为“像被一个看不见的玩家在棋盘上推来推去的形象”（Jung 1928：par. 250）。他还将自我和原我的关系比作地球围着太阳转（1928：par. 405），并在1940年以一个类似的意象说“自我和原我就像移动体和推动者”（Jung 1940/1954：par. 391）。原我是“更加简明的人格，它将自我置于为其服务之中”（par. 390），并且“在范围和强度上使自我相形见绌”（Jung 1946/1954：par. 430）。

不过，尽管“原我从一开始就存在，但［它］是隐藏的，也即是无意识的”（Jung 1935/1944：par. 105n. 34）。个体化便是将隐藏的原我带入意识的过程。这使得原我像是一个想要从无意识的子宫中出生的婴儿。尽管有自我实现的内在动力，但也需要自我作为“助产士”，毕竟原我要进入的是自我-意识的世界。这导致荣格在论述自我和原我之间关系时产生了变化，以至于尽管在面对宇宙的无尽时，自我非常渺小，但自我依然是个体化过程的中心，它的活动对原我的实现至关重要。这个变化在他最后一部作品《神秘合体》中最为明显，他在这里将自我描述为“无意识意识化的前提”，因为“意识……创造世界”（Jung 1954：par. 131）。在提到印度文化中“上帝和自我一致”时，他现在认为个人的阿特曼和自我相连，而非原我（1954：par. 131）。荣格意识到某些和他早期作品中相抵触的地方，他现在似乎是将自我定义为之前所定义的原我。他认为：

> ［自我］是原我的重要组成部分，当意识的重要性被铭记于心时，就能用部分代表整体。但如果我们想强调心灵的整体性，最好使用 161

“原我”这个概念。

(Jung 1954: par. 133)

这一转变可能预示着荣格自己的自我-意识的一个重要发展。荣格在早期已经痛苦地觉察到自己身上的自我和无意识之间的分裂，原我的重构中心的出现带来一种深沉的完满感，也带来“疗愈”和“神圣”的意义(Jung 1935: par. 137)。在《回忆，梦，思考》中，他回想到自己大概在12岁的时候感到拥有两个人格：他日常生活中体验到的第一人格，和一个更大、更重要但非常私密的“他者”，他称之为“第二人格”(Jung 1963: par. 50及其余各处)。或许他在生命的后期获得了某些更重要的整合，这是他一直渴望在“第一人格”和“第二人格”之间的关系中得到的，因此他的自我感到与原我更加接近和相容。自我变得更为个体化使自我和原我之间僵化的区分得到了缓和，自我和原我之间变得更加难以区分。

含义范围概要

概括起来，荣格关于原我的主要定义如下：

- 个性。
- 意识和无意识的中点。
- 对立联合体。
- 心灵的整体。
- 心灵的中心。
- 原型。
- 完满。
- 组织原则。

第二部分 后荣格学派的发展

荣格主要关注的是后半生中原我的发展。他把详细编织自我和生命前半部分心理学的任务留给了别人，在这一心理学中，自我发展是一个主要特色。这也涉及发展关于自我和原我之间关系的更详细的理论。这个任务
162 是由荣格的两位早期追随者以非常不同的方式完成的。埃里希·诺伊曼

(Erich Neumann) 和迈克尔·福德汉姆 (Michael Fordham) 分别在 20 世纪 40 年代和 50 年代建构出他们自己的模型。

诺伊曼：自我-原我轴

诺伊曼在《意识的起源和历史》(1949/1954) 中指出，自我-意识起源于原始的单一状态，它表现出来的意象是乌洛布罗斯 (uroboros，衔尾蛇)。乌洛布罗斯代表的是自我-意识出现之前原我的最初状态，是一种原始的单一和未分化的状态。[①] 诺伊曼将之与婴儿完全被"母性存在环绕着"(1973：par. 14) 联系在一起，并指出母亲/婴儿关系和自我/原我关系之间存在一致性，即"妈妈代表原我，孩子代表自我"(Neumann 1959：129)。

由于母亲满足孩子的很多功能，而之后这些功能都由原我实施，诺伊曼认为，"在原始的关系中，母亲不仅扮演婴儿的原我的角色，实际上也是原我"，尽管他也对"关系原我"和"躯体原我"做出区分 (Neumann 1973)。在早期的关系状态中，母亲在与孩子的关系中同时代表其躯体、原我、你以及世界。随着发展的进行，孩子获得更多的自主性，因此原我从母亲身上收回到孩子自己身上："随着统一的原我形成，孩子回到他原初真正的自己。"(1973：28)

自我-原我轴：原我作为无意识人格

诺伊曼使用"自我-原我轴"这一术语描述自我和原我之间连接的性质。这个术语造成的其中一个难点就是会导致认为自我和原我是独立"实体"的倾向，也就是说原我作为整体不再存在，原我被视为是和无意识一样的存在或无意识的中心。例如，诺伊曼曾经提到"意识和无意识的系统以及……与之相对应的自我和原我中心"，接着又在脚注中补充提示说 (通常)"原我并不是无意识的中心，而是整个心灵的"(Neumann 1973：47n. 1)。

区分无意识和原我并不容易，特别是在生命的早期，自我-意识还未得到发展的时候，分化还未出现，因为整个原我本身还是无意识。但随着自我从原我中涌现出来，之后整个原我就不再涌现，只有原我中的无意识部分才会涌现。因此，只要谈到对立，那么对立就应该被理解为自我 (意 163

① 诺伊曼和其他经典学派的分析师使用大写首字母 S 的英文单词原我 (Self) 将其与它早期的用法 (如"客我"[me]、反我 [myself]) 区分开，这些早期的用法与自我有关。

识）和无意识之间的对立，而不是自我和原我之间。

很多荣格派分析师未能把握这一点，因此即使在谈论成年发展和“后半生”的个体化过程时，仍继续谈论“自我/原我”冲突（例如，Beebe 1988；Samuels 1985：92；Whitmont 1969：220）。在这所有的例子中，原我并非被视为整个人格的中心和整体，而是一种人格化的人格中无意识的部分，从而与自我有冲突。荣格认为这些都是意识（自我）和无意识的冲突，可以通过超越功能获得对立两极的中点，即原我。在荣格的模型中，原我是这种冲突的结果，并高于它。如果将原我视为冲突的一部分，那么有什么较高的原则能够解决这个冲突呢？

这里的麻烦是意象和象征的隐喻性语言和理论假设的抽象语言之间很难进行区分（Fordham 1963；Young-Eisendrath and Hall 1991）。因此，实际上是尽管原我以人格化的形式出现，但这并不意味着原我是一个会与自我产生冲突的独立人格。当原我以这种方式被物化的时候（相对于将象征和象征的内容等同），一切难以表现出来的神秘都会被缩小为像内在客体关系一样的内容。

诺伊曼的模型建立在无意识＝母亲＝原我的基础之上，艾丁格在提出原我包含我们的一切，因此原我也接受我们的一切时（Edinger 1960：10）——就像一个理想的母亲？——给出了一个生动又具有影响力的例子。这也导致将原我理想化为完全美好的错误倾向，认为原我非常聪明又美好，而且知道什么对我们是最好的。例如，威尔福德（Willeford 1987：150ff.）认为“原我知道什么对自己是好的”。尽管有很多实例清晰地表明原我比自我“知道得更多”，但这反而会导致一切更具破坏性的驱力产生的问题，也会折磨自我。如果这些不属于原我，它们应该属于谁呢？毕比（Beebe 1988）也发现了类似的问题，其中，将原我和自我分离会导致人格中破坏性-矛盾的“小丑”元素出现。相反，卡尔斯切德（Kalsched 1996）迎难而上，将内在的“保护者/迫害者”无比强大的邪恶力量归因于原我的阴暗面，这个观点完全符合荣格提出的原我是由善与恶构成的这一主张。

这种缩小原我概念倾向的最极端版本出现在魏斯图布（Weisstub 1997）的一篇文章中。魏斯图布不仅将自我和原我分开，而且将原我
164 等同于母亲/女性特质面，因此提出一个解决方案，认为原我应该被视为存在的“女性”原则，而自我是行动的“男性”原则。在这里，很明显原我的整体性已经被抛弃，但就像麦格拉申在回应这篇文章时指

出的一样，“荣格关于心灵的创造性观点中整体平衡和整合的思想被无情地削去了”，因为荣格关于超越性原我的思想被抛弃了（McGlashan 1997：454）。

意向性的原我

随着大部分关于原我本质争论的出现，会发现某些关于原我是一个独立人格的误解最初是来自荣格。虽然荣格将原我描述为一个“更加简明的人格，它将自我置于为其服务之中”，但他仍然对在无意识中存在一个像人格一样的东西表示怀疑（Jung 1940：par. 507；Fordham 1985：42）。荣格似乎一直在以隐喻的方式谈论经验的感觉，即自我会变得为原我所有，但这依然有僵化和物化此观点的倾向。例如，虽然怀特蒙特会给原我的“目的”打上引号，但其所指的是“原我的要求和期待”（Whitmont 1969：220）以及它的“情绪价值系统和目标”，这些都在自我之上，能够被明确地视为人格中的结构元素，而非一般的隐喻。

这个争议的另一个极端是扬-艾森德斯的观点，她认为原型原我的概念指的是一种分析的抽象-设计水平（荣格思想中的“逻辑假设”），因此它超越经验或有意识的知识/觉知（Young-Eisendrath and Hall 1991；Young-Eisendrath 1997a）。她警告说：“假设这样的总体原则有自己的主体性不仅会导致诸多认识论的错误，而且我们看起来似乎是在认为原我有自己的意图、观念和欲望，从而我们能知道不可知的内容。”（Young-Eisendrath 1997a：162）

尽管如此，最容易证实又普遍发生的被归因于原我的体验之一还是对“内在声音”的体验，它似乎比意识自我“了解得”更好（Humbert 1980）。共时性的体验也能够为一些更大的目的和意义提供有力的指标。意向性的原我观念或许是来自这些深层令人信服的内在经验和荣格更加抽象的自我调节、自我平衡的心灵概念之间的联系，这样的心灵能够推动个体化进程，并释放出意象、梦甚至是补偿片面发展意识的行为。

自我-意识的极限（与原我的无限整体相比）意味着即使意向性的原
我存在，自我也很难感知到它。哈斯金森（Huskinson 2002）强调的是原 165
我本质的无限和难以理解性，他援引哲学家列维纳斯的观点，从经验的角度将原我描述为一种强大又暴力的他者，使自我感到它永恒的至高无上。这使她能够将类似于亨伯特（Humbert 1980）的“内在声音”（inner voice）以及雷德费恩（Redfearn 1977）的“启发作用”（inspiring effect）之类的经验包含在内，但同时也认可原我可能会给自我带来毁灭性的后果，特别是当自我拒绝未知的他者之时。

福德汉姆：原始的原我和解体

福德汉姆在 1963 年指出扬-艾森德斯的某些观点和荣格对原我的定义之间存在着根本的不一致之处，荣格认为原我是个整体，同时又将原我定义为一个原型。福德汉姆认为，原我的所有经验必须来自原我之原型。体验到完满是不可能的，因为荣格将原我的完满定义为“自我＋原型”，而任何原型现实的经验都不能同时包括进行体验的部分，即自我。他认为，完满自体的不可知性并没有不可体验性强，因为它在体验的范围之外。在这个意义上，原我作为整体只能是一种理论或假设，并且正是本体性思维声称原我是一种存在之物（Fordham 1963：22）。

福德汉姆喜欢原我的整体性定义源于他自己在 1947 年提出的原始的原我概念，他用这个概念描述出生时原我的最初状态。像诺伊曼一样，他的出发点也来自荣格的建议，即不知何故原我一直存在，但只在后半生才进入意识的觉察范围中。但是，福德汉姆从一开始就有一个完全不同的视角，他关注的是对真实婴儿（以及儿童）的直接观察，并在这些观察的基础上形成理论假设。

尽管福德汉姆和诺伊曼都假设在出生时原我就存在原始的整体性，但他们的构想完全是对立的。福德汉姆的构想颠覆了主导的母亲和婴儿原始结合的观点，而这个构想为诺伊曼的母亲行使（或“是”）婴儿的原我这一观点奠定了基础。相反，福德汉姆认为婴儿原初的状态是一种身心的整合，婴儿是原我，而不是母亲。原始的整合为了能够最先进入与环境（最初是母亲）的关系中，“展开”的过程必须启动，而福德汉姆将之称为“解体”。

166 解体可以被视为婴儿在建立他刚开始就应该有的状态时主动的动作。因此，由母亲独自创造的母婴一体的思想结束，注意力开始关注到婴儿会带来什么。

（Fordham 1971：86）

因此，福德汉姆坚持“婴儿作为独立个体”的观点（Fordham 1969），婴儿是主动自主的，他们在创造母亲般的环境并在其中找到自己的过程中扮演非常重要的角色。[1] 在与环境产生关系的每一个点上，婴儿都会为经验“准备”解体，接着又重新结合成更多的情结和分化的原我。福德汉姆认为解体/重新整合的过程使由自我和原型构成的内在世界得以形成，而自我和原型形成原我的整体。每一个原型都是“解体出的一部分”或“部分的原我”，带有原我的特质：“任何解体出的一部分都是原我的部分或延伸。”（Fordham 1985：54）他认为后半生典型的个体化过程是自我对解体原我的觉察：这些“原我的经验”都是解体和重新结合过程的产物，在这个过程中，自我通过整体原我中的部分与整体的原我建立更深的关系。

多元主义和多样性

在荣格去世之后十年左右，很多比较亲密的追随者似乎开始变得十分僵化而且教条，特别是在苏黎世，原我的思想已经被物化和神化。[2] 这是导致以詹姆斯·希尔曼为首的分析师在 20 世纪 70 年代早期做出逆向反应的因素之一。希尔曼强调人格的多元性、多变性和流动性，这与强调人格的整合性、统一性和秩序性的观点形成鲜明对比——所有的功能都典型地来自原我。原我与合成（synthesis）紧密相连，因此它在概念上与强调“精致性、具体性、并发性”的观点正好相反（Hillman 1981：129）。在希尔曼的心理学中，原我的核心角色已经被对*灵魂*（阿尼玛）、深层意象经验的强调所取代。人格的完满不是从导致统一状态的整合视角来看待的，而是从包容的视角来看待的——多元化发展的能力。如亚当斯（Adams 1997：113）所言：“从这个角度看，分析的目的并不是个体化，而是赋予活力。”

塞缪尔斯从他自己的“反层级”多元主义的角度也对将原我提升到传统的荣格心理学用语中特有的“层级”位置上提出批评。取而代之的是，167
他提出了一个特设的层级，在这个层级上，原我的前凸显性“仅仅是诸多可

① 在他后期的作品中，福德汉姆在婴儿观察研究的基础上对是否存在母婴一体状态提出质疑。相反，这种连接的状态是解体和重新结合交替出现的过程中出现的一种过渡状态。

② 作为一个僵化教条主义的代表，冯·法兰兹认为荣格的理论“在他去世时是终极确定的，不会再有后续对他理论的诠释能够或者应该在它之上或者将它包括其中”（Bair 2004：770，n. 69）。作为神化原我的代表，艾丁格（Edinger 1987，1996）将宗教的教条当作个体化过程的文学叙事，交替使用“上帝”和“原我”这两个术语。有时候他也会神话荣格，认为“荣格是新的移涌”（Edinger 1996：192）。

能版本中的其中一个”。从这个角度看，自我“扮演的是心灵光辉的‘容器’……堪比内容本身的重要性”（Samuels 1989：13）。塞缪尔斯只考虑到原型中原我之原型：从整体的角度看，原我在定义上是“火与光”的整体。另一种可能是，与其说他在思考原我的实质，不如说他仅仅在思考如何用“荣格学派的用语”来看待原我。

尽管没有必要接受塞缪尔斯的多元主义，但很多荣格派分析师已经意识到这个变化，即原我和身份的多元本质。例如，威尔福德（Willeford 1987）认为原我既不固定也不稳定，同时表现出混乱和有序。雷德费恩（Redfearn 1985）也对人格中不同部分之间“主我”感（‘I’-feeling）的变化进行了细致的研究，认为人格的“诸多层面”应该被称为“子人格”。像很多的多元主义者一样，他怀疑秩序、和谐和对称，一直在寻找被忽略的阴影，即原我的“非主我”（Not-I）元素。“在所有的发展阶段中都有一个包含更多情结和更深对立的曼陀罗。”（Redfearn 1985：127）

建构主义：客观的原我对原我的感觉

像希尔曼（1981）的意象心理学和塞缪尔斯（1989）的多元主义一样，建构主义深受后现代思潮的影响，对“宏大叙事”以及在生命的直接经验之外的本质结构提出质疑。建构主义强调我们主动创造意义的过程，我们的世界观从中得以涌现出来：世界和原我的实在性不是给予的，而是在特定的社会和关系环境中自我建构的（Harré 1979；Maturana and Varela 1980）。

在荣格心理学中，建构主义的思想是英国的路易斯·津肯（Louis Zinkin）和美国的波利·扬-艾森德斯（Polly Young-Eisendrath）分别发展出的。他们都对实在的、客观的原我思想提出批评，倾向于强调原我的感觉，以及原我如何在生命的经验中涌现。他们都认可“原我只存在于和他者的互动中”（ZinKin 1991：6）。因此原我不是给定的，而是“在包含文化、语言以及他人的环境中”获得的（Young-Eisendrath and Hall 1991：xiii）。

这个观点对诺伊曼和福德汉姆的观点带来挑战，因为诺伊曼和福德汉姆都假定原我是一种先验的存在，从生命一开始就具有，在发展的过程中不断地展开。而津肯认为，把原我视为预先给定的实体是一种物化。因
168 此，他更倾向于认可荣格所认为的原我是一种需要获得的目标（通过个体

化过程)，而非自我-意识的来源。

在这个方面，扬-艾森德斯没有津肯激进，她似乎只对原我的经验一面感兴趣，而对抽象、理智“假设”的水平完全没兴趣。艾森德斯所讲的“原我”包含两种含义。在经验的水平上，她认为原我可以和“个体主体”互换。但在“逻辑假设”的水平上，原我是一种原型“倾向……形成一致的意象……自我情结将围绕着个体所体现的意象而形成”。这种倾向可以从四种“主题的恒常性”来界定：一致性、连续性、能动感和情感关系模式。这些特点存在于所有文化中，因此可以被理所当然地认为都带有原型的特征。将“原我”视为像“躯体”或“眼睛”一样的分类是一种非常抽象的观点。这是一种非本质主义倾向，因为原我组织之下的原则在“布局”上并不被认为是真实存在的。原型原我只是一种超越一致性的原则——对它的“体验”和我们对 DNA 的体验差不多。但这并未将超自然感觉之门关上：扬-艾森德斯也指出超越一致性是“生命的统一体，是非个人的，可以被称为上帝、道、佛、自然、(宇宙的) 核心组织原则或者其他的名字”(Young-Eisendrath 1997b：54)。

蓝图和化身

尽管建构主义的观点反对先验性原我的存在，但扬-艾森德斯的立场并未完全否定发展“蓝图”的存在，因为这意味着一种倾向性的概念。由于没有人认为原我的实现需要依赖特定环境的这种倾向，她与本质主义者的差异并没有想象中的那么大。而且，尽管她主要强调的是原我之原型，但她也认为原我是“(多重) 主体的集合”，因此它的实现需要将“非主我”元素吸纳到“主我”之中，这是对原我作为整体这一取向的认可。一旦以这种方式思考原我，那么一定不仅包括主体的原型，还有所有以普遍方式进行行动和感知的倾向。这又将扬-艾森德斯的建构主义和安东尼·斯蒂文斯 (Anthony Stevens 1982) 的以生物学为基础的本质主义之间的距离缩小了。

斯蒂文斯认为原我和 DNA 之间的连接更像是一种隐喻：人类的基因组由“整个原型系统——被荣格称为原我”(Stevens 1982：76)[①] 的先验发展计划构成。而扬-艾森德斯关注的是主体性的倾向，斯蒂文斯看到的 169
是人类生活的全部倾向范围，侧重于由沃丁顿 (Waddington) 提出而由鲍

① 斯蒂文斯 (1982) 甚至将基因组和上帝画等号，混淆了上帝意象和上帝本身之间的区别。“永恒的品质都归于他，”斯蒂文斯写道，“说的就是原型之原型即人类基因组的超自然持久性。”

尔比发展的渐成理论，即发展的普遍模式。根据福德汉姆的区分，扬-艾森德斯倾向于“原我之原型”，而斯蒂文斯倾向于“原我之整体”，但他们都明确认可普遍的特质来自集体的原我。

然而，这种集体的“蓝图”与构成个体蓝图的原我概念有很大的不同，在个体蓝图中，个体化过程被视为内在潜能的“化身”。这种观点的危险在于会导致决定论或意向性原我概念的形成。斯蒂文斯与扬-艾森德斯在这个角度上的差异很大，他认为“原我就像一个看不见的向导或导师”，“一刻不停地去推动和给建议”（Stevens 1982：66 and 142）。

建构主义和本质主义对原我认识的根本差别在于原我是被创造的（通过文化和环境）还是被发现的（先验潜能的实现）。为了能够将这种荣格心理学中典型的对立结合在一起，科尔曼（Colman 1999）认为“被创造的”原我只能是和个体内在特质一致的原我，像能够限制潜能实现的因素。而有多少潜能可以实现是未知的，也有可能是不可知的，但不可能是无限的。原我不只是一张白纸。因此，“语境”不仅是文化的，更是生物的。我们必须在集体水平和个体水平上认识到原我是通过自身的创造被发现的。

现状与未来的发展

自 20 世纪 90 年代中期以来，《分析心理学杂志》以及其他杂志中出现了大量讨论荣格的原型理论的文章，它们都在引用当前相关科学领域的发展，例如进化生物学、神经科学、认知科学和物理学（Tresan 1996；Hogenson 1998，2001；Saunders and Skar 2001；MacDowell 1999，2001）。萨尔曼（Salman 1999）和科尔曼（Colman 2000）已经探索了其中一些思想在原我上的具体应用，未来对原我的思考很可能会更进一步。

冒着过度简化的风险，这些新思想中的共同主线涉及将复杂行为解释为自组织动态系统的涌现特性。霍根森（Hogenson）指出，这就意味着不再有必要或者不再有可能认为原型像某种实体结构一样在某处存在着。萨
170 尔曼提醒读者注意荣格在 1957 年所做的一个评论，这显示出他的想法和这些内容非常一致：“我迄今为止还未发现无意识中稳定或确定的中心，因此我不相信这样一个中心的存在。”（Serrano 1966：50；引自 Salman 1999：73）津肯（1987）也指出荣格并不相信个体实体的绝对存在：“我们在原我概念中遇到的歧义和困惑都来自荣格从未将其视为一个拥有恒定

边界和确定大小或拥有内或外的确定实体。”（Zinkin 1987：124）相反，津肯引用全息投影作为例子而得出结论：“最初级的是运动，从运动中涌现出的表现形式是次级的。”（1987：124）

这里重点强调原我是心灵的持续过程，原型形式在这样的过程中以涌现性质出现（包括原我的原型意象）。这个观点消除了围绕着迄今为止对原我的理论理解中一些自相矛盾的难点。例如，作为一种自我组织原则的原我（原型）和作为整体的原我之间现在不再有冲突，因为没有必要再对组织/系统和是什么在组织进行区分。原我是心灵行使功能时的自我组织整体，因此，它包含创造意义和模式的能力，使我们能够将我们的经验元素组织成原型意象和行为。心灵中原我的“中心性”（centrality）仅仅是强调其重要性的隐喻方式，就像“中心重要性”（central importance）这个短语一样。没有必要再提出一个“引导中心”（directing centre，像诺伊曼所做的）来解释心灵生活中意义、目的和秩序的存在。丹尼尔·丹尼特（Daniel Dennett 1991）将这种“引导中心”的思想称为“笛卡尔式剧场”。丹尼特在这里的意思是，某种“中心赋义者”的“矮人幻想”（homuncular fantasy）是意识的主体。这就是荣格所熟知的“并不存在”的原我，也是佛教徒们已经教导了几个世纪的“无我”（no-self）概念。扬-艾森德斯如此强烈批判具有自身意向性的实体原我概念，与他是一位虔诚的佛教徒是分不开的。

因此原我并非心灵中的一个结构（Gordon 1985），而是心灵的结构，不是一个确定的结构，而是永远在流动而且通过自我组织保持自己的连续性。这为多元主义者如此重视的多元性铺平了道路，同时不需要排除某些固有的原型组织——只是原型不再被视为一种先验存在，而是通过自组织过程形成的集聚体（Saunders and Skar 2001）。[1]

同样，“部分”和“整体”之间的难题也不复存在，因为原我的涌现
性质并不是它的一“部分”。因此，原我通过自我反思活动的过程带来意 171
象的事实并不意味着意象的来源是“原型”，像福德汉姆所说的那样，原型是部分的原我。

但这并不是说在未来会有某种毫无争议的原我理论终将出现。我们不能忘记原我不仅是一个理论假设，而且是令人畏惧的神秘（mysterium tremendum）带来的重要体验。这并不是一个要去解决的问题，而是一个需要继续探索的谜题。因为它是我们个性的核心，也是使我们成为人的

---

① 麦克道尔（McDowell 2001）持相反的观点，认为自我组织的原则都是“事先存在的”。

全部，所以它有一个不可简化的独特因素。正是由于这个原因，每个研究它的人都会体验到它不同的侧面，从不同的角度概念化荣格的“主观告解”，并假设它比较重要或比较不重要。持续的理论多样性并不是混乱和混淆的迹象，而是健康和活力的象征。

172 参考文献

Adams, M.V. (1997) 'The archetypal school', in P. Young-Eisendrath and T. Dawson (eds) *The Cambridge Companion to Jung*. Cambridge: Cambridge University Press.

Bair, D. (2004) *Jung: A Biography*. London: Little, Brown.

Beebe, J. (1988) 'Primary ambivalence towards the self: its nature and treatment', in N. Schwartz-Salant and M. Stein (eds) *The Borderline Personality in Analysis*. Wilmette, IL: Chiron.

Colman, W. (1999) 'Creation and discovery: finding and making the self'. *Harvest*, 45(1): 52–69.

—— (2000) 'Models of the self in Jungian thought', in E. Christopher and H. McFarland Solomon (eds) *Jungian Thought in the Modern World*. London: Free Association.

Dennett, D. (1991) *Consciousness Explained*. London: Penguin.

Edinger, E. (1960) 'The ego-self paradox'. *Journal of Analytical Psychology*, 5(1): 3–18.

—— (1987) *The Christian Archetype: A Jungian Commentary on the Life of Christ*. Toronto: Inner City.

—— (1996) *The Aion Lectures: Exploring the Self in C.G. Jung's 'Aion'*. Toronto: Inner City.

Fordham, M. (1963) 'The empirical foundation and theories of the self in Jung's works', in M. Fordham (1980) *Analytical Psychology: A Modern Science*. London: Academic Press; revised version in M. Fordham (1985) *Explorations into the Self*. London: Academic Press.

—— (1969) *Children as Individuals*. London: Hodder and Stoughton.

—— (1971) 'Maturation of ego and self in infancy', in M. Fordham (1980) *Analytical Psychology: A Modern Science*. London: Academic Press.

—— (1985) *Explorations into the Self*. London: Academic Press.

Gordon, R. (1985) 'Big self and little self'. *Journal of Analytical Psychology*, 30(3): 261–271.

Harré, R. (1979) *Social Being: Theory for Social Psychology*. Oxford: Blackwell.

Hillman, J. (1981) 'Psychology: monotheistic or polytheistic', in D. Miller (ed.) *The New Polytheism*. Dallas, TX: Spring.

Hogenson, G.B. (1998) 'Response to Pietikainen and Stevens'. *Journal of Analytical Psychology*, 43(3): 357–372.

—— (2001) 'The Baldwin effect: a neglected influence on C.G. Jung's evolutionary thinking'. *Journal of Analytical Psychology*, 46(4): 591–611.

Humbert, E. (1980) 'The self and narcissism'. *Journal of Analytical Psychology*, 25(3): 237–246. 173
Huskinson, L. (2002) 'The Self as a violent Other'. *Journal of Analytical Psychology*, 47(3): 437–458.
Jung, C.G. (1916) 'The structure of the unconscious', in *CW* 7: pars. 442–521.
—— (1921/1950) *Psychological Types. CW* 6.
—— (1928) 'The relations between the ego and the unconscious', in *CW* 7: pars. 202–406.
—— (1935) *Analytical Psychology: Its Theory and Practice. The Tavistock Lectures*. London: Routledge and Kegan Paul, 1968.
—— (1935/1944) 'Individual dream symbolism in relation to alchemy', in *Psychology and Alchemy, CW* 12: pars. 44–331.
—— (1938/1940) 'Psychology and religion', in *CW* 11: pars. 1–168.
—— (1940) 'Conscious, unconscious and individuation', in *CW* 9i: pars. 489–524.
—— (1940/1954) 'Transformation symbolism in the Mass', in *CW* 11: pars. 296–448.
—— (1942/1948) 'A psychological approach to the dogma of the Trinity', in *CW* 11: pars. 169–295.
—— (1944) 'Introduction to the religious and psychological problems of alchemy', in *Psychology and Alchemy, CW* 12: pars. 1–43.
—— (1946/1954) 'On the nature of the psyche', in *CW* 8: pars. 343–442.
—— (1951) *Aion. CW* 9ii.
—— (1952) 'Answer to Job', in *CW* 11: pars. 553–758.
—— (1954) *Mysterium Coniunctionis. CW* 14.
—— (1958) 'Flying saucers: a modern myth', in *CW* 10: pars. 589–824.
—— (1963) *Memories, Dreams, Reflections*. London: Routledge and Kegan Paul.
Kalsched, D. (1996) *The Inner World of Trauma: Archetypal Defenses of the Personal Spirit*. London and New York: Routledge.
McDowell, M.J. (1999) 'Relating to the mystery: a biological view of analytical psychology'. *Quadrant: Journal of the C.G. Jung Foundation of Analytical Psychology*, 29(1): 12–32 (also available online as 'Jungian analysis and biology' in *Cogprints*).
—— (2001) 'Principle of organisation: a dynamic-systems view of the archetype-as-such'. *Journal of Analytical Psychology*, 46(4): 637–654.
McGlashan, R. (1997) 'Comment on Eli Weisstub's "Self as the feminine principle"'. *Journal of Analytical Psychology*, 42(3): 453–455.
Maturana, H.R. and Varela, F.J. (1980) *Autopoiesis and Cognition: The Realization of the Living*. Dordrecht: Kluwer Academic.
Neumann, E. (1949/1954) *The Origins and History of Consciousness*. London: Routledge and Kegan Paul.
—— (1959) 'The significance of the genetic aspect for analytical psychology'. *Journal of Analytical Psychology*, 4(2): 125–137.
—— (1973) *The Child: Structure and Dynamics of the Nascent Personality*. London: Hodder and Stoughton.
Redfearn, J. (1977) 'The self and individuation'. *Journal of Analytical Psychology*, 22(2): 125–141.
—— (1985) *My Self, My Many Selves*. London: Academic Press.

174 Salman, S. (1999) 'Dissociation and the Self in the magical pre-Oedipal field'. *Journal of Analytical Psychology*, 44(1): 69–86.

Samuels, A. (1985) *Jung and the Post-Jungians*. London: Routledge and Kegan Paul.

—— (1989) *The Plural Psyche*. London: Routledge.

Saunders, P. and Skar, P. (2001) 'Archetypes, complexes and self-organisation'. *Journal of Analytical Psychology*, 46(2): 305–323.

Serrano, M. (1966) *C.G. Jung and Herman Hesse: A Record of Two Friendships*. New York: Schocken.

Stevens, A. (1982) *Archetype: A Natural History of the Self*. London: Routledge.

Tresan, D.L. (1996) 'Jungian metapsychology and neurobiological theory'. *Journal of Analytical Psychology*, 41(3): 399–436.

Weisstub, E. (1997) 'Self as the feminine principle'. *Journal of Analytical Psychology*, 42(3): 425–452.

Whitmont, E.C. (1969) *The Symbolic Quest: Basic Concepts of Analytical Psychology*. Princeton, NJ: Princeton University Press.

Willeford, W. (1987) *Feeling, Imagination and the Self: Transformations of the Mother–Infant Relationship*. Evanston, IL: Northwestern University Press.

Young-Eisendrath, P. (1997a) 'The self in analysis'. *Journal of Analytical Psychology*, 42(1): 157–166.

—— (1997b) *Gender and Desire: Uncursing Pandora*. College Station, TX: Texas A&M University Press.

Young-Eisendrath, P. and Hall, J. (1991) *Jung's Self-Psychology: A Constructivist Perspective*. London and New York: Guilford.

Zinkin, L. (1987) 'The hologram as a model for analytical psychology', in H. Zinkin, R. Gordon and J. Haynes (eds) (1988) *The Place of Dialogue in the Analytic Setting: The Selected Papers of Louis Zinkin*. London and Philadelphia, PA: Jessica Kingsley.

—— (1991) 'Your self: did you find it or did you make it', unpublished paper for discussion at the Analytic Group of the Society of Analytical Psychology, 4 November.

PART 2

第二篇

心理治疗

第八章 177

移情/反移情

安德鲁·塞缪尔斯

概述

西格蒙德·弗洛伊德在其《自传研究》中写道：

> 有一天，我的一段经历让我看到了一直以来的怀疑，这与一名最顺从的病人有关，催眠使我在治疗中取得最辉煌的效果，我通过追踪痛苦的起源来减轻她的痛苦。有一次，她醒了过来，搂着我的脖子。一名仆人的突然闯入将我们从痛苦的讨论中释放了出来，但是从那时起，我们之间就有了一种默契，那就是停止催眠治疗。我很谦虚，没有把这件事归因于我自己不可抗拒的个人吸引力，我觉得我现在掌握了催眠背后的神秘元素的本质。为了排除它，或者在所有的事件中隔离它，有必要放弃催眠。
>
> （Freud 1925：27）

我们知道，弗洛伊德最初认为自己被那个女孩视为自己在青春期的初恋，后来才逐渐意识到“被转移”到他身上的只是她在童年时期对第一个爱恋对象的情感。在《自传研究》中，从现今的角度可以推测出很多东西，不仅仅是催眠师和被试之间“痛苦的讨论”的内容。精神分析源于催眠，但同时担心临床工作中存在太多的“暗示”，从而导致这种病因学的“中立”“克制”和“黑屏”方式得以建立。因此，心理治疗中的暗示所扮演的角色一直遭到专业否定（例如，Moore and Fine 1990：196－197）。当代精神分析中的关系取向或许会认可弗洛伊德对自己“不可抗拒的吸引力”产生的怀疑。迄今为止，治疗师在来访者移情建构中的角色是一个理论 178
化程度很高的研究领域。我把这些最新的反思作为我信仰的一个例证（Sam-

uels 1980，1989)，以一种令人兴奋的、令人满意的方式来研究深蕴心理学理论的演变，首先要从最具冲突和争议的当代问题开始，然后再回到过去。

正是移情和反移情这一主题激起最强的移情和反移情，这并不是在玩文字游戏。在一般心理治疗中确实如此，荣格式分析甚至可以被视为这一趋势的一种特别呈现。紧张的焦虑围绕着荣格是否有一个适当的移情概念这一问题。有时，他可以被理解为忽视它的重要性：移情是一种“阻碍”，而“你的治愈是通过它实现但并不是因为它”（*CW* 18：678－679）。在其他时候，比如他试图让弗洛伊德相信他的正统观念时（*CW* 16：par. 358），他非常热衷于站起来，就好像一名有声望的精神分析学家，已经充分理解移情是“分析的全部”这一思想的核心。弗洛伊德明显已经告诉他，他“抓住了要点”（对荣格这种矛盾心理的充分讨论，参见 Perry 1997：141－163；Samuels 1985：182－183）。当然，许多精神导师和医生早就知道，在他们的工作过程中对恋爱情感产生兴奋和进行回应是有风险的，就像弗洛伊德在早年的实践中，倾向于把这种现象视为一种危险。弗洛伊德很可能是第一个想知道为什么会发生此类事情的人，他似乎并没有特别害怕它们，事实上，他认为“移情神经症”能够让治疗师将主要的问题变成可能的深度工作。尽管如此，这种移情性危险的阴霾仍然笼罩着心理治疗，甚至心胸开阔的精神分析评论家（例如，Symington 1986：112）也指出：只有痛苦和困难的事情才会被转移；如果不是负面的，就没有必要转移它。正如我们将在下面看到的，荣格学派对待移情的传统是别具一格的。

在心理治疗实践中，移情和反移情动力学和理解所起的关键作用反映了从业者的认识，即心理治疗关系中有许多不寻常的事情。但是，即使在今天，尽管理论和实践上已经发生巨大而复杂的变化，但不平凡的特征却常常被归结为一种显然不可避免的趋势，即来访者将他们的治疗师视为父母的形象，按照弗洛伊德的方式得到治疗。因此，与移情有关的情绪状态反映出孩子对父母关系的依赖、对被遗弃的恐惧、对兄弟姐妹的嫉妒、对乱伦的渴望等等。荣格的观点经常被荣格派分析师引用，荣格认为移情是
179 一种自然的、多维的现象，其在文化中普遍存在，但又被忽视。在荣格式治疗传统中，移情不仅仅意味着幼稚或退行（参见 Kirsch 1995：170－209)，这是荣格式分析的一个特点，治疗师和来访者会密切审视“父母般的投射”从而确认它并不是一种分析中落入俗套的理解。

婴幼儿移情之所以如此频繁地出现，其原因与弗洛伊德（例如，1900：4－5）所称的“原发过程”（primary process）的性质有关，其指的

是无意识功能的典型运作方式，它不受时空法则的制约。治疗的空间成为护理的场所，治疗关系成为修复护理经验之地，这些护理经验并没有很好地发挥作用，并且当下被忽略了，取而代之的是婴儿时期。有人认为，寻求帮助的行为将会使人产生一种退行的、幼稚的移情，但这种观点的批评者（非常到位的总结见 Totton 2000：134 – 166）指出是这种治疗关系的社会结构，而非与儿童时期的形态学相似性在起作用；并不是所有看似幼稚的移情都是幼稚的，许多都与心理专家和心理健康专业人员的感受有关（Hauke 1996；Papadopoulos 1998）

关于童年之外的移情与反移情，荣格或许是第一个去理解来访者在治疗师那里看到的和体验到的内容之间联系的治疗师，无论这些内容的特质是消极的还是积极的，它们都会通过投射与来访者的原我或人格整体联系在一起，而不只是婴儿的一面。因此，一次欣赏性的或理想化的（以积极的方式）移情投射将引导来访者倾向于发现人格中的治疗师一面：智慧、宽容、感性、富有想象力、理智，这些并不属于，或者并不只属于治疗师。在这里，弗洛伊德的“谦逊”也是必要的。后弗洛伊德学派的自我和自体心理学理论（例如，Kohut 1971）告诉我们，理想化不仅仅是心灵生活的消极和防御特征。理想化是一个人发现自己的某些东西的方式，不过是以投射的形式，从而使另一个人具有这些特质。可能是因为来访者还没有准备好拥有自己的实力和美丽，因而投射是必要的。也许这是因为他们陷入了自我破坏，或者他们的人生经历要么与他们更积极的特征相矛盾，要么使他们难以拥有它们。现在，无论问题是自我破坏，还是因为出生在贫困的家庭中而没有得到良好的教育，来访者都可以很容易地开始体验到治疗师超常的智慧。同样，不同的情形也会出现，并且意象被投射到治疗师身上，使得治疗师看起来是一个挑剔、冷漠、消极和（在社交上）目空一切的人。

所有这些都是移情，并同时是未被辨识出的金子和不被认可的生活垃 *180*
圾，它们的具体形式将会在移情的生活体验中被找到。生活垃圾的含义是教育性的，因为需要指出的是，在移情投射中，来访者通常遇到源自他自己阴影的材料——用荣格的话说，就是“人们最不想成为的部分”（*CW* 16：par. 470），但根据阴影的概念，实际也是如此。在上文提到的例子中，如果冷漠、消极和目空一切是来访者阴影的一部分，那会如何呢？尤其是在那些与“精神分析”密切相关的荣格派分析师的作品和工作中，“坏客体”和“阴影投射”在一起可能会造成混淆，因此需要对阴影和移情之间的联系做更多的探讨（其中关于坏客体有大量的文献，但没有关于阴影的)。例如，一个人的自我的积极面可以存在于他们的阴影和消极面之中。这与超我的功能有关（如果引入弗洛伊德的一个概念来放大荣格的概念的话)。比方说一个人有一种超宗教的教养，在这里一切的光都必须隐藏，但这并不是为标榜自己而“做”出来的。这个人将在他们的阴影中成长，并具有常规和真实的自尊——而移情投射将是打破阴影对个体的人格成长和丰满所施加的钢铁般禁锢而迈出的第一步。

因此，荣格学派的传统与移情和反移情有着普遍的联系，以下的张力存在于其中。

首先，对移情-反移情的理解和认为治疗中发生的一切皆与移情-反移情联系在一起并且包含在其中的观点之间存在着张力，前者认为移情-反移情在治疗的过程中起着重要但有限的作用。而后一种观点（一切都是移情和反移情）的支持者认为，由于治疗设置的特殊性以及移情的普遍性，那么如果没有外在关系的特质的输入，就不会有治疗中的关系。那些持不同意见的人认为，如果所有的事情都被认为是移情-反移情，这个专业术语便会失去自身的意义。我们可以简单地说是“交互式辩证”（Fordham 1979：208）或“对话”（Hobson 1985)。诸如移情-反移情之类的术语将被专门用于治疗严重的神经症、边缘性或精神病性现象。

我自己的观点是，有必要明确说明在治疗关系中什么不是移情。这能为勾勒出从来访者的主观性输入到两个人的治疗关系中哪些是一般意义的
181 移情提供合理的基础。所以，在我看来，仍然有必要提及“真正的关系”或“治疗联盟”，并将它们与治疗关系的移情-反移情动力机制区分开来，同时允许另一种关系的大量重叠和影响。荣格坚持认为，治疗依赖于一种辩证关系，也就是其中包含对话，对两个人来说都很重要且能带来转变，涉及参与者假定的平等，即一种在上帝眼中的精神平等（除此之外，我会补充一点，即作为国家公民的潜在平等)。这大大加深了我们对真实关系和治疗联盟的理解。荣格是当代精神分析以及其他对心理治疗关系基础感兴趣的一个重要先驱，他的主要贡献在于强调治疗师和来访者都是作为个体参与到这个过程中，二者都有意识和无意识方面的原因和动机。他隐晦地提出了一些复杂的问题，这些问题在当代关于心理治疗的临床过程的理论中越来越清晰：治疗师是如何唤起移情作用的？在对来访者的移情做出反应时，治疗师对能够使用的（也就是，非神经质的）的反移情起到什么作用？

第二种张力是移情-反移情内容中原型因素和个人因素之间的张力。关于这一点的讨论很快就会成为神学上的探讨。有人认为所有的移情都必

须是个人的，因为内在世界只能通过个人表现出来，即集体无意识与个人无意识密不可分（Williams 1963）。虽然这一点很容易理解，但这一立场也存在着争议。因为原型性移情通常意味着移情并不是来自个人经验——例如养育子女。相反，移情到治疗师身上的是更为一般、“典型”的内容。因此，明智的（或愚笨的）治疗师可能会被更准确地理解为与疗愈情境中典型的、经常出现的、结构性的特征（其必要条件）有关，而不是与来访者的退行性的个人主题有关的移情意象。当然，要想有一个明智或愚笨的治疗师的经验，就必须有人参与其中。但是，自从荣格去世之后（包括之前），认为移情作为一个整体都是“个人的”这一观点已经带来一股政治趋势，在荣格心理学和荣格式分析中激起意识形态的论战（对于将后荣格派分析心理学划分为古典、发展和原型这三个学派，塞缪尔斯［Samuels 1985］提出了一种既可靠又具有煽动性的解释；对于这些学派在实际分析和治疗实践中的意义，扬-艾森德斯和道森［Young-Eisendrath and Dawson 1997：89－222］提供了一种扩展性说明）。

说所有的移情都是真正个人的，在这样一场论战中是一种有力的回击。与此同时，我们需要牢记在心的是诸多明显的原型性移情，例如在梦中，治疗师以令人印象深刻的形式伪装成神一样的或男性化与女性化的极 182
致形象，也可以被理解为有个人的起源，无论在童年时期是否有父母般的人物真实地出现。在个人和原型性移情之间工作需要非常复杂和灵活的解释策略，治疗师有能力应对混淆和大量的竞争观念，并且所有人都承认这里存在一种抵制闭合的张力。

第三种张力涉及把移情理解为死胡同是否更好，可能有必要在回头之前进行探索，在绘制了所有角落和缝隙之后，感觉可以忽略它，将其视为未来发展的高速公路——抑或能否尽可能完全地进入移情作为一条（或那条）通往人格的进一步整合和个体化的道路。当然，这两种立场往往是相互重叠的，可能需要用一段时间处理移情问题，把它理解为必须被“清除”的东西，同时也倾向于促进成长和发展。人们可以用“魂灵”和“祖先”之间的区别来表现这种张力。你不能忽视过去的魂灵，但一旦遇到并注意到，魂灵可能不会像祖先那样在建立促进生命和稳固的身份上有那么多的用处。在面对来访者时，对过去或无意识情境中的移情因素进行探索可能在将魂灵转化为祖先的过程中起到一定的作用，将我们的死胡同转变为通往未来的精神财富方向的高速公路。

第四种张力涉及移情是否真的是一种自然现象（如荣格所言），或更多的是由治疗情境引起的。在后一种观点中，移情有文化甚至是政治的一面。在我看来，后者对移情带有社会敏感性的理解是必要的，而且会带来额外的益处，它不以任何方式削弱移情分析的有效性作为疗愈的一个重要组成部分。但是我们在这里必须诚实，并且接受我们所做的任何事情都会影响我们临床环境中所发生的一切。如果要求来访者每周参加四五次分析，那么与要求来访者每周接受一次治疗时的体验相比，声称要求本身与此类来访者通常更强烈的移情感受毫无关系，这肯定是不真诚的。那些提倡对移情进行密集分析的人可能会铭记他们的主张，这有助于使移情成为一种起源于治疗师的现象。额外的疗程可能不会带出较低强度治疗不能带出的移情-反移情特点；它们可能会把某些内容置于远非自然添加的范围中。关于这一部分的内容鲜有讨论。

183 第五种张力涉及移情投射和“现实”之间的交织，以及治疗师如何处理交织。比如说，来访者认为治疗师不喜欢他。治疗师已经意识到了来访者的这种感觉，他尽可能地搜索，但却在来访者身上找不到这种不喜欢。这是一个移情。（对此，治疗师可能是错误的，而且他的自我分析不足，但让我们先认可他的怀疑并继续讨论。）所以这是一个移情，我们的治疗师要做什么？他可能会遵循一些治疗策略。治疗师可能会公开指出这种感觉，但不会进一步这么做，即成为一种建设性的漠视（之所以是建设性的是因为治疗师的理论立场是，进入移情就是进入一个如上文所述的死胡同），这是治疗师刻意做出的决定。或者，治疗师可能会意识到来访者有这样的感觉，会毫无抵触地接受它，但会在稍后的阶段思考如何探索和诠释这种感觉（例如，作为一种投射）。普劳特（Plaut 1956）将之称为“原型意象的具体化”，并认为治疗师既不肯定又不否认自己的感受，也不解释移情或投射的机制，更不通过参考神话中的父亲形象与儿子形象（柯罗诺斯［Chronos］、乌拉诺斯［Uranos］、宙斯、拉伊俄斯［Laius］、法老、希律王）的矛盾心理，对来访者进行教育，从而放大材料。下一个可能性将是知道这种感觉是存在的，并允许它对治疗关系的所有方面产生影响。例如，如果临床资料有些薄弱，这可能是由于来访者不愿意把敏感和珍贵的东西提供给他不喜欢的人。

最后一种可能性是治疗师会想要尽可能长时间和深入地处理这种移情，并对相关的移情保持警惕。事实上，治疗师可能早就想要这样的材料出现，和詹姆斯·斯特雷奇（James Strachey 1934）和许多当代的后荣格派分析师一样，他们相信这些此时此地的移情是临床工作者的金砂。这里有很多事情需要考虑。有些人声称，此时此地的移情诠释绝非一种突变式

（即改变诱导方式）技术，而是已经变成一种癖好，这是治疗师无望自恋的表现（Peters 1991）。讽刺的是，经常会提到“你是我”（you mean me）这种诠释（N. Coltart，个人交流，1993）。我自己的立场是，尝试根据每个个案的是非曲直来判断。有时候，当来访者指的是不喜欢他们工作场所的上司时，他们确实是指老板。在其他时候，将老板暗指为治疗师这一此时此地的诠释是有效的。在这两种情况中，一个希望对来访者的一生中以及当前的社会优势和劣势的心理体验在工作或其他设置中有所探索，但就像它所种主张的那样，将分析师的形象融合其中会使对话变得更加接地气而且充满生命力。

荣格的移情和反移情概念 184

荣格的总体观点是，治疗关系必须与医疗或技术程序区分开来，并且治疗将依据治疗师和来访者的特殊组合而采取不同的过程。因此，荣格对移情的态度变化如此之大并不奇怪。就像我们看到的，一方面，它是治疗的中心特征，另一方面，它只是治疗的一种情色化障碍。荣格在反移情方面表现出了更大的一致性，并被视为一般心理治疗运动的先驱之一，他认为治疗师的情感、幻想和身体状态对于更加深入理解来访者的处境至关重要。直到20世纪50年代，沿着弗洛伊德的脉络，现代精神分析一直倾向于把反移情视为是神经质的，是分析师婴儿期冲突的一种激活，也是对他发挥作用的一种阻碍（Freud 1910，1913）。相反，荣格在1929年写道：“除非受到影响，否则你不能施加影响……病人对［分析师］的影响是无意识的……这种情况最著名的症状之一是移情引起的反移情。”（*CW* 16：par. 163）总而言之，荣格认为反移情是“一个非常重要的信息器官”（par. 163）。荣格认为反移情并不总是良性的，也存在着“精神感染”和病人辨识方面的危险（*CW* 16：par. 358，365）。

当代后荣格派分析心理学刻意关注荣格对反移情能够为来访者的发展服务的兴趣。有关这方面的研究，请参见塞缪尔斯（Samuels 1989：147－159），尤其是塞奇威克（Sedgwick 1994）的全面论述。我会根据自己的立场概述这一思想，尤其感谢迪克曼（Dieckmann 1974）、福德汉姆（Fordham 1978）、普劳特（1970）和施瓦茨-萨兰特（Schwartz-Salant 1984）所做的贡献。

我们可以说在治疗师身上存在着许多非神经质的反移情，但并不排除无所不在的神经质“点滴”（bit）的存在，哪怕是在这类有用的反移情中。我的观点是，临床上存在着两种相当不同的有用的反移情，尽管两者都可以被看作来自来访者的沟通，但来访者因此成为工作中的一个盟友。

假设，在与特定来访者会谈后，我感到很沮丧（这可能是单一事件或一系列事件的一部分）。现在我可以从自我审视中了解到，我并不是真的抑郁，当然也不是严重抑郁。我可能会得出这样的结论：我所处的抑郁状态是我与这个特定来访者密切接触的结果。这可能是来访者当下感到抑郁，
185 我们都没有意识到这一点。在这种情况下，我的抑郁反映出他的抑郁。我把这种现象（我的抑郁）称为“反思性反移情”的一个例子。

但还有另一种可能性。我变得抑郁的经历可能来自这样一个“人”的出现和活动，或者是来访者心灵的人格化。来访者可能经历过父母的抑郁，而我的反应恰恰体现的是来访者的情感丰富的父母，我已经成为来访者内在世界的一部分。我在这里强调“内在”，因为我没有尝试任何一种能发现抑郁父母的事实重建，有时候没有人是这样的。事实上，抑郁的父母意象可能是活跃在来访者心灵中的抑郁主题的象征——来访者可能会将他当前的、现在的抑郁投射到过去，投射到他父母的历史形象上。我将这种事件的整体状态称为“化身性反移情”，与反思性反移情有所不同。

这个模型主要强调它们之间的差别，一方面是我对来访者当前状态的反思，感觉当下他的无意识是什么，另一方面是我作为一个长期存在于内在世界天性的实体、主题或人的化身。然而从经验的角度看，分析师的一个问题是这两种状态可能看起来很相似，也许很多可用的反移情都具有反思性和化身性的特点。

虽然这只是众多模型中的一种，但我认为许多曾经思考过反移情的荣格派分析师和治疗师都已经意识到所谓的“反移情革命”，在该革命中，从业者被合理地认为自己的主观状态以某种形式与来访者连接在一起，不过这种观点可能走得太远了。也许我们已经变得有点过于轻率又较容易使用可用的反移情沟通关系，而且我们希望处于随时准备处理反移情的状态之中。也许我们通过把理解抑郁当作一种沟通抑郁的工具将力量施加到来访者身上，同时还有其他需要厘清的问题。（对于将反移情视为“一种重要的信息器官”这一观点，我列出其所存在的一系列问题，见 Samuels 1993：45－46。）

炼金术作为治疗过程的一种隐喻

认为荣格专注于治疗的关系维度而排除了对两个人的无意识的内在探

索的观点是错误的。相反，荣格的特殊贡献是找到一种可以将弗洛伊德的“一个人心理学”结合起来的方法，其中，使无意识变得有意识成为主要的事情，之后，两个人心理学以不同的方式强调心理治疗中关系维度的重要性。荣格选择的是一个隐喻，从而将心理治疗的人际一面和内在心灵一 186
面结合在一起，而他的选择也使专业的荣格学派之外的人感到困惑。为什么选择炼金术（alchemy）作为心理疗愈过程的根本隐喻？为什么他要在自己最重要的著作中论述移情，并且以对16世纪炼金术图谱《哲人玫瑰园》（*Rosarium Philosophorum*）的详尽阐述和展开评论为形式？

如果从隐喻的角度看，那么荣格认为炼金术是现代研究无意识和心理治疗中人格转化的初期形式。炼金术士将他们的内部过程投射到他们正在做的事情上，荣格认为他们所做的和心理学一样都是科学的。在15世纪到18世纪之间达到鼎盛时期的炼金术是一种颠覆性的，常常是文化的暗流，从这个意义上讲，它与基督教的关系类似于精神分析学与维多利亚时期资产阶级道德的关系。

炼金术士有两个目标。首先是用价值不高的基本元素创造有价值的东西，其有时以“黄金”或“哲人石”的形式呈现。其次是把基本物质变成精神，把灵魂从物质的监狱中释放出来。在荣格看来，这些目标和典型的心理治疗目标之间的联系是非常清晰的。人际或关系因素也在炼金术的过程中呈现。炼金术士通常表现为一个男性形象，与另一个人（有时是真实的，有时是一个想象的人物）联系在一起，其被称为神秘姐妹（soror mystica）。也就是说，炼金术士需要一个与之相关的“他者”来完成他的工作。没有来访者就没有治疗师。炼金术士对“他者”的使用与拉康（Lacan 1949/1977）所谓的发展的“镜像阶段”和温尼科特（Winnicott 1967）所强调的母亲对婴儿自身价值的反映相似。（对荣格心理学中“他者”主题的突破性论述，见 Popadopoulos 1984，2002。）

把这些观点放在一起，人们可以看到炼金术如何试图跨越治疗过程的内在心灵和人际维度之间的差异，以及许多炼金术的关键术语在那些对如此广泛地部署一个特定的隐喻感到舒适的治疗师中找到共鸣。例如，密封的炼金术器皿使人想到心理治疗中框架的涵容作用。从隐喻的角度看，作为炼金术中男性和女性交合的重要象征意象，合体（coniunctio）代表治疗中两种人格的深层次和无处不在的混合。与此同时，合体的意象以戏剧形式呈现出治疗师和来访者的无意识心灵之间的互动（图8.1）。

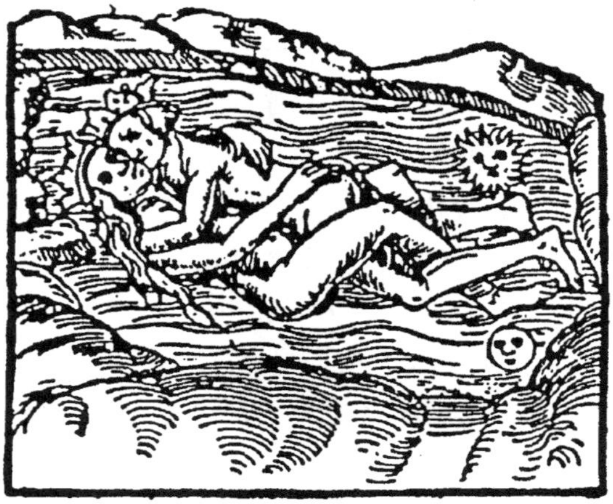

图 8.1

炼金术过程的不同阶段向治疗师预示了治疗过程的不同面：发酵
187 (fermentatio)，即某些事情正在酝酿，就像治疗过程的“化学”反应，涉及参与者的变化；黑化（nigredo），即心境低落又有需要解决的问题摆在面前，在治疗开始之后不久便以抑郁的形式出现；受辱（mortificatio），即在任何可能的疗愈或改变出现之前，来访者身上的某些部分，可能还有治疗师身上的某些部分必须死去（即改变、消失、转移）。这仅仅是这些相似之处的一部分，目的是吸引读者继续阅读。（关于炼金术更全面的论述，参见 Samuels 1989：175－193；Schwertz-Salant 1995；本书中斯坦顿·马朗所写的第十二章。）

在荣格的世界里，对于那些不成熟的读者来说，《哲人玫瑰园》中插画明确的性特质让他们感到十分困惑。性、交合、解剖，都被认为是心理发展的隐喻。因此，爱欲（eros）和心理的转化是彼此联系在一起的。但是，在荣格心理学中“爱欲”是什么意思？为什么对这个术语的理解如此重要，以至于就能理解荣格对移情和反移情的态度？

和弗洛伊德一样，荣格所使用的“爱欲”也有多重含义。有时他将爱欲等同于性欲或性爱（*CW* 7：par. 16－43，后期作品，在 1943 年完成）。更常见的是，他把爱欲描述为一种心理功能，即连通性、关联性、协调性的原型原则，并以赛姬（Psyche）的爱人同时又是阿佛罗狄忒之子爱神爱洛斯（Eros）的名字命名。有时爱欲的原则被称为“女性”原则，这意味着存在一个互补的“男性”原则，即逻各斯（logos，表示理性、逻辑性、理智、成就的一个词）。荣格所使用的“男性”和“女性”原则当然是有
188 问题的，当他给女性分配的爱欲多于男性时，这一点就变得更加明显。暂且

搁置激烈的争议（但关于这个问题的讨论可参见 Rowland 2002；Samuels 1989：92－122），我们这里的观点是，移情-反移情动力机制和理解不能与爱欲截然分开。稍后，在关于性行为不端的部分，我将提出治疗工作上的一个问题，这一工作是在对性行为不端的恐惧所产生的反应和过度反应中进行的，这种恐惧导致出现了爱欲不足，而非众所周知的爱欲过度。

受伤的疗愈者

一旦我们注意到荣格的格言，即治疗师和病人一样都在治疗“中”，就有可能开始理论化这可能意味着什么。多年来，荣格式分析和治疗一直像一个实验室一样发挥作用，在这里，从业者的角色接受的详细审查比其他的深蕴心理治疗学派更彻底。如上文所述，治疗不仅仅是一个关系过程，每个参与者内部都有连续的意识-无意识动力或关系。这意味着，在思考心理治疗的过程时至少有三个重要的关系要考虑：一个交互的，两个内在的。关键的是，这三者同时发生。

处在治疗“中”也强调治疗师之伤。当提到“受伤的疗愈者”这个概念时，一般更多涉及的是治疗师是受伤的人，出于无意识的原因而成为治疗师。受伤的疗愈者这一概念意味着这个治疗师必须受伤，认识到这一点，并根据与来访者有关的创伤做一些建设性的事情。虽然这个概念由荣格提出，但在当代对此现象的最好论述来自精神分析师哈罗德·希尔斯（Harold Searles 1975）的论文《病人是分析师的治疗师》。希尔斯提醒我们，疗愈或助人是精神健康的一部分。因此，在与来访者工作时，治疗师将意识到来访者需要机会帮助或疗愈治疗师——如果没有这样的机会，来访者的重要潜力将无法得到发展。治疗师不能“假装”受伤，以便为疗愈来访者提供一个实践的机会；他需要真的受伤。而且，在逻辑上和心理上，治疗师需要对被来访者真正疗愈的可能性保持开放的态度，这意味着从内心深处接受来访者的观念，而非“移情投射”，可能是准确的。在前面关于觉得治疗师恨他的来访者的例子中，治疗师可能无法洞察他内心真实存在的对来访者的憎恨，但治疗师并没有问自己来访者使他想到个人成长史或当下的环境中的什么人，又或者他恨来访者的什么。

荣格以图示的形式呈现出治疗的关系和内在维度整合的思想，诸多荣格派分析师，包括我本人，对他的图示做过修正（见图 8.2）。 189

箭头 1 表示治疗师和来访者之间的意识联系，我们可以看到治疗联盟

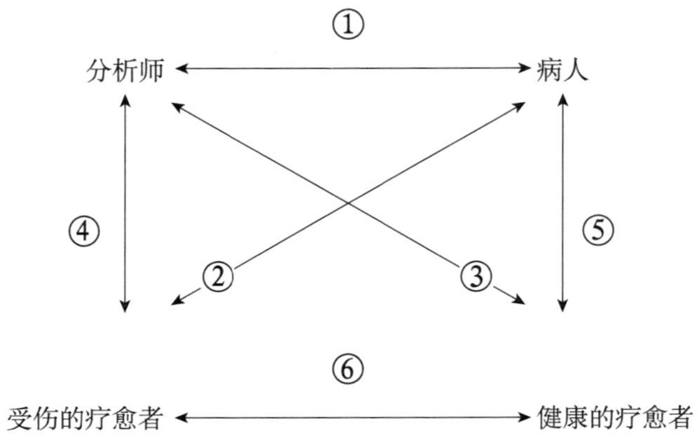

图 8.2

和使治疗成为可能的社会联系。我认为荣格坚持分析需要面对面进行，无论是从字面意思上还是从更加隐喻的意义上来说，都是一种人道的原则，这意味着这个箭头比最初看起来更重要。这是之前提到的直面他者的场所，它处在任何治疗性接触的中心，无论在咨询室里与否。我认为这是荣格式分析和治疗的一个重要原则，除核心家庭成员之外，来访者还可以是治疗师的盟友、敌人、督导、治疗师、同胞、主人/情妇，有时甚至是灵魂伴侣。

箭头 2 和 3 表示治疗师和来访者自觉感知到的来自彼此无意识的移情投射。治疗师将他受伤的部分投射到来访者身上。来访者将他健康/疗愈的部分投射到治疗师身上。对我而言，这些良性的投射似乎是治疗师和来访者认识彼此的方法。没有这些投射，就不会有关系张力的提升，这种提升会使治疗性接触在某种程度上难以界定，从而有别于普通关系。

190 但是在箭头 2 和 3 中发生的状况在很大程度上取决于箭头 4 和 5 所发生的状况。箭头 4 表示的是治疗师与他的个人创伤的联系，这个不应该局限于分析师正在接受的个人分析中所发生的一切（正如弗洛伊德［1912］所指出的那样，但重要的是荣格首先提出进行强制训练分析［在 1913 年，见 *CW* 4：par. 536］，这已经成为几乎所有心理治疗训练中以某种形式呈现出的特质）。相反，我们指的是治疗师对自己生活的全部感知。箭头 5 指的是来访者对自己成为他者而非来访者的潜力的逐渐理解。随着时间的推移，来访者需要与自己健康/疗愈者的部分建立联系，不仅仅是能够将它们以理想化移情投射的形式投射到治疗师身上。因为这也是我之前提到的一个重要问题，即将他者视为健康的部分进行帮助和疗愈。

箭头 6 表示治疗师和来访者之间潜在的无意识联系；正是这一关系水

平的存在使得反移情的思想能够在对来访者的工作中处于首先可用的位置上。(见上文论述。)

一些与移情-反移情有关的具体议题

在本章的剩下部分，我将重点放在一些具体议题上。它们包括：

- 移情-反移情动力机制如何导致治疗师的性行为不端。
- 督导中的移情和反移情。
- 移情，特别是反移情中的疾病。
- 与移情和反移情有关的权力议题，特别是在跨文化的情境中。
- 移情-反移情的超个人方面。

在炼金术的部分，我提到《哲人玫瑰园》中的木刻版画，其以最生动的方式描述出治疗关系是一种婚姻的关系，这种婚姻有许多特征，与这种强烈而无所不包的关系有共同之处。毫无疑问，荣格派分析师和治疗师并不打算将这种意象用于提供任何东西，除了提供对治疗工作本质的隐喻性（与具体性相对）评论。然而，在荣格式分析和治疗中，以及在其他的心理治疗取向中，处理与理解移情和反移情过程的无能和经验不足有时确实会导致性行为不端。这种现象一定以“治疗师一方性行为不端”这样一种形式表现出来，因为不论来访者是否自愿与治疗师发生性关系，当下也应该这样理解，尽管 191
理性上可以认为所有的婚姻也是移情的结果，但使治疗以克制的方式进行是治疗师的责任。

就像我在上文所讲的那样，当治疗关系被过度地剥夺某种“爱欲”内容时，性行为不端的镜像意象就会出现，这意味着有内容在温暖、亲密、强烈和信任的范围出现，而非性的表达。我们必须学会认识到治疗中的爱欲不足以及爱欲过度（在家庭也是如此，参见 Samuels 2001：101－121)。因此，希望对移情和反移情的思考继续被纳入“性化学”或参与者缺少它的心理探索中。后荣格派学者（例如，Rutter 1989）在提出这些议题时表现得非常明确，因为早期的荣格派分析师倾向于（现在已经大大地降低到不比任何其他学派更为严重的程度）忽略把需要保持在隐喻层面的具体内容呈现出来的陷阱和危险。在弗洛伊德所指出的移情的最早特征之中，无论是管理还是理解，性和爱的方面都是最大的困难，这并不是偶然的。任何关于移情-反移情的讨论都不应该忽略这个主题的这一部分，而且鉴于性行为不端和职业伦理之间的关系，很明显，工作中有一个伦理部分涉及对移情和反移情动力机制的理解或处理（参见 Solomon 2000）。

接下来，我要论述第二个具体主题，即治疗关系中的移情-反移情动力机制如何在督导中处理。当然，其中一种便是被督导者只需向督导师提交移情和反移情的材料，督导师加上自己对已有关系的理解。另一种方法，我认为代表了这个领域的当前状态，那就是让督导师和被督导者接受他们的关系中发生的事情与治疗关系中发生的事情是相似的。有时候，相似的过程以被督导者对督导师的移情和督导师对被督导者的反移情完全相似的形式出现。还有些时候，情况会更加流畅，督导师和被督导者之间传递的关系和心灵内部主题、情感、意象将以更笼统的方式被扫描，以便根据“正式”个案的移情和反移情动力机制来阐明他们所反映的内容。

这种督导方式背后的理论是，当一种充满情感的关系出现在另一种充满情感的关系中时（无论出于何种原因，督导只是一般现象的其中一个例
192 证），内容和动力将会从一方溢到另一方。这导致在荣格学派以及其他专业圈子的案例讨论组中出现一种现象，在这里，与个案有关并在接受讨论的移情-反移情动力学被视为并被解释为个案讨论小组内部正在发生的事情。（对督导过程中“反思过程”的完整描述见 Mattinson 1975。）

关于移情和反移情的下一个具体方面，我想让大家知道，*在涉及人的心理甚至身体健康时*，对这种材料的使用存在着真正的风险。在这里，我要特别指出的是治疗师的反移情中的疾病和治疗师的易感性。之后，我将讨论治疗师的力量。尽管很多有经验的实践者都知道移情和反移情的这一面，但并没有太多关于它在疾病产生中所扮演角色的论述。治疗工作对参与者双方来说都充满着巨大的压力，他们都承受着各种与应激相关、心因性和心身疾病，从肌肉和骨骼组织的紊乱（许多治疗师遭受“背痛”的折磨）到心脏病、关节炎，或许还有一些癌症。对这一主题的研究还远远不够，但在移情-反移情关系中可能出现的相互迫害和相互渴望的激烈状态下，可能存在一些疾病的种子。认识到这一现象，并对其进行研究，可以为治疗师和来访者提供非常宝贵的经验。从定义的角度看，来访者是脆弱的；但我们不要忘记，心理治疗师的弱点，也就是他的自我界限的可渗透性使得移情的投射能够穿透它，从而导致真实的，有时是由投射造成的可怕的痛苦。

第四个具体议题是*权力*，同时涉及跨文化的情况。大多数的分析训练，以及许多心理治疗，一般没有对权力的问题给予足够的重视。事实上，权力是治疗中无处不在的元素（另外，性行为不端也可能被理解为从来访者的移情中获得对权力的滥用）。对于那些思想开放而想成为治疗师的人而言，回

避以下想法是十分具有诱惑力的，即在来访者的意识和无意识中他们是很有权力的，他们的力量可以被体验为恶性的和良性的，而且在移情中，他们远非“可怕的母亲”或“原型父亲”，他们更倾向于被体验为虐待者、狱卒或社会等级的残酷仲裁者。当有一个跨文化的因素出现在治疗中时（简而言之，当治疗师的来访者来自不同的文化/族群背景时），这些权力动态就会以非常复杂的方式与移情-反移情的问题交织在一起。对于一个来自少数族群的人来说，在一个来自多数族群的人那里接受治疗，移情的内容可能是前者在主流文化的支配下生活的全部经历。这不是一种个人的移情，更多的是一 193
种“群体移情”，但这些经历也将是高度个人化的，可能涉及偏见、歧视和羞辱。在某些情况下，这样的经历怎么可能会不导致在治疗中对重复表现的预期呢？这些移情也不是“原型性的”，即在某种意义上不断出现的和典型的，因为这种移情（以及随之而来的反移情，它涉及治疗师对某一民族或民族成员的无意识和有意识的设想）源于社会组织和一个社会中有时限的政治格局。

我要讨论的最后一个关于移情-反移情的特定一面是超个人方面。有很多角度可以诠释该主题，但直到最近，在人本主义和整合心理治疗中，一股超个人思潮开始出现，在这个领域里，荣格的存在是压倒性的。在移情-反移情的情境中，关系能量的强度确实给了参与者一种超越一般关系所涉及内容的感觉。显然，我们必须非常谨慎地将其概念化，以免受诱惑从而过高估计治疗的能力。尽管如此，依附于移情和反移情动力的关系维度毫无疑问比普通的人际关系“更大”。有些人，包括我自己，会认为这确实是一种模拟，是对神圣的一种回应。更加苛刻和理性的读者也许会认为这一观点令人不快，但很多作者（例如，Ulanov 1995）提供了自己的叙述，即当移情-反移情动力的强度没有受到不恰当的阻抗时，治疗性对话如何在超个人和“精神”方向上移动，似乎是源自本身的意愿。有趣的是，同样的临床现象，即移情-反移情动力机制，导致治疗中的参与者双方向后退回到起点和源头，向前增强实践精神。炼金术士们在实验室里完成他们的工作，而当代的场景和例证则向我们呈现了一个可以被识别为现代“实验室”的房间或格子间。如果炼金术士是医学炼金术士（或“化学治疗法师”），那么你可以看到来访者正在接受或等待接受他们的治疗。但炼金术士们也在另一个房间里祈祷他们的工作取得成功——那是一间小堂（oratorium），门上刻着上帝保佑（Deo concedente）。

提到神圣的干预会带来如下结论性思考：在关切分析关系中较不明显的方面，即所谓的移情-反移情时，我们要谨慎，不要夸大技术的重要性。
过于夸张的职业态度不仅会导致分析性接触中的人文性被忽视，还会导致 194

分析师变得傲慢或膨胀，从而损害其所信仰的工作。

参考文献

Dieckmann, H. (1974) 'The constellation of the countertransference', in G. Adler (ed.) *Success and Failure in Analysis*. New York: G.P. Putnam's Sons.
Fordham, M. (1978) *Jungian Psychotherapy: A Study in Analytical Psychology*. Chichester: John Wiley.
—— (1979) 'The self as an imaginative construct'. *Journal of Analytical Psychology*, 24(1): 18–30.
Freud, S. (1900) *The Interpretation of Dreams. Standard Edition* 4 and 5. London: Hogarth Press.
—— (1910) 'The future prospects of psycho-analytic therapy', in *Standard Edition* 8. London: Hogarth Press.
—— (1912) 'Recommendations to physicians practising psycho-analysis', in *Standard Edition* 12. London: Hogarth Press.
—— (1913) 'The disposition to obsessional neurosis', in *Standard Edition* 12. London: Hogarth Press.
—— (1925) *An Autobiographical Study*, in *Standard Edition* 20. London: Hogarth Press.
Hauke, C. (1996) 'The child: development, archetype, and analytic practice'. *San Francisco Jung Institute Library Journal*, 15(1): 17–38.
Hobson, R. (1985) *Forms of Feeling: The Heart of Psychotherapy*. London and New York: Tavistock.
Kirsch, J. (1995) 'Transference', in M. Stein (ed.) *Jungian Analysis*. La Salle, IL: Open Court.
Kohut, H. (1971) *The Analysis of the Self*. New York: International Universities Press.
Lacan, J. (1949/1977) 'The mirror stage as formative of the function of the I as revealed in psychoanalytic experience', in *Ecrits*, trans. A. Sheridan. London: Tavistock.
Mattinson, J. (1975) *The Reflection Process in Casework Supervision*. London: Institute of Marital Studies.
Moore, B. and Fine, B. (eds) (1990) *Psychoanalytic Terms and Concepts*. New Haven, CT and London: Yale University Press.
Papadopoulos, R. (1984) 'Jung and the concept of the Other', in R. Papadopoulos and G. Saayman (eds) *Jung in Modern Perspective*. London: Wildwood.
—— (1998) 'Jungian perspectives in new contexts', in A. Casement (ed.) *Post-Jungians Today: Key Papers in Contemporary Analytical Psychology*. London and New York: Routledge.
—— (2002) 'The other other: when the exotic other subjugates the familiar other'. *Journal of Analytical Psychology*, 47(2): 163–188.
Perry, C. (1997) 'Transference', in P. Young-Eisendrath and T. Dawson (eds) *The Cambridge Companion to Jung*. Cambridge: Cambridge University Press.
Peters, R. (1991) 'Transference as a fetish'. *Free Associations*, 35: 56–67.

Plaut, A. (1956) 'The transference in analytical psychology', in M. Fordham with others (eds) (1974) *Technique in Jungian Analysis*. London: Heinemann. *195*

Plaut, A. (1970) 'Comment: on not incarnating the archetype', in M. Fordham with others (eds) (1974) *Technique in Jungian Analysis*. London: Heinemann.

Rowland, S. (2002) *Jung: A Feminist Revision*. Cambridge: Polity.

Rutter, P. (1989) *Sex in the Forbidden Zone*. London: Unwin.

Samuels, A. (1980) 'Fragmentary vision: a central training aim'. *Spring*: 215–225.

—— (1985) *Jung and the Post-Jungians*. London and Boston, MA: Routledge and Kegan Paul.

—— (1989) *The Plural Psyche: Personality, Morality and the Father*. London and New York: Routledge.

—— (1993) *The Political Psyche*. London and New York: Routledge.

—— (2001) *Politics on the Couch: Citizenship and the Internal Life*. London: Profile; New York: Other Press.

Schwartz-Salant, N. (1984) 'Archetypal factors underlying sexual acting-out in the transference/countertransference process'. in N. Schwartz-Salant and M. Stein (eds) *Transference/countertransference*. Wilmette, IL: Chiron.

—— (1995) 'Introduction', in N. Schwartz-Salant (ed.) *C.G. Jung on Alchemy*. London: Routledge; Princeton, NJ: Princeton University Press.

Searles, H. (1975) 'The patient as therapist to his analyst', in H. Searles (1979) *Collected Papers on Countertransference and Related Subjects*. New York: International Universities Press.

Sedgwick, D. (1994) *The Wounded Healer: Countertransference from a Jungian Perspective*. London and New York: Routledge.

Solomon, H. (2000) 'The ethical self', in E. Christopher and H. Solomon (eds) *Jungian Thought in the Modern World*. London: Free Association.

Strachey, J. (1934) 'The nature of the therapeutic action of psychoanalysis'. *International Journal of Psycho-Analysis*, 15: 127–159.

Symington, N. (1986) *The Analytic Experience: Lectures from the Tavistock*. London: Free Association.

Totton, N. (2000) *Psychotherapy and Politics*. London: Sage.

Ulanov, A. (1995) 'Spiritual aspects of clinical work', in M. Stein (ed.) *Jungian Analysis*. La Salle, IL: Open Court.

Williams, M. (1963) 'The indivisibility of the personal and collective unconscious', in M. Fordham with others (eds) (1973) *Analytical Psychology: A Modern Science*. London: Heinemann.

Winnicott, D. (1967) 'Mirror role of mother and family in child development', in D. Winnicott (1971) *Playing and Reality*. London: Tavistock.

Young-Eisendrath, P. and Dawson, T. (eds) (1997) *The Cambridge Companion to Jung*. Cambridge: Cambridge University Press.

第九章

个体化

莫瑞·斯坦

引言

从和弗洛伊德及精神分析分道扬镳一直到他去世，个体化（individuation）作为核心主题一直贯穿荣格的作品。从整体上看，这可能是他主要的心理学理念，是他作品的支点。

1915年，荣格在他以匿名形式出版带有秘传性质的作品《向死者的七次布道》中提出个体化的概念，他也在差不多是这一时期创作并经过大量修订的作品《分析心理学两论》（*CW* 7）和他早期概论性质的文章，以及《心理类型》（*CW* 6）中加深并拓展这一观点。之后他在自己对原型特别是对炼金术的研究中为这一概念加入更多的内容。他在自己的学术讲座中（《分析心理学引论》《梦的分析》《幻象》和《尼采的〈查拉图斯特拉如是说〉》）以及其他的一些案例研究中详细阐述了临床中的个体化。个体化在他的许多关于宗教和文化的作品当中都扮演着重要的角色。

几乎荣格所有的学生都把个体化视为核心主题。其中的主要贡献来自福德汉姆（1969）对于儿童个体化的研究，以及诺伊曼（1955）认为个体化由三个主要阶段构成且每个阶段都包含数个子阶段的观点。希尔曼是荣格学派的解构者，他对一般的心理发展概念提出强烈的质疑，尤其是对个体化的概念。他认为这种想法只不过是对建构现代心理神话的幻想。最近，亚考毕通过引用现代婴儿研究数据，对个体化理论进行了改良和分化。塞缪尔斯（为个体化）引入政治意识和混乱的特征。对这一概念的争论一直延续着。

接下来，我以个体化为中心主题，对荣格学派的传统进行提炼和综合，将这一特殊的讨论置于心理治疗的临床环境中，并展示荣格派心理治疗师在实践中如何运用这一发展理念。

当荣格派心理治疗师面对第一次来的病人时，他们（治疗师）会试图 197
对病人做出迅速的判断。一个人在倾听对方第一次倾泻而出的叙述、忏悔或者抱怨时，一只耳朵会竖起来。这听起来是真的在遭受痛苦，还是这个人在隔离自己的感受或在动摇自己的想法？这个人是抱怨他人太多，还是她承担太多责任而导致了错误？这个人是太被动了，还是太主动了？

即使是在最单纯的第一次叙述中，治疗师也常常会在其脉络中发现脆弱性、权利关系、情绪易感性，以及许多其他明显的情感和态度。而在治疗师自己对这种叙述的情绪反应中，人们也可能会察觉到对方想要得到帮助的强烈需求，或者相反——察觉到对方想要推开而造成太大的距离。在第一阶段的分析中，甚至整个治疗过程，通过进行精神评估，治疗师们都在不断地串联病人在经历着怎样的生活，尤其是如何看待他们特定时期里的生活，以及他们如何和他们原来的旧生活模式告别，开始新的生活，并如何继续他们的故事。

荣格派心理治疗师秉持着心理发展、“生命阶段”的概念，并且我们一边倾听病人讲述着他们的故事，一边问我们自己故事中的主人公处在哪个心理发展阶段。我们会联想这个人所讲述的是否和他表现出来的相一致，比如实际年龄和心理态度之间是否一致。在临床上勾勒出一个人完整的心理发展水平或程度需要多次深入和细致的咨询和观察，这只是对病人们个体化完成程度的一个估测。个体化是一个用来表示一个人心理充分发展潜能的术语。在下文中，我将阐述荣格的一些复杂观点，以及他对人类潜能的评估。简而言之，个体化是指朝向完满和意识演进的能力。分析的目的是增加和推动病人的个体化。

荣格派治疗师对已实现的个体化的无声反思发生在对病人的心理发展形成诊断和评估的一般背景下。病人是如何度过每一天的？是否受身体因素的影响？是否有严重的精神病理问题？有时候这些要点在治疗中非常明显，而有时候则在治疗中不起任何作用。确定它们在指导性治疗中的重要性是心理治疗早期的工作，尽管这些问题是始终需要考虑的。而且正如标准的《精神疾病诊断与统计手册》（DSM-IV：由美国精神病学协会编写，2000 年已经修订到第四版）中的临床诊断一样，这也是一个与时俱进的参考。作为荣格派心理治疗师，就像任何其他心理治疗师一样，也会做出类
似的诊断，像重度抑郁、焦虑、各种性格障碍，更不用说各种成瘾、关系 198

和适应方面的问题，等等——所以对个体化的评估是一个不断发展且持续的过程。即便已经进行了相当一段时间的咨询，也很难准确说出病人处于个体化发展的哪个阶段，但是经验丰富的荣格派心理治疗师在几次治疗之后还是能够形成强烈的整体印象。

一个人在通往个体化的道路上走了多远的问题和一般类型的诊断问题是不同的，尽管它们并非彼此毫无联系，这一点我将在下文中论述。就个体化而言，浮现在人们脑海中的更多是认知发展、行为适应、道德修养，或者已出现的或还未出现的一些精神病理学病征。这些都是构成个体化复杂性的重要标记，但是这些并不是全部，还有其他一些决定性的特征。评估个体化就是描述一个人对以下内容的有意识和无意识假设和态度：认同感与自我价值感的基础与来源，与别人甚至与这个世界之关系的品质和意义，个人能够去奋斗和实现雄心的能量（或能量的缺失），引导一个人进入人生大道和歧路的欲望和激情之对象，对生命意义的关注。荣格派治疗师在对个体化进行评估时，希望看到的是一个人的实际年龄是如何与这些有意识和无意识的假设和态度的发展水平相匹配的。对这些信息进行一个全面的探索是一项庞大而又复杂的研究，其中还要包括对信息的移情和反移情来源的研究。当然，在对一个人的个体化进行合理公平且准确的评估时，也必须考虑到文化因素的影响。

荣格可以被视为（Papadopoulos 1992，vol. 2：97－98）第一位研究人毕生发展的重要理论家，他将人生分为两个主要发展阶段，分别为前半生和后半生。每个阶段有它独有的任务、次序和危机。随后另一位荣格派理论家，埃里希·诺伊曼，将人格的毕生发展概念化为三个主要时期或阶段。诺伊曼的范式与荣格的理论并不矛盾，甚至还对荣格理论中的第一阶段做了进一步有用的区分，今天诺伊曼的模型也被荣格派心理治疗师广泛运用着。

在分析心理学的语境中，人格的毕生发展被称为“个体化”。简言之，个体化指的是一个人实现其自生命伊始就具有的潜能的过程。几乎每个人
199 的发展阶段都有共同的特征、危机和低潮。荣格派心理治疗师能够敏锐地觉察到这种发展的顺序在理想情况下如何展开，以及基因、环境、社会和文化的阻碍通常如何导致相应阶段未能得到发展。一些两性之间的重要差异也需要被考虑。

总之，从病人接受荣格派治疗师的分析伊始，治疗师便开始在心中进行直觉和临床的诊断，而这个评估通常是根据 DSM-IV 中正常与异常精神

和心理状态的标准，以及尤其从荣格作品中（详见参考文献中涉及这一主题的关键作品）概括的个体化过程这个角度进行的。最有可能的是，这种评估从来都不是显而易见的，更不会与病人明确地探讨。实际上，它被治疗师用来在治疗时引导诠释、进行干预，以及建立和维持治疗结构。在一个具体的案例中，治疗师的风格很大程度上取决于对病人处于个体化进程中的哪个阶段的评估。

接下来，我将详细论述个体化过程中的三个主要阶段，即它的两个主要危机时期，以及它的终极目标。在治疗过程中（治疗师和病人共同）所做的努力本质上是促进和推动，或疏通和重启病人的个体化过程。个体化过程的三个阶段分别是：第一，涵容/滋养（即母体，或者诺伊曼所说的母性）阶段；第二，适应/调整（即父体，或者诺伊曼所说的父性）阶段；第三，中心化/整合（诺伊曼所说的个体）阶段。（这些可以与埃里克·埃里克森于 1950 年最早提出的心理发展七阶段相协调。）两个主要的个体化危机时期分别发生在阶段之间的过渡时期，第一次是从青春期转入成年早期，第二次发生在中年。

这三个阶段不应该被认为是彼此分离、完全独立的三个部分，度过其中一个然后就可以翻页去看下一个了，或者被认为是生命旅途当中的某段不会重复经过的道路。相反，它们象征着人生主要时期的重要部分和主导态度。它们是成长和发展的阶段，从一个阶段逐渐过渡到另一个，每一个阶段的特征都会在下一个阶段以一种相对次要的形式继续存在，就像一个人用一生的时间来度过每一段过程。第一阶段指的是儿童时期，第二阶段是指成年的早期和中期，第三阶段是指成年的中期和后期以及老年期。这样看待整个生命的方式成为心理治疗的一种工具，如果能够灵活地应用它，对治疗是有帮助效果的；只着眼于字面的意思，生硬地使用，反而会在治疗中对病人造成伤害。这一观点给了荣格派心理治疗师一种途径去理解心理特质以及那些带着某些困扰来接受治疗的病人们。

个体化的涵容/滋养阶段 200

与其他哺乳动物一样，人类的陆地生活始于母亲的子宫。沐浴在羊水中，借由母亲的体温来保持温暖，这个空间是一个具有原型含义的滋养环境。胎儿通过脐带获取营养，不需要费多大力气就能照顾好自己。对于出生之后的生活，母亲的子宫象征着人生第一阶段对心理环境的需要。这是一个受保护的空间，在这里，脆弱的幼崽可以相对免于受周围环境的毒害。对于人类而言，这种被保护的环境有利于他们在出生后存活很长一段时间。这对婴儿来说尤其如此，与其他哺乳动物不同，人类的幼崽，由于头在子宫里就已经过大，在能独立生存之前，就会被迫离开母体的子宫，降生到世上。人类的新生儿在身体和心理上都准备好去应对他们被抛入的外在物质世界和社会之前，需要一个外在养育的环境提供长期的滋养。

尤其是在现代发达的文化中，被我们漫不经心地称为童年的人生第一阶段会持续很长一段时间。目前，对大多数人来说，“涵容/滋养”阶段涵盖了几乎整个教育经历，贯穿从婴儿期、小学和中学时期，至大学时期以及之后的专业受训。在这些年里，一个人即使在身体上和某种程度上在心理上准备去承担一些成年人的某些角色，也未必完全预备好去应对社会生存的要求，而且通常在经济上也不具备一个成年社会成员所拥有的竞争力。这段需要依赖父母或监护机构的时间可能会持续三十年甚至更久。与此同时，在传统观念中，进入成年的仪式发生在 12 或 13 岁。个体化/发展的涵容/滋养阶段通常在青春期开始之时结束。到了这个年纪的人被认为已经做好承担起人类社会中年轻人应在物质和文化意识上承担的各种任务的准备。态度和社会认同已经出现巨大的变化，而这样的改变是在这几十年里逐渐出现的。

从象征的角度看，这个涵容/滋养阶段的特质被定义为是母性的。包容的环境是在子宫模型的基础上从社会和心理上构建的，因为生存所需的基本要素——食物、住所、经过筛选和保护的高度结构化的护理环境——是由家庭和社会提供的。在情感的层面，滋养（在理想状态下）是以温暖的支持和鼓励的形式来传递的。孩子们被无条件地爱着，只是因为他们的存在而非行为表现。现实中残酷的一面被遮蔽在外面。父母会保护并呵护
201 着他们，孩子只要微笑取悦父母，就会受到拥抱和爱抚。而对年轻人的最大要求则是一种合作及愿意的态度，其余的则以成年人的监督和保护为主。在这一阶段，对年轻人的要求并不多，主要是为了促成家庭及其成员的一般程度的幸福感，他们仍然处于依赖和被父母和其他成年人抚养的阶段。

很明显，在涵容/滋养阶段，子宫中的营养程度非常依赖于成年看护者的态度和其所能提供的资源，此阶段也极度依赖看护者的情绪稳定性和成熟度。焦虑的父母可能会放大现实的威胁和令人不安的方面，而非使受保护的环境不受严酷现实的干扰。在这个阶段因缺少充足的涵容和保护屏

障被严重损毁的人通常会在未来发展出心理病症，例如焦虑症和各种人格障碍。此外，受到惊吓或受到威胁的孩子，为了替代欠缺的或破裂的外在保护，会发展出原始且巨大的自我防御，这种防御也可能切断个体在以后生活中的重要发展和关系。

即便在最好的条件下，当一个人在度过童年的这个次级阶段时，涵容的质量和程度也将随着他的发展而逐渐发生改变。最初是最大限度的滋养和涵容，给予什么都不能做的新生婴儿的关注会随着其年龄的增长而逐渐被调整为较低强度的关爱。随后，家长们将进一步限制滋养的范围和种类，涵容的水平也会降低。在这个过程中，随着孩子对这些变化能够做出积极的反应，家长对孩子相对程度上的自主性、独立性和自我控制有更多的期待。通常情况下，如果这些新出现的情况与孩子不断增长的能力（认知的、情感的、运动的）相匹配，那么孩子将会很愿意配合发生这些转变。随着个体发展通过儿童期发育的次级阶段，滋养的容器也随之变化以满足新出现的需求，同时减少在诸多领域可能变成过度保护的侵入式抚育。到这一阶段结束时，人们只经历了来自环境的最低程度的滋养和涵容，并能够为自己做一些以前需要别人来做的事情。

当然，最首要的滋养人物是母亲。从怀孕开始，母亲不仅代表着养育者，她本身也具有滋养者的象征意义。滋养和涵容也可以被视为“母亲”的功能，无论这项功能是由亲生母亲还是由代理母亲、父亲、老师或收养机构所给予。象征性地说，他们都是“母亲”，如果他们以一种滋养和涵容的模式来接近个体的话。

尽管滋养表现为像母乳喂养这样的具体行为，但在孩子成长的过程中 202
它不仅是生理上的，还在很大程度上具有其他特征。喂养发生在情感、认知和精神层面。滋养则是一种态度。从象征的意义上讲，自远古时代，滋养者就被冠以母亲的形象。世界宗教里的伟大女神，像德墨忒尔（希腊）、伊希斯（埃及）、圣母玛利亚（基督教），她们都被认为是抚育者、喂养者、涵容者及抚慰者。尽管它来源于实质上的喂养的人物及仪式，但是伟大母神的作用早已远远超出了生物及生理喂养的功能。例如，教会就是一种典型的滋养、涵容的机构，它为其“孩子”提供天堂的面包，一种精神上的食物。它的原初任务并非以物质来喂养人们，尽管有时它也这么做了，甚至还致力于改善穷人的物质条件。然而，它的主要食物是象征性及精神性的。滋养机构的典型代表是母亲意象。类似地，涵容者比如船也常被认为是“女性的她”。这并不意味着现实中的母亲，或是滋养机构，诸如教会或是海军舰艇，都没有标明父爱、父权功能和成分，但如果强调的是滋养，这样的意象就会让人想起母亲。因此，这一阶段的个体化被视为“母亲阶段”，履行这一功能的人被视为“母亲”。

无论滋养/涵容的功能是由实际中的母亲，还是由另外一个人或一个机构来执行，其潜在的态度是：“我来帮助你。”滋养者乃是提供者、帮助者、维护者。反过来，在滋养者的这种态度下被滋养者会创造或激发一种对应的态度。滋养者召唤孩子，而孩子让自己依恋于滋养者，接受滋养的一方的态度是对感知到的滋养者最基本的一种依赖，这个态度也许相对是有意识的或大部分是无意识的。在生命中的最初几年里，这绝对是无意识的。婴儿和幼儿时期，他们都认为滋养和涵容是理所当然。被滋养者经常会激烈地和他们的照顾者对抗，因为他们没有意识到他们对照顾者的真实依赖有多么深刻。当一个孩子推开他的母亲，冲动地跑进大街时，在他的无意识层面上，他只是假定那将是安全的、被照顾的、受保护的，并且当一天结束时，他还会被喂养、抱持、抚慰。这样的权利在年幼的孩子中是不容挑战的，而提供滋养的成人甚至会觉得好玩，而且非常有趣，就随便地纵容他。母婴之间的良好关系所产生的依赖令人渴望，因为在生命的这个早期阶段对世界有太多的焦虑并不是好兆头。

个体化的滋养/涵容阶段的目的是为孩子最初的自我带来心理的支持和保护。被我们认为是意识中心的自我情结，具有某种执行功能并对现实
203 有一定程度的内在焦虑，而它在童年早期就逐渐形成了。它最早始于子宫之内的经验，在那里，自我仅仅是觉察和对刺激之反应的一个点，是黑暗的母体内微小的独立意识。随着出生，自我的世界被迅速地扩大了，婴儿的自我通过对视觉、味觉、触觉以及声音和气味的记录和反应做出回应。很快婴儿就能够辨认出他的母亲的面孔并做出反应。而在较深的心理层面，婴儿依旧和他母亲保持着一种心理融合的连接，自我的分离是非常有限的，而这种无意识的认同是相互的，母亲和婴儿被深深地系在一起。荣格将这种认同称为神秘参与（participation mystique），这个概念最初源于人类学（列维-布留尔于1910年提出），指的是一种无意识的心理物理连接，在这个连接中，发生在一个人身上的状况也会出现在另外一个人身上，他们感受到对方的疼痛、饥饿和愉悦。对于婴儿而言，这是为后来形成共情奠定基础，并且最终将发展成一种对他人的责任感和内在的良心。这同时也为后来的自我认同打下基础，尤其是对于女孩子而言。

随着运动和认知的进一步发展，自我能够开始实施它的执行功能，并

对肌肉施加一些控制。手臂和腿开始协调一致，言语也随之而来。很快，整个世界就变成了一个广阔的游戏和学习舞台，一个名副其实的有待探索的伊甸园。一个健康的孩子会极力地维护自己，并被放在这样安全、受保护的环境中。严峻的现实考验处在父母忽视的地方，而滋养和涵容在这里是悬空的。这个天堂的边界很快会因为孩子在生理和情感上运用越来越多的自主性而被考验。不服从和不断增长的意识共同增加，心理上的边界在孩子和监护人之间被立了起来，孩子渐渐知道在自我与别人之间的差异，并加以利用。然而在这一阶段，基本的无意识认同仍存在于孩子和滋养的环境之间。神秘参与继续起支配作用。荣格认为孩子的心灵在很大程度上被包含在家长的心灵及对其的反思中："孩子深深地参与到父母的心理状态中，这也难怪大多数儿童时期的神经障碍均可以追溯到家庭中不正常的心理气氛。"（*CW* 17：par. 80）而孩子的真正人格只有以第二次出生的形式离开父母的心灵时才涌现出来，这是自我的心理诞生，在那时，自我成为一个真正独立的实体。

这种对幼儿心理上的涵容，不仅通过文化、传统、教导和训练的自觉传递，更重要和更深刻是通过态度和结构的无意识交流对孩子产生巨大的 204
影响。通过无意识，孩子的内在世界开始制订一种心理规划，无论是好是坏。这并不取决于家长是怎么说的，而是取决于家长是如何做的，其对孩子内在世界的形成会产生最大的影响。家庭是孩子适应的环境，而这个世界大部分的情感基调则通过内向投射进入孩子的内在世界。

对生理和心理边界的尝试和挑战在个体化第一阶段一直持续着。对于大多数经历青春期的人而言，这个阶段是一个过渡期，一个人在生理和一定水平的心理上已经准备好离开滋养/涵容的环境，进入下一个个体化的阶段。然而，在现代的发达社会中，教育和培训的要求通常会使涵容期被延长到相当大的程度，从而使这种情况变得复杂。一个 15 岁甚至 18 岁的青少年根本无法承担在现代社会中成年人应承担的任务和责任。个体化第一阶段的被延长导致青少年产生特有的问题和态度：急躁、反叛、自卑感、边缘感和沮丧。准备好离开童年的世界，却还没有为成为成年人做好准备，他们处于名副其实的进退两难境地。传统社会中带来成熟人格的成人礼在现代文化中已经在青少年身上不复存在了，儿童时期的依赖状态已经被人为地延长到超出其自然的生理和心理极限。中小学和大学是现代文明为青少年期和后青少年期设计的支持场所和涵容之地，他们需要有更多的时间来成熟和融入社会中，并要为很快将降临在他们身上的工作和家庭要求做好准备。

个体化的适应/调整阶段

如果说母亲占据着个体化第一个阶段的象征性核心，那么父亲则在第二阶段占据着这个位置。这种转变并非通过篡夺而来的，而是通过心理上的需要逐渐发生的。从提供滋养涵容的母亲那里获得自由而不断成长的自我需要父亲，父亲能够逐渐注入为适应世界所需的精确功能和行动的活力。父亲带给自我焦虑，但理想的焦虑程度是：随着孩子的胜任力的增加，焦虑能够渐渐被驾驭。

同样，有必要从象征和隐喻的角度去理解“父亲”和“父权”（诺伊曼），而非从实质上和社会意义层面上。个体化的第一阶段以涵容和滋养
205 （伊甸园）为特征，第二阶段则受所采取行为的后果法则（现实原则）和对更大世界所要求的表现和成就的支配。在个体化的第二阶段，个体被暴露在一个表现的标准至关重要而且行为和后果被强制绑定在一起的世界中。如果一个人完全生活在此类期待和有条件前提的环境中，那么他便进入“父性世界”。在这个世界里，无条件的爱不再是一种常态，取而代之的是严格甚至苛刻的处境，这些都被施加在所有奖励的分配上，包括爱和积极的关怀。这不再是那个理想的世界，而是现实的世界。自我被要求对自己和这个世界都更加现实，这也意味着适应和竞争。

事实上，现实原则其实是在孩子离开涵容阶段之前就被引入他们的生活中了，但理想情况下，它的引入应该是温和的，因而对年轻和脆弱的自我而言是可忍受的。涵容环境提供了一个保护屏障，可以消除现实中严酷和潜在的破坏性因素。在生活中，对表现和成就的要求不应该被强制或过快地引入。相反，如果这种情况出现，孩子的自我很可能会被焦虑的情绪压垮。面对诸如此类的严重威胁，心灵会建立起原始的防御来抵抗这种毁灭感。与此同时，如果对成就和表现的要求被过少地引入孩子的伊甸园中，而且对行为的后果不予重视，那么自我就不会习惯于处理压力和紧张的情绪。自我依旧未得到发展，因此之后会在个体化的下一个阶段中对个人成长的需求和期望毫无准备。如果适度的沮丧和紧张得到适时适量的施加，便能够促进自我的成长。荣格认为自我是在“与环境的冲突中”发展而来的，福德汉姆则提出“自我”是通过解体和重新整合的循环来发展的。这两种观点都是对最理想的挫折成分的描述。

通常，在生命开始的头几年，对控制和表现有一定程度的要求已经伴随着如厕训练和断奶开始了。这种引入可能会比较缓慢且微妙，但时机需要与孩子有能力做出必要调整的时间相一致。当孩子从小学升入初中时，学校教育对个人表现的要求从结果上越来越严，对个人表现的要求也逐渐增强。从象征的角度讲，当童年早期过去后，父亲逐渐成为更重要的角色。当孩子到了高中和大学的时候，只有在适应环境的过程中引入一些必要的焦虑，年轻人才能渐渐在这个并不宽容的世界里开始意识到并肩负起应
负起的责任。从而，他们越发能够塑造和决定行动和行为。在一些国家，在 206
13 岁的时候就要接受决定一个人整个职业生涯的学业考试。分数和学业表现对于所有的孩子而言都有改变命运的影响，而只有对这样的压力有所认识的孩子们才明白现实世界已不再是他们婴幼儿时期的那个滋养的涵容环境了。

在大多数的现代社会中，从第一个阶段发展到第二阶段的决定性过渡发生在一段时间内，通常是青春期早期和成年早期（12～21 岁）之间。在特殊情况下，这个阶段可能会更早一些出现，而对于那些将自己的教育延长到研究生时期的人来说，这个阶段会来得更晚。学校具有部分的母性涵容环境的同时又具有部分的父权适应环境，它的任务是为一个人能够逐渐适应学校之后的社会生活做准备。（当然，对于有些人而言，又是另外一种情况。他们没有经历学校教育，或者在取得一定的学位之前辍学，又或者他们一辈子都留在学校里，一直做学生或老师。）作为一个具有桥接功能的机构，当滋养的这个阶段已经过去时，学校对于一个孩子的成长而言扮演了一个父母的原型角色，帮助孩子离开家庭这个容器并在更大的世界里去适应成人世界对他们的要求。当年轻人到了年纪需要进入一个全新水平的社会结构时，这就是传统文化中父亲应为年轻人扮演的角色。对于女儿而言，母亲扮演了一个和这时的父亲相似的角色，就是当女儿到了年纪时，她应该从母亲那里承接更多新的责任，并被授予更多作为女人应会的技能。而在现代社会中，儿子和女儿已经没有了这种明显的区别。如今，男孩女孩都上了学，都在为在家以外的世界工作做准备。此外，男女双方也都将承担家务和养育子女的责任。男性和女性之间的劳动分工虽然依旧存在，但在现代生活中，在一定程度上已经相当模糊了。

当然，从涵容阶段（童年）过渡到适应/调整阶段（成年）会充满危机和情感波动。最大的心理障碍就发生在这一过程中，荣格称之为乱伦愿望。荣格并不认可弗洛伊德的观点，因为弗洛伊德认为乱伦愿望是一个具体现实愿望，即想要与一个最亲密的家庭成员有性关系，尤其是与异性父

母。荣格将这一愿望解读为想要保持始终是一个孩子的愿望，能够一直生活在涵容阶段。乱伦愿望表现为希望永远都不要长大，永远生活在伊甸园里。彼得·潘用激烈的宣言表达了他的态度，他说：“我永远不要长大，我永远不要长大!”并且拒绝从充满幻想的顽皮男孩转变为现实的成年人。想从心理上克服这种一直要当孩子的愿望，要有英雄情结的出现，即需要一种汹涌澎湃的雄心和能量将这个人从安全的伊甸园推出来，去迎接现实
207 世界中令人兴奋的挑战。这个英雄是原型意义上的能量，其为了在人生中勇敢前行需要杀死恶龙（即乱伦愿望）并解救公主（即灵魂）。对一个英雄形象的内在认同能将自我从退行和早期对“母亲”的依赖所带来的舒适的引力中解放出来，并给予在现实中完成任务和面对适应性的挑战的能量。当一个人明白现实能够带来比幻想更好、更有成就感的获益，且现实中的任务和挑战可以被控制之时，那么这个人就通过了个体化的第一阶段，进入第二阶段。

现实必须被理解为一个人在人生中所面对的心理、生理、社会、文化和经济挑战所构成的整个世界，这其中很多都超出了任何一个人的控制。与现实打交道意味着一个人要直面所有出现在他面前的问题，无论是对外还是对内——爱情和死亡，职业和事业，天气，性，雄心，他人的期望，有弱点的身体和罹患疾病的可能，吸烟和酗酒带来的后果，等等。这意味着承认你生活在一个充满不确定性和危险的世界，并参与其中，而你能够掌握和控制的领域是非常有限的。英雄会乐于甚至非常愉悦地面对现实施加的问题，坚信无论潜伏着什么样的危险，总会有办法克服它们。英雄相信任何问题总会有解决办法。自我在英雄的旅程上前行，它很快就发现在这个阶段，一个人进入的是一个谈论以下内容的世界：工作与税收，养老金计划和保险政策，长期的关系和家庭责任，由别人来判断的成功和失败，通常棘手的问题又没有一个明确的解决办法。这是个体化第二阶段必须要面对、适应和调整又投入的，这是伊甸园之外的人生。

很多人因为童年时期的心理创伤而退缩，这些心理创伤严重阻碍他们处理焦虑的能力，以至于他们永远无法完全面对现实。此外，天然的阻抗足以应对严酷的现实，并且自我的防御会将其推开。有些人拖延并耽搁很久，只要滋养的环境和情景允许他们延长，又或者他们通过谎骗、找借口、自我欺骗的方式来达成，甚至在中年及以后的生命中因羞愧而几乎不可能再发生转变。这种延迟被荣格学派称为永恒少年（puer aeternus，或永恒少女，即 puella aeterna）神经质的性格类型。这些人因为这样或那样

的原因或理由，他们的英雄从未出现，又或者自我从未认同过一个英雄形象和他的能量。他们（有意识或无意识地）依赖滋养和涵容的环境，无论是现实的还是想象的，一直延长到成年甚至老年。未经挑战的乱伦愿望愈 208
演愈烈，然而威严的父亲显得过于庞大且可怕，结果心灵成长停滞。这样的一个人被无力的状态占据，害怕当众暴露，害怕挑战以及害怕处理生活中的日常问题，他会胆怯和退缩。象征性地说，他的自我还存于“母亲”式的容器里，甚至有时会直接地用行动表现出来，从来不会离开家，自立门户。在这种情况下，我们会想除了第一阶段的个体化发展之外，这样的人是否还有其他个体化阶段。这样的人一生都保持着稚气。他们也许是无害的，但是他们也是没有什么贡献可言的。他们的潜力仅是保存在那里，一直是潜力。他们总是准备着写出一部伟大的小说，但是永远无法将他们想要讲的故事写到纸上。

《精神疾病诊断和统计手册》中所描述的很多性格障碍都与没能从涵容的童年世界成功分离出来的情况相对应。例如，边缘型人格障碍，似乎与儿童早年陷入与母亲的爱恨交织的关系中有关：现在一个人屈从于依赖母亲式他人这一融合状态，现在他攻击她们并试图以仇恨和蔑视的暴力姿态与她们分离。这就是一个没能成功完成从第一阶段到第二阶段的过渡之人一生都在不断上演的和母亲、重要的母亲般人物分离的戏码。自恋型人格障碍也是源于被困在个体化的涵容阶段，因为受到驱动的需要和愿望坚持重要的他人只能提供爱慕和镜映。有自恋型人格障碍的人长期处在一种永远被疼爱的婴儿般状态之中，为那些从不会对他的绝妙表演吐出一个批评之词，或提出一句评判的入迷观众表演。他们的生活充满了伤口和折磨，因为在童年涵容空间之外的世界并不是为满足他们被看见和被彻底崇拜的需求而设计的。

心理治疗，就像一般的构建和实践，呈现给人的一个印象首先是一个滋养/涵容的环境，这让人想起发展的涵容阶段。治疗师通常接受并支持病人，不加评判，并提供或多或少的无条件正面评价和镜映。必须说，很多进入心理治疗的人被残酷的现实摧残得遍体鳞伤，他们需要一个至少可以喘息的时间，让他们恢复他们的平衡感和自我价值感。如果他们在童年时期遭受过虐待和创伤带来的深深伤害，他们就会在治疗关系里重复心理上出生和成长的挣扎，其中，与治疗师融合就像婴儿与母亲融合一样，然后再竭力与治疗师进行分离，而这正是边缘型人格障碍难以经历的转变， 209
或者期待从无限涵容且承载母亲般的治疗师那里得到积极无条件的关怀和

镜映。这种情况下，治疗师的主要任务则是帮助这样的人逐渐从母亲世界过渡到父亲世界。慢慢地，治疗师有意或无意地、特地或偶然地管理着与现实的碰撞，这些碰撞强化了病人的自我，并且这些碰撞带来的破坏如果能够被敏感地处理的话，还有助于为进入成人世界做准备。治疗师从提供滋养/涵容的母亲变成另外一种人，一个象征性的父亲，能够帮助病人架起通向成就、工作、奋斗、竞争和人际交往之世界的桥梁。

个体化的中心化/整合阶段

荣格心理学对心理学发展思想最重要又有趣的贡献是他对个体化第二阶段之后的生命的描述。大部分的精神分析理论家就此停住，他们也许会问：在一个人成功度过第一阶段，摆脱滋养环境中依赖的姿态，并像成人一样在第二阶段的世界里肩负起生活的责任之后，那剩下还有什么可做的？在进入适应和调整这一父亲世界并愿意且能够应对现实生活之后，还有什么比这更高的心理阶段吗？对于荣格派心理治疗师而言，答案是肯定的，因为事实上在后半生接受荣格式心理治疗，不仅仅为了微调父权观念，以及进一步消除幼稚情绪的残留。他们通常是成功的成年人，有工作，有家庭，实现了很多人生目标，而现在想知道的是这些是否就是生命的全部。正是在这一点上，荣格学派对于在个体化过程中生命后半段的反思就变得具有相关性。这正是荣格在他的《个体化过程的研究》（*CW* 9i）中对这一心理发展阶段的经典描述，在这里，曼陀罗的象征、宗教的功能以及寻找个人意义就变得十分重要。

如果前两个阶段发展得相对较好，那么这个阶段生命的任务并不是成为一个对社会负责任的成员，形成一个相对独立且自给自足的人格（这是在前两个阶段已经取得的），而是成为一个中心化且完整，与超越性以及人类存在的当下具体现实联系在一起的个体。为此，需要另一个层次的发展。

第一次是与母亲的分离，最初是与她的身体（刚出生时）分开，然后是与她滋养的心灵（第二次出生）。在这个基础上，个体从心理上步入现实世界。现在，又有了一条路径，即第三次出生，此时，自我将适应的成就放在首要位置，这要求个体与集体（“父亲”世界）的标准和期望保持一致，并开始一个成为个体的旅程。比较矛盾的是，在第二阶段，即一个从众的阶段，青少年通常会出现反叛的暴力行为，这种行为会被英雄原型

的能量强化。青少年以坚定的力量突破父母构建的涵容家庭。从另一方面 210
讲，通常会带着一种相当沮丧和质疑的态度进入第三阶段，因为人到中年，开始摆脱从众的约束，缓慢而通常又很痛苦地进入一个重生的过程，成为一个完整又整合的个体。有时候，是因为不幸的丧失打破了固定的集体假设才进入这个阶段的。一般而言，被荣格定义为“有意义的巧合”的共时性（*CW* 8：par. 827）在进入个体化的第三阶段以及其发展过程中有着非常重要的作用。

进入中心化和整合的阶段意味着逐渐放弃以前对认同和人格面具的集体定义，同时从内在涌现出原我的意象，当然这并不意味着完全摒弃集体的现实。现实社会并没有从自我的视野或关注中消失，只是应对与调节现实社会的要求消耗相对较少的精力。这是兴趣和重心的转变，生活维度不再仅停留在生存方面，而更多是与生命意义有关。精神生活变得更加重要和个性化。

大部分人在个体化第二阶段建立的认同源自集体的意象及原型，也来自父母的塑造。在第二阶段，自我的人格面具是由社会提供的一种结构，由社会结构中的适用于个人的一系列元素构成。人格在个体化的第二阶段很大程度上是一种社会性的结构，人格面具在适应文化规则和期待上是非常有用的。在第三阶段，自我所带上并认同的人格面具开始解离，导致内在的真实原我和之前起主导作用的社会性原我之间产生差异。当这两种心理结构之间的差距越来越大的时候，选择性的元素告诉我们是什么人，我们会成为什么人。新诞生的人变得更加独特和具有个体性，具有较少的社会建构性。

这并不意味着一个人可以成为任何东西，或任何一个人想要成为或能够想象出来的人。相反，实际上，心灵结构中潜藏着一种真实，荣格称之为原我（Self，首字母大写表示其超越自我又不同于自我），其以一种新的方式运作，取代了原先发挥主导地位的外在权威——那些现实中的声音以
及“父权”和社会的面具。自我现在开始回应那个内在需求和呼唤，服从 211
心灵，而不再优先回应来自外在社会权威的要求。一个从内在心灵世界浮现出来的新结构，以梦的意象、直觉、灵感、记忆中的雄心、幻想和追求个人意义的强烈冲动形式，逐渐地摧毁然后取代之前的人格面具。为谋生和生存而工作已经不再足够，一个人现在必须寻找一些值得为之而活的事物，而这个新的方向也必须是为这个人量身而定的。实际上，它是从一个人在后半生深刻且建设性的个体化中产生的。

对于进入这个发展阶段的人而言，对他们进行心理治疗完全不同于对那些未能度过前两个阶段的人。无论如何得到发展或成熟，每个人都会表现出一些早期发展阶段残留的痕迹——某些边缘和自恋的特征，某种程度上同他人和环境的神秘参与，一些挥之不去的幼稚、天真的特质和防御性——但对于进入个体化第三阶段的人而言，这些都不是最重要的问题。最核心的是首先要与在第二阶段所形成的人格面具相分离，然后寻找到一个个人的中心，一个内在整合点，它不受集体文化原型的影响，并建立在原我之暗示的基础上。它所追求的目标是，原我中固有的内在对立取得一定程度的整合，从而使人在日常生活中能够达到一个至关重要的平衡。在荣格看来，这是整合阴影和与阿尼玛或阿尼姆斯建立一条新的意识道路。

正在进入或正在进一步加深个体化的第三阶段的人，在接受心理治疗时，他们呈现的移情是根本不同的。治疗师不再被有意识地或无意识地与滋养般的母亲或指导性的父亲联系在一起。相反，治疗师通常被视为一个富有智慧的形象（不论真实与否），一位已经实现个体化、完满并且与原我有个人连接的人。这个形象被投射到治疗师身上，因为这是病人需要而且是必须要找到的无意识内容模型，其会在生命阶段的某处出现。这个任务就落在了治疗师的肩上。人们在治疗师身上寻找，并且似乎找到了这个为他们继续成长所需要的模型，他们的心灵需要的是一个心理完满的意象。

富有智慧的形象意味着一个人已经到达内在的中心，并能从中获取资源。这并不意味着他能够解决生命中的所有的问题。但我们可以在这个人身上看到对立的涵容，即使在最分裂和充斥紧张感的情况下也能保持相对的完整和平衡，他在与他人的连接中能够保持一个平稳的态度，并摆脱自
212 我的偏好。找到原我并与内在现实相连接的人不再寻求他人的支持或被欲望以及私欲所占据。最重要的是，这样的人能够呈现出自发性、自由和独特的人格。这样的人是生动的，他会在生活中做出许多明确的选择从而展现出一种独特性。

这便是移情投射中的意象。当然，其中很大一部分是基于无意识模式的投射，这种模式是从病人与治疗师之间的某个领域涌现出来的。这样的投射可以被视为一种理想化的移情，但其根植于原我的原型而不是无意识中母亲或父亲的意象。

个体化第三阶段的目标是心灵各部分的内在结合，这些部分被早期的发展要求和过程分割开来。在这一整合阶段，强烈的需求将人格面具（好

人）和阴影（坏人）、男性特质和女性特质、孩子和成人、左脑和右脑、思维与情感、内倾和外倾的对立统一起来。在个体化的前两个阶段，所有被低估的发展潜能，在早期与意识分离并被压抑，因此自我才得以发展，并以一种适应的方式进入现实世界并与之产生联系，然而现在它们又回来寻求整合。在最初的两个阶段，人们通常会具备某一种心理类型，有性别的认同和性别偏好，从自己的家庭里及更广泛的文化中，选择适应他的某一种人格面具并认同它。从另一个方面看，在中心化/整合阶段，人们回头寻找曾经丢失或否认的部分，并将它们编织到曾经有漏洞的整体上。最终，人将不再与他的原我相异或者只有很少一部分的相异。当自我靠近原我时，它也较少感受到与所有人性以及复杂深厚的现实的疏离。简而言之，一个人越来越能够接受内在和外在的复杂性。

结语

个体化有时会和个人主义混淆。这两个概念的意义有某种程度的相似性，但事实上，个体化有着更广的含义，它不局限于对自我的强调。而个人主义通常只是指一种自恋，重心在自我的重要性及其权利和需求上。因此，它可以被判定为对正常和健康的自私的一种放大。与此同时，个体化虽然也包括大量的自我发展和自我中心，但却不止于此，它还包括整合内在与外在的极端性和复杂性。它并不会忽略利他主义和人际关系的重要性，而是将这些元素都集中纳入它的内涵中。它促进自我关注和广泛的社会兴趣，因为它聚焦于人类共有的原我（不是自我）。个体性在个体化的第三阶段产生， 213
是由共同的人类元素的独特集合构成，这些元素在每个特定的生命中得到体现，而这种生活并非与世隔绝或目空一切。它只是人类生命中的一次实验，之所以是特别的，那是因为它在共同基质中具有明确的位置。

参考文献

Adler, G. (1961) *The Living Symbol: A Case Study in the Process of Individuation*. Toronto: McClelland and Stewart.

American Psychiatric Association (APA) (2000) *Diagnostic and Statistical Manual of Mental Disorders*, 4th edn revised (DSM-IV-TR). Washington, DC: APA.

Beebe, J. (1992) *Integrity in Depth*. College Station, TX: Texas A&M University Press.

Edinger, E. (1972) *Ego and Archetype: Individuation and the Religious Function of the*

Psyche. New York: G.P. Putnam's Sons.
Erikson, E.H. (1950) *Childhood and Society*. New York: Norton.
Fordham, M. (1969) *Children as Individuals*. London: Hodder and Stoughton.
Henderson, J. (1967) *Thresholds of Initiation*. Middletown, CT: Wesleyan University Press.
Hillman, J. (1977) *Revisioning Psychology*. New York: Colophon.
Jacobi, J. (1967) *The Way of Individuation*. London: Hodder and Stoughton.
Jacoby, M. (1985) *The Longing for Paradise*. Santa Monica, CA: Sigo Press.
—— (2000) *Jungian Psychotherapy and Contemporary Infant Research*. London: Routledge.
Jung, C.G. (1966) *Two Essays on Analytical Psychology*. Princeton, NJ: Princeton University Press.
—— (1967) *Symbols of Transformation*. Princeton, NJ: Princeton University Press.
—— (1968) 'A study in the process of individuation', in *CW* 9i: 290–354. Princeton, NJ: Princeton University Press.
—— (1984) *Dream Analysis: Notes of the Seminar Given in 1928–1930*, ed. W. McGuire. Princeton, NJ: Princeton University Press.
—— (1988) *Nietzsche's* Zarathustra*: Notes of the Seminar Given in 1934–1939*, ed. J.L. Jarrett. Princeton, NJ: Princeton University Press.
—— (1989) *Analytical Psychology: Notes of the Seminar Given in 1925*, ed. W. McGuire. Princeton, NJ: Princeton University Press.
—— (1997) *Visions: Notes of the Seminar Given in 1930–1934*, ed. C. Douglas. Princeton, NJ: Princeton University Press.
Kalsched, D. (1996) *The Inner World of Trauma*. London: Routledge.
Levy-Bruhl, L. (1910/1925) *How Natives Think*, trans. L.A. Clare. New York: A.A. Knopf (original French title *Les Fonctions mentales dans les sociétés Inferieures*).
Neumann, E. (1954) *The Origins and History of Consciousness*. London: Routledge and Kegan Paul.
—— (1955) *The Great Mother: Analysis of an Archetype*. London: Routledge and Kegan Paul.
214 Papadopoulos, R.K. (ed.) (1992) *C.G. Jung: Critical Assessments*, four volumes. London and New York: Routledge.
Samuels, A. (1993) *The Political Psyche*. London: Routledge.
Schwartz-Salant, N. (1989) *The Borderline Personality*. Wilmette, IL: Chiron.
Stein, M. (1983) *In Midlife*. Dallas, TX: Spring.
—— (1998a) *Jung's Map of the Soul*. La Salle, IL: Open Court.
—— (1998b) *Transformation: Emergence of the Self*. College Station, TX: Texas A&M University Press.
von Franz, M.-L. (1964) 'The process of individuation', in C.G. Jung and M.-L. von Franz, *Man and his Symbols*. Garden City, NY: Doubleday.
—— (1977) *Individuation in Fairy Tales*. Dallas, TX: Spring.

第十章

主动想象

琼·乔多罗

引言

我认为没有比荣格自己作为资源来介绍他作品中主动想象（active imagination）的重要性和整体关联性更好的了。在一篇文笔优美的文章中，他反思了主动想象的重要性，同时也传达出它的一小部分魔力：

> 我最基本的观点和想法都来源于这些经验。我首先观察，而且只有先这样做，才能锤炼出我的观点。于是，手引动蜡笔或笔刷，脚迈出舞步，用眼和耳，用字词和思绪：黑暗的冲动才是模式（套路）的最终裁决者，无意识的“先验”将自己沉淀成可塑的形式。
>
> (Jung 1947：par. 402)

再次重申，他“最基本的观点和想法都来源于这些经验”。分析心理学中大部分的基本概念来自他对主动想象的经验。他首先“观察”，直到“锤炼”出自己的观点。例如，阴影、融合体（阿尼玛和阿尼姆斯）、人格面具、自我、原我，所有这些都是概念，但同时它们也是内在形象和内在事件，能够使心灵的某些结构和功能人格化。情感、原型、情结、力比多，这些虽然都是字词和概念，然而从最深的意义上，它们全都是可以触摸到的人类经验。

荣格将主动想象称为“心理治疗的分析方法”(1975：222)。这个过程包含将注意力和好奇心转移到内在的想象世界并以象征的方式表达它，同时寻求心理学视角的自我反思。主动想象的创造形式有很多种，包括：心中的幻象，不仅以视觉印象而且以听觉意象浮现出来的催眠意象，动态意象

和其他躯体感觉方面的印象；与内在形象的对话；沙盘游戏以及许多其他形
216 式中通过任意或所有的艺术来表达想象的象征性活动。主动想象可能包括与治疗关系，即作为主动想象的移情的动力机制有关的工作（Jung 1916/1958：par. 186；Davidson 1966）。最后，学理上的象征性放大过程（荣格的释梦方法）是基于与主动想象一样的平行联想这一自然过程（Jung 1947：par. 404）。

主动想象将无意识的深处打开并从中汲取灵感。与此同时，它的表达形式是由每个人的个人品位、天赋和爱好塑造的，也因此受到个人的文化环境的影响（Henderson 1962：8－9）。每一个创造性的过程都需要意识和无意识之间这样的关系。从这个角度来看，主动想象和创造性想象基本上是相同的过程。两者都涉及通过“仪式”、“内听”（rhythmic harmony）、“理性”和“关系”来表达和转化情感（L. H. Stewart 1987：138）。两者之间的主要差别在于意图。创造性想象倾向于文化形式的创造（宗教、艺术、哲学、社会），而主动想象则是倾向于人格上的重新创造。

在荣格看来，生命是自相矛盾的，所以他的重要思想以一种矛盾的方式呈现似乎也是很自然的。一方面，主动想象是一种冥想的程序和/或表达的过程，意味着要由病人独自完成，要远离分析师。另一方面，通过将主动想象与他的象征性释梦方法和与移情动力学有关的工作联系在一起，他似乎为心理治疗的综合分析方法奠定了基础。

荣格的主动想象与心灵的意象创造功能（想象）相一致并受其影响，它基于一种固有的心灵功能，同时它也是一种可以教授的自我疗愈方法。主动想象与其说是一种技术，不如说是一个自然事件：“我是写下一些实际发生的事情，而不是给出一些治疗方法。”（Jung 1928：par. 369）

无论我们是否意识到它，原型性想象一直都在自动进行着。它通过游戏、梦、幻想和主动想象，还有塑造人类文化的古老形式，即创造性想象来表达。对于荣格而言，幻想具有一种整合的功能，“所有可能之母，就如所有心理的对立面，内在世界与外在世界以活跃的统一形式结合在一起”（Jung 1921：par. 78）。

> 每一个好的想法和所有创造性作品都是想象的产物，它们的源头被称为婴儿期幻想。不仅是艺术家们，还有每一个有创造力的人在生命
> 217 中都拥有最好的幻想。幻想的动力原则是**游戏**，这也是孩子的一个特点，因此它似乎与认真工作的原则并不一致。但是如果没有幻想参与其中，就没有创造性作品的诞生。想象力所起的作用是不可估量的。
>
> （Jung 1921：par. 93）

荣格远远领先于他的时代。他早期对游戏和幻想的创造性、整合和治疗功能的认识，预示出精神分析和心理治疗的未来发展（Samuels 1985：9 -11）。同样，当代的神经科学家证实了身体、情绪、想象和意识之间相互交织的关系，以及想象的多感官特性（Damasio 1999；Pert 1997）。

现在我将根据荣格的作品，对他的经验和观点从年代发展的角度进行研究。

荣格论主动想象

荣格关于主动想象的观点似乎是从三个相互重叠的时间段自然而然地展开的。我首先会探讨一些在1902年至1914年之间为他后期的方法埋下种子的早期影响和思想。接下来是他的“创造性疾病”时期（Ellenberger 1970：672 - 673）和1912年至1919年期间自我疗愈的尝试。在第三部分，我介绍了他的基本思想，以及1916—1961年间的一些发展和修正。有了这三个部分，我们不由地想知道是不是可能还有“遗漏的第四阶段”。如果有，会让人想到主动想象的童年期根源。这使我想到儿童的想象性玩伴（imaginary companion）（Cwik 1995）、“看不见的朋友”，以及从婴儿时期起，创造性幻想引导发展的许多方式（C. T. Stewart 2001）。尽管荣格的童年时期没有用单独一个章节来呈现，但他对主动想象的发现和他重新发现的象征性游戏是完全交织在一起的。

早期的影响和思想（1902—1914）

荣格第一部出版的著作是他的医学博士论文（1902）。论文包括一系列对一系列降神会的详细描述，其中一位年轻的灵媒将自己展现给内在形象并将它们具身化。尽管他之后的描述早于他发现主动想象十二到十四年，但荣格对降神会的观察和分析使他了解到内在世界的想象有很多表达方式，包括躯体动作。

> 逐渐地，躯体动作开始伴随着字词，并最终被带入“充满激情的姿态”和整个戏剧性的场景……她的动作自由且高贵优雅，反映出她最美的情感变化。 218
>
> （Jung 1902：par. 40）

意象的本质

从一开始并贯穿他漫长的一生，荣格认为“意象”（image）一词都不只限于视觉印象。他引用的是沙可对听觉意象、视觉意象和动觉意象的区分（Jung 1902：par. 86，n. 35）。听觉、视觉和动觉意象再次出现在米勒小姐的幻想中（Miller in Jung 1912：447－462）。在写完第一篇关于主动想象的论文的几年之后，荣格谈到了“视觉类型”的人，这种类型的人将无意识体验为幻想图像；他还谈到“听觉-语言类型”的人更能够听到内在（脑子里）的声音（Jung 1916/1958：par. 170）。十二年到十四年之后，他在释梦讲座中给出这样的评论：“任何有运动想象力的人都可以用那个母题跳出一段非常美丽的舞蹈。”（1928－1930：474）

情结及情绪的本质

荣格很早就认识到情绪的重要性。然而，弗洛伊德强调驱力才是人类动机的来源，荣格则坚持情绪的首要地位。他那用于测量伴随心理困扰的生理变化的字词联想研究同时证实了弗洛伊德的压抑机制概念和荣格那具有情绪色彩的情结概念（Jung 1904－1909）。与情感的连接意味着每一个情结都是围绕着一个情绪性核心组织起来的。早在1907年，荣格就提出一个理论，认为情绪是心灵的基础：“我们人格的核心基础是情感作用（affectivity）。思想和行动都……只是情感作用的表现。”（Jung 1907：par. 78）这里，荣格提出情绪不仅是我们最麻烦的情结的核心，还是更高功能的首要来源。

两种思维

荣格在1912年提出幻想思维和定向思维：

> 然而定向思维完全是意识现象，但幻想思维并非如此。相当一部分幻想思维在意识层面，但是至少还有很多是在半阴影中，或者完全是在无意识中，并且只能被间接地碰触到。
>
> (Jung 1912：par. 39)

219 在这一早期写下的段落中，荣格主要将幻想思维与无意识的活动联系在一起，而将定向思维完全与意识活动联系在一起。在后期的著作中，荣格提出无意识思想和洞察“处在意识的旁边、之上或之下，通过最近的‘界限’将我们分开，但显然又无法做到”（Jung 1947：par. 362）。荣格在这里不仅认可幻想思维，还提出定向思维作为一种无意识功能，是通过自己的产物进入意识的。荣格的这两种思维和主动想象之间的联系在于，主动想象需要这两种生命本能之间持续的辩证关系。

象征性放大

荣格在 1912 年论述力比多的作品导致他与弗洛伊德的决裂，其始于他论两种思维的文章。然而，这本书的大部分篇幅都在描写荣格对一位富有教养的美国年轻女性所具有的一系列生动的创造性幻想的放大。作为一名杰出的记者和演讲者，米勒小姐写了一篇关于她的幻想的文章。她以清晰、理智和善于自我反省的探索天赋，对自己潜意识意象的来源进行分析，并将它们回溯到自己脑海中已经形成的某些生命印象。此外，她还使用自己从古代和当代文化资源中获得的新信息放大一些意象。因为从未与她相见，荣格完全根据她的文章和他自己的想象和想法进行工作，进一步在她入睡前状态下的幻想、联想和放大之间寻找相似之处。在 1925 年的讲座中，他对自己如何沉迷于她的幻想意象进行反思，并在事后分析中指出他在多大程度上将自己受伤的女性特质投射给她（Jung 1925：27－28；Shamdasani 1990）。

在另一个早期构想中，荣格区分出回溯性理解（retrospective understanding）和前瞻性理解（prospective understanding）（Jung 1914：par. 391）。回溯性理解使用的是还原法。它指向过去，试图寻找一个因果、科学的观点。相反，前瞻性理解使用的是建构法。它指向未来、鼓励推测又重视主观性。“在这一当前的心灵中，建构的立场寻求如何架起通向自己未来的桥梁。”（Jung 1914：par. 399）荣格从未否定过重建过去的重要性，但他也认为：“从因果的角度理解心灵，只是理解了其中的一半。”（Jung 1914：par. 398）两种理解方式都是必不可少的：“在任何时刻，心灵在一方面都是所有已存在或已发生的结果和制高点，在另一方面则是一切将要发生和存在的象征表达。”（Jung 1914：par. 405）从一开始，对理 220
解象征含义的热忱就是主动想象必不可少的部分。

直面无意识（1912—1919）

荣格在《转化的象征》（1912）中提出了一个更广泛、更包容的力比多概念，这令弗洛伊德难以接受。随着此书的出版，他们的友谊和合作也宣告结束。随着与弗洛伊德的绝交，荣格感到很不确定且迷失方向，恐惧和无精打采的心境严重威胁着他。为了寻找导致他内在危机的原因，他把他一生所有的细节都翻了个遍，其中有两处特别针对的是他早期的记忆。但是他找不到合理的解释，更没有解脱。最终，在面对着绝望的处境又不知还可以做些什么的时候，他有意识地做出决定，将自己的注意力转向无意识并任由无意识中的意象和冲动带领。在接下来的一段文字中，荣格讲述了他如何被引导去总结童年象征游戏的意义，以及这一过程如何将他带到自己最深的一个情结的情绪性核心。

> 第一个浮现在我脑海里的是一段来自我大概 10 或 11 岁时的童年记忆。那时候，我在一段时间里非常痴迷于玩积木。我清楚地记得我怎么搭建小房子和城堡，用瓶子来做门框和拱顶。后来我使用普通的石头，用泥巴做灰浆固定石头，我沉迷于这样的建造很长一段时间。令我惊讶的是，这段记忆伴随着大量的情感。“啊，”我对自己说，“原来这些东西还是有生命的。那个小男孩还在周围，拥有我所缺乏的创造性生命。不过，我要怎么才能和那个时候的我连接呢?”作为一个成年人，让现在的自己跨越时间的距离和 11 岁的自己连接起来，这似乎是不可能的。然而，如果我想重新建立起和那段时期的联系，我就没有别的选择，只能回归到那个状态，又开始进行童年时期的幼稚游戏。这是我命运的转折点，但我只是在无尽的阻抗和顺从的感觉下屈服。因为这段痛苦的耻辱经历让我意识到这样做除了玩幼稚的游戏之外，我什么都做不了。
>
> 尽管如此，我还是开始收集一些合适的石头，有的来自湖岸边，有的来自湖水里。然后我开始搭建：小屋，城堡，以至整个村庄。还差一座教堂，所以我做了一个有六边形圆柱顶的方形建筑，还有一个穹顶。教堂还需要一个祭坛，但是我对搭建它有些犹豫。
>
> 221 有一天我像往常一样在湖边散步，从岸边的砾石中捡石头，但心中还是在想怎样才能完成之前的任务。突然我看到一块红色的石头，它的四面呈一个塔状，约有四厘米高。它是一块被流水打磨成这个形状的石头碎片，一个纯属偶然的产物。我立刻便明白：这就是祭坛！我将它放在穹顶下的中心，当我这么做的时候，我想起儿时梦中的地下阳具。
>
> (Jung 1961/1965：173 - 174)

当荣格通过搭建游戏回到童年时代时，他想起的那个梦将他带回到更早的童年，那时的他做了一个非常可怕的噩梦，这个梦与地下寺庙中同类相食的阳具上帝有关。这个梦出现在这个小男孩开始把主耶稣与葬礼和死亡联系在一起的困惑时期。他被恐惧占据着，即使祈祷也不再能够给他带来安慰，他也不能放心地将他焦虑的反思告诉给任何人。在经历这个噩梦之后很久，可怕的上帝意象持续地浮现在他的脑海中：“每当有人过于强调主耶稣时……我就会想到他地下的对应部分，这是一个可怕的启示，即便我没有去寻找过它，它也会这么出现在我面前。”(Jung 1961/1965：13)

荣格的这个童年梦境异常复杂，困扰他很多年，但后来却被掩埋起来并被遗忘了(Jung 1961/1965：11－15)。通过玩象征游戏的过程，他想起那个梦，并获得一个对它更成熟的理解。值得注意的是，正如他早年的创伤反映出家庭氛围中的一个宗教的问题一样，他被自己的内在引导从而发现并发展出一个心理学流派，这个流派提供一种用宗教态度去接近心灵的方法。他反思他孩童时代所做的噩梦的含义，并回忆录中写道：

> 那时，是谁在跟我说话？谁在讲着一些远远超出我的知识范围的问题？是谁促使上和下结合，为一切奠定基础使我的后半生充满暴风雨般的激情？除了那个既是从上又是从下来的外星客人之外还有谁？
>
> 通过这个童年的梦，我开始知道大地的秘密。当时发生的事情被掩埋在地下，多年之后，我才从地下出来。今天我明白它的发生是为了将尽可能多的光明带给黑暗。那时候，我的理智生活找到了它的无意识起点。
>
> (Jung 1961/1965：15)

在回想起他童年的噩梦后，荣格的恐惧趋于平息，他的能量也得以回归。但是，一种新的内在压力已经取代那种恐惧。于是，他将自己暴露在
一系列幻想、幻象和梦境中，漂浮在这种源源不断的思绪河流里，并使自 222
己沉浸其中很多年。他尽可能仔细地将它们写下，他也进行绘画(Jung 1961/1965：170－199，1925：40－64 and 88－99，1921/即将出版)。

在1961年，荣格发表他直面无意识过程的第一批成果。《向死者的七次布道》不是一篇专业的论文，它更像是荣格自己主动想象的一个范例。它读起来更像一位古老的诺斯替导师借用荣格的笔来说话。这种充满激情，有节奏而又矛盾的作品包含最终发展出分析心理学的种子。最初，这本书是以小册子的形式匿名出版，荣格偶尔会送给朋友。在他生命的后期，他同意将其作为自己回忆录的附录出版(Jung 1961/1965：378－390)。同样是在1916年，他还写出《超越功能》(1916/1957，1916/1958)，这是一部多年来一直未被出版的重要原创作品。该作品的初稿充满旺盛的原始能量，为他的新方法提供一个多维度的介绍。

在回到他关于主动想象的思想之前，荣格的第三个孩子弗朗茨，也是他唯一的儿子，讲了一个关于他父亲的感人故事。弗朗茨出生于1908年，因此当荣格开始在家边上的湖岸玩他的搭建游戏时，他当时只有四五岁

大。许多年之后，当弗朗茨·荣格（Franz Jung）自己成为一位老人时，瑞士分析师雷娜特·奥皮科夫（Renate Oppikofer）问他是否还记得任何关于他父亲“直面无意识”那些年的事情。弗朗茨回答说那时的他还很小，记不得多少当时的事情。不过他的确记得有一段时间他和父亲经常在湖边一起玩搭建游戏。当 C. G. 荣格在 1961 年过世，弗朗茨读到他父亲的回忆录时，他才第一次意识到，当年玩的不仅仅是父子之间的游戏（Renate Oppikofer，个人交流，1995）。我很感激奥皮科夫允许我讲这个故事，因为这个故事使我们能够看到荣格当时是如何做父亲的。这个故事还告诉我们，似乎弗朗茨·荣格对建筑的兴趣从未消失过，因为他长大后成了一名非常有天赋的建筑师。

荣格论主动想象（1916—1961）

情绪

荣格从未改变过他早期有关情绪重要性的观点。但是多年来，他的兴趣从情感逐渐地转移到他对原型理论的发展上。这个转变很可能开始于他自我疗愈实验的中间阶段，他意识到可以将他自己难以处理的情绪、心情“转译”成为象征意象。

> 223 我尽可能将情绪转译成意象，也就是说，找到情绪里隐藏的意象。我的内心镇定下来，信心得以恢复。如果我把这些意象隐藏在情绪里，我可能会成功地将它们分离开，但是那样的话，我可能将不可逆转地陷入神经症中，并最终无论如何都会被它们毁灭。从治疗的角度来看，我的实验结果使我认识到找到情绪背后特定的意象大有裨益。
>
> （Jung 1961/1965：177）

在从情感到意象的转化中，主动想象与想象本有的自然疗愈功能相匹配。想象取代了原始情感，创造出象征性的意象和故事，从而以一种更容易接受的方式来表达心情或情绪。这种完全自然的过程出现在孩子们自发的象征游戏中，而且会引导心理发展的持续进行。某些冥想传统和主动想象一样，似乎是在促进一种类似的内在发展。它涉及一个从一种情感泛滥的状态朝着一种新象征视角的转变。荣格在《〈金花的秘密〉评论》里描述了这种新视角的发展：

之前从较低的人格层次看会导致最恶劣的冲突以及狂暴的激情，现在从较高的人格层次看却像是从山顶上俯视谷底的暴风。这并非意味着暴风不再真实，相反是因为人已经凭凌其上，所以一切不再一样。但在心灵的维度上，我们既是山谷又是群山，因此，如果硬要使自己超越人性，这简直是痴人说梦。人确实能够感受到情感并被其摇震和折磨，但与此同时，人也能觉知到更高的意识，它使得人不至于和情感完全融为一体。

(Jung 1929：par. 17)

对幻想的态度

自从早期论文《两种思维》(1912) 发表之后，荣格依旧沉浸于对幻想思维和定向思维的本质，以及两者之间的动力关系等问题的探讨之中。多年来，他还论述了对幻想的主动和被动态度："这一切都取决于病人对自己的幻想所采取的态度。"(Jung 1913/1955：par. 417)

但被动幻想并不常带有病态标记或至少显出一些不正常的痕迹，而主动幻想则是心灵活动最高形式的其中一种。在这里，主体的意识 224
和无意识人格汇集成一个共同体，二者在这里结合。

(Jung 1921：par. 741)

就像荣格对主动幻想的定义，这听起来非常接近于幻想思维和定向思维之间的辩证关系。一个加强着另一个。这种意识与无意识的联合是玩耍、创造和主动想象必不可少的。

主动想象的起始点

主动想象通常开始于冲突的、压抑的或紊乱的心理状态。"情绪紊乱的强烈程度本身就是有价值的，其能量……可以用来修复已降低的适应能力。"(Jung 1916/1958：par. 166) 这个想法始于原始的无意识材料，如情感、意象、冲动。每一个人都有自己理解它的方式。有些人有能力直接打开视觉和听觉意象的内在世界，其他人可能会转向身体感受、动作冲动和身心体征的内在世界。有些人选择（或者被动选择）一张海报、一张照片、一幅画作或者其他图像或物件并专注在它上面，直到它变得鲜活。借助其他物品或多或少能清晰地倾听到内在的声音。人们试图用不同的方式从内在找到自己的出发点。

以最方便的形式面对无意识，说出一个无意识的幻想、一个梦、一种非理性的心态、一种情感，或者某种类似的东西，并对它进行工

> 作。将你特别的关注施加给它，集中注意力并观察它的变化。
>
> (Jung 1955：par. 49)

> 他必须将情绪状态作为所有步骤的基础或出发点。他必须保持自己尽可能地意识到他所处的心境，让他自己在没有防备的情况下沉浸在里面，并将所有浮现的幻想和其他的联想记录在纸上。幻想必须被允许尽可能自由地发挥，但不能以这样的方式，离开其对象即情感的轨道……这整个程序是一种对情感的丰富和澄清。
>
> (Jung 1916/1958：par. 167)

主动想象的阶段

主动想象包含两个部分。第一部分是*让无意识浮现*，第二部分是*与无*
225 *意识达成和解*。这两个部分发生的过程是自然而然相继出现的，但有时候两个部分也会往复，或者两者可能同时出现。例如，它可以向无意识开放，并给予幻想以自由，与此同时保持一个主动、自省的视角。因为每一个人都是独一无二的，所以有很多方式方法进入此过程。有时候一次单独的体验就包含两个阶段。还有些时候，它需要用很多年的时间："事实上，它耗费我四十五年的时间去提炼我对这些事物的工作方法，把我那时经历过的写下来……它就像为一生的工作准备原始材料一样。"(Jung 1961/1965：199)

与这些阶段密切相关，但并不与它们完全一致的是过程中自然的部分中出现的两种倾向。一种是艺术创作的美学倾向，另一种是知识理解的科学倾向。

> 这两种倾向彼此相互依存，尽管有时候在实践中会发生这种情况：创造力不惜以客体的意义为代价强势夺取客体的所有权，或者想要理解的欲望压倒给予它形式的必要性。无意识的内容需要最先被清楚地看到，而这只能通过赋予它们外形来实现，接着只有当一切需要讲出来的切实地呈现时才能进行判断。
>
> (Jung 1916/1958：par. 179)

主动想象的形式

在1916年，荣格还没有发展出他的心理类型理论。然而，当他在研究自发性幻想的产生方式时，他似乎在描述一种感觉类型学。"视觉类型者应该专注于期待产生一个内在意象……听觉语言类型者通常听到内在的字词，开始可能只是看似毫无意义的只言片语。"(Jung 1961/1958：

par. 170）还有一些人“手里有表达无意识的诀窍”，同时也有人能够“通过身体运动来表达无意识”（Jung 1916/1958：par. 171）。除了发展视觉、听觉和运动产生幻想的能力，荣格还建议读者用笔写下所有东西，包括绘画。在这篇最早的论文中，他还谈到自动写作和使用塑型材料。

荣格在 1925 年的讲座和回忆录里都描述了他那搭建游戏的强大治疗效果。虽然“搭建游戏”和“象征游戏”在他论述主动想象的论文里都没有被具体命名，但仪式、戏剧表演和象征表演显然包含了许多象征性表达的形式。

尽管荣格用了许多同义词和其他名称来描述它们，但主动想象的实际表现形式在过去的数年中并没有多少变化。荣格在 1916 年描述过的形式在其后来的作品中一再出现。 226

> 于是他们开始素描、绘画或塑造他们的意象，女性有时进行编织。我甚至见过一两位女性用舞动的方式来表达她们的无意识形象。当然，人们也可以用写作的方式来表达。
>
> （Jung 1935：par. 400）
>
> 我因此开始关注病人的梦境意象或联想，并且以此为起点，通过让他自由地发挥幻想来让他阐述或发展自己的主题。根据个人的品位和才华，这可以通过戏剧、辩证、视觉、听觉等各种方式，或者以舞动、绘画、素描或塑型的形式来实现。
>
> （Jung 1947：par. 400）

在荣格的晚年，他还认为音乐创作是一种主动想象：

> 音乐的形态或许也是可以的，只要它真的被谱写了出来。尽管我还从未见过这样的案例，但巴赫的《赋格的艺术》（*Art of Fugue*）似乎就是一个这样的例子，就像原型的表现是瓦格纳的音乐的一个基本特征。
>
> （Jung 1955：par. 754）

危险

幻想意象本身并不是病态的，但是对它们的认同可能会有问题。

> 病态反应的典型特征是首先**对原型的认同**。这会通过浮现的内容产生一种膨胀和着迷，以至于它们的泻出如滔滔江水，没有任何治疗可以阻止。在顺利的案例中，认同有时可以终止一个或多或少无害的膨胀。但是在所有情况下，对无意识的认同都会导致意识的弱化，而

> 危险便潜伏其中。你不“制造”认同，你不“认同你自己”，但是你以无意识的方式体验你对原型的认同，于是就受它支配。因此，在更
> 227 困难的情况下，加强和巩固自我远比理解和吸收无意识的产物要重要得多。
>
> （Jung 1933/1950：par. 621）

分析师

荣格论述主动想象的著作中包含他对分析师角色的看法，还有对他如何工作的描述。他没有方向，因为他不信任教条的观点并倾向于提开放式问题。与此同时，他通过所有古老的文化形式参与工作。除通过艺术和科学的热情去理解创造性的构想之外，荣格还通过两种关系，即心灵内部关系和人际关系而参与其中。尽管我是分开论述这两部分的，但分析的实践涉及融合和交织的综合过程，从自我反思的心理学角度借鉴人类文化中的丰富资源。

艺术

在欣赏一段身体的动作表现，或给绘画带来生命的鲜明色彩和形态，或者用诗意的修辞来描述任意事件时，荣格的美学想象显然会镜映、肯定并放大病人的这一部分。荣格既作为良师益友又作为有很高辨识能力的见证人参与进来，其治疗意图与其说是艺术创作，不如说是“对病人自身的生活产生影响”（1931：par. 104）。

理解

对于荣格而言，在主动想象中浮现出来的内容需要被理解，但是它们不需要被解释：“意象和意义完全一样，而且当前者成形时，那么后者也变得清晰。实际上，这种模式不需要做解释，它呈现它自己的含义。”（Jung 1947：par. 402）他的象征性放大方法与平行联想的自然过程密切联系在一起，能够启发对问题的起源、意义和目的的探索。

与诸神的相遇和对话

向内的关系追寻对原我的直接体验。在最深层的意义上，分析师通过不间断地对内在心灵进行工作，将意识与无意识结合在一起。此外，荣格
228 还教一些被分析者打开自己，参与进去，并对内心中不间断的幻象流和内在的声音进行区分。

关系

尽管主动想象通常是单独完成的，但治疗关系在这一过程中提供了一个容器。分析师“调节病人的超越功能”（Jung 1916/1958：par. 146），在

不同的时期提供如导师、学者和参与其中的见证人的角色服务。在荣格生命的后期，他对1916年的论文做了一个简单但又重要的补充，将主动想象和可能会在分析中突然出现的移情联系在一起，他在这里指的是将主动想象扩大对移情动力学的工作中。

> 在大多数的个案中，他们需要长期忍受冲突，要求双方都做出牺牲。这样的关系重建也可以在病人和分析师之间发生，恶魔鼓吹者的角色轻易落在后者身上。
>
> (Jung 1916/1958：par. 186)

定 义

给主动想象下定义并不是一件容易的事情，因为荣格用了许多不同的名字来描述它。有一些术语是清晰的，而另一些则是易变的，因为其包含的意思不止一个。最初，他称其为超越功能（1916/1957，1916/1958）。然后，至少有十九年，荣格和他的同事们用了各种各样的名称来描述此方法。有些名字涉及一个特定的形式，例如，“图画技术”指的是绘出或描出象征图。其他名字涉及冥想程序，它们是向催眠意象这一内在世界敞开的途径，这些名字有“主动幻想”“主动妙想”“主动幻象”等等。还有的名字如沉降技术、内省技术、内投、分化和修炼。直到1935年，荣格在伦敦的塔维斯托克讲座中才第一次在公开场合使用“主动想象”这一术语。

荣格的超越功能是一种动态的、多面的概念，包含方法、功能和程序，还有最后的结果（Dehing 1993）。

> 这整个过程被称为“超越功能”。它是一个过程，同时也是一种方法。无意识补偿的生成是一个自发的过程，意识上的领悟则是一种方法。这个功能被称为“超越性的”是因为它通过对立面相互对抗的方式促进从一个心灵状态向另一个心灵状态的过渡。 229
>
> (Jung 1939/1954：par. 780)

尽管“超越功能”一词指的是方法、功能等，但主动想象一般只指方法本身。虽然如此，“主动想象”一词还是显然指一种分析*方法*，它基于心灵所具有的意象生成这一潜在*功能*。超越功能和想象功能都是动态的、富有创造性的、复杂的、整合的功能，用来形成和转化那些生动的象征。对于芭芭拉·汉纳（Barbara Hannah 1953）而言，超越功能是荣格早期的概念之一，后来逐渐被吸收到他提出的统一的原型这一概念，即原我之中。

对于格哈德·阿德勒（Gerhard Adler 1948：56）而言，主动想象是“对无意识内容的明确态度，我们试图借此隔离无意识的内容，从而观察它们的自主发展”。而芭芭拉·汉纳（1953：38）认为主动想象可以被称为“一种科学形式的冥想”。里克斯·韦弗（Rix Weaver）认为：

> 荣格的其中一个发现就是无意识的自主创造活动，这一活动揭示出它自身具有一种所谓的神话形成倾向。而后他发现，这种趋势可以被用来分析，并且将其命名为主动想象。
>
> （Weaver 1973/1991：2）

安德鲁·塞缪尔斯（1985：12）认为：“主动想象是一个不惜一切代价让无意识的‘信息’传递的通道，例如，以绘画、建模或写作等为媒介。”根据维蕾娜·卡斯特（1991：161）的观点，主动想象是“一个过程，借此，一种强大而灵活的自我情结允许无形的无意识原料（情结、梦和意象）被表达为有形的产品，如绘画、诗歌或歌曲”。在莫瑞·斯坦（2000）看来，主动想象是“分析心理学的四大支柱”之一。对于山姆·奈菲（Sam Naifeh，个人交流，2000）而言，“主动想象定义了分析”。

荣格学派和后荣格学派论主动想象

由于荣格的主动想象是建立在一种自然、创造的疗愈过程之上，它不可避免地进入一个充满活力、健康、富有成果和多元的文化集体中。除了
230 荣格的作品，有关表达性艺术治疗的文献体量也在不断增大，对有关冥想和沉思传统的浩瀚文献的关注及其发展也在复兴。

在荣格派学者中，我关注的是四个人的主要创新：约瑟夫·亨德森（Joseph Henderson）的文化无意识概念，路易斯·斯图尔特（Louis Stewart）的情感和原型理论，多萝西·戴维森（Dorothy Davidson）的移情即是主动想象的观点，以及多拉·卡尔夫（Dora Kalff）的沙盘游戏。

主动想象领域的丰硕成果带来了一种尴尬的局面。一章中的一节，甚至是一整章或者更多，都不能公正地评价那些一代又一代相继做出重大贡献的同行们。

本节将以迈克尔·福德汉姆和埃利·亨伯特（Elie Humbert）的批判作为结束。

创新与发展

文化无意识

约瑟夫·亨德森在1962年提出文化无意识的概念。作为个人和原始无意识之间的调解层，文化无意识是一种潜在的功能。随着内在的潜力被来自环境的某些强大影响（通过家庭、教育和时代精神［zeitgeist］）所镜映，文化无意识得到了唤醒和激活。

> 这样的教育体验并不一定是以一种灵感的方式获得的（尽管它可能源自那种方式），而是通过接触有关品味、道德原则、社会习俗和宗教象征的文化准则而建立起来的。而且，它建立在来自家庭生活的某些影响之上，而这些重要的规则在家庭生活中代代相传。相应地，很多所谓的“个人无意识”其实不是完全个人的，而是集体文化模式的个人部分，在我们能够为自我-意识确定它的有效性之前，这一部分就已经渗透其中了。
>
> （Henderson 1962：8－9）

四种文化态度，即美学的、宗教的、哲学的和社会的，都是围绕第五种核心的、自我反省的心理态度组织起来的。在勾勒出四种传统文化态度的同时，他还指出“社会态度的伦理一致性、哲学态度的逻辑、宗教态度的超越本质……美学态度的感官非理性”（Henderson 1984：49）。

就像体验精神生活的各种内在方式一样，文化态度也可以被理解为想象的内在形式或类别。

情感和原型 231

路易斯·斯图尔特（1985－1986）的理论重构并拓展了某些荣格的思想，同时为心灵的本质和主动想象提供了一种更深入、更有区分性的理解。通过和孩子工作，斯图尔特认识到快乐和兴趣是力比多的情感，是生命的本能。他的假设是心灵的所有更高功能，包括自我功能和象征的文化态度，都是从快乐和兴趣演变而来的，因为它们调节和改变危机和生存的影响。就像快乐激发游戏和想象一样，兴趣激发好奇和探索。而危机带来的影响则是为心理的/象征的发展的自然过程提供原料。

为了确定什么可能是表达原始自我同时也塑造其发展的普遍动力，斯图尔特提出了仪式、韵律、理性和关系的概念，认为它们就像一种记忆装置。“这些都分别是宗教、艺术、哲学和社会的不可简化之元素。并且……它们是想象的类别，表现为亨德森所谓的文化态度，包括宗教的、美学的、哲学的和社会的。”(L. H. Stewart 1987：138 - 139) 他将情感理解为心灵能量和原型性想象的原始来源，从而提供了一个简洁又有用的视角。在最深层的意义上，主动想象是核心的、自我反思性的心理态度，是从人类文化的创造性资源中提取的宗教的（与内在神明的对话）、美学的（表达性艺术）、哲学的/科学的（对象征意义的理解）和社会的（对相互移情的动力学进行工作）。

情感和原型涉及密切相关领域中两兄弟的故事。查尔斯·斯图尔特在《象征的推动力：创造性幻想如何驱动发展》中做出了突出的贡献（C. T. Stewart 2001)。他的系统研究贯穿婴儿期、儿童期和青少年时期的心理发展和象征发展，他从正常的发展、特定阶段的障碍和心理治疗中的相关问题三个角度展开系统研究。通过确定每个阶段的典型幻想，他对塑造发展和疗愈的象征进行了考察。

更多的贡献包括卡尔琳·沃德（Karlyn Ward 1992）对音乐、情感与意象的跨文化探索，安妮塔·格林（Anita Greene 2001）对身体、心理和意识的研究，以及我在表达性运动的心灵起源方面的工作（Chodorow 1991，2000)。

移情作为主动想象的一种形式

多萝西·戴维森在试图理解某种反移情反应时，得出了她的重要思
232 想。当她感觉到自己被“乱糟糟”地拉入一个不属于她的戏码中时，她最终被引导发现，许多分析可能都涉及病人“迄今为止还是无意识的戏剧”表演（1966：135)。随着分析师开始理解这一至关重要的新兴戏剧性事件的象征本质，有些事情可能会发生转变。病人不需要还未成熟的解释，相反他需要的是分析师对他们之间的情绪氛围中微妙而复杂的动力机制的神入式理解。这样的关系在前语言的水平上就是“让真正的解释生长出来的土壤”(Davison 1966：143)。“在这重意义上，我认为一个成功的分析可以被视为经历过主动想象。”(Davidson 1966：135)

在承认移情的重要性如同主动想象一样的同时，安德鲁·塞缪尔斯(1985) 关注的是戴维森（1966)，还有施瓦茨-萨兰特（1982）的贡献，并提出“中间实践者”这一概念，用来形容那些“渴望弥合经典象征合成取向和交互辩证取向之间鸿沟”的分析心理学家们（Samules 1985：204)。一直在为这一领域的发展做出贡献的还有诺拉·摩尔（Norah Moore

1975）和希拉·鲍威尔（Sheila Powell 1985）。在把联想过程视为所有分析技术的基本要素这一观点的基础上（Zinkin 1969；Charlton 1986），乔·凯布雷（Joe Cambray 2001）带着对分析师内在体验和治疗关系的特别关注，在发展象征性设定和象征性放大方面做出了突出的贡献。

沙盘游戏

对儿童进行工作的瑞士分析师多拉·卡尔夫接受过荣格的受训分析，并于1955年在苏黎世荣格学院完成了学业。当荣格鼓励她去发展一种利用象征游戏的方法来为儿童提供治疗时，她于是到伦敦跟随玛格丽特·洛温菲尔德（Margaret Lowenfeld）学习她的“游戏王国技术”（Lowenfeld 1939，1979）。荣格在1937年的巴黎会议上得知洛温菲尔德的研究成果，自然而然可以想象得到，他在洛温菲尔德的技术里认出他自己早年发现的象征游戏的疗愈功能。最早，洛温菲尔德从沙箱、地板和各地的孩子们曾经玩过的搭建游戏中发展出她的技术。材料由一个装满沙子的浅托盘和一批数百个包括人类、动物和神话人物、房屋、车辆、城堡、贝壳、石头、树和其他形象的微型模具构成，它们都是用来创造微型王国的材料。在将洛温菲尔德的技术和荣格的分析相结合的基础上，卡尔夫发展出了沙盘游戏（Sandplay）。对于卡尔夫而言，比语言上的解释更重要的是营造一个她所谓的“自由和受保护的空间”的氛围（1980：29）。

除在由彼得·安曼（Peter Amman 1972）拍摄的精彩纪录片中展示沙盘游戏的过程以及写出一部作品，卡尔夫（1980）还在欧洲、美国和日本 233
呈现她的成果。国际沙盘治疗师协会（ISST）在1982年成立，并在之后的几年中，在世界的许多地方都建立了附属团体。

《沙盘游戏：过去、现在和未来》（Mitchell and Friedman 1994）一书中有一篇历史回顾，里面附有一份截至1994年的综合性英文文献列表。在《沙盘治疗杂志》（*Journal of Sandplay Therapy*，www.sandplayusa.org）上还有一个引人注目的板块，其中用优美的文字和清晰的图片介绍了沙盘的后续发展以及其他文章。

主动想象的进一步发展

玛丽-路易斯·冯·法兰兹（1980）是第一个提出应该对荣格两个阶段的主动想象进行细分的分析师。她提出了以下过程：清空心理；让幻想意象浮现；赋予它某种表达形式；被自我回应，即伦理上的面质；把它融入生活或者活出它。也有人提出稍微不同的四阶段模型（Dallet 1982；Johnson 1986）。就这些相似处和对主动想象的独特看法而论，其似乎指向一个自然动态过程，它邀请每个人去发现他们自己的方式。

荣格学派对艺术的疗愈能力的贡献之一提供了丰富的资源。安东尼·斯蒂文斯（1986）讲述了威希米德（Withymead）的故事，那是英国的一个治疗性社区。卡洛琳·格兰特·费伊（Carolyn Grant Fay 1996）拍摄的视频展示了她对待主动想象的多层次取向。还有学者研究了音乐作为一种情绪表达和想象的途径，包括帕特里夏·斯卡尔（Patricia Skar 1997）、玛格丽特·蒂利（Margaret Tilly 1982）、卡尔琳·沃德（1992）和帕特丽夏·沃明（Patricia Warming 1992）。阿尔弗雷德·伍尔夫森（Alfred Wolfsohn）是一名患有炮弹休克症的一战老兵，他的原创贡献是用嗓音进行治疗（Newham 1992）。约瑟夫·亨德森和戴安·舍伍德（Joseph Henderson and Dyane Sherwood 2003）将一系列华丽的炼金术绘画与生活和分析中的创造性发展联系在一起。

研究艺术治疗价值的荣格派学者包括约瑟夫·亨德森（1973）、伊迪丝·华莱士（Edith Wallace 1975）、乔伊·沙维瑞恩（Joy Schaverien 1992）、玛丽·多尔蒂（Mary Dougherty 1998）、理查德·斯坦（Richard Stein 1992）、凯特·多诺休（Kate Donohue 2001）等等。纳奥米·洛温斯基（Naomi Lowinsky）对主动想象的馈赠受到诗歌节奏和韵律和谐的影响（1999）。约翰·艾伦（John Allan 1988）和赫尔穆特·巴尔茨（Helmut Barz 1993）是那些把戏剧和戏剧表演视为主动想象的研究者中的一员。作为荣格派艺术治疗师，肖恩·麦克尼夫（Shaun McNiff）的重要贡献包括他对以艺术为基础的研究的发展（McNiff 1998）。

主动想象与其情感源密不可分，后者通过视觉、听觉、动觉和其他躯体感觉的意象来表达。玛丽·沃特金斯（Mary Watkins 1976）、罗伯特·伯斯纳克（Robert Bosnak 1986）、罗宾·范·洛本·泽尔斯（Robin van
234 Löben Sels 2003）、卡罗尔·麦克雷（Carol McRae 1997）、茹斯·弗莱（Ruth Fry 1974）和珍妮·阿赫特贝格（Jeanne Achterberg 1985）以及罗伯特·阿沙吉欧利（Robert Assagioli 1965）都是那些在体验和理解想象的画面和其中的元素方面做出重要贡献的学者。玛丽·林恩·基特尔森（Mary Lynn Kittelson 1996）有一篇文笔优美的文章从多角度探讨了听觉想象领域。马里昂·伍德曼（Marion Woodman）的写作和教学都是围绕着身体中心灵的居所以及早期创伤的疗愈展开的。安妮塔·格林的重要贡献包括《具身化的主动想象》（2003）。阿尼·明德尔（Arny Mindell）的“过程导向心理治疗”可以被理解为一种将主动想象应用到不同研究领域的发展（Mindell 1985）。

早在1916年，荣格和他的同事们就把身体运动理解为表达和转化无意识内容的一种自然方式。在接下来的段落中，蒂娜·凯勒（Tina Keller）描述了1924年前后，她在苏黎世接受托妮·伍尔夫分析时的第一次体验：

> 当我接受托妮·伍尔夫小姐的分析时，我经常会感到内心深处有某种东西想要表达出来，但是我也知道这个“东西”无法用语言来描述。当我们寻找其他表达方式时，我突然有了一个想法：“我可以将它跳出来。”伍尔夫小姐鼓励我试一试。身体感受让我感觉到很压抑，出来的意象是，我在一块石头里，然后我必须从中出来并成为一个分离的、独立的个体。从身体感受中产生的动作，就像意象一样，目的是把我从石头中解放出来。这个过程持续了好几个小时。在经历了一番痛苦的努力后，我站在那里，被解放了。这个非常自由的活动远比我们只是在分析中讨论要有效得多。这就是一个在内心发生的“心理剧”或者荣格所称的“主动想象”。只是在这里躯体起到其主动的作用。
>
> （Keller 1972：22，R. Oppikofer 译）

在20世纪50年代，舞动治疗的先驱玛丽·斯塔克斯·怀特豪斯（Mary Starks Whitehouse）将舞蹈动作发展成为主动想象的形式，今天它已经是舞动治疗的一个分支，同时也是分析治疗中主动想象的一种形式（Whitehouse 1954－1979；Chodorow 1974－1991）。这个过程包含一个舞者、一个见证者，还有两者之间的关系动力机制（J. Adler 1972－1994；Wyman-McGinty 1998，2002）。除了在分析中让主动想象成为一种有价值的形式，舞者-见证者的关系为研究表达性运动的辩证特质提供了一个有力的工具，这种特质是每一种深度心理关系的一部分。荣格派分析师伍德曼（1982）、格林（2003）、怀曼-麦金蒂（Wyman-McGinty 2002）、斯皮泽（Spitzer 2003）、格尔森（Gerson 2005）、洛伦兹（Lorentz 1998），还有费伊（1996）、阿多里西奥（Adorisio 2005）、斯特姆斯泰德（Stromsted 2001）以及其他人继续在推进创造性发展的过程。一份名为《前进杂志： *235*
真实运动的持续表达》的季刊（*A Moving Journal*：*Ongoing Expressions of Authentic Movement*，www.movingjournal.org）从很多角度报道了这项工作的开展情况。

心理治疗中的艺术

所有创造性艺术治疗都可以把它们的源头追溯到荣格早期的贡献。艺术治疗、音乐治疗、舞动治疗、戏剧治疗和诗歌治疗陆续在20世纪60年代和 70 年代的美国以不同的职业出现。和戏剧治疗既相同却又不同的心理剧主要源于雅各布·莫雷诺（Jacob Moreno）的贡献。每个领域都有自己的专业协会，有其正规的职业预备标准和伦理规范；也都有会议、书籍和期刊，以满足临床医生、研究者和教育者的需求。最近几十年，许多极重要的发展都是全球性的，有协会、研究生水平的培训项目，以及遍布世界各地的出版物。职业教育一般是基于研究和实践的特定形式，然而所有的艺术都以一种自然的方式相互交织，同时也与语言心理治疗交织。1994 年，国际表达性艺术治疗协会（IEATA）成立，它并不只专注于一个领域，相反，它建立在整合性艺术视角的基础上。

希尔曼提出并反思了以下问题：

> 当一个病人开始舞动、编排或者绘制他的灵魂状态时，以喜剧般的演说或诗意的独白大声自由地讲话时，用黏土塑出它或者用拼贴画展示出它时，究竟发生了什么……我想问的是这个被呈现出来、表达出来、表演出来或者借助各种艺术形式形成的“它”。很明显，“它”是一种情绪，一种被情绪渲染的灵魂状态。
>
> （Hillman 1960/1992：x）
>
> 除了艺术作品、病人和情绪之外，还有什么呢？想象。既然艺术治疗激活了想象，并允许它具体化，换言之，通过病人的情绪进入那个世界，那么借助艺术的治疗必须优先于所有其他类型的治疗。
>
> （Hillman 1960/1992：xiv）

批判

在 1956 年和 1958 年的论文中，福德汉姆尝试着区分主动想象和想象性活动。他并没有呈现荣格认为想象性活动是游戏、梦、幻想、主动想象和创造性想象涌现的源头的观点，相反，福德汉姆给出的是他自己的移情视角：“想象性活动通常与病人在想什么有关，可以是他需要的，或是一
236 种兴趣、着迷，或对分析师情感的操控。”（Fordham 1958：78）因为移情，“只要一个人还是病人，我们就应该在一个有限制的情况下谈论主动想象”（Fordham 1958：80）。根据我的理解，福德汉姆认为主动想象和移情之间几乎不相容。基于这一观点，福德汉姆对分析师同行早期写的几篇描述主动想象产物的论文进行了评价，并推断其中提到的有许多（如果不是大多数的话）作品是想象性活动的例子，而不是主动想象。

埃利·亨伯特（1971）写了一篇有着完全不同性质的批判性论文，其中提出了关于主动想象奇怪命运的核心问题：

> 一种被称为主动想象的心理活动形式占据着荣格及其大多数学生相当一部分的生命空间。今天，这一情况似乎不复存在。这种方法很少被使用，并且只是偶尔在陈腐或神秘的场合中出现。可能有人会问：它是那个自称是荣格派的心理学在用这种方式制造一种对无意识的深刻阻抗？
>
> （Humbert 1971：101）

现状和未来发展

对于那些寻求心理治疗的综合分析方法的人来说，主动想象提供了一种方式来抱持、尊重、想象和思考分析师对被分析者进行工作的所有方式。我想，这可能是人类的天性，长途跋涉寻找幸福的蓝鸟，却发现它在自己的后院。

主动想象不只是一种特定的冥想程序或表达技术。从更深层的意义上来看，它是一种核心的、自我反思性的心理态度，这种态度是从所有象征文化态度中提取出来的，约瑟夫·亨德森（1984）将之描述为宗教的、美学的、科学的/哲学的和社会的：

> 我可以想象，一群未来的分析师以一种新的欣赏方式教授旧式文化态度，不是因为他们一上来就带着任何精神使命去这么做，而是因为这种教授是他们对病人进行工作的方式所带来的不可避免的结果。
>
> （Henderson 1962：14）

在分析中，我们接触到想象的所有内在类别。基于品味和才华、倾向和类型学，想象的不同形式将在对不同个体的工作中凸显出来。 237

鉴于心灵的本质，分析似乎不可避免地带来宗教想象，这种神秘的想象以心中看到的幻象、内在的声音和心灵内部的作用的形式表达出来，从而发展为与内在的神或女神的持续对话。

同样，分析带来美学想象，这种美的想象通过节奏和韵律的和谐得到表达。幻想可能通过素描、绘画、雕塑、舞动、音乐、戏剧表演、诗歌和沙盘游戏，还有织画、故事和许多其他形式被表达出来，这些都因个人的特质和偏好而异。

我们也通过哲学的、科学，即学理性想象进行交流。荣格的象征性放大方法建立在平行联想这一自然过程之上，联想的一部分来自人类丰富的知识资源，包括儿童发展、动物研究、文化历史、神话等等。在分析中，学理性想象意味着在个人、文化和原型的维度上探索和理解象征。

分析被包含和混在社会性想象、关系的想象、神入性想象以及对移情和反移情动力学的工作中。荣格在他的作品中将移情视为主动想象："内在对话也可以发生在病人和分析师之间。"（1916/1958：par. 186）

最后，分析不可避免地指向核心的、自我反思性的心理想象，它是其他四个的精华。所谓精华，我指的是塑造和重塑人格的自然方式，其通过象征性的文化态度（宗教的、美学的、哲学的、社会的）进行，受到古老的德尔斐神谕，即认识你自己的影响。

致谢

本章涉及的材料来自琼·乔多罗即将出版的著作《主动想象：来自内部的疗愈》（*Active Imagination：Healing form Within*），此书是卡洛琳和欧内斯特·费伊分析心理学系列的其中一本，该系列由戴维·罗森（David Rosen）主编，得克萨斯农工大学出版社出版。

参考文献

Achterberg, J. (1985) *Imagery in Healing: Shamanism and Modern Medicine*. Boston, MA and London: Shambhala.

Adler, G. (1948) *Studies in Analytical Psychology*. New York: W.W. Norton.

238 Adler, J. (1972–1994) 'Janet Adler Papers', in P. Pallaro (ed.) (1999) *Authentic Movement: Essays by Mary Starks Whitehouse, Janet Adler and Joan Chodorow*. London: Jessica Kingsley.

Adorisio, A. (2005) 'Bellezza Orsini and creativity: images of body and soul from a sixteenth century prison'. *Spring*, 72 (special issue on Body and Soul honouring Marion Woodman): 281–297.

Allan, J. (1988) *Inscapes of the Child's World*. Dallas, TX: Spring.

Amman, P. (1972) *Sandspiel* (16 mm film), directed and produced by Peter Amman. Videotaped 1985, available from C.G. Jung Institute of Los Angeles, CA.

Amman, R. (1991) *Healing and Transformation in Sandplay*. La Salle, IL: Open Court.

Assagioli, R. (1965) *Psychosynthesis*. New York: Viking.

Barz, H. (1993) 'The transcendent function and psychodrama', in M.A. Mattoon (ed.) *The Transcendent Function*. Einsiedeln, Switzerland: Daimon Verlag.

Bosnak, R. (1986) *A Little Course in Dreams*. Boston, MA: Shambhala.

Bradway, K. and McCoard, B. (1997) *Sandplay: Silent Workshop of the Psyche*. London: Routledge.

Bradway, K., Signell, K., Stewart, C.T., Stewart, L.H. and Thompson, C. (1981) *Sandplay Studies: Origins, Theory, Practice*. San Francisco, CA: C.G. Jung Institute.

Cambray, J. (2001) 'Enactments and amplification'. *Journal of Analytical Psychology*, 46(2): 275–303.

Charlton, R.S. (1986) 'Free association and Jungian analytical technique'. *Journal of Analytical Psychology*, 31(2): 153–171.

Chodorow, J. (1974–1991) 'Joan Chodorow Papers', in P. Pallaro (ed.) (1999) *Authentic Movement: Essays by Mary Starks Whitehouse, Janet Adler and Joan Chodorow*. London: Jessica Kingsley.

—— (1991) *Dance Therapy and Depth Psychology: The Moving Imagination*. London: Routledge.

—— (2000) 'The moving imagination'. *American Journal of Dance Therapy*, 22(1): 5–27.

—— (2005) 'Multi-sensory imagination'. *Spring*, 72 (special issue on Body and Soul honouring Marion Woodman): 159–166.

Cwik, A. (1995) 'Active imagination: synthesis in analysis', in M. Stein (ed.) *Jungian Analysis*, 2nd edn. La Salle, IL: Open Court.

Dallett, J. (1982) 'Active imagination in practice', in M. Stein (ed.) *Jungian Analysis*. Peru, IL: Open Court.

Damasio, A. (1999) *The Feeling of What Happens*. New York: Harcourt.

Davidson, D. (1966) 'Transference as a form of active imagination'. *Journal of Analytical Psychology*, 11(2):135–146.

Dehing, J. (1993) 'The transcendent function: a critical re-evaluation', in M.A. Mattoon (ed.) *Proceedings of the Twelfth International Congress for Analytical Psychology*. Einsiedeln, Switzerland: Daimon Verlag.

Donohue, K. (2001) 'A transcendent journey through the motherline: a voyage with Helen Hardin, southwest artist'. *The Arts in Psychotherapy*, 28(1): 19–30.

Dougherty, M. (1998) 'Duccio's prayer', in M.A. Mattoon (ed.) *Proceedings of the Fourteenth International Congress for Analytical Psychology*. Einsiedeln, Switzerland: Daimon Verlag.

Douglas, C. (1993) *Translate this Darkness: The Life of Christiana Morgan*. New 239
York: Simon and Schuster.

Ellenberger, H.F. (1970) *The Discovery of the Unconscious*. New York: Basic Books.

Fay, C.G. (1996) *At the Threshold: A Journey to the Sacred through the Integration of the Psychology of C.G. Jung and the Expressive Arts, with Carolyn Grant Fay* (videotape). Boston, MA: Bushy Theater.

Fordham, M. (1956) 'Active imagination and imaginative activity'. *Journal of Analytical Psychology*, 1(2): 207–208.

—— (1958) 'Problems of active imagination', in M. Fordham, *The Objective Psyche*. London: Routledge.

Fry, R.T. (1974) 'Teaching active imagination meditation', doctoral dissertation, Laurence University.

Gerson, J. (2005) 'Wounded instincts, weeping soul: working with embodied countertransference'. *Spring*, 72 (special issue on Body and Soul honouring

Marion Woodman): 205–217.

Greene, A. (2001) 'Conscious mind – conscious body'. *Journal of Analytical Psychology*, 46(4): 565–590.

—— (2003) 'Embodied active imagination', in M.A. Mattoon (ed.) *Proceedings of the Fifteenth International Congress for Analytical Psychology*. Einsiedeln, Switzerland: Daimon Verlag.

Hannah, B. (1953) 'Some remarks on active imagination'. *Spring*: 38–58.

Henderson, J. (1962) 'The archetype of culture', in *The Archetype: Proceedings of the Second International Congress of Psychology, Zurich*. New York: S. Karger.

—— (1973) 'The picture method in Jungian psychotherapy'. *Art Psychotherapy*, 1: 135–140.

—— (1984) *Cultural Attitudes in Psychological Perspective*. Toronto: Inner City.

Henderson, J. and Sherwood, D. (2003) *Transformation of the Psyche: The Symbolic Alchemy of the Splendor Solis*. London: Routledge.

Hillman, J. (1960/1972/1992) *Emotion: A Comprehensive Phenomenology of Theories and their Meanings for Therapy*. Evanston, IL: Northwestern University Press.

Humbert, E. (1971) 'Active imagination: theory and practice'. *Spring*: 101–114.

Johnson, R.A. (1986) *Inner Work: Using Dreams and Active Imagination for Personal Growth*. San Francisco, CA: Harper and Row.

Jung, C.G. (1902) 'On the psychology and pathology of so-called occult phenomena', in *Collected Works (CW)* 1: pars. 1–165. Princeton, NJ: Princeton University Press, 1975.

—— (1904–1909) 'Studies in word association', in *CW* 2: pp. 1–580, pars. 1–1311. Princeton, NJ: Princeton University Press, 1973.

—— (1907) 'The psychology of Dementia Praecox', in *CW* 3: pp. 1–151, foreword and pars. 1–316. Princeton, NJ: Princeton University Press, 1960.

—— (1912) *Symbols of Transformation*. *CW* 5. Princeton, NJ: Princeton University Press, 1967.

—— (1912/forthcoming) *C.G. Jung's Red Book*, ed. S. Shamdasani. Zurich: Niedieck Linder, literary agent.

—— (1913/1955) 'The theory of psychoanalysis', in *CW* 4: 83–226, historical note, forewords and pars. 203–339. Princeton, NJ: Princeton University Press, 1961.

—— (1914) 'On psychological understanding', in *CW* 3: pars. 388–424. Princeton, NJ: Princeton University Press, 1960.

240 Jung, C.G. (1916/1925/1961) 'The seven sermons to the dead', trans. H.G. Baynes. Appendix V, in C.G. Jung, *Memories, Dreams, Reflections*. New York: Random House/Vintage, 1965.

—— (1916/1957) *The Transcendent Function* (booklet), trans. A.R. Pope. Zurich: privately printed for the Students' Association, C.G. Jung Institute.

—— (1916/1958) 'The transcendent function', in *CW* 8, 'Prefatory note' and pars. 131–193. Princeton, NJ: Princeton University Press, 1975.

—— (1921) *Psychological Types*. *CW* 6. Princeton, NJ: Princeton University Press, 1971/1974.

—— (1925) *Analytical Psychology: Notes on the Seminar Given in 1925*, ed. W. McGuire. Princeton, NJ: Princeton University Press, 1989.

—— (1928) 'The technique of differentiation between the ego and the figures of the unconscious', in *CW* 7: pars. 341–373. Princeton, NJ: Princeton University Press, 1953/1966/1975.

—— (1928–1930) *Dream Analysis: Notes of the Seminar*, ed. W. McGuire. Princeton, NJ: Princeton University Press, 1984.
—— (1929) 'Commentary on *The Secret of the Golden Flower*', in *CW* 13: pars. 17–45. Princeton, NJ: Princeton University Press, 1976.
—— (1930–1934) *The Visions Seminars*, ed. C. Douglas, vols 1 and 2. Princeton, NJ: Princeton University Press, 1997.
—— (1931) 'The aims of psychotherapy', in *CW* 16: pars. 66–113. Princeton, NJ: Princeton University Press, 2nd edn 1966, 3rd printing with corrections 1975.
—— (1933/1950) 'A study in the process of individuation', in *CW* 9i: pars. 525–626. Princeton, NJ: Princeton University Press, 2nd edn 1968.
—— (1935) 'The Tavistock Lectures', in *CW* 18: pars. 1–415. Princeton, NJ: Princeton University Press, 1976.
—— (1939/1954) 'Psychological commentary on *The Tibetan Book of the Great Liberation*', in *CW* 11: pars. 759–830. Princeton, NJ: Princeton University Press, 1958.
—— (1947) 'On the nature of the psyche', in *CW* 8: pars. 343–442. Princeton, NJ: Princeton University Press.
—— (1955) *Mysterium Coniunctionis*. *CW* 14. Princeton, NJ: Princeton University Press, 1974.
—— (1961/1965) *Memories, Dreams, Reflections*. New York: Random House/Vintage.
—— (1975) *Letters, Volume Two, 1951–1961*. Princeton, NJ: Princeton University Press.
—— (1997) *Jung on Active Imagination: Key Essays Selected and Introduced by Joan Chodorow*. London: Routledge.
Kalff, D. (1980) *Sandplay*. Santa Monica, CA: Sigo Press.
Kast, V. (1991) *Joy, Inspiration, and Hope*. College Station, TX: Texas A&M University Press.
Keller, T. (1972) *Wege inneren Wachstums: Aus meinen erinnerungen an C.G. Jung*. Erlenbach, Switzerland: Bircher-Benner Verlag.
—— (1982) 'Beginnings of active imagination: analysis with C.G. Jung and Toni Wolff, 1915–1928', in J. Hillman (ed.) *Spring*: 279–294.
Kirsch, J. (1955) '"Journey to the Moon": a study in active imagination', in *Studien zur analytichen psychologie C.G. Jung*, Volume 1. Zurich: Rascher.
Kittelson, M.L. (1996) 'Auditory imagery: the acoustic vessel', in M.A. Mattoon (ed.) *Proceedings of the Thirteenth International Congress for Analytical Psychology, Zurich 1995*. Einsiedeln, Switzerland: Daimon Verlag. 241
Lorentz, E. (1998) 'Movement as active imagination', diploma thesis, Inter-Regional Society of Jungian Analysts.
Lowenfeld, M. (1939) 'The world pictures of children: a method of recording and studying them'. *British Journal of Medical Psychology*, 18: 65–101.
—— (1979) *The World Technique*. London: George Allen and Unwin.
Lowinsky, N. (1999) 'How Eurydice tells it'. *Psychological Perspectives*: 38: 86–104.
McNiff, S. (1998) *Art-Based Research*. London: Jessica Kingsley.
McRae, C. (1997) 'Learning to listen: a snake calls me to a shamanic path', in D. Sandner and S. Wong (eds) *The Sacred Heritage*. London: Routledge.
Middlekoop, P. (1985) *The Wise Old Man: Healing through Inner Images*. Boston,

MA: Shambhala.
Miller, J. (2004) *The Transcendent Function: Jung's Model of Psychological Growth through Dialogue with the Unconscious*. Foreword by Joan Chodorow. Albany, NY: State University of New York Press.
Mindell, A. (1985) *Working with the Dreambody*. Boston, MA: Routledge and Kegan Paul.
Mitchell, R.R. and Friedman, H.S. (1994) *Sandplay: Past, Present, and Future*. London: Routledge.
Moore, N. (1975) 'The transcendent function and the forming ego'. *Journal of Analytical Psychology*, 20(2): 164–182.
—— (1986) 'Amplification, transference analysis and the analyst's inner process'. *Journal of Analytical Psychology*, 31(2): 113–133.
Naifeh, S. (1993) 'Experiencing the self'. *San Francisco Library Journal*, 12(1): 5–27.
—— (2001) 'Images in psychiatry: Carl Gustav Jung, M.D., 1875–1961'. *American Journal of Psychiatry*, 158(12): 1973.
Newham, P. (1992) 'Jung and Alfred Wolfsohn'. *Journal of Analytical Psychology*, 37: 323–336.
Perera, S.B. (1981) *Descent to the Goddess*. Toronto: Inner City.
Pert, C. (1997) *Molecules of Emotion*. New York: Scribner.
Powell, S. (1985) 'A bridge to understanding: the transcendent function in the analyst'. *Journal of Analytical Psychology*, 30: 29–45.
Robertson, R. (1998) 'Active imagination in practice'. *Gnosis Magazine*, Fall: 44–48.
Samuels, A. (1985) *Jung and the Post-Jungians*. London: Routledge.
Sandner, D. (1992) 'The transcendent function: response to Jef Dehing', in M.A. Mattoon (ed.) *Proceedings of the Twelfth International Congress for Analytical Psychology*. Einsiedeln, Switzerland: Daimon Verlag.
Schaverien, J. (1992) *The Revealing Image*. London: Routledge.
Schwartz-Salant, N. (1982) *Narcissism and Character Transformation*. Toronto: Inner City.
Searle, Y. and Streng, I. (eds) (2001) *Where Analysis Meets the Arts*. London: Karnac.
Shamdasani, S. (1990) 'A woman called Frank'. *Spring*, 50: 26–56.
Singer, J. (1972) 'Dreaming the dream onward: active imagination', in J. Singer (1994) *Boundaries of the Soul*. Garden City, NY: Doubleday.
242 Skar, P. (1997) 'Music and analysis, contrapuntal reflections', in *Proceedings of the Thirteenth International Congress for Analytical Psychology, Zurich 1995*. Einsiedeln, Switzerland: Daimon Verlag.
Spitzer, S. (2003) 'Embodied implicit memory', in *Proceedings of the Fifteenth International Congress for Analytical Psychology*. Einsiedeln, Switzerland: Daimon Verlag.
Stein, M. (1998) *Jung's Map of the Soul*. La Salle, IL: Open Court.
—— (2000) *Four Pillars of a Jungian Approach to Psychotherapy* (audiotapes #448, 2 cassettes). Atlanta, GA: Jung Society of Atlanta, www.jungatlanta.com
Stein, R. (1992) 'The transcendent function as revealed in unconscious drawings', unpublished paper with slides given at the Twelfth International Congress for Analytical Psychology, Chicago.
Stevens, A. (1986) *Withymead: A Jungian Community for the Healing Arts*. London:

Coventure.
Stewart, C.T. (2001) *The Symbolic Impetus: How Creative Fantasy Motivates Development*. London: Free Association.
Stewart, L.H. (1985–1986) 'Work in progress: affect and archetype', in N. Schwartz-Salant and M. Stein (eds) *The Body in Analysis*. Wilmette, IL: Chiron.
—— (1987) 'Affect and archetype in analysis', in N. Schwartz-Salant and M. Stein (eds) *Archetypal Processes in Psychotherapy*. Wilmette, IL: Chiron.
Stromsted, T. (2001) 'Reinhabiting the female body'. *The Arts in Psychotherapy*, 28(1): 39–55.
Tilly, M. (1982) 'Margaret Tilly remembering a musical visit with Jung', in F. Jensen (ed.) *C.G. Jung, Emma Jung and Toni Wolff: A Collection of Remembrances*. San Francisco, CA: Analytical Psychology Club.
van Löben Sels, R. (2003) *A Dream in the World: Poetics of Soul in Two Women, Modern and Medieval*. London: Routledge.
von Franz, M.-L. (1980) 'On active imagination', in M.F. Keyes (ed.) (1983) *Inward Journey: Art as Therapy*. La Salle, IL: Open Court.
Wallace, E. (1975) 'For C.G. Jung's one hundredth birthday: creativity and Jungian thought'. *Art Psychotherapy*, 2: 181–187.
Ward, K.H. (1992) 'Music, affect and imagery: a cross cultural exploration'. *Journal of the Association for Music and Imagery*, 1: 19–31.
Warming, P. (1992) 'Psyche and sound: the use of music in Jungian analysis', in D. Campbell (ed.) *Music and Miracles*. London and Wheaton, IL: Quest.
Watkins, M. (1976) *Waking Dreams*. New York: Harper and Row.
Weaver, R. (1973/1991) *The Old Wise Woman: A Study of Active Imagination*. Boston, MA: Shambhala.
Weinribb, E. (1983) *Images of the Self*. Boston, MA: Sigo Press.
Whitehouse, M. (1954–1979) 'Mary Whitehouse Papers', in P. Pallaro (ed.) (1999) *Authentic Movement: Essays by Mary Starks Whitehouse, Janet Adler and Joan Chodorow*. London: Jessica Kingsley.
Woodman, M. (1982) *Addiction to Perfection*. Toronto: Inner City.
—— (2000) *Bone*. New York: Viking.
Wyman-McGinty, W. (1998) 'The body in analysis: authentic movement and witnessing in analytic practice'. *Journal of Analytical Psychology*, 43(2): 239–260.
Wyman-McGinty, W. (2002) 'Authentic movement and witnessing in psychotherapy', in P. Camic and L. Wilson (eds) *Bulletin of Psychology and the Arts*, 2(2): 90–92. 243
Zinkin, L. (1969) 'Flexibility in analytic technique'. *Journal of Analytical Psychology*, 14(2): 119–132.

第十一章

梦

玛丽・安・马顿

梦是内心深处一扇小小的隐藏之门
也是灵魂最深处的秘密。

(C. G. Jung 1933: par. 304)

梦是通向灵魂的门，还是像我们经常听的“那只是个梦”？有时候，我们会用那“只是个梦”的说辞来安慰那些做了令人不安的梦的人；还有些时候，我们也会说梦与现实没有关系。然而，越来越多的人感谢他们晚上的梦并不仅“只是个梦”；相反，梦在他们的生命中是至关重要的。

在考虑梦在荣格式心理治疗中的重要性和梦所扮演的角色的历史之后，我们将考察对梦进行工作的方法。随后我们会讨论释梦：放大，寻找它的意义，并探索诠释的有效性。

荣格式心理治疗中梦的重要性

梦是通往无意识的康庄大道，而无意识要比意识大得多。如果我们不对它们加以注意，我们就会把我们对心灵的认识局限于相对较小的有意识的部分，从而错失了拓宽意识的机会。

梦被忽视的一个原因是梦常常不容易被理解。荣格建议我们记住每一个梦，反复地想，从各个角度去看它。通常，把它告诉给一个你信任的朋友或者治疗师，对理解它会有帮助。可能会得到一个领悟，又或者梦者可能会被这夜间的访客困惑多年。

梦被一些人忽视（或回避）还有另一个主要原因，那就是他们认为梦里传递的是令人不愉快的信息。有时候，这个假设会被事实证实。然而，更多时候，梦也会为我们展示出自身的力量并帮助我们解答生活中的困惑。

通常来说，梦意味着愿望和幻想，换言之，相当于白日梦。在本文中 245
我用的“梦”这个词只限于睡眠中出现的意象和其他内容。

释梦的历史

对梦的关注是新的想法吗？绝对不是。几千年来，人们一直在从他们的梦中获得信息。例如，《旧约》中法老的梦广为人知（至少对于犹太人和具有基督教背景的人来说）。在《创世记》第 41 章中，瘦弱的奶牛和枯萎的谷物之梦被解读为对即将到来的饥荒的警示。同样，在《新约》（《马太福音》第 1 章）里，一位天使出现在约瑟的一个梦里，告诉他玛利亚所怀的孩子是由圣灵感孕的。犹太释梦者几乎可以确定，他们对梦的知识的雏形是来自甚至比法老还早的古埃及人和古巴比伦人。

梦对于我们人类而言十分重要，如果缺少它们（每当有梦出现，我们就被唤醒），我们将很可能出现幻觉。因为和梦一样，幻觉是无意识的内容，似乎心灵需要将这样的内容传递给意识，并在梦这条路径被堵塞的时候会用幻觉的方式来表达。

有些人觉得他们没有机会注意到自己的梦。因为就他们所知，他们是没有梦的。然而，现代研究梦的学者却相当确定每个人都会做梦：在每一个睡眠周期的九十分钟或更长的时间里可能会至少做一次梦，并且一晚上会做梦四次或四次以上。因此，有的时候我们会有这样的印象，即我们没有做梦，然而实际上几乎可以肯定的是我们没有记住做过的梦。当一个人尝试着记住他的梦，并将所有能记住的片段都努力记录下来时，我认为总是能成功的：不是在每一个晚上都有，但通常足以出现可用来反思的梦的素材。

所有的梦都有意义吗？我们不能证明它们有，但是许多人会自发地记录或讲述他们的梦；对于他们来说，梦有意义这一点是不言而喻的。此外，心理治疗师们和与梦工作的其他人在几乎所有这些研究里都发现了意义。未能找到一个梦的意义的原因可能在于我们的不足而不是梦本身。

梦拥有意义的具体表现可以在它们对哲学家和科学家做出巨大发现的帮助上看到，如弗雷德里希·奥古斯特· 凯库勒和勒内·笛卡尔。凯库勒从一个梦的意象中推断出苯环的结构，这是在有机化学中的一个重要奇迹；笛卡尔做的三个梦将他的人生转向哲学。在文学作品里，我们发现罗伯特·路易斯·史蒂文森多年都在寻找一个能够展现人类复影存在（善与恶）的故事，最终他在梦里创作出《化身博士》。

246 在当今的许多文化中，人们都重视梦。比如，据说马来西亚半岛的塞诺伊人每天都在谈论他们的梦。史前人类似乎也对他们的梦印象深刻。

荣格作品中的梦

荣格在1913年与弗洛伊德因理论分歧而决裂，毫无疑问，这也是人格上的冲突。在他们决裂之前，荣格接受了许多弗洛伊德的思想，涉及梦的显性和隐性内容：梦的文本及其潜在意义。在决裂之后，荣格在发展自己关于梦以及许多其他领域的思想上变得更加明确。例如，荣格一再重申梦的意义就其本身所表达的，而不再是继续接受弗洛伊德的观点，即显性之梦是一种伪装。

另一个与弗洛伊德的主要分歧是荣格经常说梦中的意象是象征，而不是符号。符号是一一对应的，像在弗洛伊德的观点中，教堂尖顶的意象代表着阳具。荣格认为这个意象指的是创造性的超自然人格（mana），尽管最终并不完全确定。梦的意象来自多种多样的原始资料，包括物理刺激、被压抑的情结、记忆、日常经验、阈下知觉，甚至心灵感应和对未来心灵内容的预感。不同于弗洛伊德认为梦的意象是意识压抑素材的观点，荣格坚持认为有些素材从未在意识里出现过。总之，这些意象构成梦的语言。

尽管梦的语言元素并不是符号，但仍可以是一些相对固定的象征：

> 典型的母题如：下落，飞翔，遭受危险的动物或怀有敌意之人的迫害，在公共场合穿了不合适或荒谬的衣服，匆忙地赶时间或在乱哄哄的人群里走失，使用无效的武器战斗，努力地跑但是毫无进展。
>
> (Jung et al. 1964：53)

每一个元素都有助于转译梦的语言。

一个对荣格梦的理论的研究显示，几乎所有的创新都是充实而不是改变。有修正、发展和使理论变得更加明确的过程。

自弗洛伊德（1900）的《释梦》和1912年荣格的作品之后，许多人被引导从梦中寻找无意识心灵的信息。的确，梦为那些想了解它的人提供了接触到这一重要资源的准备。

除了弗洛伊德和荣格之外，还有其他人也在对梦进行过研究，例如阿尔弗雷德·阿德勒，尽管他被认为是精神分析三大人物的第三人，但他对梦的理论贡献微乎其微。其他深蕴心理学家的观点都与弗洛伊德和荣格的有共通之处。比如，像埃里希·弗洛姆提出的梦是“被遗忘的语言”的观点，以及托马斯·弗兰奇（Thomas French）和艾丽卡·弗洛姆（Erika Fromm）的聚焦冲突理论。 247

存在-现象学的视角并没有假设无意识的心理内容，而是与荣格的观点以其他方式兼容。这个学派的主要理论家有梅达特·博斯（Medard Boss）。其他有名的理论家还有莱奥波德·卡里戈尔（Leopold Caligor）和罗洛·梅，以及弗里茨·珀尔斯（Fritz Perls）。

我认为，荣格诠释梦的方法是最广泛和最灵活的，因此也是对梦的涵盖面最广的，几乎吸引了所有的梦者。的确，这个方法几乎把所有与之相融的理论都包含其中。

如何对梦进行工作

如果我们相信梦的确是有意义的，那么我们又将如何在一个特定的梦中发现它的意义呢？这需要一个过程：梦者可以与一个信赖的朋友或一个团队独立地完成这个过程，或者在一个对梦有工作经验的治疗师的帮助下完成。

对梦进行工作的第一步就是准备好纸和笔，这样在醒来后可以立刻将梦尽可能地完整记录下来。当你自己还是半清醒状态的时候，甚至在起身去拿记录工具之前，将梦在脑中回放一遍是有助益的。从起身到记录下梦的内容前的活动，都有可能导致梦的大部分内容被遗忘。

除了用文字记录下梦，还可以通过绘画的方式记录。因为很多梦是以故事的形式出现的，所以可能会有很多个场景。绘出至少一个场景就可以让梦更加生动，使其锚定在你的脑海中。为了绘出一个梦，成为一个受过训练的艺术家是没有必要的，甚至可能是不可取的。

写下梦境之后，再记下与梦境有关的反思（事实、想法和感受）。先把准备好的写下来，之后再把需要通过努力才能够记下的加上去。例如，你会想到很多与你的兄弟汤姆有关的内容，你经常会见到他，而你过世已久的内莉姨妈的意象则需要你在你的记忆里深挖。有些梦者会发现将梦写在一列，将事实、想法和感受写在另一列会很有帮助。

汤姆的意象可能会让你想起你和他在一起的经历，他是如何对待你的，他都是什么态度，以及他现在在做什么。内莉姨妈的家人，无论是你母亲还是父亲那边，可能关系不良，或者他们可能和你的家庭有着不同的看待世界的方式。

248 几乎所有的梦都有人的形象，还有很多梦里有动物、无生命的物体和场景。的确，梦的氛围是诠释时的一个要素。这个氛围可能是模糊的，但是通常也是相当详细的。例如，如果梦发生在某个特定的森林，你可能会回忆起你是在什么情境下去的那个森林，和谁一起，在那里发生了什么事情，以及你对这每一段的记忆的感受又是什么。或者这个模糊的森林意象可能让人联想起某部文学作品，比如，丽莲·海尔曼（Lillian Hellman 1973）的《松林深处》。

所有与这些梦中意象有关的事实、想法和感受都被荣格学派称为个人联想，成年的梦者很容易发现它们。然而，孩子们的梦通常反映的是他们父母的问题，因此他们的梦被他们父母的联想所照亮。所有这样的联想都属于一个更广泛的概念，即“个体放大”。

个人联想不能和弗洛伊德提出的*自由联想*相混淆。自由联想意味着从联想到联想。这样的实践倾向将注意力从梦的意象中转移出来，因此，诠释很可能被扭曲。荣格主张保持与意象的接近，即“围绕着”它。

除了梦者的联想之外，治疗师通常可以帮助来访/梦者回忆额外的个体放大：在梦者生命里发生的事件会和梦中的意象有联系。比如，一个中年妇女在五月里做了一个梦，*她梦到自己去看望她的母亲，而她的母亲很暴躁和冷淡*。梦者说她在做梦之前的几天莫名地感到沮丧。在知道她母亲已经去世后，治疗师询问她母亲去世的时间。梦者回答说是“去年夏天”。在治疗师和来访者同时查阅了他们的笔记后，他们发现梦几乎正好发生在母亲去世的周年纪念日。梦者想起那时她的一个孩子病得很厉害。虽然她对母亲的去世感到很伤心，她却没有时间全身心地去体验这个过程；这个梦帮助她体验和表达她的悲伤。

除了个人联想，还有其他关于梦的意象信息并非来源于个人经历：这样的信息来自人类的传说。例如：神话、宗教仪式和人类没有文字时的文化实践。像梦中的森林，可能让人回想到女神阿尔忒弥斯漫步的那个森林。这样的内容来自集体无意识，被称为*原型性的对应部分*。根据荣格和一些梦研究者的说法，孩子们的梦中有着大量原型性的对应部分。这种梦被称为*原型梦*。

249 许多文化和个人经历的原型梦是极为超自然的（令人敬畏）。这样的梦被视为大梦，可能携带的是整个群体而不是个人的信息。

个人联想和原型性的对应部分两者都由*放大*（amplications）组成。即使一个梦里只有一些意象，放大的数量也是相当大的。所以，持续写下所有这样的信息是非常重要的。

在放大的情况下，我们转向另一个我们需要的主要信息：在这个梦降临之前，你的生活中正在发生什么，包括外在的和内在的。这些信息主要是由那些对你在情感上影响深远的事件和经历组成，但是它们的意义可能未必会立刻呈现出来。从做梦前的一两天前开始，又或者一个更长的时间段：也许是一件正在发生之事持续的时间，也许是你遇到的困难持续的时间，也许是你做决定所用的时间。比如，你可能正在经历家庭冲突，考虑换工作或者希望能够有一段假期。同样重要的是你的内在情绪状态。在做梦的时候，你的整体感觉是快乐？焦虑？沮丧？所有这些事件、体验和感受都由你的*意识处境*（conscious situation）构成——你的生活中正在发生什么。

但是，每一个梦都只是许多中的一个。对一个梦之前*系列梦*进行思考可能有助于对它的理解。这一系列可能由所有你能够记起的梦组成，或者由所有那些特别生动的梦组成。然而，通常你会从少数的梦中获得更多益处。例如，在一个漫长而艰难的生活环境中做的那些梦，或者——出现一些特定意象的几个梦。如果你在接受心理治疗，这个系列可以是自治疗开始以来做的所有梦，也可以是治疗期间的关键时刻，或者那些在两个治疗会谈之间发生的梦。一晚上做的所有梦也可以被视为一个系列，但是它们通常紧密相连，也可以被视为一个梦。

反复出现的梦——本质上是同一个梦的重复——会形成一种特殊类型的系列梦。重复通常意味着这个梦特别重要。通常这种重复的梦只有在被正确诠释了之后才会消失。

所有使用放大法搜集的信息、意识处境和系列梦都有一个名称，那就是*梦之背景*（dream context）。

我们如何处理这么多素材？我们先寻找这些事实之间彼此的连接：共同的主题指向一个特定的问题、情结或难题，而梦可能会做出评论。比如，一个男性的梦描述了三个人的形象：一个他曾经一度差点和她结婚的年轻女性、一个正在经历离婚的朋友和一个为梦者主持婚礼的牧师。这里的共同主题是婚姻。梦中的问题可能是如何处理他婚姻中的冲突。这里潜 *250*
在的情结可能是他害怕自己会成为一个不称职，即失败的丈夫。

如何接近诠释

即使有这么多的素材，甚至可以确定彼此的联系，我们距离诠释也还有相当一段距离。不过，以下这些有用的指南可以被用来逐渐接近这个目标。

第一条指南，即*避免假设*（avoiding assumptions），可能会让释梦新手觉得好笑，因为他们可能连要避免的假设都没有。然而，很多人都听说过弗洛伊德的假设（不管是否有他的名字），那就是每个梦都揭示一种性冲突，以*满足愿望*。做出这样的假设很可能会扭曲释梦的过程。荣格认为梦的意义是不可能在放大和诠释之前就知道的。

一个流行的假设是梦可以预知未来。偶尔，梦会预知未来（就像前文提到的法老的梦）。更多的时候，梦指向的是当下。它们描述的是无意识心灵对梦者的计划、行为或态度的看法。

在促成避免假设的时候，荣格坚持认为梦呈现的就是它要表达的：它不需要伪装。（他的观点与弗洛伊德的观点形成对比，弗洛伊德认为梦者知道的内容是“显梦”，而梦者的无意识愿望是“隐梦”。）举一个这方面的例子：这是一位女性的梦，*她在梦中试图将她的双手清洗干净，但是失败了*。因为“脏手”这个词是不道德行为的一种隐喻，所以看起来，这个梦有反过来对她的一些行为进行道德评判的意味。

虽然梦呈现的就是它想表达的，但是它使用的是*象征*的语言。“象征”在这里并不意味着一本“梦的词典”里面有每一个梦中意象的固定意义。这样的一本词典说一盏装满油的灯的意象“表示商业活动具有令人满意的结果”。这样的诠释是武断的，它会使你对梦的分析变得贫乏甚至扭曲。

荣格认为一个象征是对相对未知的心灵内容的一种最好的表达方式。因此，灯的意象的含义只能通过梦中出现这个意象的背景知识来发现，包括意象之间的相互连接。有了这样的知识，这个灯可以意指，比如：照明；一个自古就很有用的物品；一种装饰品；对梦者生命中一个特定的人、地点或者时间的提醒。诠释是对这种意象的含义的一种推测。

尽管一个特定的梦的意象通常对每一个梦者来说都有一个独特的意
251 义，但有的时候这个意象会有一个相对固定的含义。这样的含义适合于具有一个普遍文化含义且与个人意义不相矛盾的情况。比如，一个*洗礼仪式*的梦的意象可以被视为一个相对固定的精神净化的象征。尽管这是它在基督教亚文化里的确定意义，但它只是相对固定的，因为洗礼在基督教出现前就有。此外，这样的诠释可能也不适用于没有宗教归属的梦者，或者不认可洗礼的梦者。

尽管我们可能想要从我们的梦中得到指引，但是通常梦并不会告诉梦者该去做什么。可以说肯定的是，如果梦描绘的是梦者处于一个危险的境地，那么似乎可以采取行动来避免它。尽管如此，梦并不会指出避免危险的特定方案，而是给出多种可能的渠道。因此，梦描述出无意识“看到”的场景，并将决定权留给梦者的意识。

诠释中最重要的一条指南是把它视为梦的语言的一种转译，可以把梦的语言比作为一种被重新发现的已经灭绝的语言。古埃及语就是一个例子。在它被破译之前，没有人知道如何在英语中找到对应的词。当现代学者发现古埃及文字时，他们用整个上下文和字符的用法来识别字母和单词，然后翻译出文本。同样，在释梦时，我们参考意象被使用的情境和各式各样的方式，以此来获取每个意象和整个文本的含义的线索。

梦意味着什么

一个梦可以有不同的意义，这取决于它聚焦于主观还是客观。如果你梦到十年没见过的约翰表哥，这个梦是在告诉你有关你表哥的事吗？可能是，但可能也不是。因为约翰表哥并不是你日常生活的一部分，这个梦更像是在告诉你，你自己的一部分会让人想起约翰表哥。荣格将这种信息称为主观诠释。

在与梦之关系中，主观并不带有非实在或幻想的内涵。相反，这一描述唤起的是梦者和梦中人物共同的特质和态度。因此，这些意象通常描绘出梦者人格的一部分，比如，阴影品质：未被认可，却往往对梦者而言是消极的那一面。

主观方法最容易被用于理解梦中的人物关系，但这一概念也适用于非人类的形象，甚至是非生命的形象。完形疗法（格式塔疗法）使用的就是这一概念，认为梦者在梦中会将每一个意象都表现出来。

但是如果你梦见了作为你日常生活一部分的伴侣呢？梦的诠释可能会
给你一些对你的伴侣或你们两人之间感情状况的洞察。这样的诠释就是一 252
种客观诠释。

在这种情况下客观并不意味着没有偏差。相反，这意味着梦经由梦者的无意识提供了对客体，即一个具体的人、动物、地方或事物，以及梦者与这个客体之间关系的看法。

一个人该如何知道什么时候做主观的诠释，什么时候做客观的诠释呢？一般来说，一个主观的诠释意味着梦中的形象呈现的是对梦者现实生活没有太大意义的某人（或某物）：一个远方的亲戚、一个许久不见的熟人、一个名人、一个历史人物，或者梦者完全不认识或虚构的一个人。

例如，对以下这位 45 岁未婚女士的梦而言，主观诠释似乎是恰当的。梦的内容是：*她的侄子死了*。梦的内容包含的事实是这个男孩是她唯一的兄弟的唯一的儿子，而这个侄子和梦者之间在情感上并不亲密。作为家族姓氏的继承者，他似乎是家族传统的化身。由于梦者过于倾向于顺从家族的期待，男孩死亡的意象暗示着她被传统所束缚的倾向可能要结束。

如果梦中的形象是梦者现实生活中某个很重要的角色，即配偶、性伴侣、家庭成员、亲密的朋友、雇主、合作人或者（心理治疗师或者其他专业人士梦里的）来访者，那么这就可能需要客观诠释了。

以下是一个似乎需要客观诠释的梦：一位年轻的男士最近结交了一位年轻的女士，并且对她非常倾心。他梦见*他的新朋友是性滥交者*。他和他的治疗师得出的结论是：这个梦在告诉他一些关于这位年轻女士的事情。因此，他对她的无意识感知不同于他意识层面的看法，所以他决定在这段关系中谨慎地行动。后来，他发现她的确是滥交者。

在决定是客观诠释还是主观诠释时，需要注意的是这个形象是否被描述得如照片一样真实，也就是说，是否就如现实生活中梦者所知道的样子。如果是这样，这个形象一般从客观的角度上考虑。如果梦中的画面与现实中的人有明显不同，那么不相似的特质很可能是梦者的（主观）属性。

某个与梦者关系亲密的人被扭曲的意象可能仍然指向一个客观诠释。举个例子：一位 22 岁的女士梦见*她的母亲是莎士比亚《麦克白》中的女巫之一*。梦者对女巫的联想是“恶魔的力量”。在客观地理解这一意象时，我们不需要得出实际的母亲完全就是恶魔的结论。相反，梦者开始意识到
253 她的母亲使她（女儿）在情感上和经济上都依赖她，因而处于母亲的控制之下。她的控制非常有力，以至于让她的女儿有种她的母亲是女巫的感觉。还有就是，女儿可能对母亲的看法过于乐观，以至于缺少对母亲一直都有的负面存在的觉察。

区分主观和客观的含义对正在对自己的梦进行工作的治疗师而言非常

重要。我们必须考虑：当一个梦里出现来访者时，这是否关系到治疗师的主观心灵或来访者的客观心灵？要回答这个问题，我们遵循和所有其他梦一样的指南。无论我们找到什么样的答案，将我们的梦告诉来访者都很少是一个明智的做法。

在我的经验中，关于来访者的梦虽然不常见但是非常重要。事实上，梦见自己的一个来访者意味着他触碰到了我自己的什么。因此，梦很可能（从主观上）让我对自己的心灵有了新的洞察，或者为我提供了一个关于来访者的线索，即一个未被发现的问题，或者（从客观上）给了我一个开展治疗的提示。

梦常常同时具有主观的和客观的含义。例如，那个年轻人关于他新女朋友的梦，一方面可以保持它的客观含义，另一方面还可以讲出与他的心灵有关的内容。一种主观的可能性是他有乱交的倾向。

的确，主观和客观含义经常很难区分，因为心灵选择了对梦者有心理意义的梦中形象。比如，一位女士选择一个在某种程度上符合她内心形象的男士作为丈夫。所以，当她梦到自己的丈夫时，梦中的形象可能是她人格化的内在男性，同时也是实际中的丈夫。

理想情况下，每个梦中的形象都应该被单独考虑。在同一个梦中，一个意象可能是主观的，另一个可能是客观的。然而，在实践中，一个只包含少量意象的梦可能主要是主观的或客观的。一个类似的规则适用于我将要讨论的维度：还原性的/建构性的和补偿性的/非补偿性的。

无论是主观的还是客观的（或者两者都有），梦对梦者而言会有各种方向的影响：还原性的或建构性的。一个还原性的诠释好像是在告诉我们为什么我们会有这个特殊的问题；一个建构性的诠释指向一个解决方案或者心理发展的一种可能性。

“安德鲁”是一个成功的商人，抑郁又焦虑，他梦见他正在拜访他长大的那个小镇。一个住在他家隔壁的女士（在一个贫穷的社区）对她的丈夫说：“安德鲁不常来这里。”这个梦唤起安德鲁自身卑微的出身，清楚地呈现了他焦虑的根源。他的梦指出事实上他已经不再注意自身脆弱的部分，即曾经经历过没有经济保障的时期。这样的梦的诠释就是还原性的。 254

“还原性的”（reductive）拉丁词根的意思是“引领回到”：为梦指明根源，试图回答为什么会产生梦？这类原因往往是不愉快的、被压抑的内容（愉快的内容通常不会被压抑）：事件、冲动或情结，还有其他阴影材料。弗洛伊德对梦的诠释几乎完全是还原性的。

正如一些梦指向的是不愉快、压抑的根源，其他的梦则具有建构性的意图。它们试图回答“为了什么?”，也就是“出于什么目的?”。答案通常是强化健康且值得保留的态度和品质，或者指向之前被梦者忽视的可能性。荣格倾向于强调释梦的建构性方法，与此同时不排斥还原性的方法。

建构性的诠释似乎适用于安德鲁的另一个梦，它似乎表明他的抑郁与他忽视自己非商业的兴趣有关。（许多荣格派学者认为抑郁的心理基础是心灵能量的阻塞。）他梦见他在一个艺术拍卖会上，高价购买了一幅他非常喜欢的画作；他认为物有所值。这个梦是建构性的，表明他有很旺盛的精力从事艺术或创造性事业。因此，它指出了他生命中新的（或复兴的）可能性。

梦有哪些共性

是否有一条具体的规则可以让我们将其运用到所有的梦中？可以说有，也可以说没有。有，是因为几乎所有的梦都可以被视为是补偿性的。没有，是因为那些相对较少的梦是非补偿性的。

梦是补偿性的——补偿意识层面的态度——意味着无意识心灵通过梦的形式提供意识需要的信息。这样的需求几乎可以是精神生活中的任何东西，但更像是梦者不停追寻的一个问题的答案、对一个需要改变的态度的觉察，或者已集聚起来（激活）的一个情结。

补偿是否意味着梦所表达的和梦者所想的相反？也许，但不一定。有时补偿甚至会肯定意识层面的态度并告诉你它是有效的一个。这样的肯定可能是对你所持的不确定的态度的补偿。或者，梦对你说你对了一部分，但是……在其他场合中，通过夸大意识层面的态度或者与它对立，梦告诉
255 你你完全偏离了目标。在每个个案中，像苏黎世分析师玛丽-路易斯·冯·法兰兹所说的，“无意识不会费口舌告诉你那些你已经知道的东西”。

肯定意识层面的态度的一个例子是一个即将参加重要考试的学生的一个梦。她知道自己准备得很充分，所以在意识上很自信。尽管如此，她还是隐隐感到焦虑，大概是无意识地怀有疑虑。在她的梦里，她穿着她的毕业礼袍走过舞台。这个意象似乎在肯定她那意识层面态度，并通过确保她有能力通过考试获得学位来应对她无意识的恐惧。

反对意识层面的态度的一个例子是一个雇主的一个梦，他经常会称赞某个特定员工的工作。这个雇主梦见他的雇员在他的上方，即在他们一起

工作的办公室的阳台上；他不得不抬头和她说话。在对这个梦和他自己对这名雇员的感受进行反思时，雇主/梦者意识到他对她的态度，实际上，是在蔑视她。他对她的赞扬显然是为了防御他对他居高临下之态度的承认。

一个梦会通过夸大来挑战意识层面的态度。例如，一位年轻人梦见他遇见自己的老板托德先生，老板的身体不适成了他们谈话的主题。梦者安慰他，并认为托德先生的身体不适是吸烟引起的。之后两个人之间发生了一些争执，梦似乎在告诉这个年轻的员工，他比他意识到的还要愤怒，他用幻想表达他“希望”托德先生能够生病，并指责他（身体不适是吸烟造成的）是他自己的错导致了疾病。

很多梦通过肯定和反对的方式来补偿意识层面的态度，但都是部分的补偿。换言之，它们会改变它。以一位男士的梦为例，他开枪射击一匹狼，但没射中。狼（从隐喻的角度看是对女性不加区别的追逐者）似乎在梦者身上具体化一种掠夺的态度。通过瞄准动物，梦者表达了他想要消灭他内在狼性的愿望。没射中，也许是故意的，表达的是一个冲突的愿望：让他狼性一面的人格活下去。因此，梦改变了男士想要毁掉他内在狼性的意识层面态度。

既然补偿覆盖了所有的可能性，又怎么会有非补偿性的梦呢？有些是创伤性的梦：那些反复讲述的，很多时候是很可怕的经历，比如战争场面或者严重的事故。当梦突然结束或变得非常令人难以忍受时，梦者很可能会惊醒，出汗和心怦怦地跳，这是与实际经历类似的情绪反应。

创伤性的梦通常无法诠释。朋友或者治疗师只能神入地倾听并提供情感上的支持。这样的梦往往会不断重现直到创伤带来的情感冲击逐渐变小。的确，它们似乎是心灵释放情绪的方式；每次重现之后诉说梦境可能 256
会减轻梦境的情绪负荷。

其他非补偿性的梦反映的是超感知觉（ESP）。它在现实生活里的出现已经在经验上得到确认，尽管相关的数据并不广为人知。它也可以发生在梦里。

心灵感应的梦是 ESP 梦两种形式中的一种，它会在一个事件发生时带来关于这个事件的信息。例如，一位女士梦见她的母亲在呼唤她。几个小时后，梦者接到一通电话，被告知她的母亲已经离世了——大约就在这个时候，梦也发生了。

预言性的（预知性的）的梦似乎是在事件发生前就与 ESP 有关。以下是一个来自文学作品的例子，它出现在莎士比亚的《裘力斯·凯撒》里。凯撒的妻子卡尔普尼亚（Calpurnia）在睡梦中大喊：“救命啊！他们谋杀了凯撒。”凯撒在第二天被谋杀。同样，很多人报告说曾经做过预示约翰·肯尼迪总统被刺杀的梦。

在大众观念中，预言性的梦被视为比（在我的经验中）它们实际出现的要更普遍。要成为预言，梦必须在事件发生之前，将事件的本质完全地描绘出来。为了知道这个梦是预言性的，它必须被小心地记录并通过随后的事件来检验。如果这个记录没有被完成并且预言的事件没能发生，梦者很可能不会注意到不一致之处。又或者梦者可能错误地记住了梦境，并根据它来确认随后发生的事情。

有些预测未来发展的梦并不是预言性的，相反，它们是前瞻性的。这样的梦反映的是做梦时存在的因素所致的一个预期结果。例如下面这位年轻人的梦：*他正骑着他的摩托，行驶得飞快，快到飞起来，翱翔空中；当他快要坠落的时候，*他醒了。几个星期之后，他真的骑着摩托撞车了。这次车祸与其说是预言的实现，不如说是他梦中所反映出的鲁莽、浮夸态度的预期结果。可以想象，结果可能是一场隐喻性的崩溃：失去工作，在生意、爱情或赌博上失败，或者变得抑郁。

如果不是创伤性梦境的重现，噩梦通常被视为是预测性的，但很可能是前瞻性的。伴随着噩梦的恐惧会引起注意，并促使梦者带着象征的思维去看待这些意象。

假设并验证诠释

现在我们知道了接近诠释的各种指南，我们就可以大胆地进行假设。我发现在实际与来访者的工作中，对于很多来访者而言，这是一个重大的
257 时刻。他们通常是直觉性的并且必须克制他们自己直接跳到一个结论。现在是他们去发现他们的梦可能意味着什么的机会。

让我们把知识运用到一个实际的梦上。这是一位年轻的已婚女性“玛格丽特”的梦：*我和丹在婚礼上结了婚。在那之后他就不是我的丈夫了。他不愿和我住在一起。*

玛格丽特的联想是“丹”是一位比自己年轻的男士，他对她很有吸引力；她对他有过性幻想。她说婚姻是一生的承诺。举行婚礼是新娘成为中心人物的喜庆事件。最后，她根据自己的观察进行联想：对于一对已婚的

夫妻来说，不住在一起意味着不发生性关系。

意识层面的情况是，玛格丽特和她现实中的丈夫弗雷德相处得不好，弗雷德经常批评玛格丽特缺乏条理。他们在这个梦发生的当晚和一群朋友在一起，丹也在其中，但他无视了她。她发现自己在梦后的第二天处于愤怒的心情中。

这个诠释（很大程度上是客观的）始于玛格丽特与丹结婚的意象。它可以被转译为她希望能够完成她的性幻想，也许，她想要嫁给丹而不是弗雷德。丹经历婚礼，接着拒绝和她一起生活，使她肯定她的感觉：他在和她调情，并拒绝了她。在经历了那个不愉快的夜晚后，玛格丽特意识到她是有多么愤怒，因为她对与丹的关系抱着沮丧的希望。从主观上来讲，梦揭示出玛格丽特强烈的自我批评。（因为她联想很少，不需要相互联系。）

当一个诠释成形后，我们该如何验证它？首先，我们要看梦者对诠释的反应。玛格丽特没有很感兴趣但是她愿意倾听。因此，它与她“合拍”，尽管是以一种低调的方式。

无论诠释是否与梦者合拍，有时候诠释都能被随后发生的事件验证。作为玛格丽特的分析师，我注意到她对待自己问题的态度有了明显的改变。她没有再把所有负面情绪都归咎于她的丈夫和孩子们，而是开始看到自己过多的期待；频繁的失望几乎是不可避免的。治疗结果帮助证实了对梦的诠释。

即使梦者的回应支持了诠释，但它也可能是不完整的，或者是稍微偏离目标的。我们可以通过检视梦中的氛围和主要意象来发现这一点。例如，如果婚礼是在山上举行的，就需要加入另一个维度的诠释。

当诠释不正确时又会发生什么呢？梦者的心灵很可能会拒绝它，要么通过一个直接的、消极的自我反应（“这不适合我”），要么通过随后的梦。
例如，一位女性梦者的男性分析师在诠释后同时遭遇两种拒绝。他把之前 258
的梦诠释为梦者应该断绝与她情人的关系。梦者（口头上）拒绝了这个诠释。很明显，她的无意识对此更为不满。她在这之后又做了一个梦：她做了对她其实是有害的手术。外科医生在试图治疗不必要的伤口，正如这位分析师在诠释中所做的一样。分析师和梦者得出结论：分析师剪去了先前诠释中某些健康的东西，造成了对梦者的损害。

当对初始诠释产生类似的拒绝时，重新回顾梦境并进行再次的诠释是非常重要的。当找到一个有效的诠释时，通常随后的梦就不会再注意到它了。

综上所述，释梦的步骤如下：

1. 醒来后立即记录梦。
2. 写下个人联想和每个梦中意象（已知的）的原型性对应部分。
3. 写下意识处境：围绕着梦的事件和感觉。
4. 思考有什么样的相互关联可能存在于放大之中，以及放大与意识状态之间有什么相互联系。
5. 回顾接近梦的指南：避免假设；梦呈现的就是它要表达的；它讲的是象征语言；它不会告诉梦者该去做什么；诠释是对梦的语言的转译。
6. 将每个梦中意象的特性划分为主观的或客观的、还原性的或建构性的、补偿性的或非补偿性的。
7. 识别梦所关心的问题或情结。
8. 假设一个诠释，并通过梦者的反应或后续事件来验证它。

所有这些步骤都是必要的吗？可以说是，也可以说不是。是，是因为它们在诠释时都需要将准确性最大化。不是，是因为一个恰当的诠释通常可以在不用严格贯彻每一个步骤的情况下就能达成。至少在心理治疗中，后一种选择通常是必需的，因为贯彻所有这些步骤会需要好几个小时才能得到一个诠释。

因此，了解这些步骤非常有用，因为这有助于缩短这个过程。一个好处是对自己的梦史越来越熟悉。这样的熟悉让我们在每一个新梦的背景下都有一个良好的开端。的确，随着梦的积累，我们可能看到一些模式的出现：重复的形象或场景，反映出我们现实生活中人际或内在冲突的感受，或甚至是一个持续的故事。

259 另一个要素对我们在心理治疗中与梦工作非常有帮助，即很多被带到咨询环节中的非梦的信息对释梦非常有帮助。在许多治疗中，来访者向治疗师例行地汇报自己生活中又发生了什么。结果，当一个梦被引入时，一些意识状态就已经摆在台面上了。的确，在我作为分析师的经历之中，当我和来访者知道生活的哪个方面是会谈的重点时，我们往往会转向梦。

因此，释梦的步骤被使用的频率是不同的，会被直觉性跳跃促进或阻碍。出错的可能性相当大，但是，正如我们看到的，错误可以通过梦者的反应和随后的事件来揭示。

我们的梦可以帮助我们增强对心灵隐藏部分的觉察性。仅仅是关注梦在某种程度上就能增强觉察性。在诠释的过程中，觉察性会得到更大的增强。因此，我们在理解我们自己、我们的动机和目的方面得到了帮助；我们丰富了未来发展的可能性，并且加强了我们做出有效决策的能力。

许多人会发现，理解他们的梦为他们的生活增添了深度和丰富性……而与梦工作（玩耍）也是一种乐趣。

推荐阅读

Freud, S. (1901) *On Dreams. Standard Edition* 5: 633–686.
Mattoon, M.A. (1984) *Understanding Dreams.* Dallas, TX: Spring.
Noone, R. and Holman, D. (1972) *In Search of the Dream People.* New York: William Morrow.
Whitmont, E.C. and Perera, S. (1989) *Dreams: A Portal to the Source.* London and New York: Routledge.
Woods, R.L. and Greenhouse, H.B. (1974) *The New World of Dreams.* New York: Macmillan.

参考文献

Freud, S. (1900) *The Interpretation of Dreams. Standard Edition* 4 and 5. London: Hogarth Press.
Hellman, L. (1973) *The Little Foxes* and *Another Part of the Forest: Two Plays.* New York: Viking.
Jung, C.G. (1933) 'The meaning of psychology for modern man', in *CW* 10: pars. 276–332.
Jung, C.G. and von Franz, M.-L. et al. (eds) (1964) *Man and his Symbols.* London: Aldus.

PART 3

第三篇

应用

第十二章

炼金术

斯坦顿·马朗

引言

荣格看待炼金术的方式，在他之前几乎没人想象过。炼金术在很大程度上已被降格为历史上的时代错误这一地位，或被认为潜藏在密教的范围内。在现代人看来，炼金术士都是非常古怪的隐遁老人，在自己的实验室中无可救药地尝试将铅块变成金子。他们的修炼被认为毫无意义，或者充其量被认为是现代化学的先驱。

荣格在《回忆，梦，思考》(1963) 中写到他最初对待炼金术也是这样的态度。他在书中记录了自己是在什么时候开始深入研究炼金术的文本，当时，他获得了一部典籍，即《使用化学方法的炼金术（第二卷）》(*Artis Auriferae Volumina Duo* 1593)：

> 我有两年没有碰这本书。我偶尔会看书中的图片，每次我都会想："天哪，太没意思了！这些东西难以理解。"
>
> (Jung 1963：204)

但随着研究的深入，荣格认为炼金术士在以象征的方式谈论人的灵魂，他们对待想象的工作方式就像对待艺术作品中的文学素材一样。他们正在试图炼出的金子并不是一般的金子，而是一种哲学金 (an aurum non vulgi 或 aurum philosophicum) (Jung 1963)。他们关注的是创造更好的人或完美的自然。在 1952 年厄诺斯 (Eranos) 会议的采访中，荣格说：

> 炼金术是真实的，但这并不是物理上的真实，而是心理上的真实。炼金术象征实验室中宇宙和精神的共同投射。这样的鸿篇巨制

> (opus magnum) 有两个目的：拯救人类灵魂和救赎宇宙。
>
> (Jung，引自 McGuire and Hull 1977：228)

264 这个转变将炼金术带入当代思潮中，是炼金术心理学的肇始。

对荣格而言，从心理学和象征艺术的角度理解炼金术是一个重大的突破，也是一把打开神秘世界的钥匙。对这种理解的探索和发展使荣格逐渐认识到他的心理学在炼金术中的基本来源、背景，并得到确认。炼金术对他之后的工作产生了巨大的影响："荣格作品中有将近三分之一的内容与炼金术直接或者略微有关，远多于有关类型学、联想实验、东方智慧或者通灵学的内容。"(Hillman 1980：30，n. 3) 如施瓦茨-萨兰特 (1995) 所说："C. G. 荣格或许比任何一位炼金术的现代研究者对复苏这一思想主体从而使之成为一个受人尊重的研究领域所做的贡献都要大。"(Schwartz-Salant 1995：2)

荣格论炼金术

英文版《荣格全集》并不是按照荣格原始作品或报告的顺序进行编排的。一些独立的卷次收录的是荣格在不同时期的论文，其中的内容并不是连贯地展开他的思想的，也不是根据作品的重要性编排的。每一卷次的编者按照历史的顺序将原始作品标注出来。尽管将他的思想按照时间的脉络展开可以追溯到他的自传《回忆，梦，思考》(Jung 1963)，但需要指出的是，荣格对炼金术的思考并不是系统展开的。最好把荣格理论思想的发展视为发现、阐述和综合的一种嵌合体，他对无意识的持续探索与其炼金术的思想紧密联系在一起。

如上文所述，荣格的炼金术著作由大量的研究构成。最容易发现的是《荣格全集》中专门研究炼金术的卷次，包括《心理学与炼金术》(第 12 卷)、《炼金术研究》(第 13 卷) 以及他的巨作《神秘合体》(第 14 卷)。除这些主要的作品之外，他对炼金术的研究也可以在《移涌》(第 9ii 卷) 以及《心理治疗实践》(第 16 卷) 中找到。后者中与炼金术有关的重要论文是《移情心理学》(1946)，荣格指出这篇论文也可以作为他在《神秘合体》中的系统论述的引言。《象征生活》(第 18 卷) 中也包含一些小文章：《炼金术分类序言》(1946)、《浮士德与炼金术》(1949) 和《炼金术与心理学》(1950)。最后一篇关于炼金术的作品最初是写给《希伯来百科全书》(*Encyclopedia Hebraica*) 的，是一篇炼金术著作大纲，对此他在

《心理学与炼金术》中有详尽的阐述。另一篇简短的摘要也在荣格的一次采访中得到细致的讨论，它被收录在《荣格演讲集：采访和邂逅》(McGuire and Hull 1977）中。这是米尔恰·伊利亚德（Mircea Eliade）在1952年的厄诺斯会议上对荣格的采访，后来在《战斗》（*Combat*）杂志上发表，荣格在原始文本的基础上进行了修改并增加了注释。以上两篇摘要虽然比较短，但都是荣格对炼金术的成熟概述。 265

除以上这些材料之外，荣格的自传《回忆，梦，思考》（1963）中也包含他发现并详尽论述炼金术的回忆内容。这些思考在他大量的通信中有详细描述，这些信被收录在《荣格通信集》（两卷本）中。这些内容是一个小宝藏，与荣格通信的有 H. G. 拜恩斯、卡尔·卡伦依（Karl Kerenyi）、赫尔曼·黑塞、埃里希·诺伊曼、维克多·怀特、莫德·奥克斯(Maud Oakes)、约翰·特里尼克（John Trinick）等。除此之外，荣格从1940年9月到1941年2月的十五次讲座也包含大量未出版的内容，由芭芭拉·汉纳在玛丽-路易斯·冯·法兰兹、托妮·伍尔夫以及荣格本人的协助下收集整理而成。这些内容并没有公开，只是在讲座的成员和分析师之间私下流传。其他研究荣格的炼金术著作的内容被收录在《荣格全集》中的《一般参考文献》(第19卷）和《一般索引》(第20卷）里。索引包含两个子索引，主要包含文艺复兴时期的炼金术作品集以及它们的作者，也包含炼金术主题和象征参考，它们提供了荣格的炼金术作品中这些思想和意象的位置。除此之外，学生或学者可以在《〈荣格全集〉摘要》(1976）中找到有价值的内容，因为它包含荣格全部作品的摘要。

荣格作品之外的资源

除了上文提到的荣格自己的作品之外，一大批荣格的追随者为了帮助读者能够更加容易地进入荣格作品的复杂世界中，写了很多关于炼金术的作品。玛丽-路易斯·冯·法兰兹和爱德华·艾丁格在他们的炼金术著作中明确阐述了这一目标。特别是，冯·法兰兹的《炼金术：象征和心理学导论》(1980）和《炼金术的主动想象》（1979）是比较好的导论性作品，同样还有艾丁格的《解剖心灵》(1985)，以及他的其他带领读者进入荣格最难作品的详尽研究：《合体的神秘性：个体化的炼金术意象》(1994)、《神秘主义讲座集》(1995）以及《〈移涌〉讲座集：对荣格〈移涌〉中原我的探索》（1996a)。除此之外，内森·施瓦茨-萨兰特从荣格的主要作品中仔细筛选出与炼金术有关的章节，并将它们编辑成《荣格论炼金术》(1995)，同时又加入非常具有学术性的导言。

266 很多荣格派分析师在写到或提到荣格的炼金术著作时都提出过非常重要的见解，这也增加了他们对荣格炼金术著作的理解。安德鲁·塞缪尔斯在他的《多元心灵》(1989) 一书中用一章的内容向读者介绍荣格对炼金术的研究，并论述了炼金术与当代分析心理学理论和临床实践的关系。大卫·霍尔特 (David Holt 1987－1988) 在《收获》杂志上的论文《炼金术：荣格和科学历史学家》为对科学历史和科学思想与荣格的作品之间关系感兴趣的人提供了一份历史文献的参考导引。霍尔特也对刊载炼金术与化学史的重要杂志《安比克斯》(*Ambix*) 进行了研究，这份杂志包含很多对荣格炼金术著作的回应。贝弗利·扎布里斯基 (Beverley Zabriskie 1996) 也在自己的作品中对荣格的炼金术思想与现代科学，特别是与物理学之间的关系有相关的论述。我所编辑的《石中火：欲望的炼金术》(1997) 一书主要探讨的是炼金术对当代的重要性，汇集了那些在自己的作品中体现出炼金术隐喻持续生机的荣格派分析师和学者的论文。书中所收录论文的作者有希尔曼、库格勒 (Kugler)、卡尔斯切德、科贝特 (Corbett)、申克 (Schenk)、丘奇尔 (Churchill) 以及我自己，此论文集可以作为炼金术隐喻应用的导论。最后，莫瑞·斯坦 (1992) 已经录制了十部录音带，题目是《理解炼金术的意义：荣格对转化过程的隐喻》，约瑟夫·亨德森录制了一部关于炼金术的录音带，题目是《辉煌的太阳》(*Splendor Solis*)，同时还有评论和讨论。

除上文提到的作品之外，对炼金术应用的大范围调查发现，还有大量的荣格派思想家写过很多关于炼金术心理学的作品，并对特定的炼金术主题进行过详尽论述。每一位作者都是从荣格对炼金术的观点写起的。很难用现在的观点将应用荣格的炼金术思想进行研究的作品概括完全。但是，很多作者，包括玛丽-路易斯·冯·法兰兹、爱德华·艾丁格、詹姆斯·希尔曼、内森·施瓦茨-萨兰特、保罗·库格勒、斯坦顿·马朗、杰弗里·芮夫 (Jeffrey Raff)、河合隼雄、沃尔夫冈·吉格里希和山中康裕，他们从经典应用到现代修正主题的角度对炼金术思想的大范围论述可以成为其中的代表。因此，我在下文主要讨论这些作者的作品，很多其他比较重要的作品也会在下文中提及，有兴趣的读者可以寻找特定主题的文献进行深入阅读。

迈克尔·福德汉姆 (1960) 对分析心理学与理论、炼金术、神学和神秘主义之间的关系进行了广泛的研究。阿尼拉·亚菲 (Aniela Jaffé) 在
267 1967 年发表了论文《炼金术对荣格作品的影响》，罗伯特·格林内尔

(Robert Grinnel 1973）的著作《一个现代女性身上的炼金术》将炼金术应用到临床个案中，并遵照它的原型动力机制。同一年，大卫·霍尔特（1973）在其论文《荣格与马克思》中继续对炼金术对理解理论的重要性进行了探索。约瑟夫·亨德森（1978）在其论文《炼金术理论的实际应用》中对所罗门·崔斯莫辛（Solomon Trismosin）的《辉煌的太阳》进行了研究，并认为在理论或者实践中，我们“总是去寻找对精神与物质之间分裂的疗愈”（Henderson 1978：251)，接着在2003年，他与迪亚内·舍伍德共同出版了《心灵的转化：辉煌太阳的象征性炼金术》。纽曼（K. D. Newman 1981）在题为《密封容器之谜》的文章中对密封容器这一概念进行了放大，并认为要“特别注意它在分析心理学上的实践应用”（Newman 1981：239)。帕特里克·麦克戈弗兰（Patrick McGoveran 1981）将炼金术的模型应用到对边缘型精神障碍的治疗中。

马里奥·亚考毕（1984）在他的著作《分析中的相遇：移情和人的关系》中写到了炼金术在分析情境中的应用，其中特别关注了移情和情欲。芭芭拉·斯蒂文斯·沙利文（Barbara Stevens Sullivan 1989）在她的著作《以女性原则为基础的心理治疗》中对炼金术与移情进行了讨论，就像让·基尔希（Jean Kirsch 1995）在她的论文《移情》中所写的一样，她们二人都对辩证关系的本质加入了重要的反思。沙利文的特别之处是她重新修正了男性和女性原则，并为合体提出了一种新的理解。最后，伊莱妮·盖德（Irene Gad 1999）在她所发表的一篇导论性作品《炼金术：灵魂的语言》中继续探讨了炼金术的重要性。

在进一步讨论荣格炼金术思想的发展之前，检视他思想的源头是十分重要的。

荣格对炼金术的发现

说清楚一种思想的起源在哪里是一件非常困难的事情，但毫无疑问的是，荣格与炼金术的相遇对他发展出成熟的心理学理论是十分重要的。荣格早期与炼金术的相遇，以及随后将这些思想展开，这个过程都记录在他的自传《回忆，梦，思考》中。[①] 在这部作品中，他的内在生命——他的

---

① 精神分析学者索努·沙姆达萨尼（Sonu Shamdasani）指出，《回忆，梦，思考》是有局限性的，因为它编辑松散，但他依然认为，尽管有个别段落已经被完全修改，但它们本身的准确性并未受影响（私人交流，2000年9月25日）。

内在意象、梦、幻象和共时性体验——显得尤为重要，这些体验是他的科学工作的原始材料，是“炙热的岩浆”，他的工作目标就是使之结晶并融入当代世界的图景之中。

像歌德的经典史诗中的浮士德一样，荣格将自己朝无意识打开，由此全新的道路在注视下涌现出来。出现这个幻象并非易事，需要直面强烈的
268 无意识，这会使他进入巨大的不确定和孤立中。为了适应自己的体验，荣格开始画曼陀罗（圆形的图画），他认为这是整个心灵在主动地起作用。他不知道这个过程会走向哪里，但他感到自己要完全沉入进去。随着时间的流逝，方向感逐渐涌现，一条通往中心的道路似乎拥有方向和目的，指向人格的中心和更深的结构。认识到这个中心的存在并清晰地将其表现出来促使荣格假设在自我之上还存在着一个心灵结构（Jung 1963），他将之称为原我。

荣格在1920年做的很多梦都预示他会收到一本关于道家炼金术的文献，后来这也使他确认原我就是心灵生活的目标。荣格在1928年收到理查德·维尔海姆（卫礼贤）的来信，问他是否愿意为一部中国的炼金术典籍《金花的秘密》写一篇心理学评论。这是荣格与炼金术第一次真实又重要的相遇，这部作品为他发展出原我的思想提供了进一步的支持，同时也促使荣格去熟知更多的炼金术文献。他开始对西方的炼金术进行研究，很快获得了一部重要的拉丁文典籍《使用化学方法的炼金术（第二卷）》（1593），书中含有大量的古典炼金术内容。大概在同一时期，荣格记下自己在1926年所做的重要又经典的梦。在梦的结束部分，他穿过几道门来到一座庄园，并走到园子里。当他来到园子中间的时候，门突然都关上了。一个农民从马车上跳下来，说：“我们现在被困在17世纪了。”（Jung 1963：203）荣格将这个梦和炼金术联系在一起，他已经在那个世纪中到达高点，因此他认为自己应该从底部研究炼金术。最后，荣格将余生都奉献给这个研究过程。在他找到进入这个迷宫的道路之前很长一段时间内，他一直在研究另外一部16世纪的文本《哲人玫瑰园》，他从中发现了一些一再被使用的表达。他试图破译它们，制作出相互参照的词典，就好像在解开未知语言之谜。这些研究使他确信炼金术和分析心理学之间存在共同之处。他在《回忆，梦，思考》中对这个认识的描述如下：

> 我很快就发现分析心理学和炼金术之间有最令人感到奇怪的共同之处。在某种意义上，炼金术士的体验就是我的体验，他们的世界就是我的世界。当然，这是一个重大发现：我已经偶然发现我的无意识心理学在历史中的对应部分。与炼金术进行比较的可能性，以及可以

> 追溯到早期诺斯替教的连续思想链，都为我的心理学提供了支持。当 269
> 我注视着这些古老的文献时，一切都平静了下来：我在实践中收集的幻想意象、经验材料，以及我从中得到的结论。我现在开始理解从历史的视角看，这些心灵的内容意味着什么。从我对神话的研究开始，我就对它们的典型特征有了更深的了解。原始意象和原型是我研究的中心，但我清晰地认识到，没有历史就没有心理学，肯定也没有无意识心理学。
>
> （Jung 1963：205－206）

在荣格看来，意识心理学可能包含来自病人个人生活的材料，但只要稍微深入，涉及无意识，就需要其他的内容了。对无意识的工作往往需要不寻常的决定以及梦的诠释。对于荣格而言，这需要除个人记忆和联想，以及"客观的心灵"之外的另一个来源。"客观的心灵"是荣格称呼心灵现实的术语，它超越了把心灵仅仅看作一个主观现象的局限。艾丁格（1985）的作品《解剖心灵：心理治疗中的炼金术象征》所关注的正是这一点，它为我们诠释梦和其他无意识材料提供了客观基础。

随着研究的深入，荣格认识到对无意识的工作能够带来心灵的改变。他对炼金术的研究使他将无意识理解为一个过程，他也开始澄清自己的观点，即心灵可以通过自我和无意识内容之间的互动而积极地转化。这个发展的过程可以在个体的梦和幻想中看到，它在不同的宗教系统及其不断变化的象征结构中给我们的集体生命留下了印记。通过对集体转化过程的研究和对炼金术象征的理解，荣格形成了自己心理学的核心概念：个体化过程。

荣格研究的主要内容开始转向对个体世界观的论述，进而关注心理学与宗教的关系。他将这些研究发表在他的著作《心理学与宗教》（1937），以及一部"衍生作品"即《帕拉塞尔苏斯》（1942）之中。荣格认为后者中的第二篇文章《帕拉塞尔苏斯作为一种精神现象》非常重要。正是通过对帕拉塞尔苏斯的研究，荣格最终将"炼金术视为一种宗教哲学的形式"（Jung 1962：209）。他在《心理学与炼金术》（1944）中继续讨论了这一主题，并觉得他已经走到了他在1913—1917年所经历的范围之内。他认为自
己曾经历的过程与炼金术的转化非常相似（Jung 1963：209）。对这些思想 270
的持续研究使荣格更加深入地思考宗教问题以及自己与基督教之间不断发展的关系。

在荣格看来，基督教的信息对西方人而言并不是最重要的，但它需要以新的思维和符合时代精神的视角去审视，否则它对全体人类不再有实际

的影响。荣格认为基督教和炼金术之间有很多的共同点，并论证了三位一体教条与帕诺波利斯的佐西摩斯（Zosimos of Panopolis），一位公元 3 世纪的诺斯替教徒和炼金术士的幻象中弥撒内容之间的关系。荣格在分析心理学和基督教之间建立关系的尝试最终导向基督是一位心理形象的问题。在《心理学与炼金术》中，荣格（1944）对基督和炼金术士的“石头”概念之间的相似性予以说明。在这些反思之中，荣格产生了一个重要的幻象，即绿金色的基督肉体。他感觉到这一意象指向一个核心的原型象征，是人与无机自然中生命精神的表现。在这个意象中，两者结合在一起构成了基督的炼金术幻象。基督的意象在这里还是宏观宇宙之子（filius macro cosmi），他看到基督根植于犹太传统中，同时还有埃及的荷鲁斯神话。这个意象为宇宙带来生机，对精神与物质进行原型性整合，他认为这种整合在基督教中没有充分实现（Jung 1963）。

从炼金术的视角看，基督教拯救的是人类，而非自然。荣格批判基督教忽略身体和“女性特质”，因此最终是贬低自然的。莫瑞·斯坦在自己的著作《荣格论基督教》（1985）中对这一主题进行了广泛的研究。如前文所述，炼金术士的梦想是拯救整个世界，这一鸿篇巨制有两个目的：拯救人类灵魂和救赎宇宙。炼金术对物质的强调使其能补偿基督教的缺失，从而为宗教心灵在未来的发展带来可能性。

在《移涌》中，荣格（1951）将自己的研究继续深入，开始关注基督和心理学以及原我结构之间的关系，在这里，他专注于“在更大的人格，即内在的人对每个个体生命的影响之下……意识和意识之间的相互作用”（Jung 1963：221）。荣格指出在基督教时代的早期，关于人的古老思想占据着人心，这个原型随后在基督意象中被具体化。上帝之子的意象站在了被神化的奥古斯都，即俗世的统治者的对立面，代表着超越暴虐时代的希望和愿望。而且，荣格的目的是展示他的心理学和炼金术的完全对应性。他想要
271 带着宗教问题去发现炼金术士的工作会处理哪些特定的心理治疗问题。

荣格认为自己早期论述的炼金术中的合体和移情类似（1963：212）。这在他的《心理学与炼金术》（1944）一书中有相应的讨论，特别是在《移情心理学》一文中（1946）。在这篇文章中，荣格在炼金术过程（就像在《哲人玫瑰园》中看到的例证）与对立的心理学问题，即移情和合体之间，建立了平行关系。之后，他又在自己的最后一部作品《神秘合体》（1955－1956）中对这些问题做了进一步的研究。他在这部作品中按照自己原始的目的将整个炼金术的过程视为一种“炼金术的心理学”和一种“深蕴心理学的炼金术基础”（Jung 1963：221）。

在《荣格演讲集》中，荣格给出了一个炼金术过程的梗概：

> 这项工作非常困难，而且布满障碍；炼金很危险。你会在刚开始的时候遇到“恶龙”或阴间的神灵或“恶魔”，这是炼金术士所谓的黑化（nigredo）时期，并且这次相遇会带来痛苦的折磨。“物质”受到折磨，一直持续到黑化时期完全结束。用心理学的术语说就是，灵魂感到自己处在抑郁的剧痛中，被困在与“阴影”的战斗里。合体是炼金术中最神秘的部分，其目的是综合对立面，吸收黑暗，整合邪恶……用炼金术士的话说就是，物质会持续受到折磨直到黑化时期结束，那时，“孔雀尾”（cauda pavonis）将宣告“曙光”（aurora）的到来，新的一天破晓，即进入白化（leukosis 或 albedo）时期。但在这个“白化”的状态中，个人的**生活**并非字面所描述的那样，这是一种抽象、理想的状态。为了获得活力，必须加入“鲜血”，炼金术士将之称为红化（rubedo），即为生命赋予“红色”。只有整个存在经验才能将这种白化的理想状态转化成人的完整存在模型。只有血才能激活意识的辉煌状态，使之在黑化时期的最后一环得到消解，这时恶不再是自主的存在，而是重返深度的心灵统一体中。最后，工作完成：人的灵魂得到彻底的整合。
>
> （Jung，引自 McGuire and Hull 1977：228－229）

在他作品的结尾中，荣格的想象充满炼金术的概念和隐喻，其中有恶龙、孔雀尾、蒸馏器和鹅颈瓶，红狮子和绿狮子、国王和王后、鱼眼和倒立的哲学树、火蜥蜴和双性体，黑太阳和白土、金属（铅、银和金），颜色（黑、白、黄、红），蒸馏物和凝结物，以及各种拉丁文术语。一切都 *272*
基本变成心灵之神秘的最好表达，但他的成熟幻象是未知的，这种幻象能够说明和放大炼金术和自己的无意识心理学之间的共同之处。所有这些甚至更多的内容，荣格认为都是炼金术士对物质的投射。他们的努力是将心灵中互补相容的部分统一，制造“化学婚礼”。荣格认为这是炼金术的道德任务：统一灵魂中互不相容的元素，既有个人的也有终极宇宙的，从而创造最终的目标，即哲人石。同样，荣格认为心理学对心灵生活中的冲突和解离进行工作，以便带来神秘的“统一性”，即他所称的完满。

最后，荣格在《神秘合体》（1955－1956）中指出，他的心理学终于“在现实中占有一席之地，并建立在历史的基础上”（Jung 1962：221）。因此，他的工作已经完成。他感觉到自己已经够到“科学理解的边界，即超越的边界或原型本身的本质，科学的陈述也止于此”（1962：221）。

经典学派对荣格思想的发展

以上观点和荣格的研究强烈影响了他的亲密追随者，其中有欧洲的玛丽-路易斯·冯·法兰兹（1915—1988）和美国的爱德华·艾丁格（1922—1998）。他们二人都将荣格的作品视为根本，认为自己是在详尽阐述荣格的观点，是让学生更容易接触到大师作品的评论者。这些相当谦虚的自我评价并不真正代表他们自己对分析心理学领域，以及特别是对炼金术的理解所做的拓展和贡献。

冯·法兰兹被认为是荣格的炼金术思想遗产的主要发展者。她“是荣格的追随者中最知名的，荣格去世之后，她是荣格思想的最有力发言人”（T. B. Kirsch 2000：11）。冯·法兰兹在1933年第一次遇到荣格，当时她18岁，而荣格对炼金术的兴趣也差不多是在这个时候产生的。她接受他的分析，但是用希腊文和拉丁文炼金术文献作为交换。她一直是他的亲密合作者，最后出版了《神秘合体》第三部分的实质内容，即《曙光乍现》（1966）。《曙光乍现》是一部记录和评论炼金术文献的作品，大约出现在13世纪。这部作品被认为是托马斯·阿奎那所著，但真正的作者还依然存在争议。荣格认为这部作品是中世纪基督教试图与炼金术哲学达成一致的例子，也是炼金术中对立问题的实例。冯·法兰兹（1966）的评论展示了如何将荣格的分析心理学作为一把钥匙，以解开这部非常难懂且心理学色
273 彩非常浓的作品的意义，以及传统的炼金术实践如何被最大程度地理解成象征性的过程。

冯·法兰兹在1959年苏黎世荣格学院的讲座中进一步讲述了自己的炼金术研究。乌娜·托马斯（Una Thomas）将这些讲座内容翻译成英文，并在1980年出版，标题是《炼金术：象征和心理学导论》。这部作品的主要目的是介绍荣格难度更大的研究，同时又“对炼金术士所寻找的真正内容，即情绪平衡和完满，进行如实的记录”（von Franz 1980）。书中的内容包括论古希腊和阿拉伯炼金术的讲座，以及论欧洲后期炼金术和《曙光乍现》的讲座。冯·法兰兹希望通过做讲座和出版书籍使学生能够在阅读荣格的时候有更好的理解，她知道荣格的炼金术著作写得有多晦涩，甚至他很多最亲近的学生都不能理解他在这个领域的作品。尽管如此，她还是非常重视这一部作品，她在苏黎世的讲座从1969年1月持续到2月，她的著作《炼金术的主动想象》在1979年出版。除了论炼金术历史的引言，冯·法兰兹还着重研究了格哈德·多恩（Gerhard Dorn），这是一位大致生

活在16世纪的炼金术士和医生。通过把他的所有作品视为一个整体，并尽可能从原著切入，她呈现出炼金术士的修炼和荣格的主动想象之间的相似性，二者都促进了与无意识的对话。

冯·法兰兹最后一部研究炼金术的著作从历史的角度介绍了一部阿拉伯炼金术作品，并从心理学的角度对此进行了评论，这部作品的名字是《谜团的解开》（*Hall ar-Rumuz*），也被翻译成《象征释义》（1999）。其作者穆罕默德·伊本·乌迈尔（“长老”）（Muhammad ibn Umail）生活在公元10世纪。两位非专业的译者翻译了这部作品，冯·法兰兹的诠释是在译稿的基础上进行的。为了避免不成熟的讨论，西奥多·阿伯特（Theodor Abt）私下将其印刷，并且规定直到更加精确且完整的翻译出现之后，才能引用或评论书中的内容。阿伯特藏有非常重要的论阿拉伯炼金术的手稿，它们将来应该都会出版。这些作品的第一部名为《阿拉伯炼金术文集：象征释义书》，这是一部被认为是穆罕默德·伊本·乌迈尔所写的作品。这部文集的第一卷是阿伯特与威弗尔德·马德隆（Wilferd Madelung）在2003年合编的。这些作品代表炼金术的神秘分支中缺失的连接，将诺斯替-赫尔墨斯式的希腊炼金术与神秘的欧洲拉丁炼金术联系在一起。

在上述作品中，冯·法兰兹在去世之前，一直扮演着荣格的炼金术著作的合作者、转译者和创造性发展者的角色。她在炼金术的历史、炼金术与基督教的对话，以及象征与心理学视角的重要性方面有非常大的贡献。她也推动我们进一步思考对立的炼金术问题和理解一元世界，这是对立两极所依赖的统一场。这些主题在她的著作《心灵与物质》（1992）中有进一步的论述。 274
在这部作品中，她将对数字、时间、共时性及其与深蕴心理学、当代物理学和量子理论之间关系的思考整合在一起。她还对荣格的基督教观，以及对炼金术作为对基督教神话的补充的理解有所贡献。在一次采访中（Wagner 1977），在被问到荣格和她的炼金术著作的重要性时，她回答道：

> 文明的存活需要神话……我认为我们生活所依赖的基督教神话已经衰退，变得片面化，而且不足。我认为炼金术是完整的神话。我们西方文明如果想要生存下去，只能接受炼金术的神话，这是对基督教神话更加丰富的完善和延续……基督教的神话是有缺陷的，没有包含足够的女性特质。（天主教中有圣母玛利亚，但其只是纯化的女性特质，没有包括阴暗的女性特质）。基督教认为物质是没有生命的，因此不去面对对立面，即恶的问题。炼金术则面对对立面的问题、物质的问题以及女性特质的问题。
>
> （Marie-Louise von Franz，引自Wagner 1998－1999：15－16）

如果冯·法兰兹被认为是荣格在欧洲最著名的追随者，那么很少有人会反对爱德华·艾丁格在荣格的美国追随者中具有相同的地位。四十多年来，“在讲座、书、录音和录像中，他娴熟地呈现和提炼荣格作品的本质，阐述其与集体和个体心理学的关系”（Sharp 1999：18）。艾丁格涉猎广泛，包括白鲸莫比·迪克、浮士德、希腊哲学、《圣经》、启示录和上帝意象①，他像冯·法兰兹一样对炼金术充满浓厚的兴趣。在《季刊：荣格分析心理学基金会杂志》（*Quadrant*，spring 1968）的第一期中，纽约荣格学院宣布春季系列的最后一部分主要收录艾丁格的讲座《心理治疗和炼金术》，在接下来的一期中收录艾丁格的讲座大纲，题目为《炼金术作为一种心理过程》（*Quadrant*，2：18－22）。20 世纪 70 年代后期在纽约和洛杉矶所做的讲座基本上都发表在《季刊》上②，之后的都收录在他的著作《解剖心灵：心理治疗中的炼金术象征》（1985）中。在这些讲座和他的书中，艾丁格主要关注的是七种意象，他将它们组织成炼金术过程的典型阶段：煅烧、溶解、凝固、升华、黑化（与死亡相连）、分离和合体。通过关注这些意象/操作，艾丁格（1985：14）试图为“炼金术的混乱状态”带来秩
275 序。这些操作中的每一个都可以被视为一个复杂象征系统的核心。这些核心的转化象征“为理解心灵生活提供基本的分类，几乎展现出构成个体化过程的全部经验”（Edinger 1985：15；参见 Robertson 1999：54）。

艾丁格在自己的作品中将荣格对“心灵现实”的发现视为一种理解炼金术以及其他前科学或伪科学的新视角，例如星象学。艾丁格认为，这些思想体系都是想象的表现，为显示客观心灵的模式和规律服务，因此，它们是转化的原型意象。艾丁格所认为的正是荣格所说的心灵事实，而非“理论的建构或哲学的推理”（Edinger 1985：preface）。

艾丁格也关注心理治疗的实践问题。他的目标是充分熟悉原型意象，并从个人分析中获得足够的知识，这样我们才能够发现心灵的解剖结构，和“身体的解剖结构一样客观”（1985：preface）。他认为心理学的理论通常过于狭隘又不得当，当分析持续深入的时候，事物就开始运动，非常神秘又深刻，治疗师和病人都很容易迷失。艾丁格认为：

> 炼金术对于心理治疗非常重要的内容是，它的意象使治疗中个体

---

① 爱德华·艾丁格作品的目录，参见 *Psychological Perspectives*，39：58－59。

② *Quadrant*（summer，1978）2（1）：Introduction and *Calcinatio*；（winter，1978）3（1）：*Solutio*；（summer，1979）4：*Coagulatio*；（spring，1980）5：*Sublimatio*；（spring，1982）8：*Coniunctio*；（spring，1981）6：*Mortficatio*；（fall，1981）7：*Separatio*；（spring，1982）8：*Coniunctio*.

> 的转化体验变得具体。整体而言，炼金术提供的是一种个体化的解剖结构，对于那些有无意识经验的个体而言……它是最有意义的。
>
> （Edinger 1985：2）

对于艾丁格和荣格而言，炼金术的工作可以等同于个体化的过程，但炼金术的素材在丰富程度和范围上都超过任何个体的这一过程。最后，在艾丁格看来，炼金术可以被视为一种神圣的工作，是一种获得的宗教态度；与冯·法兰兹一样，他认为荣格的炼金术著作是对基督教神话的发展。

艾丁格写了很多文章来详尽阐述自己对荣格的炼金术著作的研究。《解剖心灵》（1985）是一部总体概括炼金术过程和个体化过程的象征性的著作，而艾丁格之后的作品集中关注的是荣格的特定的作品，目的是帮助读者进一步理解它们。他在 1994 年出版了《合体的神秘性：个体化的炼金术意象》一书，书中包含一篇对荣格的《神秘合体》的导论，还有一篇从心理学视角诠释《哲人玫瑰园》图画的文章。这些论文最初是在 1984 年 10 月 19 日至 20 日旧金山荣格学院的讲座中报告的。艾丁格的立场与荣格的有些不同，他提出从其他视角解读《哲人玫瑰园》中的图画。他并不反 *276* 对荣格的诠释，但认为我们可以从这些图画中看到多个侧面、多重意义和多种情境。

艾丁格在 1995 年将自己 1986 年至 1987 年在旧金山荣格协会所做的一系列讲座出版，标题是《神秘主义讲座集》。他在这部作品中带领读者研读荣格最难懂的作品，他遵循他对心灵解剖的基本隐喻，提出这是一部在“意象”中描述事实的著作。他从《神秘主义讲座集》中选出重要的意象，并使用经过放大分析的材料和评论来阐述它们。艾丁格有能力将难懂的象征材料翻译成清晰的当代心理学语言，使其能够被整合到我们当前的心理学世界观中。

艾丁格在 1996 年继续在自己的作品《〈移涌〉讲座集：对荣格〈移涌〉中原我的探索》中继续阐述荣格难懂的作品。他在这里再一次通过解读荣格的作品，主张读者不应该持有线性的态度。他强调荣格的思维和写作方式最好应该被理解为表象性的和一种“集群思维”，可将之与梦的呈现方式联系在一起。《〈移涌〉讲座集》研究的是基督教中的上帝意象和荣格对原我之原型的复杂思考。这些关注在他的许多其他评论和书籍中被放大，超出了炼金术本身的范围。

创新、批判和发展

如果冯·法兰兹和艾丁格是荣格作品的主要古典信徒，那么詹姆斯·希尔曼便是主要的批评者和创新者。从某个角度看，希尔曼从根本上修正了荣格的思想，但从另外一个角度看，他又回到它的本质上，将其带到一个新的应用高度。1966年，他在苏黎世荣格学院的讲座中，首次系统展示了他的炼金术思想。他说，他被炼金术“晦涩的诗意语言和奇怪的意象，特别是荣格在《金花的秘密》的导论中和论‘哲学树’［的文章中］所呈现的其惊人的洞察力”所吸引（Hillman 2003：101）。后来，在1968年，希尔曼在芝加哥大学继续自己的讲座，并“扩展了［他的］图书馆研究和对炼金术母题之梦的收集”（Hillman 2003：101）。这些讲座是在一个古老的木质化学大厅中进行的，题目是《分析工作中的炼金术素材》。他在这些讲座中提到的方法是“展现进入分析工作的背景，这样的分析工作是充满隐喻的，甚至是反常的，很少拘泥于具体的临床工作”（Hillman 2003：102）。这个主题一直贯穿他在1970年初发表的《论长老意识》之后的炼金术主题论文中。希尔曼在1978年发表了《炼金术语言的治疗价值》一文，
277 这篇文章为他的持续反思搭起了舞台。他之后又发表了一系列文章，包括《银和白土》第1和第2部分（Hillman 1980，1981a）、《炼金术之蓝和灵与心的结合》（1981b）、《空气的想象力和炼金术的碰撞》（1981c）、《盐：炼金术心理学中的一章》（1981d）、《论白人至上主义：种族主义的炼金术》（1986）、《工作中的黄化》（1989a）、《论石头：目标的炼金术意象》（1990）、《黑色的诱惑》（1997），以及最近的《蔚蓝的天穹：作为经验的圣殿》（2004），这是他对炼金术之蓝的修正和详尽论述版本。像其他炼金术著作一样，这些文章非常复杂，而且很难用统一的叙述方式总结，但如果说有任何主题贯穿其中，那就是他对语言和意象的细微区分、想象的重要性和对炼金术美学的关注，以及把色彩作为反思的组织焦点。而且，希尔曼在不断地修正，持续加入反思，而且在写成书的过程中整合并扩大自己的视野。在希尔曼看来，如果将意象的形而上学面纱去除，那么它们会更直接地发声，接着

> 集体无意识层被剥离，以至于物质能够更清晰地讲话。然后，异教意象脱颖而出：金属、行星、矿物、恒星、植物、符咒、动物、容器、火和特定的场所。
>
> （Hillman 2003：102）

希尔曼认为，荣格的心理学以及其与基督教的形而上学之间的联系已经使这些炼金术意象变得模糊。他在1977年的罗马国际会议上对自己的认识进行了解释，他指出："荣格在为心灵恢复炼金术的时候，他也是在为他的心理学保留炼金术。"（Hillman 2003：102）这是"将炼金术从以往的陷阱（神秘主义、江湖骗子、前科学和伪科学）中解放出来，将其和他的对立体系和基督教象征与思想结合在一起"（Hillman 2003：102）。

荣格的超心理学和他对基督教意象的依赖促使希尔曼区分出"精神的炼金术"和"灵魂的炼金术"，同时他指出心灵的转化和基督教的救赎思想是不同的。他认为当我们做出这个区分的时候，那么

> 颜色、热量、躯体的形式以及其他代表心灵过程的特性都会有细微的变化，在对心灵中持续发生的变化进行反思，而又不将这些变化和进步的程序或救赎的愿景联系在一起时，这些变化对治疗实践是有用的。
>
> （Hillman 2003：103）

简而言之，炼金术的奇妙意象和语录之所以有价值，与其说是因为炼金术是个体化阶段及其对立面结合的宏大叙事，以及对基督教救赎过程的反映，倒"不如说是因为炼金术本身宏大的、隐秘的、神秘的、自相矛盾的，主要是冲突的文本，从现象上揭示了心灵"（Hillman 2003：103）。 278

在希尔曼看来，炼金术需要接触到"尽可能少的形而上学的入侵"（2003：103）。他认为荣格、冯·法兰兹以及艾丁格都有意或无意地受到形而上学态度的影响，试图以学术的方式研究炼金术，从而找到客观的意义。与此同时，他认为自己强调炼金术中的"物质"是隐喻之物和原型原则。他尝试激活炼金术语言和意象，找到人类生活中那些作用于人格实质的特质。

> 创造灵魂的工作需要强酸、重土、飞鸟；有流汗的国王、狗和妓女、臭气、尿和血……我知道我不是由硫和盐构成，没有被埋在马粪中，并未腐烂或凝固，而是变白或变绿或变黄、被衔尾蛇环绕，振翅高飞。这就是我。我不能从字面的意思去理解，即使一切都非常精确，被描述得很真实。
>
> （Hillman 1978：37 and 39）

希尔曼认为这样的段落与灵魂的复杂体验产生共鸣。在荣格、冯·法兰兹和艾丁格致力于发展和扩大"炼金术心理学"的同时，希尔曼做出了一个批评性和创新性的举动，并在风格上进行了转变。他的目的与其说是扩展炼金术心理学，不如说是发展炼金术的心理学方式，并恢复炼金术的

想象方式。如前文所述，这种炼金术心理学关注的是意象，对语言高度敏感。一方面，他并不想将炼金术的隐喻还原为抽象的概念，而另一方面，他想要重新具体化我们的概念，“给它们躯体、感官和重量”（同上：39）。

库格勒和我的炼金术著作主要是对经典的、原型的和后现代的影响进行思考。库格勒在自己的著作《话语的炼金术：语言的原型取向》（1983）中延续希尔曼在《梦和阴间》（1979）中对语言的关注和他诗意的隐喻，从语言学的角度对这些隐喻予以特别的关注。他在这部作品中将荣格早期在字词联想测验中的研究与他后期所关注的炼金术心理学相整合。他对在去除物质具体意思的炼金术过程中语言所扮演的角色进行分析，探寻在物
279 质的去字面化过程中实际涉及了什么，并指出这个过程类似于从客观的诠释过渡到主观的诠释（2001 年 3 月 13 日与库格勒的私人交流）。声音模式固有的多义性使物质能够变化到灵魂，一个声音会有多个对应的客体，从而使诠释可以在它们所暗示的意义之间移动。库格勒认为，声音的意象是内在和外在、字面和隐喻之间关键的交叉点。“炼金术士在物质中对灵魂进行工作的时候，他们同时也在对灵魂中的‘物质’进行工作。”（同上）因此，炼金术是通过声音模式的内在多义性进行工作的。库格勒在自己的著作中论述了我们如何通过语言的获得将自己与外在所指的物质世界分离，从而进入一个意义关系的共同原型系统中。语言的获得能够使人从生命中得到“物质”，并将它们转化为想象。语言模式从语义到声音的变化将“白天世界”的物质（指具体的物体）转化成“夜间世界”的非实体诗化意象。

同样受到希尔曼的影响，我编了两本与该主题有关的书：《盐和炼金术的灵魂》（Marlan 1995）和《石中火：欲望的炼金术》（1997）。第一本书受到了希尔曼（1981d）的论文《盐：炼金术心理学中的一章》的启发。这部作品的目标是反思盐的意象，它在深蕴心理学和炼金术的历史上都占有一席之地。这本书探索了深蕴心理学的一系列流派，包括弗洛伊德学派、荣格学派和希尔曼学派对这一主题的论述。其目的并不是逐个论述各个取向，从而找到合适的或更好的理论，而是重视每一位作者的特别之处。虽然确实如此，但这种取向的风格在很大程度上是从现象学/后现代以及原型视角中汲取的，它对各式各样的视角都很敏感，并试图“将心理学恢复到最广泛、最丰富、最深刻的层面，以便与灵魂产生共鸣”（Hillman 1989b：26）。另一本书《石中火：欲望的炼金术》（Marlan 1997b）受到了炼金术隐喻持续的生命力的启发。在我的文章《石中火：探索创造灵魂的炼金术》（Marlan 1997a）中，我主要关注的是心灵的意向性和复杂

性，强调它常有的冲突和多元意向性，对希尔曼（1983）的问题“灵魂想要什么?”进行反思。我对这个问题的思考转向“欲望的炼金术”的隐喻，它对任何对主体性的简单理解都提出了问题，并将注意力转移到灵魂的物力论这一更广泛的视角上。这篇文章试图重新审视灵魂的复杂性和心理学理论的本质主义的危险。它转向对希尔曼和德里达的反思，呈现出他们之间的关系，尽管他们都有虚构空间的媒介又发出后现代的声音。希尔曼和德里达都改变了我们对虚构的理解，摧毁了我们对心理学理论的线性理解。 280

任何形式的逻辑都不能恰当地理解灵魂的复杂性，它属于更广大的心灵领域（希尔曼）或符号领域（德里达）。在这个领域，自我那坚硬和稳固的边界逐渐被瓦解。该论文继续对深蕴心理学和炼金术素材的目标进行思考。研究主要沿着希尔曼对传统终极目的和目标概念的修正所遵循的后现代和原型敏感性道路，开辟了一个虚构空间的概念，在这个空间中，欲望的炼金术得以实施，在那里我们能够“有意义地谈论欲望游戏中意向的多元性和欲望的辩证法，在后者中……复杂的意向性彼此相遇”。欲望的炼金术是“微妙的领域，包含了痕迹、交换和虚构的场景”，从中“我们可以发展出倾听灵魂欲望的耳朵”（Marlan 1997a：14）。这一欲望的领域进而阐明了一个由后现代主义和原型心理学打开的公共心理学空间。

施瓦茨-萨兰特的《人类关系的秘密》（1998）为荣格心理学带来了理论和临床的双重贡献。他基于荣格式分析的哲学基础和临床实践对移情和一般的人际关系进行了研究。施瓦茨-萨兰特（个人交流，2000）指出，荣格使用炼金术的象征类比自己的个体化过程理论，从投射的角度处理炼金术的意象。投射是一种需要大量哲学和超心理学预设的概念，而像冯·法兰兹和艾丁格这样的经典分析师却不加任何思考地直接引用。超越这些假设要求超心理学（如果不是本体论的话）发生一个基本转变，施瓦茨-萨兰特正是想要实现这种转变。他在开篇强调的是处于关系中的人之间的“中间领域”，而非两个独立个体的彼此关系，同时他又加入主体作为客体（即心理）和物质（心灵的躯体）之间的场域。他在这里的贡献是关注并加深了我们对这个场域的理解，它不仅仅是当代精神分析经常描述的一个主体间事件（Schwartz-Salant，个人交流，2000）。

正是他对炼金术士与其作品的经验关联性而非因果关联性的强调，鼓励投入个人的以及病人的“疯狂部分”中，施瓦茨-萨兰特认为他已经超越荣格（Schwartz-Salant，个人交流，2000）。他将自己的贡献总结如下。他首先注意到荣格用炼金术的象征类比自己的个体化理论，在这个过程中，他从投射的视角处理炼金术的意象，换句话说，是将主体-客体的分离具体化。施瓦茨-萨兰特认为这种二元的框架并未充分地囊括原始炼金
281 术意象的复杂性，因为这种意象“是数世纪经验的残留，并不总是，或者甚至根本上，都不符合‘内-外’”的结构。为了达到这个目的，他发展出交互场域的概念，并由此带来了“对应理论、原型理论和细微体理论”（Schwartz-Salant，个人交流，2000）。而且，他借鉴了现象学家埃德蒙德·胡塞尔和莫里斯·梅洛-庞蒂以及让·盖保瑟（Jean Gebser）和亨利·柯宾（Henry Corbin）的观点，他们都对理解这一领域做出了贡献（同上）。对于这些思想家而言，我们对观察性自我进行传统意义上的笛卡尔式理解，阻碍了炼金术士所说的更深层次的经验觉知。施瓦茨-萨兰特想要获得这种经验，它超越理性的散乱视角，需要一种“透视意识”（同上）。

施瓦茨-萨兰特对人类关系的持续思考使他重构了荣格在《移情心理学》一文中发现的移情模型。他也是第一个对《哲人玫瑰园》中的二十幅图进行分析的分析师，这种诠释可以很好地转译成他的场域视角。施瓦茨-萨兰特的工作为比较性的精神分析反思打开了一扇门，例如，这一反思展现了克莱因学派所称的投射性认同如何能被更深刻地视为场域现象，而这一现象出现在与投射和因果性相协调的意识中（Schwartz-Salant，个人交流，2000）。这显示出场域是多么原始，以及投射性认同如何能够被视为炼金术意象的一部分。他指出，从这个视角可以看到荣格和梅兰妮·克莱因在1946年都在研究相同的问题。除此之外，他使用炼金术文本理解场域中的转化。他将场域视为物理学中具体的场，其拥有自己的过程，而非一种主体间的场（自我心理学家、奥格登、人际取向等）。这也是他使用“交互性的”（interactive）这一术语的原因。

通过以上提到的方式和重新构思的人际关系，即移情，通过鼓励体验进入上述提到的场域，施瓦茨-萨兰特超越了荣格。扎布里斯基（Zabriskie，个人交流，2000）以她自己的方式研究了炼金术和它的埃及神话前身，但和施瓦茨-萨兰特的做法类似，这使她“将心灵理解为一个过程，其能够转化和操控在动态的相互关系中和在个体周围和内部集聚的心灵‘场’”（同上）。扎布里斯基也关注场域和当代物理学的关系，并写道，炼金术世界最引人注目的矢量和放大来自“现代物理学的主题和模型”（Zabriskie，个人交流，2000）。她说自己是通过研究荣格与诺贝尔物理学奖获得者沃尔夫冈·泡利之间的关系而接触到这一点的。这个兴趣使她写出了论文
282 《荣格与泡利：一种微妙的不对称》（1995a）和《原子与原型：泡利与荣格

通信集（1932—1958）》（2001）的引言。扎布里斯基的另一个兴趣是追随荣格对炼金术士关于心灵和物质维度之间关系的假设的研究，并写了一篇题为《心灵的物质》的文章（Zabriskie 1996a）来评论冯・法兰兹的《心灵与物质》（1992）一书。除此之外，她还在自己的文章《流放者和孤儿：荣格、帕拉塞尔苏斯与炼金术的疗愈意象》（1995b）和《炼金术实践中的发酵》（1996b）中探讨了炼金术意象在临床和文化中的语境化。在后一篇文章中，她质疑荣格为什么会在第五和第六意象之间插入《哲人玫瑰园》第十一幅版画，并推测这幅版画的哲学和临床价值（Zabriskie，个人交流，2000）。

荣格与当代临床精神分析的关系问题早期是由安德鲁・塞缪尔斯（1989）提出的。他认为荣格是分析话语的主流中可靠的思想家，为分析的可信基础做出了更深远的贡献（Samuels 1989：175）。在塞缪尔斯看来，这一点需要对荣格为什么对这种被人们轻视为神秘又晦涩的主题进行如此多的理性思考。塞缪尔斯不认可这种评价，他指出炼金术为心理活动提供了极其重要的隐喻，它的意象非常适合

> 获得几乎是不可能获得的分析实质或任何其他深层的人的状态；人际关联性的活动一方面是意象的活动，另一方面是心灵内部的活动。
>
> （Samuels 1989：176）

塞缪尔斯继续对炼金术的多产性进行探索，将之视为想象心理过程和其临床应用的独特方式。为了完成这个任务，他像其他荣格派分析师一样，对荣格（1946）的论文《移情心理学》展开思考，并详细论述荣格如何在《哲人玫瑰园》的晦涩意象中找到经验在原型水平上的重要对等部分。尽管荣格在这里讲的是移情的原型概念，但塞缪尔斯也注意到他同时也在讲个人的方面。因此，在塞缪尔斯看来，荣格既为这一领域贡献了一些以前没有人研究过的新东西，也贡献了后来成为当代标准精神分析主题的思想。荣格对原我和自我中他者的原始理解也启发了拉康。对于在何种程度上荣格应该被精神分析的传统所理解，分析师们常常存在分歧。杰弗里・芮夫就是其中一个将荣格置于更大的精神视角中的分析师。

芮夫在他的著作《荣格与炼金术的想象力》（2000）中关注、更新并扩展了荣格和冯・法兰兹的经典传统。他将炼金术视为一种长期的深奥的精神传统的表达，而荣格的作品则是一种当代的表达。芮夫认为荣格的作品中有三个重要的部分对扩展“荣格式精神”非常重要，它们是“超越功能、主动想象和原我”（Raff，个人交流，2000）。他对“发展出一种内在 283

探索和转化模型”的心理学诠释没有兴趣，这也是他感觉自己首先和冯·法兰兹的传统联系在一起的原因（同上）。

和希尔曼一样，但得出的结论相异，芮夫特别强调了想象和炼金术作为意象性体验的本质；同样和希尔曼一样，他将想象和苏菲派的概念中间地带联系在一起。他还强调了内在形象的本质和发展，这一些形象都是无意识的化身并可以在主动想象中发挥作用。他认为，对这些形象进行工作能够使心灵朝原我的显现方向发展，这是荣格式个体化过程的经典目标。到这一点为止，芮夫是“非常主流的经典分析师，尽管他［芮夫］经常强调内在的形象，也赋予主动想象极度的重要性”（同上）。

芮夫偏离荣格的地方是他认为荣格并未重视炼金术士多恩所说的第三次合体，这是与一元世界的结合。在芮夫看来，荣格的工作停在对第二次合体的诠释上，这是与肉体的结合，“他将此解释为原我在心灵中全面复苏，开始具有更强功能的临界点”（同上）。

芮夫认为荣格不够深入，“因为这是他的偏向，他相信一切都在心灵中”（同上）。对于芮夫而言，只有当涌现的原我或者“完成个体化的”人超越心灵从而直面精神的超心灵世界时，第三次合体才会出现（同上）。

虽然荣格直觉到了他曾思考的是形而上学领域，但他始终声称自己不是形而上学者，仍然是经验主义者。

与此同时，芮夫认同苏菲派炼金术士的观点，他指出炼金术实际上与超心灵的世界有关，这是诺斯替教的想象世界。他认为一个人要进入精神的维度，就必须超越一般的主动想象进入他认为的类心灵领域。在这种状态中，肉体和精神合一，精神性存在以类心灵的形象出现（同上）。他将其中的最重要形象称为类心灵或“同盟”（the ally）的原我，这是人格化的上帝。这个形象以超越的形式被个体体验到，它不是心灵的一部分。在芮夫看来，类心灵的炼金术和“人类的觉察与类心灵的世界中的精神实体的感觉之间的交互作用”有关（同上）。

在这部作品中，芮夫将第三次合体视为原我和同盟的结合，它将超心灵的力量归为我们世界观的一部分。在个人的笔记中，他写道，据他所
284 知，还没有人以这种方式研究同盟和第三次合体，因此，他感到自己与那些强调荣格作品的精神实质却又较少关注临床工作或心理学诠释的作者是不一样的，芮夫把自己的模型扩展到将类心灵世界视为精神实体出现和成形的地方。芮夫认为，人类更高的发展状态和神圣世界一起到来，可以将之想象为与西方的启蒙类似。

沃尔特·欧岱尼克（Walter Odajnyk 1993）也在自己的著作《集光：一种冥想的心理学》中论述了荣格炼金术著作的精神重要性。欧岱尼克关注的是冥想传统的重要性，他认为严肃的心理学反思并未给予它足够的重视。因此，他转向东方和荣格对我们理解与欣赏东方宗教思想和实践的心理学贡献。纵观整本书，他都在“试图阐述并在必要时应用和扩展荣格对理解冥想心理学的贡献”（Odajnyk 1993：166）。

欧岱尼克回到荣格对《金花的秘密》的评论中，因此也是回到冥想和炼金术的关系中。他注意到西方的炼金术在描述其早期发展阶段时比较分化，而东方的传统在描述终极目标时比较成熟。为了展开他的理解，欧岱尼克从荣格在《神秘合体》中对合体的讨论开始，将之与冥想中心理-精神转化的目标进行比较。欧岱尼克指出荣格倾向于将很多与炼金术过程目标相关的诸多意象混为一谈，而对他而言，这些意象之间的区别很多，这可能意味着目标的进一步分化。除此之外，在东方炼金术中发现的某些描述，在西方似乎没有对应的描述。荣格认为永远不能从经验中达到心灵完满，但欧岱尼克认为，与东方的炼金术和冥想修炼有更深入的接触之后，更高目标的实际心理体验出现的可能性变高了，因为这些体验发生在他所谓的“冥想情结”中。另一部论述这一主题的著作是哈罗德·考沃德（Harold Coward 1995）的《荣格与东方思想》，但他并未对荣格提出太多批判。考沃德（1995：142）提出的问题是：“如果没有个体自我，神秘体验会存在吗？”

对于欧岱尼克而言（1993），冥想情结是一种理解新心理学和能量场的新视角，正是这种视角促使他以全新的方式诠释荣格思想的基础。除此之外，这个视角有助于我们思考，除了荣格关于完满这一目标的思想，我们现在也可以重新思考自我实现和启蒙的思想。除对比东西方的合体概念以及介绍自己的冥想情结之外，欧岱尼克对托马斯·克利里（Thomas Cleary）的作品进行的研究也很重要。克利里（1991）对卫礼贤翻译的《金花的秘密》 285
以及荣格的评论都提出了批判（参见 Cleary 1991；Odajnyk 1993：191－212）。

我在论文《道教炼金术和荣格式分析中的光和更新的隐喻》（Marlan 1998）中也论述了道教炼金术。① 我在这篇论文中指出光和更新在道教炼金术和荣格式分析中都是重要的基本隐喻，对这个隐喻的使用可以追溯到上文提到的经典炼金术著作《金花的秘密》。在聚焦两个传统中的光和更

① 这篇论文最早是在 1998 年 12 月在中国广州举办的第一届心理分析和中国文化论坛上报告的，后来被发表在《季刊》（*Quadrant*，Summer，2001）上。

新的同时，又阐述分析和修行之间的关系，还比较“变成光”的意象和“精神胚胎的涌现”，以及进一步思考对立统一或合体，这些对道教炼金术和荣格式分析都是很重要的主题。

这一对光隐喻主题的反思是对《荣格的炼金术视野中的光隐喻及其解构》(Marlan 2000)① 一文提出的议题的延续，在这篇文章中，我将光和意识的相互关系和它们在西方形而上学的发展中所处的特有地位与以下结论结合在一起：意识和光也有阴影。这在荣格学派和原型心理学、后现代理论、东方思想和炼金术中都受到了挑战。对光的新理解以及它与黑暗的关系对我们时代中意识的发展非常重要。

我在《黑太阳和黑暗的艺术》(Marlan 2005)② 中继续深入探讨了这一主题。黑太阳（Sol Niger）在这里被认为是一种原型现象，拥有两极和多个分支。无我的一极可以在其最直接的形式中看到，它被锁在黑化和受辱的躯体中，而另一极把灵魂打开，让神圣的暗光照耀着。

日本荣格派分析师河合隼雄（Kawai 1996）在他的著作《佛教与心理治疗的艺术》中也开始反思炼金术和东方思想。在这部作品中，河合教授将《牧牛图》和《哲人玫瑰园》中的插图进行了比较（1996：52）。他发现两套图都在阐述个体化过程，尽管它们之间有“神秘的相似性”，但他仍然看到了重要的差异。对他而言，比较这些图需要对比东西方的意识风格。他认可马尔文·斯皮格尔曼（Marvin Spiegelman 1985）在分析这两套图时得出的结论。河合认为西方强调一种线性的、目标导向的发展趋势，而在东方，这一过程倾向于被认为是循环的、原型性的和无限的。因此西方的强调重点是个体的人，而东方更看重自然。这些意识风格对我们如何理解个体化和炼金术过程非常重要，可以从任何一种意识风格的角度理解这些过程。

286 河合非常巧妙地避开了落入其中一个视角的诱惑，提出在对病人进行工作的时候，需要从两个维度去理解，即有阶段的和没有阶段的。在河合看来，带着和接受悖论是非常重要的。这样，人和自然才能和谐。在给出结论的时候，河合也以悖论结束。他对是否可以整合两种视角，即线性/环形、发展/原型、男性和女性、东方和西方进行了反思，最后认为这既是可能的也是不可能的（Kawai 1996：141）。有人会认为他的视角是典型

① 这篇论文最早在荣格派分析师区际协会上报告，后来被收录至 R. Brooke (ed.) (2000) *Pathways into the Jungian World*. London and New York：Routledge。

② 这篇论文是在 2000 年 8 月 31 日至 9 月 4 日召开的“门槛上的心理学：原型心理学国际研讨会”上报告的。录音带可从 Sounds True 平台上获取。

的东方风格，或许来自对女性原则的认识，而非西方对有无逻各斯的要求。但我相信这很容易又回到河合的解构之中。他对传统社会中当代日本女性的精确观察就是一个很好的例子。灵魂的炼金术拒绝僵化的传统分类。

沃尔夫冈·吉格里希的著作《灵魂的逻辑生活》（1998/2001）中包含对荣格的炼金术思想的重要批判。吉格里希详尽阐述了他对荣格的贡献的感觉，他认为荣格所做的远远不够（Giegerich，个人交流，2000）。在反思荣格的立场时，吉格里希承认他在炼金术的发现上的成就是他深蕴心理学的一个基础。他指出，使用炼金术作为一种模型有着重要的和相互关联的方法论意义。

尽管吉格里希肯定荣格的贡献，但他依然对荣格的炼金术概念的一些维度提出了批评。如上文所述，在吉格里希看来，荣格做得远远不够，同时他的视角不同于前人。炼金术只是以一个主题或内容的形式进入荣格的心理学的：

> 试图同时将心理学的结构带入整个现代科学的不协调特质中（中立的实验观察者立场）。但它的语义内容又被不允许回到心理学的逻辑或句法结构中（受到其影响、浸染）。
>
> （Giegerich，个人交流，2000）

吉格里希对荣格的科学/现代主义心理学的批判一直是如此，这样的心理学主张主/客体的分裂，但同时又将炼金术主旨的对象强加到与自身不匹配的分类中。接着荣格将炼金术的过程还原为无意识“中”或人格内部的事件。吉格里希指出：

> 个体、人格、内在和无意识是我们的“瓶子”，对于荣格来说，里面所装的水银“物质”必须被牢牢地封闭起来。
>
> （Giegerich，个人交流，2000）

吉格里希继续自己的反思，他指出“因为墨丘利依然以上述的方式被 287
封存，因此‘它’需要保持物质、物体和实体的状态”，它的本质不可能是精神（难以理解和不可表示的东西）。这种诠释为吉格里希在《灵魂的逻辑生活》中强调的基本推理打下了基础，也就是说，当荣格和希尔曼在这个问题上坚持把“意象”作为根本时，他们实际上在是物化炼金术的精神。意象本身开始被物化，而炼金术的真正精神在于实现灵魂的逻辑生活，它是概念性的、微妙的、非积极的、无形的。在吉格里希的批判中，他将意象和“一种图像式的思维形式”并列起来，这种思维方式使知觉和想象变得有价值，他认为炼金术的真实目的是达到辩证思维和逻辑表达的水平，正如他在上述文本中所详述的那样。在吉格里希看来，在荣格选择将意象视为根本时，他就越过了炼金术的目标，将精神从它的容器中释放出来，并忽略了炼金术过程中所需要的“自我扬弃”或死亡。在这种情况下，他略过了“数世纪以来心理学的持续发展”(Giegerich，个人交流，2000)。

> 通过这种方式，他可以宣称，长期以来被灵魂史所克服、以意象为导向的（图像式的）思维模式依然是“心理模式”，并谴责炼金术后来发展为纯粹的理性主义、理智化，即单纯的“自我”。荣格在他对炼金术的心理接受中排除了炼金术的终极目的是克服自身这一事实。在一个更早的阶段，他冻结了它，也冻结了心理学。
>
> (Giegerich，个人交流，2000)

简而言之，在吉格里希看来，炼金术的任务是解构自己，或者用他的话来讲，至少是超越自己作为灵魂历史表现的一种运动。在这里，黑格尔的辩证历史观影响了吉格里希。最后，对他而言，荣格并未充分强调构成心灵现实的主动意识维度。也就是说，炼金术是一个主动的人类工程，这意味着炼金术过程的观察者不是被动的。他指出，即使将“登记、记录活动，也许还有绘画活动，以及接收到的梦象或幻象当作一个文本来思考”(同上)，也存在一种倾向，认为这一文本作为一个“成品”，由“自然”生产并交付。“但意识必须克制自己不要进入意象本身的生成过程之中。”吉格里希用这句话讲出了主动想象的“例外”，即使在这种情况下，“变成
288 主动内容和进入创作过程的并不是正在反思的头脑，而是经验性的自我”。简而言之，荣格的心理学及其炼金术著作中的神话主题是“意象生成的自然过程不受干扰”。对吉格里希而言，这是荣格心理学中基本自然主义的残余，最终“与炼金术的精神相对立”(同上)。最后，有人认为吉格里希的解读是黑格尔式的和结构主义的思路。他认为在荣格身上，“我们可以看到一种奇异的景象……一种对炼金术‘以及’其同时受到压抑的无私奉献和宣传。他对炼金术作为一种心理学范式的发展‘本身’就是炼金术的本质所在”(同上)。

吉格里希的观点也影响到了其他荣格派分析师。日本荣格派分析师山中康裕的作品便是其中一个例子。山中（Tanaka 2000）写过一篇题为《分析心理学中的炼金术意象和逻辑》的论文。他注意到吉格里希对“意象”的批判以及“意象心理学”的局限。他认为，如果我们依然片面地依赖这

样的视角，“那么我们会落入停留在表层心理学的陷阱中，而非进入深蕴心理学”（Tanaka，个人交流，2000）。

在山中和吉格里希看来，“我们作为荣格之后的心理学家，需要在分析心理学中阐述炼金术的逻辑”。他对荣格的观点是，尽管荣格在个人层面上认识到了炼金术的逻辑、自相矛盾和辩证的维度，但他不能“充分地内化它”或者恰当地将它作为一种理论应用到自己的心理学中。因此，对山中而言，我们现在的工作“不是在炼金术和我们的临床实践之间架起桥梁”，而是检视荣格心理学中的理论局限：

> 炼金术不仅是他的［荣格的］历史背景，也是他的逻辑背景，因为对荣格而言，炼金术只不过是把他自己的经验扬弃于他的心理学的学说。
>
> （Tanaka，个人交流，2000）

那么，这就意味着荣格的理论可以消除混沌（massa confusa），这正是我们必须注意的地方。

现状和未来发展趋势

荣格对炼金术的心理学研究帮助他形成了大量的基本概念。在他的思想中，心灵现实、原型的核心性、个体化、主动想象、作为一个上级结构的原我和心灵生活的宗教本质都是他通过研究炼金术发展出来并/或得以深入的。他将自己的经验和炼金术士的经验联系在一起，如前文所述，炼金术成为他思想史的对应部分和构造。因此荣格使炼金术摆脱了晦涩，从 289
而进入现代心理学领域。除上文提到的基本理论思想之外，炼金术为荣格和荣格心理学提供了丰富的隐喻语言，可以用来描述分析工作中无意识的复杂互动以及转化。

原始物质和混沌成为分析工作开始时的混乱意象，即分析关系中的密封器皿。心灵的物质在这一器皿中得到加热、蒸煮、凝固、蒸馏和转化。这些心理学的炼金术过程对人格的混乱和分裂进行工作，试图通过统一、合体和圣婚，最终形成稳定的完满感、原我或哲人石来治愈它们，通过这种方式，炼金术的隐喻为新发展的无意识心理学提供了基础，炼金术的颜色成为分析心理学的色彩，就像炼金术也可以从心理学的角度去理解一样。

荣格以非教条和试探性的方式表达自己的观点。他认为自己是一名医生和实证主义科学家，旨在发现和记录心灵现实的客观事实。像冯·法兰兹（1980）和艾丁格（1985）一样的经典派分析师便是这种态度的缩影。艾丁格（1985：xix）曾经说过，荣格呈现的是“心灵的事实，而非理论的建构或哲学的推理”。荣格实际上并不排斥形而上学式的观点，但对于当代的很多思想家而言，排斥一个人思想的形而上学含义是非常天真的。即使是实证科学，也被认为带有本体论的或者至少是理论的含义。尽管科学认为自己已经摆脱哲学的假设，但这种立场受到很多自然哲学家以及更广的诠释学传统的质疑，科学也有本体论的支持，但通常不被承认。我们看到的并不是一种简单的规定，我们看到的部分永远是视角和环境。荣格明白这一点，但在大多数情况下没有将其应用到自己的理论中（Giegerich 1998/2001）。经典派分析师总认为荣格已经超越时代，我们的工作是理解他、发扬他的思想并将它们应用到新的研究和实践领域中；但对于其他人而言，他的思想应用是形而上学态度的残留，这一点需要看到并加以批判。

其中一个例子就是他的投射概念，荣格将这个概念视为他理解心理学和炼金术之间关系的基础。对于很多分析师而言，投射作为一种理论是有问题的，充其量只是一个理解心理交互和关系的有限概念。施瓦茨-萨兰特（1995）指出，超越投射理论需要超心理学甚至本体论有基本的变化。在对投射理论的具体回应中，施瓦茨-萨兰特（1998）强调对“心灵场”
290 关注的变化已经超越构成投射思想基础的分析式假设。他的做法响应了当代从传统的笛卡尔和康德模式的角度想象心灵生活的思潮。

如上文所述，希尔曼的创新彻底修正了“经典”和“临床”范式。在他看来，这些方法充满了预设，导致对炼金术强大的意象潜能在还原和字面意义上被描绘。他将按照还原的方式诠释炼金术称为“炼金术心理学”，其中的问题是我们当前的心理学过于局限，不能够恰当地引入炼金术的意象和过程。希尔曼呼吁全面重新修正心理学，发展炼金术心理学，首先将炼金术中不可还原的语言作为标记，以便注意到它作为语言、想象和灵魂的一个领域的非还原特质。

库格勒（1983）同样也强调语言对模式变化的作用，但希尔曼可以被视为以现象学的态度强调灵魂的位置，库格勒强调语言学和声音模式的正式结构。塞缪尔斯（1989）也转向一种多元心灵的新版本，欧岱尼克（1993）提出作为一种能量场的冥想情结概念。马朗（1997a）将这种场描述为一种“欲望的炼金术”，并认为雅克·德里达的“差异”思想应该引起关注，德里达认为差异“既不是一个词，也不是一个概念”，而是一种想象不确定场的嬉戏方式。吉格里希（1998）在黑格尔的启发下提出了哲学和心理学批评，又引入了对“灵魂的逻辑生活”的新理解。山中（2000）追随吉格里希的思路，让我们意识到理论的重要性，以消除我们的理论困惑。

对“场域视角”的关注和将上述思想家和这个概念联系在一起并不是在暗示他们都在讲相同的东西，相反，他们都有自己的方式，以及自己的参考框架，他们都在回应笛卡尔/康德范式的局限，试图寻找到一种方式去发现和想象出一条超越经典范式的道路。

除了对荣格思想中遗留下来的形而上学残余的批判，荣格的关系议题，或许还有对基督教的依赖，都是当前的议题。尽管经典派分析师对当今的基督教模式的局限提出了批评，但对于很多分析师而言，它需要发展从而实现对心灵现实更充分的反映。有些分析师转向埃及（阿伯特、扎布里斯基）、希腊、异教（希尔曼）或东方（欧岱尼克、马朗、河合）以及苏菲派（希尔曼、芮夫）的传统去理解炼金术。

最后，当前需要反思的一个议题是关于炼金术目标和分析的发展思路。如前文所述，欧岱尼克（1993）和芮夫（2000）都看到了超越荣格所认为的个体化过程中他所想象的可能目标的潜能，欧岱尼克讲的是自我实现和启蒙的实际体验，而芮夫提出的是第三次合体和将原我与同盟的超心 291
灵结合包含在内。希尔曼仍然会认为这些扩展和可能性还远远不够。希尔曼认为需要对目标本身进行再设想，在他看来，以上所有都会落入精神写实主义之中，而他的思维方式则打破了炼金术的精神化传统和英雄主义的成就观念。他认为目标是“客我”（me）的心理疗愈，这种疗愈意味着超越对改善的渴望。（除了分歧）这个批判与吉格里希的作品相呼应，吉格里希认为“客我”对灵魂并不重要。这些批判在多大程度上又以什么样的方式与更加精神化视角中的超然自我是不一样的还需要进一步的讨论和思考。

我们可以看到很多作者都在扩展、应用和/或修正。尽管有很多的相互补充和差异之处，但荣格的炼金术著作的生命力依然在启发着当代的分析师。还有很多主题需要进一步的发展、深化和探讨。最后，或许炼金术的“真正”含义依然像哲人石一样难以捉摸吧。

参考文献

Cleary, T. (1991) *The Secret of the Golden Flower*. San Francisco, CA: Harper.

Coward, H. (1985) *Jung and Eastern Thought*. Albany: NY: State University of New York Press.

Edinger, E.F. (1978a) 'Psychotherapy and alchemy: introduction and *Calcinatio*'.

292 *Quadrant: Journal of the C.G. Jung Foundation for Analytical Psychology*, 2(1) (summer).
Edinger, E.F. (1978b) 'Psychotherapy and alchemy: *Solutio*'. *Quadrant*, 3(1) (winter).
—— (1979) 'Psychotherapy and alchemy: *Coagulatio*'. *Quadrant*, 4 (summer).
—— (1980) 'Psychotherapy and alchemy: *Sublimatio*'. *Quadrant* 5 (spring).
—— (1981a) 'Psychotherapy and alchemy: *Mortificatio*'. *Quadrant*, 6 (spring).
—— (1981b) 'Psychotherapy and alchemy: *Separatio*'. *Quadrant*, 7 (fall).
—— (1982) 'Psychotherapy and alchemy: *Coniunctio*'. *Quadrant*, 8 (spring).
—— (1985) *Anatomy of the Psyche: Alchemical Symbolism in Psychotherapy*. LaSalle, IL: Open Court.
—— (1994) *The Mystery of the Coniunctio: Alchemical Image of Individuation*. Toronto: Inner City.
—— (1995) *The Mysterium Lectures: A Journey through C.G. Jung's Mysterium Coniunctionis*, ed. J. Dexter Blackmer. Toronto: Inner City.
—— (1996a) *The Aion Lectures: Exploring the Self in C.G. Jung's Aion*, ed. D.A. Wesley. Toronto: Inner City.
—— (1996b) *The New God-Image: A Study of Jung's Key Letters Concerning the Evolution of the Western God-Image*. Wilmette, IL: Chiron.
Fordham, M. (1960) 'The relevance of analytical theory to alchemy, mysticism and theology'. *Journal of Analytical Psychology*, 5(2): 113–128.
Gad, I. (1999) 'Alchemy: the language of the soul'. *Psychological Perspectives*, 39: 92–101.
Giegerich, W. (1998/2001) *The Soul's Logical Life*. Frankfurt: Peter Lang.
Grinnel, R. (1973) *Alchemy in a Modern Woman*. Zurich: Spring.
Henderson, J.L. (1978) 'Practical application of alchemical theory'. *Journal of Analytical Psychology*, 23(3): 248.
—— *The Splendor Solis* (video). Monaco Video, 234 Ninth Street, San Francisco, CA 94103.
Henderson, J.L. and Sherwood, D.N. (2003) *Transformation of the Psyche: The Symbolic Alchemy of the Splendor Solis*. Hove, UK: Brunner-Routledge.
Hillman, J. (1970) 'On senex consciousness [Lead and Saturn]'. *Spring*: 146–165.
—— (1978) 'The therapeutic value of alchemical language', in R. Sardello (ed.) *Dragonflies: Studies of Imaginal Psychology*. Irving, TX: University of Dallas.
—— (1979) *The Dream and the Underworld*. New York: Harper and Row.
—— (1980) 'Silver and the white earth, Part I'. *Spring*: 21–48
—— (1981a) 'Silver and the white earth, Part II'. *Spring*: 21–66.
—— (1981b) 'Alchemical blue and the *unio mentalis*', in C. Eshleman (ed.) *Sulfur*, 1: 33–50.
—— (1981c) 'The imagination of air and the collapse of alchemy'. *Eranos Yearbook*, 59: 273–333.
—— (1981d) 'Salt: a chapter in alchemical psychology', in J. Stroud and G. Thomas (eds) *Images of the Untouched*. Dallas, TX: Dallas Institute of Humanities. Also in S. Marlan (ed.) (1995) *Salt and the Alchemical Soul*. Dallas, TX: Spring.
—— (1983) *Healing Fictions*. Barrytown, NY: Station Hill.
—— (1986) 'Notes on white supremacy: the alchemy of racism'. *Spring*, 46: 29–58.
—— (1989a) 'The yellowing of the work', in M.A. Matoon (ed.) *Proceedings of the*

Eleventh International Congress of Analytical Psychology, Paris. Zurich: Daimon Verlag. 293
Hillman, J. (1989b) *A Blue Fire*, introduced and edited by T. Moore. New York: Harper and Row.
—— (1990) *Concerning the Stone: Alchemical Images of the Goal. Eranos Yearbook*. Ascona, Switzerland.
—— (1997) 'The seduction of black', in S. Marlan (ed.) *Fire in the Stone*. Wilmette, IL: Chiron.
—— (2003) 'A note for Stanton Marlan'. *Journal of Jungian Theory and Practice*, 5(2): 102–103.
—— (2004) 'The azure vault: the caelum as experience'. Keynote address at the Sixteenth International Congress for Analytical Psychology, Barcelona.
Holt, D. (1973) 'Jung and Marx'. *Spring*: 52–66.
—— (1987–1988) 'Alchemy: Jung and the historians of science'. *Harvest*, 33: 40–61.
Jacoby, M. (1984) *The Analytic Encounter: Transference and Human Relationships*. Toronto: Inner City.
Jaffé, A. (1967) 'The influence of alchemy on the work of C.G. Jung'. *Spring*: 7–26.
Jung, C.G. (1921) *Psychological Types*. *CW* 6.
—— (1928) 'The relations between the ego and the unconscious', in *CW* 7: pars. 202–406.
—— (1929) 'Commentary on *The Secret of the Golden Flower*', in *CW* 13: pars. 17–45.
—— (1937) *Psychology and Religion*. *CW* 11.
—— (1942) 'Paracelsus as a spiritual phenomenon', in *CW* 13: 189.
—— (1944) *Psychology and Alchemy*. *CW* 12.
—— (1946) 'Psychology of the transference', in *CW* 16: pars. 353–539.
—— (1951) *Aion*. *CW* 9ii.
—— (1953) *Psychology and Alchemy* *CW* 12.
—— (1955–1956) *Mysterium Coniunctionis*. *CW* 14.
—— (1958) *Psychology and Religion: West and East*. *CW* 11.
—— (1959) 'Flying Saucers', in *CW* 10: pars. 589–824.
—— (1963) *Memories, Dreams, Reflections*. New York: Pantheon.
—— (1979) *General Bibliography*. *CW* 19.
—— (1979) *General Index*. *CW* 20.
Kawai, H. (1996) *Buddhism and the Art of Psychotherapy*. College Station, TX: Texas A&M University Press.
Kirsch, J. (1995) 'Transference', in M. Stein (ed.) *Jungian Analysis*, 2nd edn. La Salle, IL: Open Court.
Kirsch, T.B. (2000) *The Jungians: A Comparative and Historical Perspective*. London and Philadelphia, PA: Routledge.
Kugler, P. (1983) *The Alchemy of Discourse: An Archetypal Approach to Language*. Lewisburgh, PA: Bucknell University Press.
McGoveran, P. (1981) 'An application of an alchemical model for milieu functioning'. *Journal of Analytical Psychology*, 26(3): 249–267.
McGuire, W. and Hull, R.F.C. (eds) (1977) *C.G. Jung Speaking: Interviews and Encounters*, Bollingen Series XCVII. Princeton, NJ: Princeton University Press.
Marlan, S. (1995) 'Introduction to salt and the alchemical soul', in S. Marlan (ed.) *Salt and the Alchemical Soul*. Woodstock, CT: Spring.

294 Marlan, S. (1997a) 'Fire in the stone: an inquiry into the alchemy of soul-making', in S. Marlan (ed.) *Fire in the Stone*. Wilmette, IL: Chiron.
—— (1997b) *Fire in the Stone: The Alchemy of Desire*. Wilmette, IL: Chiron.
—— (1999) 'A review of *A Dictionary of Alchemical Imagery* by Lyndy Abraham'. *Harvest*, 45(2).
—— (2000a) 'The metaphor of light and its deconstruction in Jung's alchemical vision', in R. Brooke (ed.) *Pathways into the Jungian World*. London and New York: Routledge.
—— (2000b) 'The black sun: archetypal image of the non-self', unpublished paper presented at the International Symposium of Archetypal Psychology.
—— (2001) 'The metaphor of light and renewal in Taoist alchemy and Jungian analysis'. *Quadrant*, summer.
—— (2005) *The Black Sun: The Alchemy and Art of Darkness*. College Station, TX: Texas A&M University Press.
Meier, C.A. (ed.) (2000) *Atom and Archetype: The Pauli/Jung Letters, 1932–1958*. Princeton, NJ: Princeton University Press.
Newman, K.D. (1981) 'The riddle of the Vas Bene Clausum'. *Journal of Analytical Psychology*, 16(3): 229–243.
Odajnyk, V.W. (1993) *Gathering the Light: A Psychology of Meditation*. Boston, MA and London: Shambhala.
Raff, J. (2000) *Jung and the Alchemical Imagination*. York Beach, ME: Nicolas-Hays.
Raff, J. and Vocatura, L.B. (2002) *Healing the Wounded God: Finding your Personal Guide to Individuation and Beyond*. York Beach, ME: Nicolas-Hays.
Robertson, R. (1999) 'A guide to the writings of Edward F. Edinger'. *Psychological Perspective*, 39(summer): 47–62.
Samuels, A. (1989) *The Plural Psyche: Personality, Morality and the Father*. London and New York: Routledge.
Schwartz-Salant, N. (1993) 'Jung, madness and sexuality: reflections on psychotic transference and countertransference', in M. Stein (ed.) *Mad Parts of Sane People in Analysis*. Wilmette, IL: Chiron.
—— (1995) 'Introduction to Jung on alchemy', in N. Schwartz-Salant (ed.) *Jung on Alchemy*. London: Routledge.
—— (1998) *The Mystery of the Human Relationship: Alchemy and the Transformation of Self*. London and New York: Routledge.
Sharp, D. (1999) 'Tribute for E. Edinger'. *Psychological Perspectives*, 39(summer): 17–18.
Spiegelman, J.M. and Miyuki, M. (1985) *Buddhism and Jungian Psychology*. Phoenix, AZ: Falcon Press.
Stein, M. (1985) *Jung's Treatment of Christianity: The Psychotherapy of a Religious Tradition*. Wilmette, IL: Chiron.
——(1992) *Understanding the Meaning of Alchemy: Jung's Metaphor of Transformative Process* (audiotape). Chicago, IL: C.G. Jung Institute of Chicago.
Sullivan, B.S. (1989) *Psychotherapy Grounded in the Feminine Principle*. Wilmette, IL: Chiron.
Tanaka, Y. (2000) 'The alchemical images and logic in analytical psychology', in H. Kawai (ed.) *Lectures on Psychotherapy Volume 3: Psychotherapy and Images*. Tokyo: Inwanami-Shoten.

von Franz, M.-L. (1966) *Aurora Consurgens*. New York: Pantheon. 295
—— (1979) *Alchemical Active Imagination*. Dallas, TX: Spring.
—— (1980) *Alchemy: An Introduction to the Symbolism and the Psychology*. Toronto: Inner City.
—— (1992) *Psyche and Matter*. Boston, MA: Shambhala.
—— (1999) *Muhammad ibn Umail's Hall ar-Rumuz ('Clearing of Enigmas'): Historical Introduction and Psychological Comment*, by Dr Theodore Abt, printed at Fotorotar AG. CH-8132 Egg/Switzerland.
Wagner, S. (1998–1999) 'A conversation with Marie-Louise von Franz'. *Psychological Perspectives*, 38(winter): 12–42.
Wilhelm, R. (1931/1962) *The Secret of the Golden Flower: A Chinese Book of Life*, trans. and explained by R. Wilhelm with a foreword and commentary by C.G. Jung. New York: Harcourt, Brace and World.
Zabriskie, B.D. (1995a) 'Jung and Pauli: a subtle asymmetry'. *Journal of Analytical Psychology*, 40: 531–553.
—— (1995b) 'Exiles and orphans: Jung, Paracelsus, and the healing images of alchemy'. *Quadrant*, 26(1 and 2).
—— (1996a) 'The matter of psyche'. *San Francisco Library Journal*, 14(4).
—— (1996b) 'Fermentation in alchemical practice', in M.A. Mattoon (ed.) *Proceedings of the Thirteenth International Congress for Analytical Psychology, Zurich 1995*. Einsiedeln, Switzerland: Daimon Verlag.
—— (1999) 'Review of *Fire in the Stone: The Alchemy of Desire*, ed. S. Marlan'. *Roundtable Review*, 6(3), Jan/Feb.
——(2001) 'Jung and Pauli: a meeting of rare minds', Introduction in C.A. Meier (ed.) *Atom and Archetype: The Pauli/Jung Letters, 1932–1958*. Princeton, NJ: Princeton University Press.

第十三章

宗教

罗德里克·梅因

引言

宗教对理解卡尔·古斯塔夫·荣格的个人与专业发展，以及分析心理学的历史和它在当代与精神分析、学术和文化的整体关系中的地位非常重要。

荣格对宗教的兴趣从自己的童年开始，一直持续到他86岁去世的时候（Jung 1963：21－103，320－393）。他的父亲以及很多直系亲属和祖先都是神职人员（Jung 1963：58），而且由于科学的兴起和世俗化的发展，他所生活的19世纪的欧洲被广泛认为当时正在经历特殊的宗教危机。在这种背景下，荣格的成熟身份之一是宗教思想家也不足为奇（Homans 1979/1995：161）。

与宗教有关的内容占荣格所有作品的很大一部分。《荣格全集》第11卷《心理学与宗教：西方与东方》（1928－1954）明确论述的就是这一主题，更多的材料可以在他不同种类的论文（例如，1928/1931，l939c，1944－1957，1945/1948，1961）、书信（1973，1976；McGuire 1974）、采访（McGuire and Hull 1978）和讲座（Jung 1925，1928－1930，1930－1934，1932，1934－1939，1939a）中看到。此外，正如《荣格全集》第11卷中的“编者按”所指出的（Jung 1928－1954：v），《荣格全集》中还有其他几卷也同样可以被视为与宗教有关，特别是《移涌》（1951a）和《心理学与炼金术》（1944b）。事实上，荣格所有论述神话、诺斯替教、炼金术和东方思想的作品都和宗教的主题紧密地联系在一起。除荣格自己的作品外，还有大量有关分析心理学和宗教的二手文献。1973年发表的一项文献研究已经列出442个项目（Heisig 1973）。到今天，一份全面的清单可能达到了五位数。

荣格的宗教心理学思想对诸多领域都有重大的影响。它对宗教本身的贡献是最直接的，因为对于神学家、宗教信徒、宗教专业的学生、新人类们以及其他很多人而言，宗教依然是一个重要的主题，他们能从与荣格思想的对话中获益良多。同时，分析心理学的宗教一面为其被弗洛伊德（1914/1993：118－128）和之后被精神分析师完全否定提供了基础，但却对分析心理学在深蕴心理学和心理治疗传统中的地位产生了深远的影响。同样，分析心理学和宗教的关系也影响到学院派对荣格思想的接受。尽管宗教研究领域对研究分析心理学保持着兴趣（Ulanov 1997），但大卫·戴西（David Tacey）也注意到在其他大多数的学科中，荣格思想的“基本宗教”实质“令世俗学院派如鲠在喉”，导致其完全被排除在外（1997b：315－316；也见 Tacey 1997a；Main 2003）。总之，如詹姆斯·海希格所言：“荣格思想的宗教一面已经成为认同或疏离荣格生活工作的典型转折点，在其中起到核心和决定的作用。”（Heisig 1979：9）。 297

荣格论宗教：时序和发展的解读视角

几乎在他生命的每一个阶段，荣格的实际宗教立场都是非常复杂的，看似彼此对立和互不相干的兴趣彼此交叉融合。但对他的宗教著作按照时间的顺序进行研究能够揭示一些广泛的阶段。早期，我们发现他开始意识到传统宗教和世俗的现代性之间的关系，并认为个人宗教体验比制度认可的信仰重要。在试图使用精神病学和精神分析的概念以还原的方式解释宗教现象并没有获得满意的结果之后，他逐渐开始强调宗教积极的、潜在的功能。在他的成熟时期，这强化了他的信念，即心灵天生是宗教的，某种形式的宗教因此是一种心灵上的需要。在他的晚年，他从对一般宗教本身价值的关注转向对西方文化中主导的宗教传统，即基督教的具体分析，并为如何借助深蕴心理学知识帮助这一传统进行更好的转化提供了见解。

早年（1875—1900）

荣格的父亲像他很多的直系亲属和祖先一样，是瑞士改革教派的一名牧师（Jung 1963：58）。按照新教的形式，至少像最初由乌尔里希·慈运理（Ulrich Zwingli，1484—1531）所提出的那样，宗教信仰的机构和系统远不如内在、个人对超越的认可重要（Tambiah 1990：4）。但就像荣格感知到的一 298
样，他的父亲所缺少的正是这种个人的、体验式的认可，因此会在后启蒙的理性主义和唯物主义的影响下失去自己的信仰（Jung 1963：113）。同时，他的母亲表面也是一位传统的新教徒，但和她的父母一样，也有一种追求“通灵”体验的特质（Jung 1963：65 - 69，120；Jaffé 1984：40）。荣格（1963：110）认为他家里的“氛围”影响了他的宗教思想的发展。

在《回忆，梦，思考》（1963）中，荣格记录下数个严重影响到他对宗教之态度的童年经历。他描述了自己在三四岁时看到黑袍耶稣会神父的恐怖经历，这是他的“第一次意识创伤”（1963：25 - 26）。差不多是在同一时期，他梦到地下室中的食人阳具以及这个意象和基督的意象合并。在回想这个梦的影响时，荣格写道：“我的思想生活在这个时候有了无意识的开端。”（1963：26 - 30）最富有戏剧性的是，他会想到自己在 11 岁的时候未能成功地阻止上帝将大便排到巴塞尔大教堂上的幻象，当他最后让这个幻想进入意识中时，他体验到的是极乐和恩典（1963：52 - 58）。这些生动的个人体验和被他认为是“枯燥的、难以用语言形容的”神学课（1963：43）、他与父亲那令人不满意的神学讨论，以及对第一次圣餐礼的失望（1963：70 - 72）形成了鲜明的对比。这些印象和经历加在一起，使荣格对包括耶稣在内的传统宗教产生了深刻的负面意象（1963：25，28，73 - 74）。它们激发了荣格最早对神学的反思，包括恶的问题、恩典和服从上帝意志的观念，以及与传统信仰相对的个人体验之重要性（1963：52 - 60）。它们也促使荣格后来对当时流行的降神现象产生兴趣，这种现象为灵魂的真实性和人去世之后是否存在提供了经验性证据（1963：119 - 121）。

荣格在学生时代（1895—1900）的宗教观点可以从他去世之后出版的在学生社团饶芬吉亚协会的讲座中看到。他在这些讲座中的大部分观点显示他在试图捍卫宗教不受到科学唯物主义和世俗主义的威胁。因此，他坚持认为：非物质现象是存在的，能够同时以物质和非物质的形式出现（Jung 1896 -1899：pars. 57，65 - 66）；不能将道德和科学分开（pars. 68，138）；无意识、隐秘又超越时空的生命驱力给物质带来了生机（pars. 95 - 99）；降神会方面的资料能够证明生机论的立场（pars. 112 - 134）。他驳斥当代令宗教屈服于理性主义和否定神秘主义的代表人物（pars. 138 - 142）；认为是知识
299 的驱力（“因果的本能”）导致宗教的产生（par. 191）；拥护基督是一位神人的观点，他不能被理性地解释，这和德国新教神学家阿尔布雷赫特·立敕尔（Albrecht Ritschl，1822—1889）的主张相反（pars. 284 - 291）。在这种反启蒙的精神中，他甚至提倡要回到中世纪和拒绝世俗的现代性（par. 290）。

职业生涯早期（1901—1912）

在接下来的几年中，荣格一直在这种反现代的精神引领下进行医生和研究者的专业工作。在他重新恢复自己对待宗教现象的态度之前，他最先

接受的是精神病学的视角，之后是弗洛伊德精神分析的视角。

荣格发表的第一部专业作品是他的博士论文《论所谓超自然现象的心理学和病理学》（1902）。他研究的是一位灵媒女孩在降神会中所产生的一系列恍惚状态，这项研究很明显是源自他儿童和学生时期所关注的事物。但荣格自己的宗教兴趣和观点在他成为科研工作者和精神科医生之后几乎完全被取代，实际上，在发表《父亲在个体命运中的意义》（1909/1949）之前，他很少讨论宗教。在写这篇论文的时候，荣格已经被深深地卷入与弗洛伊德的关系以及精神分析运动中，尽管他的论文会碰触到宗教的话题，但基本上都是弗洛伊德式的诠释。人与上帝的关系被视为儿童与父亲关系的升华，需要通过强迫性的仪式训练强化这种升华（Jung 1909/1949：pars. 738n. 21，741n. 22；参见 Freud 1907/1990）。但在和弗洛伊德合作的后期，荣格对宗教的兴趣逐渐回归，并开始表现出不同于和相异于弗洛伊德观点的特质。

这些发展随着荣格的第一部关于宗教心理学的重要作品的出现而到来，这是他对力比多的转化与象征的长期研究作品，这部作品就是《无意识的心理学》（1911－1912），之后经过大量修订更名为《转化的象征》（1911－1912/1952）。最初的文本主要以弗洛伊德的假设和强调为指导，宗教现象被视为未被满足的乱伦愿望的投射。我们被告知：“上帝被视为某种能量集合（力比多）的代表”；“宗教本能依赖于婴儿时期的乱伦力比多”（Jung 1911－1912：par. 111）；乱伦愿望转化为象征性行为和概念，
从而“将人欺骗”以至于停留在婴儿状态中（par. 352）。精神分析高于宗 300
教，因为它不是将人格保持在婴儿的状态，而是帮助人格成熟并适应现实（par. 695）。荣格说：“我认为*信仰应该被理解取代*；然后，我们就能够保持象征的美好，但仍可以免除屈服于信仰所带来的压抑后果。这是对信仰和无信仰的精神分析治疗”（par. 356；强调为原文所有）。

但是，荣格对宗教的态度是积极的，而不是认为其高人一等。他承认宗教神话“过去和现在都是连接人类最伟大成就的桥梁”（1911－1912：par. 353），并指出，在与乱伦渴望的斗争中，“宗教的投射提供的是一种更加有效的帮助［而非‘压抑和忘却’］。在这种情况下，人既看到冲突……同时又将其置于原我，即神圣之外的人格立场上”（par. 117）。更重要的是，荣格从来没有完全认可弗洛伊德认为力比多仅是性的概念（McGuire 1974：4－5），而现在他明确地提出其作为心灵能量的更广泛概念（Jung 1911－1912：par. 219－236）。在特定的环境中，这种观点指的是“无意识

的性旺盛不是它看起来的那样，它仅仅是一个象征”（par. 635；强调原文为所有）；力比多可以“去性化”（par. 672）。因此，就像荣格所指出的，即使宗教是一种神经症症状，它也并不只是一种性欲神经症症状。在荣格看来，神经症源自作为心灵能量的力比多的失衡（pars. 230 - 236）。荣格认为，这样的失衡可能会以宗教的形式出现，但也会有宗教的力比多形式，在这种情况下，宗教就不是失衡的，因此也不是神经症。

更具体地说，荣格与弗洛伊德不同，他认为神经症中的退行通常会有积极的一面，尽管退行的力比多会激发无意识层产生症状，但症状中力比多的转化可以变成有利于心灵进一步发展的形式（1911 - 1912：par. 250）。这些症状通常带有宗教的特点，但它们是“古代人类以及所有民族数世纪的残留”（par. 291），是“元素的联想和类似之物……它们构成了古老的世界观”（par. 675），简而言之，它们是荣格后期提出的集体无意识的原型。因此，弗洛伊德将宗教症状解释为源于儿童时期被压抑性欲的表现，而荣格认为它们通常是心灵在对现在和预测未来生活状态进行反应时整合意识和无意识的尝试。荣格显然是在向他后期的立场前进，即不是宗教象征的存在而是它们的缺失，以及没有尊重或认识到它们未来的本质，构成了神经症（1963：173 - 178，190 - 191）。

荣格在《无意识的心理学》中也在以其他的方式与弗洛伊德分道扬
301 镳。例如，弗洛伊德强调父亲意象对宗教象征的重要作用，而荣格根据自己的研究得出结论：“建立宗教结构的那部分力比多在最后的分析中被固着在母亲身上。”（1911 - 1912：par. 691）而且荣格对待象征的方式也与弗洛伊德的不同，荣格并不总是还原性地解释象征，例如，“这是母亲的象征，那是阳具的象征”，反而认为象征有时候并没有“确定的意义”，需要探索它们的多重意义（par. 339）。这种视角后来发展成他的放大法。

走向成熟的宗教心理学（1913—1937）

《无意识的心理学》的出版使荣格和弗洛伊德的私人和专业关系最终走向结束。在接下来的心灵迷失时期，即他浪漫地戏称为“直面无意识”的时期，荣格开始觉得他缺乏神话，而且当代基督教神话的形式是不充分的（1963：194 - 195）。但是，在经历过一系列生动的体验（梦、幻象、引导性幻想和超自然事件）（1963：194 - 225），以及直接或间接地从威廉·詹姆斯和西奥多·弗洛诺瓦的非精神分析的宗教心理学视角中获得启发之后（Shamdasani 1995：126 - 127），荣格开始打造新的心理学理解框架。他首先以匿名的形式私下宣传“诺斯替”神话《向死者的七次布道》

（1916），以便建构这种新的理解。正如一些评论者指出的，这篇文章以诗的形式预示了荣格成熟的心理学模型的大部分观点（例如，Heisig 1972）。除此之外，荣格在这个时候开始画曼陀罗（圆形意象，通常分为四个部分），并发展出原我作为心灵完满之中心的概念（1963：220－222）。

标志着荣格在这段时期与无意识相遇所涌现出的主要作品是《心理类型》（1921），这部作品显示出他对自己最初在《无意识的心理学》中勾勒出的概念和方法论认识的一次成熟巩固。集体无意识、原型、象征的心理学价值、放大的思想和遵从心灵现象原始现实的认识论原则都在这部作品中得到完整的体现（1921：pars. 77－78，746－754，814－829，842，851及其余各处）。荣格的基督教思想发展中非常重要的一部分是他开始提出上帝意象不同于上帝自己；上帝意象的对应部分并不是无意识，而是整个主体，包含意识和无意识；他呼吁将公论（consensus gentium）作为上帝意象具有心理（尽管不是形而上学的）真实性的证据（1921：pars. 62，412－413）。在这部作品中，荣格也数次使用"宗教功能"这一短语 302
（pars. 231 n. 14，411，529），这个概念是他后期论述宗教的一个关键点（例如，1938/1940：par. 3，1944b：par. 14）。最重要的是，荣格在这部作品中专注于对立的概念和它们在完满这一指导原则下的和解。如莫瑞·斯坦（1985）所指出的，这个概念使荣格能够将现代世俗文化定义为没有认识到对立，从而是片面的，即不认可宗教，并同样将传统的宗教视为片面的，因为传统的宗教将外倾、情感和直觉置于它们的对立部分内倾、思维、感觉之上，因此倾向于贬低神秘主义、思辨哲学和科学（Stein 1985：97－98）。荣格后来在改造基督教的计划中建议它承认并尝试接受被片面化认知排除在外的内容。

在1921年到1937年之间，荣格的宗教心理学在理论或方法论上经历了一些重大的发展，但他所改变的是应用的本质和范围。在这些年中，他对炼金术（1929）、东方思想（1929，1930，1932，1935/1953，1936b）、异教思想（1936a）以及宗教的世俗替代品（1934－1939）的兴趣不断增加。这其中起到重要作用的是荣格在1925年开启的分析心理学讲座和在1933年设立的厄诺斯会议，而在厄诺斯，荣格会定期做报告，直到1951年（Hayman 1999：315－316，415－416）。在荣格这个时期的作品中可以看到他还未完全将上帝的意象等同于原我的意象。当荣格最终完成这一步的时候，这将对他的宗教心理学有非常重要的影响，因为随着他的临床工作和比较研究引领他在心理水平上发现原我的意象，它会为他通过善与恶、男性与女性以及精神与肉体的对立统一，期待上帝意象成为同一整体提供基础。

《心理学与宗教》(1937)

荣格阐述自己的宗教心理学观点的作品是他1937年在耶鲁大学进行的名为《心理学与宗教》的三次“特里讲座”（Jung 1938/1940）。这不仅是他迄今为止对这主题思考的总结，也可以看到他将在之后的作品中如何发展它。因此，我会对这部作品有更多的讨论，首先描绘出它的认识论和方法论假设，接着是其中的心理学概念，最后是荣格如何理解宗教，以及如何根据自己的理解将之应用到自己的心理学概念中。

303 荣格最基本的假设是心灵现实具有首要地位：“我们直接知道的唯一存在形式就是心灵的形式。”（1938/1940：par. 16）由此而来，我们不可能认识上帝或其他任何形而上学的现实本身，我们只能认识我们对它们的心理体验以及想象。这为荣格的经验主义视角的宗教观点打下了基础：“因为宗教有非常重要的心理一面，所以我完全从经验的角度进行研究，也就是说，我将自己限定在对经验的观察之上，避开任何哲学和形而上学的思考。”（1938/1940：par. 2）一种宗教观念，如圣母诞生的母题，“在心理上是真实的，因为它确实存在”；赋予这样一种观念以客观性的是，它是“社会所共有的”（par. 4）。

在心理学概念中，荣格对理解宗教有以下贡献。人格由意识和无意识构成（1938/1940：par. 66），无意识不仅包括个人无意识，也包括集体或超个人的无意识，即它包含非个人的、自动的情结（原型）（pars. 21－22，88）。尽管意识的中心是自我，但心灵作为一个整体，包含意识和无意识，其核心是原我之原型（par. 67）。但心灵完满（原我）的实现并非易事（par. 68），因为这就意味着认识到并活出自己的一切，包括个人不愿意成为的部分、所有在个人和社会层面不能接受的特质和倾向，即“阴影”（pars. 130－132）。梦为理解无意识提供了特别有用的资源，因为梦“镜映的正是心灵的秘密过程”（par. 37）。在荣格看来，梦并不是弗洛伊德所谓的“让我们误入歧途的狡猾策略”，而是一种“自然发生的事情”，需要被“如实看待”（par. 41）。梦和其他形式的幻想都能够被人格化为无意识的状态和过程。心灵中劣势或不能被接受的一面，即阴影，通常被人格化为消极的形象。帮助意识与无意识建立关系的一面通常被人格化为异性的意象，在男性身上是“阿尼玛”，在女性身上是“阿尼姆斯”（pars. 47－48）。代表整个心灵的潜能的一面被原我的意象人格化（pars. 140）。只要原型趋势依然留在无意识中，它们就会被投射到外部世界中的人、情境和组织上，最终导致不切合实际的敌对、依恋和理想化（par. 140）。回收这些投射是一项重要的心理任务，类似于意识的增强（par. 141）。但这项任务永远不能最终完成，因为原型将持续地产生带有强烈情感的意象和体验，其中会有荣格所认为的由宗教功能产生的宗教象征（pars. 3）。持续的投射、回收投射和象征的过程导致意识的不断转化。最终，对荣格来说，这些转 304
化受制于通过意识和无意识的整合，心灵朝更完整的方向发展的过程。荣格将这个过程称为个体化，其目标是原我的不断实现。在所有的原我象征中，荣格特别关注曼陀罗和其他四位一体的象征。

荣格使用这些心理学的概念和过程分析的宗教状态的主要特点是当时信仰的严重缺失（1938/1940：par. 148），标志是上帝的死亡和消失（par. 149）以及“教会权威的丧失”（par. 34）。人们尝试使用很多种方法重新在这种状况下找到方向，例如唯物主义、心理主义（弗洛伊德），或者无神论的偶像崇拜（尼采），但荣格认为它们都不适合而予以拒绝（par. 142）。荣格的出发点是肯定直接宗教体验的自然性和重要性。他为宗教提供了一个广泛的定义，即“对被认为是‘力量’的动力因素的细致思考和观察”（par. 8）、“被超自然体验所改变的意识特有的一种态度”（par. 9），以及“与最高和最强大的积极或消极价值之间的关系”（par. 137）。宗教信仰和教条从属于此：“信条是原始的宗教体验被编成法典和教条后的形式。”（par. 10）荣格对现代宗教所面临问题的解释是，它们的象征和神话已经失去和体验的联系，所以不能在信徒的心灵中激起有活力的反应。由于心灵具有宗教的功能，如果被忽略会对心灵造成伤害，荣格就提倡一种“心理学方法”，因为这“可能是我们仅剩的希望所在”。（par. 148）。例如，他认为“启示首先是对人类灵魂深处的‘揭露’，是一种‘裸露’；因此这本质上是一个心理事件”（par. 127）。根据他的心理学模型和他在《心理学与宗教》中举的例子，这样的启示首先通过梦和其他无意识的幻想形式出现。在表达自己的观点时，荣格并没有忽略传统的宗教形式，事实上，他认可传统宗教仪式在沟通意识和无意识时的价值，并比较了天主教和基督教在这方面的优点和缺点（pars. 75－80）。但是，他主要关注的是这些传统的资源对很多人不再适用。

荣格的《心理学与宗教》讲座主要通过个案研究介绍了其中一个在他

以后这个领域的作品中起到重要作用的主题。这就是上帝意象转化的概念，而它当前正在经历一个重大的转化，这种转化需要得到认识和理解。因此，荣格的个案在梦中体验到的四位一体和曼陀罗自发地表达出一种神
305 圣的观点，它在关于恶、女性特质和肉体的地位上与传统的三位一体有显著的不同。曼陀罗呈现的是完整的意象，而非完美，处于其中心的是人，而非神（1938/1940：pars. 136－139）。荣格认为这并不是梦者心灵，而是“始于中世纪早期，甚至更早时期［诺斯替炼金术］持续发展的精神过程”（par. 159）的特异性产物。

转化宗教/基督教（1938—1961）

在接下来二十年甚至更长时间里，荣格继续从心理学的角度对东方的印度、中国和日本的精神传统进行反思（1939b，1939/1954，1943，1944a，1950，1963：304－311，348）。但是，当他1938年在印度的时候，他梦到自己在寻找圣杯，这是一个著名的西方宗教象征，因此，他的注意力逐渐转移到西方文化，特别是基督教之上（1963：311－313）。

在《弥撒中的转化象征》（1942/1954）这一最初呈现在1941年厄诺斯讲座上的论文中，荣格试图阐述基督教弥撒的核心象征，在弥撒中，面包和酒转化成基督的肉体和血。他详细描写了这个仪式和个体化心理过程的共同之处，他认为二者都是在将世俗世界（面包和酒/自我-意识）和永恒世界（基督/原我）结合在一起。

更激进的是，荣格在这个时候进一步追求自己的想法，因为上帝意象（与上帝本身不同，其是不可知的）是一个心灵事实，既可以进行心理学的研究，也会发生改变，事实上正在经历重要的转化。这一点在他的论文《对三位一体教条的心理学理解》（1942/1948）中尤其明显，这是他在1940年的厄诺斯讲座中即兴提出的。他的观点是以“人永远不能从经验上区分原我的象征和上帝意象”（1942/1948：pars. 231，289）为前提的，基于此，荣格认为基督教教条中的上帝意象和人类意识发展的阶段是并行的。他认为三位一体的教义既是指“无意识在个体身上的成熟过程”，又是指“意识在数世纪中实现的过程”；更概括地说，它指的是“心灵作为一个整体……的发展转化”（pars. 287－289）。三位一体中的每一个形象都有心理的对应部分。圣父与未分化地认同无意识的阶段有关，这一无意识即“个体还是婴儿时意识的早期状态……一种被动的、无反思的状态……

没有理智或道德判断”（par. 270）。圣子与意识从无意识中分化出来的状态有关，它包括“与父亲意识的分离，［要求］对自己的个性有所认识，没有道德辨别力就难以获得这种个性”（par. 271）。圣灵与分化的自我-意识重新与无意识建立联系的状态有关，它涉及“认识无意识”，以及同时放弃“婴儿般的依赖”和获得“排他的独立”（par. 273）。 306

除这种心理学的转化之外，荣格在这篇论文中还把三位一体的概念扩展到四位一体，也就是将第四人路西法（Lucifer），即“此世的王子”包括在内（1942/1948：par. 290）。就像象征原我实现的心理完整性需要认可阴影和劣势功能一样，恶是上帝意象的一面也需要得到认可。关于基督，荣格一方面将他视为原我的意象，另一方面又认为他是原我的不完全意象，他只有善、男性特质和精神性的一面。一个合适的原我象征也需要包含于其整体之恶、女性特质和肉体之中。在《心理学与炼金术》（1944b）一书中，荣格注意到了基督意象在炼金术中的对应部分，他认为，这是中世纪的头脑在自发地尝试补偿这种片面性。

基督作为原我意象所具有的片面性问题也是《移涌》（1951a）中的一个重要主题。在这部作品中，荣格试图追溯与基督有关的象征模式在过去两千年来的变化方式。他大量使用基督教时代与双鱼座年代之间假定的相似之处（共通性）。特别是，他将星座符号中的两条鱼视为两个“上帝之子”，即基督与反基督。在春分点，一条鱼游向另一条，于是与基督相连的原型象征开始让位于与反基督相连的原型象征，被精神性超越占据的人类意识开始变得以人文和土地为中心。荣格坚持认为基督与反基督和善与恶具有同等的现实性，这也导致他对天主教中善的缺失这一教义进行批判，因为按照天主教的教义，恶是不存在的，只是善缺少或缺失而已。荣格认为这条教义既忽视恶的现实性，也没有恰当地呈现出道德判断的心理现实性，因为肯定对立的其中一极（善）就是肯定另一极（恶）。

善与恶和上帝意象转化的问题，以及人的意识发展中对应的部分都可以在荣格的《答约伯书》（1952a；也见 Bishop 2002）中找到最个人和最具争议的呈现。荣格将这部作品描述为“纯主观的反应”，他在这部作品中研究的是“上帝悲剧的矛盾性”（1963：243），在他身上“同时存在着智慧和愚钝、仁爱和残暴、创造性的力量和破坏性的力量”（1952a：par. 560）。这种矛盾性通过《圣经·旧约》中耶和华毫无道德地虐待自己忠实的仆人得到体现：耶和华因为和撒旦的赌注而允许撒旦摧毁约伯的生活。荣格认为耶和华的道德意识不如约伯，他实际上需要更多的人性才能 307

变得更加意识化。荣格在《移涌》一书中追溯了上帝思想的各个发展阶段，从写作《约伯书》的时期一直到今天。荣格指出正是上帝与约伯的经历促使上帝转世为基督。然而，由上帝转世而来的基督只带有善的一面，他恶的一面则继续被投射到他的众生身上。因此，现在需要通过接受和整合善恶，从而更充分地实现无意识。正因为如此，荣格才如此关注上帝意象（特别是曼陀罗）的自发涌现，从而为传统的三位一体思想增添新的内容：传统的三位一体只强调善、男性特质，需要加入“缺失的第四种”精神元素，即恶、女性特质和肉体。关于上帝的女性特质一面，荣格认为这一象征在意识中的涌现标志着神性中对立的统一，即圣婚（hieros gamos），它预示着“上帝渴望自我更新”（1952a：par. 624）。在荣格对犹太-基督传统的论述中，以下概念经常被提及：《箴言》（par. 609）中的索菲亚（智慧），即“一种在创世之前就一直或多或少本体性共存的女性特质元气”；《启示录》（par. 726）中的羔羊婚娶（即基督和他的教会的婚礼）；荣格在生前看到的教皇于 1950 年颁布的圣母升天的教义（pars. 733，748－755）。

如前文所述，荣格的宗教著作和他的炼金术著作密不可分，而上述调和对立的主题和对完满的自发心灵意象的关注都是荣格后期作品，特别是《神秘合体》（1955－1956）的核心。荣格也试图使用他的宗教理论去理解当时的社会现象，例如极权主义，他认为这是一种“集体心理化”的形式，只能够被宗教制衡（Jung 1957），又如看到飞碟的现象，他认为这是传统宗教不能满足当代对心灵完满的需要而产生的对神话的一种新拯救（Jung 1958）。

含义和定义

308 前文，特别是“《心理学与宗教》”部分已经给出了荣格的宗教心理学中大多数术语的基本定义，然而，对每个定义都展开论述并给出更加一般的内容对读者会更有帮助。

宗教

在荣格的宗教心理学中，实际上是在他的整个心理学模型中，关键的部分都来自他解决传统宗教和世俗现代性之间张力的尝试（Homans 1979/1995；Main 2004：91－114）。因此，荣格如何理解宗教便会影响他如何理解心理学，以及与之相关的内容。如果我们看看荣格提出的宗教定义，会很明显地发现他着重强调体验，而非信仰、仪式和组织（Jung 1938/1040：pars. 8，9，137）。正如预料到的一样，强调直接的宗教体验不仅仅将心理学的维度放在第一位，也反映了荣格成长过程中宗教传统（瑞士改革教派）所强调的个人面对超越性内容时的态度，而荣格一直对这种传统感到不满。当然，荣格也使用“宗教”概念指代和信仰、修炼以及机构一致的传统，无论是当时主流的传统，如基督教和佛教，还是已经不存在的传统，如密特拉教，或者鲜为人知的本土传统，如普韦布洛（Pueblo）印第安人的传统。然而，他总是非常迅速地建构出宗教传统的教义、仪式和组织维度，将它们植根于体验的维度上。强调体验是荣格无可辩驳的偏向，同时也是之后分析心理学家论述宗教时的偏向。这也有助于解释荣格一生对降神现象的兴趣，因为在这些现象中，重点都在体验上（例如，Jung 1896－1899，1902，1920/1948，1926，1934，1963；也见 Charet 1993；Main 1997）。

除了心灵现实、集体无意识、原型、个体化和原我这些特有的心理学概念，主导荣格的宗教思想发展的另外两个概念是宗教功能和超自然。前者标志着荣格逐渐意识到宗教的重要性、自然性和必然性，他认为在《心理学与宗教》中呈现的梦的材料旨在“证明心灵中真正宗教功能的存在”（1938/1940：par. 3）。在《心理学与炼金术》中，他明确指出“灵魂本质上拥有宗教的功能”（1944b，par. 14）。荣格的宗教心理学中至少有两个重要研究将“宗教功能”列入标题中（Edinger 1973；Corbett 1996）。尽管海希格提醒读者注意荣格所使用的这个短语似乎指的是“一种将注意力集中在宗教对心灵幸福感的积极作用上的手段”（Heisig 1979：158），但他 309
仍为其所暗含的意思提供了令人钦佩的说明。他指出荣格使用这个短语的目的是指明心灵具有一种绝对和无条件的定位倾向（事实上是定位需要）；这种倾向的基础是通过幻想来释放古老的本能（即原型）；这个过程本质上和象征的形成一样重要，由此，意识被集体无意识所补偿；这种自然和自发的活动与遵从宗教教条是完全不同的（Heisig 1979：35－36）。

超自然的概念是由德国神学家和宗教历史学家鲁道夫·奥托（1917/1950）提出的。荣格很快采用它指代原型经验的特定情绪特质，它现在已经成为荣格作品中被最广泛使用的概念，即使当宗教的维度没有被直接论述时。对于奥托而言，这个概念指的是神圣的非理性一面。他更加完整地将它描述为可怕又迷人的神秘感（myterium tremendum et fascinans）。它暗示了一种对上帝的情绪性理解，认为上帝是全然的他者（wholly other），是令人敬畏的、压倒一切的、急迫的和迷人的。在荣格看来，这个概念具有大部分上述含义，但也有重要的不同之处。例如，荣格在一处写道：“从心理学的角度看，很难想到上帝就是‘全然的他者’，因为‘全然的他者’永远不可能是灵魂最深切的亲密者之一——而这正是上帝的样子。”（1944b：par. 11，n. 6）而且，如利昂·施拉姆（Leon Schlamm 1994）所指出的，尽管奥托强调对超自然体验的恰当反应应该是无限制地顺从，但荣格坚持主张历史的立场，因为个体化需要意识和超自然的无意识之间的结合，任何一部分不能被贬低（Schlamm 1994：26－27）。另一处不同是荣格倾向于认为超自然和神圣等同，尽管对于奥托而言，神圣涉及超自然和神性的理性体验相结合（Schlamm 1994：28）。

上帝

对“上帝”概念的理解对荣格区分原型本身和原型意象起到了核心的作用。荣格把上帝描述为一种原型（1944b：par. 15），并描述了上帝意象的原型（pars. 11，14）。前者像其他所有原型一样，本身是不可知的，因此荣格一般不讨论它（par. 15）。荣格主要关注的是上帝意象，即上帝原型在实际体验中显现的方式，它不可避免地受到个人、社会和文化环境的限制。“在西方，”他写道，“原型充满着基督的独断形象；而在东方，原型则被神我（Purusha）、阿特曼（Atman）、哈朗亚格嘎（金胎，Hiranya-
310 garbha）和佛等等所充满。”（par. 20）在荣格看来，这些原型形象都不足以表现出上帝原型的无限性。因此，他说：

> 我发现自己不得不为相应的原型给出一个“原我”这一心理学名称，这个术语一方面足以明确地传递出人类完满性的实质，另一方面又足以表现出这种完满的难以描述性和不确定性。
>
> （Jung 1944b：par. 20）

如上文所述，荣格将原我的原型等同于上帝的原型，因此原我的原型意象也就是上帝意象，这使他能够将他在自己的心理学工作中获得的所有关于原我意象的理解都应用到上帝意象上。这两种意象都能够转化，即自发地朝更为包容的完满性转化，特别是在促进与被忽略之特质的相遇上，这些特质如阴影/恶、阿尼玛/女性特质和本能/物质。这个等式也支持荣格的普世观点，更不用说永恒论者的观点，即“上帝用很多种语言表达自己并以不同的形式出现，以及所有这些表述和表现都是*真实的*”（1944b：par. 18；强调为原文所有）。

发展、批判和创新

有关荣格的宗教心理学的二手文献数量非常庞大，这里只讨论一些比较重要的发展、批判和创新。事实上，荣格的一般心理学理论和他的宗教心理学之间的关系如此密切，以至于对前者的所有重大挑战和改变都对后者产生了影响。

已经有大量的作品直接诠释和澄清荣格的宗教思想，其中很大一部分是执业的荣格派分析师完成的，特别是那些主要持“经典”取向的分析师，例如阿尼拉·亚菲（1970/1975，1989）、玛丽-路易斯·冯·法兰兹（1975）和爱德华·艾丁格（1973，1984，1989）。特别是艾丁格，他是荣格关于“上帝意象从三位一体转变为四位一体”论点直接而坚定的支持者，他甚至将荣格的贡献视为“新的分配”（Edinger 1984）。其他支持荣格宗教心理学观点的人还有：约翰·多尔利（John Dourley），他是一位天主教神父，其神学思想深深受到荣格的心理学取向的影响（Dourley 1981，1984，1995）；安·乌拉诺夫（Ann Ulanov），她是一位荣格派分析师，同时还是一所宗教和神学研究生院的教授，她通常把神学和荣格心理学融为一体（Ulanov 1971，1997，1999）。

莫瑞·斯坦（1985）给出了荣格宗教心理学整体意图中富有启发性的 311
视角，他回顾了各种流行的对荣格宗教作品的诠释：荣格是一位将注意力转向宗教的科学家；一个诠释学的生机论者，致力于为现代意识揭示宗教传统的深层含义；一位灵魂的医治者，不太关注宗教的传统，更加关注由于进入不能满足其心理和精神需要的宗教传统而受到折磨的个体；一名现代人，试图解决他所面对的传统宗教和世俗现代性之间的紧张关系（Stein 1985：4－17）。但是，他认为荣格与基督教的关系根本上更多是一种治疗关系。在斯坦看来，荣格把他所处时代的基督教，特别是他父亲所代表的基督教，视为境况不佳的宗教。他关于基督教的大量作品可以被理解为在试图治疗这位境况不佳的病人。特别是在荣格论述宗教的方式中，我们可以看到他的心理治疗技术的不同阶段：记忆和历史的重构（如在《移涌》中），心理学的诠释（如在他论述三位一体和弥撒的论文中），最有趣的是对移情和反移情关系的运用（如在《答约伯书》中）。

荣格的宗教心理学在几个层面上受到了批评。最常见的是，批评者发现他的一般心理学理论，包括其潜在的认识论设想和方法论存在一些问题（例如，White 1952，1960；Heisig 1979；Nagy 1991；Palmer 1997）。其他令人关注的领域有：荣格对宗教本身的理解，例如天主教的教义（White 1952，1960）或东方传统（Clarke 1994）；源自他的社会文化条件的偏向，例如他对一神论的强调（Hillman 1971，1975）和他的父权设想

(Goldenberg 1982；Wehr 1987)；他的方法的心理和社会动机（Freud 1914；Homans 1979/1995；Noll 1994，1997)。

荣格在世的时候，对他的宗教心理学的批评就已经大量出现。在荣格生命的后二十年，他非常积极地致力于完善和应用他成熟的模型，他与很多神学家通信，有时候和他们公开论战（1939c，1973，1976)。他们中的一部分人后来还写了论述荣格思想的作品，他们中既有新教徒（Frischknecht 1945；Schaer 1951)，也有天主教徒（White 1952，1960；Hostie 1957；Goldbrunner 1964)。毫无疑问，这些神学评论者中最重要的一位是多明我会的神父维克多·怀特，从 1945 年一直到他 1960 年去世，怀特都与荣格保持着亲密的朋友关系，虽然有时候他们的关系也会变得紧张。他们希望一起“将心理学的发现整合到基督教的教义中”（Jung 1973：385)。怀特有两部著作，即《上帝与无意识》（1952）和《灵魂与心灵》（1960)，前者还有荣格的序言
312 (1952b)，它们对荣格的宗教心理学及将其与天主教联系起来的可能性表达了深切和共情式的欣赏。但是，怀特看待上帝的形而上学视角和荣格的心理学视角还存在着根本的张力。特别是讨论到恶的问题时，怀特认为荣格误解了善的缺失，即上帝作为至善（Summum Bonum）的概念这一教义，以及对立的概念（参见 Charet 1990；Cunningham 1992；Lammers 1994)。

另一位对荣格的宗教观点有类似不满并进行批判的是犹太哲学家和神学家马丁·布伯。布伯指责荣格是一位诺斯替主义者，认为他否认信仰的正当性，并宣扬“纯粹心灵内在的宗教”（1953：83－84)。荣格（1952c）对这项指责的反击以及对自己观点的捍卫并没有产生多大的影响。在对这场论战的后期评论者中，怀特蒙特（Whitmont 1973）认为布伯和荣格在很大程度上都是在谈各自的目的，他建议当代的荣格派分析师应该避免重复类似的误解，而是以“象征感知”的方式明确地形成自己的心理学理解，同时承认宗教表述中非心灵的指代以及这样的表述不可避免地与心灵有关（Whitmont 1973)。

海希格对荣格思想中的上帝意象的发展进行了特别全面、细致和平衡的描述（1979：17－100)。在这一描述的基础上，海希格敏锐地评估并批判了荣格的宗教著述中的风格、方法论和理论（1979：103－145)。他注意到荣格刻意采用模棱两可的风格具有双重的目的，即“保存心灵的丰富性和指出一项永远处于半途而废状态的智力任务”（1979：109)。但是，荣格的“客观放大”法（收集原始资料，寻找相似之处，并据此进行诠释）不能被认为是科学的，尽管它可能有治疗的效果（1979：140－142)。海希

格详细说明了荣格理论的几乎所有核心原则在经验上和逻辑上都是有问题的。他没有区分投射的起源和作用；他那支持集体无意识的论据并不足以排除存在潜隐记忆和心灵感应的可能性；他对待原型的态度使他将它们的功能合并为逻辑的共性、认识的前提和诠释学的原则（1979：130－139）。尽管如此，海希格还是不想否认荣格理论的“卓越性和广泛吸引力”，他建议应该将其视为“一个隐喻模型，它服从诠释学批判的原则，不受自然科学理论验证程序的制约”（1979：144）。

迈克尔·帕尔默（Michael Palmer 1997）在批评弗洛伊德和荣格的宗教理论时对荣格的理论有更加开放和积极的结论。帕尔默认为，荣格为心灵现实下的定义是一种同义反复，因为一种非心灵的体验是不可想象的 313
（1997：169－170）。他从两个方面质疑荣格将公论作为上帝原型存在的证据，即：普遍并不意味着与生俱来，以及无论如何，上帝的存在都不是公认的，即使在传统文化中，如在佛教和印度教的一些形式中，无神论也是存在的（1997：181－184）。帕尔默认为荣格的方法非常脆弱，很容易被指责是主观主义，因为它并没有为决定某个东西是否具有心灵效用或原型性质提供客观的方式（1997：191－192）。他指出，构成原型的主要证据的平行意象，能同样或者更好地被其他理论所解释，这些理论包括其他的精神分析理论，它们并不提及我们体验之外的世界（1997：176－180）。对于荣格所理解的个体化，他质疑宗教的视角对原我的实现是必要的这一点（1997：192）。他指出，识别出真正的启示是不可能的，如果所有的启示都必须以潜藏在心灵中的结构的形式出现的话（1997：191）。最后，帕尔默认可怀特和布伯的观点，即荣格并没有处理好对他心理化上帝的指责。在荣格的理论中，

> 上帝内在性作为唯一的心灵现实的概念如此激进，以至于不得不……令人质疑，上帝之外是否还有其他的东西，并因此当我们说到宗教时，是否还有什么特别的东西是有意义的。
>
> （Palmer 1997：196）

理查德·诺尔（Richard Noll）对荣格的宗教著作提出的批判最为尖锐（1994，1997），他认为，荣格有将分析心理学变成一种新型宗教的强烈愿望。具体来说，诺尔指责荣格秘密但刻意地将分析心理学建成一种宗教的崇拜，其带有被小心翼翼保护着的启蒙结构（1994：291－292），同时荣格又把自己塑造成启蒙的教主或“杰出的预言家”（1994：284）。在一个旨在重新考虑分析心理学是不是宗教的论坛上，三位参会者，即精神病学家安东尼·斯托尔

(Anthony Storr 1999)、宗教学者罗伯特·西格尔(Robert Segal 1999a, 1999b),以及心理学历史学家索努·沙姆达萨尼(1999),都认为并非如此。然而,在其他地方对诺尔的核心观点予以彻底否定的沙姆达萨尼(Shamdasani 1998),却将人们的注意力吸引到荣格对他的心理学的描述上,即心理学是“处于萌芽状态[in statu nascendi]的宗教”(1999)。

有趣的是,荣格在宗教心理学上的一些重大创新尝试不仅容许而且实际上还赞美它作为一种宗教的地位。例如,詹姆斯·希尔曼认为,分析心
314 理学或他所喜欢称的原型心理学的宗教维度是如此基本,以至于我们不应该谈论宗教的心理学,而应该谈论“心理学的宗教”。“心理学作为宗教,”他写道,“暗含着把所有的心理事件想象成灵魂中诸神的效应,并且与灵魂有关的一切活动,例如治疗,都是与这些神有关的仪式性运作。”(Hillman 1975:227)由于他使用多“神”的概念,希尔曼(1971,1975)也对荣格的上帝意象的一神论概念提出严厉的挑战。希尔曼认为荣格心理学的核心概念原我只是狭隘地反映了他的西方基督教和新教背景,为此,他提出了一个没有单一主导中心的心灵模型——一个“多神论”模型(参见 Miller 1974)。

尽管荣格从神学的角度强烈建议将女性原则纳入上帝意象之中,但他的理论还是受到女性主义批评家的批判,甚至包括相对认可他的分析心理学的一些人,因为他一直是从男性中心的角度理解女性特质的(例如,参见 Goldenberg 1982)。德玛里斯·韦尔(Demaris Wehr)因此引用了女性主义神学的见解,它对女性特质的意象如何被父权制书写很敏感,试图使荣格的心理学更容易被女性接受和更有利于女性解放(Wehr 1987;参见 Ulanov 1971)。在这种情况下,她将布伯认为荣格的心理学是一种心灵内在的宗教的观点包含在内(Wehr 1987:78-79,95)。在所有神学家中,布伯(1953:119)认为荣格将女性特质纳入上帝意象中是一种诺斯替教的构思,基督教的神学家一般对此表示怀疑,认为它不正统,是异教徒思维(参见 Heisig 1973:119-120)。怀特至少在最初接受男性特质和女性特质的对立被包含在代表人类完满性的原我中的观点,但他对将原型等同于上帝或上帝意象表示怀疑(参见 Lammers 1994:220,221)。然而,在大多数情况下,神学家对荣格将女性特质纳入上帝意象中的关注并没有将恶纳入上帝意象中的关注多(参见 Lammers 1994:215-226;Heisig 1973:219-221)。霍华德·菲利普(Howard Philp)是其中一位质疑恶和女性特质是否能被纳入三位一体中的神学家,他怀疑荣格讲的是五位一体而非四位一体(参见 Jung 1944-1957:par. 1601)。

认为荣格的宗教心理学将宗教还原成心理学的观点，不论其是积极的还是消极的，都受到罗伯特·阿齐兹（Robert Aziz）对荣格后期共时性理论研究的挑战（Jung 1951b，1952d；Aziz 1990；也见 Main 2004）。共时性事件显示，心灵上体验到的意义也能以非投射性的方式从外在被体验到。在荣格最著名的例子中，当荣格的病人报告她梦到收到一个圣甲虫形状的昂贵宝石时，一只真正的圣甲虫恰好出现在荣格咨询室的窗户上，其表现和行为显示出，以梦的形式来表达其自身的原型意义不仅是内在的和主观的，而且还可能与外在的自然世界有关（Jung 1952d：pars. 843， 315
845）。因此，也没有理由认为，以个人的上帝意象来表达的原型意义仅仅是内在的和主观的。这种意义也可以从外在表达出来，它既不是由个人心灵引起的，也不是由个人心灵投射出来的（Aziz 1990：179－180）。

现状和未来的可能发展

荣格的宗教心理学继续主动地与上文提到的诸多领域和议题交织在一起。在不久的将来，特别重要的领域可能包括来自性别研究（Meckel 1990；Capps 1997；Tacey 1997c；Rowland 2002）、后现代主义（Hauke 2000）以及多元文化主义（Adams 1996）的持续挑战；不同信仰之间的对话和宗教与科学的关系受到的关注在不断地增加（Main 2004：91－143）；宗教极端主义（R. Brooke 2000；Zoja and Williams 2002；Beebe 2003）和非传统的精神信仰（Tacey 2001；Main 2004：144－174）也在迅速地发展。

毫无疑问，分析心理学将持续与其他主要的传统宗教交织在一起，包括西方的（Ryce-Menuhin 1994；Spiegelman 1994）和东方的（Coward 1985；Meckel and Moore 1992；Clarke 1994；Ritsema and Karcher 1994）。20 世纪 60 年代中期之后宗教领域的研究进展为理解这些传统提供了更加丰富和成熟的理解（有关参考文献的概述，参见 Hinnells 1998），因而几乎所有的荣格派分析师都能从新发现中受益。随着分析心理学逐渐国际化，并遭遇到他们熟悉的欧洲和北美文化之外的传统宗教，可能会出现特别有趣的发展。例如，当前分析心理学在拉丁美洲似乎正处于迅速发展的时期（Kirsch 2000：194－201）。这可能导致与拉丁美洲的基督教产生有益的互动，拉美基督教信徒不仅比世界上任何其他地方的基督教信徒都多，而且在某些情况下已经有趣地与当地的宗教传统融合在一起（Walls 1997：88－89）。也可能有一些有趣的与东正教的接触——这一传统令人惊讶地被荣格所忽视（Papadopoulos 2002）。

宗教和科学之间的关系依然是神学、宗教研究和科学史一直关注的主题（Barbour 1998；Segal 1999c；J. Brooke and Cantor 1998），这也是荣格一生都在关注的内容，它对其心理学理论的形成起到了重要的作用（Main 2004）。当代的分析心理学研究继续从环境（Homans 1979/1995；Main 2004：65－114）和理论（Mansfield 1995）的角度探索宗教和世俗的关系及其延伸部分。正是由于分析心理学在很大程度上是宗教和科学之间张力
316 的产物，它毫无疑问带有对这两个领域，以及它们如何富有成效地共存和互动的理解（Main 2003）。

还有一个领域没有得到分析心理学的充分论述，那就是宗教极端主义，尽管人们的兴趣开始显现出来（R. Brooke 2000；Zoja and Williams 2002；Beebe 2003）。这个忽略可能源自荣格，以及后来的分析心理学家优先研究宗教的体验维度而非其社会和组织维度。然而，宗教极端主义是如此有社会影响力，以至于它与分析心理学在文化上的关系不应该被忽略。而且，由于分析心理学是深蕴心理学中为数不多支持宗教态度的分支，它比其他心理学的视角更加容易接触到宗教极端主义的思想世界（Main 2003）。

分析心理学和当代其他多种精神信仰之间的关系得到更多的研究是可以理解的，因为这符合荣格的体验取向，而且经常受到荣格思想的直接影响。分析心理学与新时代精神信仰的关系非常复杂又矛盾。一方面，分析心理学非常渴望和新时代建立联系，特别是在美国，因为新时代思想的大量流行似乎为荣格的思想提供了可见的社会意义，而荣格思想更高的文化声望也为新时代思想提供了智力上的认可（R. Brooke 1997：286）。另一方面，分析心理学对新时代运动的抵触非常大，经常指责其肤浅又商业化（例如，参见 Young-Eisendrath and Miller 2000：2，4，147，176）。更加丰富又平衡的关系可能会随着深度研究的出现而涌现（Tacey 1999，2001；Main 2002，2004：144－174）。

荣格的思想也和其他非机构化、反传统又内隐的精神信仰有联系。巴尼·肖特（Bani Shorter 1996）研究了个人和社会认可的仪式性的心理体验如何促进对神圣的感知。安·凯斯门特在她自己编辑的后荣格学派文集中发现了一条共同的线索，那就是没有一位作者在明确论述宗教，而是“关注超自然体验以及荣格学派对这些体验的理论化”（Casement 1998：11）。安德鲁·塞缪尔斯试图将整个精神信仰区分为“社会精神性、民主精神性、手工艺精神性、世俗的精神性和精神交际性”，从而对连接精神性、心理治疗和政治有所帮助（Samuels 2001：122，134）。波利·扬-艾森德斯和梅尔文·米勒（2000）已经编辑了一系列文章，试图形成一种

“成熟的”或“怀疑的”精神信仰形式，这种形式既不将神（有神论）也 317
不将人（人文主义）置于宇宙的中心。书中约有一半的作者都是从荣格学派的视角来写的。荣格的宗教心理学对体验的强调也在很大程度上引发了人们对其与神秘主义（Schlamm 2000）、超个人心理学（Schlamm 2001）以及萨满主义（Sandner and Wong 1997；Smith 1997）的关系的持续兴趣。

荣格的宗教心理学能够与各式各样的宗教和精神信仰之间保持富有成效的对话是它能够深入又富有洞察力地进入人类经验这一永恒的重要领域的证据。对话具体如何进行将取决于宗教和分析心理学领域的发展。这两个领域都不太可能停滞不前。

参考文献

Adams, M.V. (1996) *The Multicultural Imagination: 'Race', Colour and the Unconscious*. London and New York: Routledge.

Aziz, R. (1990) *C.G. Jung's Psychology of Religion and Synchronicity*. Albany, NY: State University of New York Press.

Barbour, I. (1998) *Religion and Science: Historical and Contemporary Issues*. London: SCM Press.

Beebe, J. (ed.) (2003) *Terror, Violence, and the Impulse to Destroy*. Einsiedeln, Switzerland: Daimon.

Bishop, P. (2002) *Jung's* Answer to Job*: A Commentary*. Hove, UK and New York: Brunner-Routledge.

Brooke, J. and Cantor, G. (1998) *Reconstructing Nature: The Engagement of Science and Religion*. Edinburgh: T and T Clark.

Brooke, R. (1997) 'Jung in the academy: a response to David Tacey'. *Journal of Analytical Psychology*, 42: 285–296.

—— (2000) 'Emissaries from the underworld: psychotherapy's challenge to Christian fundamentalism', in P. Young-Eisendrath and M.E. Miller (eds) *The Psychology of Mature Spirituality: Integrity, Wisdom, Transcendence*. London and Philadelphia, PA: Routledge.

Buber, M. (1953) *The Eclipse of God: Studies in the Relation between Religion and Philosophy*. London: Victor Gollancz.

Capps, D. (1997) *Men, Religion, and Melancholia: James, Otto, Jung, and Erikson*. New Haven, CT and London: Yale University Press.

Casement, A. (ed.) (1998) *Post-Jungians Today: Key Papers in Contemporary Analytical Psychology*. London and New York: Routledge.

Charet, F.X. (1990) 'A dialogue between psychology and theology: the correspondence of C.G. Jung and Victor White'. *Journal of Analytical Psychology*, 35: 421–441.

—— (1993) *Spiritualism and the Foundations of C.G. Jung's Psychology*. Albany, NY: State University of New York Press.

Clarke, J.J. (1994) *Jung and Eastern Thought: A Dialogue with the Orient*. London: Routledge.

318 Corbett, L. (1996) *The Religious Function of the Psyche*. London and New York: Routledge.
Coward, H. (1985) *Jung and Eastern Thought*. Albany, NY: State University of New York Press.
Cunningham, A. (1992) 'Victor White, John Layard and C.G. Jung'. *Harvest: Journal for Jungian Studies*, 38: 44–57.
Dourley, J. (1981) *C.G. Jung and Paul Tillich: The Psyche as Sacrament*. Toronto: Inner City.
—— (1984) *The Illness that We Are: A Jungian Critique of Christianity*. Toronto: Inner City.
—— (1995) 'The religious implications of Jung's psychology'. *Journal of Analytical Psychology*, 40: 177–203.
Edinger, E. (1973) *Ego and Archetype: Individuation and the Religious Function of the Psyche*. New York: Penguin.
—— (1984) *The Creation of Consciousness: Jung's Myth for Modern Man*. Toronto: Inner City.
—— (1992) *Transformation of the God Image: An Elucidation of Jung's* Answer to Job. Toronto: Inner City.
Freud, S. (1907/1990) 'Obsessive acts and religious practices', in The Pelican Freud Library, Volume 13, *The Origins of Religion*, translated from the German under the general editorship of James Strachey. London: Penguin.
—— (1914/1993) 'On the history of the psychoanalytic movement', in The Pelican Freud Library, Volume 15, *Historical and Expository Works on Psychoanalysis*, translated from the German under the general editorship of James Strachey. London: Penguin.
Frischknecht, M. (1945) *Die Religion in der Psychologie C.G. Jungs*. Bern: Paul Haupt.
Goldbrunner, J. (1964) *Individuation: A Study of the Depth Psychology of Carl Gustav Jung*. Notre Dame, IN: University of Notre Dame Press.
Goldenberg, N. (1982) *The End of God: Important Directions for a Feminist Critique of Religion in the Works of Sigmund Freud and Carl Jung*. Ottawa, Ont.: University of Ottawa Press.
Hauke, C. (2000) *Jung and the Postmodern: The Interpretation of Realities*. London and New York: Routledge.
Hayman, R. (1999) *A Life of Jung*. London: Bloomsbury.
Heisig, J. (1972) '*The VII Sermones*: play and theory'. *Spring: An Annual of Archetypal Psychology and Jungian Thought*: 206–218.
—— (1973) 'Jung and theology: a bibliographical essay'. *Spring*: 204–255.
—— (1979) *Imago Dei: A Study of Jung's Psychology of Religion*. Lewisburg, PA: Bucknell University Press.
Hillman, J. (1971) 'Psychology: monotheistic or polytheistic?'. *Spring*: 193–208.
—— (1975) *Re-Visioning Psychology*. New York: Harper and Row.
Hinnells, J. (ed.) (1998) *A New Handbook of Living Religions*. London: Penguin.
Homans, P. (1979/1995) *Jung in Context: Modernity and the Making of a Psychology*, 2nd edn. Chicago, IL: University of Chicago Press.
Hostie, R. (1957) *Religion and the Psychology of Jung*. London: Sheer and Ward.
Jaffé, A. (1970/1975) *The Myth of Meaning: Jung and the Expansion of Consciousness*, trans. R.F.C. Hull. New York and Baltimore, MD: Penguin.

Jaffé, A. (1984) 'Details about C.G. Jung's Family'. *Spring*, 45: 35–43. 319
—— (1989) *Was C.G. Jung a Mystic?* Zurich: Daimon Verlag.
Jung, C.G. (1896–1899) *The Zofingia Lectures*, in *The Collected Works of C.G. Jung*, ed. Sir Herbert Read, Michael Fordham and Gerhard Adler, executive ed. William McGuire, trans. R.F.C. Hull, 21 volumes (hereafter *CW*). London: Routledge and Kegan Paul; Princeton, NJ: Princeton University Press, 1983.
—— (1902) 'On the psychology and pathology of so-called occult phenomena', in *CW* 1: pars. 1–150. London: Routledge and Kegan Paul, 1970.
—— (1909/1949) 'The significance of the father in the destiny of the individual', in *CW* 4: pars. 693–744. London: Routledge and Kegan Paul, 1961.
—— (1911–1912) *The Psychology of the Unconscious: A Study of the Transformations and Symbolisms of the Libido*, trans. B. Hinkle. New York: Moffat, Yard, 1916.
—— (1911–1912/1952) *Symbols of Transformation*. *CW* 5. London: Routledge, 1995.
—— (1916) '*Septem Sermones ad Mortuos*', in R. Segal (ed.) (1992) *The Gnostic Jung*. Princeton, NJ: Princeton University Press.
—— (1920/1948) 'The psychological foundations of belief in spirits', in *CW* 8: pars. 570–600. London: Routledge, 1991.
—— (1921) *Psychological Types*. *CW* 6. London: Routledge, 1991.
—— (1925) *Analytical Psychology: Notes of the Seminar given in 1925*, ed. W. McGuire. Princeton, NJ: Princeton University Press; London: Routledge, 1989.
—— (1926) 'Spirit and life', in *CW* 8: pars. 601–648. London: Routledge, 1991.
—— (1928–1930) *Dream Analysis: Notes of the Seminar Given in 1928–1930*, ed. W. McGuire. London: Routledge and Kegan Paul, 1984.
—— (1928/1931) 'The spiritual problem of modern man', in *CW* 10: pars. 148–196. London: Routledge and Kegan Paul, 1981.
—— (1928–1954) *Psychology and Religion: West and East*. *CW* 11. London: Routledge and Kegan Paul, 1986.
—— (1929) 'Commentary on *The Secret of the Golden Flower*', in *CW* 13: pars. 1–84. London: Routledge and Kegan Paul, 1967.
—— (1930) 'Richard Wilhelm: in memoriam', in *CW* 15: pars. 74–96. London: Routledge and Kegan Paul, 1984.
—— (1930–1934) *Visions: Notes of the Seminar Given in 1930–1934*, ed. C. Douglas, 2 volumes. London: Routledge, 1998.
—— (1932) *The Psychology of Kundalini Yoga: Notes of the Seminar given in 1932*, ed. S. Shamdasani. Princeton, NJ: Princeton University Press; London: Routledge, 1996.
—— (1934) 'The soul and death', in *CW* 8: pars. 796–815. London: Routledge, 1991.
—— (1934–1939) *The Seminars: Volume 2: Nietzsche's 'Zarathustra'*, ed. J. Jarrett, 2 volumes. Princeton, NJ: Princeton University Press, 1988.
—— (1935/1953) 'Psychological commentary on *The Tibetan Book of the Dead*', in *CW* 11: pars. 831–858. London: Routledge and Kegan Paul, 1986.
—— (1936a) 'Wotan', in *CW* 10: pars. 371–399. London: Routledge and Kegan Paul, 1981.
—— (1936b) 'Yoga and the West', in *CW* 11: pars. 859–876. London: Routledge and Kegan Paul, 1986.

320 Jung, C.G. (1938/1940) 'Psychology and religion', in *CW* 11: pars. 1–168. London: Routledge and Kegan Paul, 1986.
—— (1939a) '*Exercitia Spiritualia* of St Ignatius of Loyola: notes on lectures'. *Spring*, 1977: 183–200; 1978: 28–36.
—— (1939b) 'Foreword to Suzuki's *Introduction to Zen Buddhism*', in *CW* 11: pars. 877–907. London: Routledge and Kegan Paul, 1986.
—— (1939c) 'The symbolic life', in *CW* 18: pars. 608–696. London: Routledge, 1993.
—— (1939/1954) 'Psychological commentary on *The Tibetan Book of the Great Liberation*', in *CW* 11: pars. 759–830. London: Routledge and Kegan Paul, 1986.
—— (1942/1948) 'A psychological approach to the dogma of the Trinity', in *CW* 11: pars. 169–295. London: Routledge and Kegan Paul, 1986.
—— (1942/1954) 'Transformation symbolism in the Mass', in *CW* 11: pars. 296–448. London: Routledge and Kegan Paul, 1986.
—— (1943) 'The psychology of eastern meditation', in *CW* 11: pars. 908–949. London: Routledge and Kegan Paul, 1986.
—— (1944a) 'The holy men of India: introduction to Zimmer's *Der Weg zum Selbst*', in *CW* 11: pars. 950–963. London: Routledge and Kegan Paul, 1986.
—— (1944b) *Psychology and Alchemy*. *CW* 12. London: Routledge, 1989.
—— (1944–1957) 'Psychology and religion', in *CW* 18: pars. 1466–1690. London: Routledge, 1993.
—— (1945/1948) 'The phenomenology of the spirit in fairytales', in *CW* 9i: pars. 384–455. London: Routledge, 1991.
—— (1950) 'Foreword to the *I Ching*', in *CW* 11: pars. 964–1018. London: Routledge and Kegan Paul, 1986.
—— (1951a) *Aion: Researches into the Phenomenology of the Self*. *CW* 9ii. London: Routledge, 1991.
—— (1951b) 'On synchronicity', in *CW* 8: pars. 969–997. London: Routledge, 1991.
—— (1952a) 'Answer to Job', in *CW* 11: pars. 553–758. London: Routledge and Kegan Paul, 1986.
—— (1952b) 'Foreword to White's *God and the Unconscious*', in *CW* 11: pars. 449–467. London: Routledge and Kegan Paul, 1986.
—— (1952c) 'Religion and psychology: a reply to Martin Buber', in *CW* 18: pars. 1499–1513. London: Routledge, 1993.
—— (1952d) 'Synchronicity: an acausal connecting principle', in *CW* 8: pars. 816–968. London: Routledge, 1991.
—— (1955–1956) *Mysterium Coniunctionis: An Inquiry into the Separation and Synthesis of Psychic Opposites in Alchemy*. *CW* 14. London: Routledge and Kegan Paul, 1963.
—— (1957) 'The undiscovered self (present and future)', in *CW* 10: pars. 488–588. London: Routledge and Kegan Paul, 1981.
—— (1958) 'Flying saucers: a modern myth of things seen in the skies', in *CW* 10: pars. 589–824. London: Routledge and Kegan Paul, 1981.
—— (1961) 'The function of religious symbols', in *CW* 18: pars. 560–577.
—— (1963) *Memories, Dreams, Reflections*, recorded and edited by A. Jaffé, trans. R. Winston and C. Winston. London: Fontana, 1995.
—— (1973) *Letters 1: 1906–50*, selected and edited by G. Adler with A. Jaffé, trans. R.F.C. Hull. London: Routledge and Kegan Paul.

Jung, C.G. (1976) *Letters 2: 1951–61*, selected and edited by G. Adler with A. Jaffé, trans. R.F.C. Hull. London: Routledge and Kegan Paul. 321
Kirsch, T.B. (2000) *The Jungians: A Comparative and Historical Perspective*. London and Philadelphia, PA: Routledge.
Lammers, A.C. (1994) *In God's Shadow: The Collaboration between Victor White and C.G. Jung*. New York: Paulist Press.
McGuire, W. (ed.) (1974) *The Freud/Jung Letters: The Correspondence between Sigmund Freud and C.G. Jung*, trans. R. Manheim and R.F.C. Hull. Princeton, NJ: Princeton University Press.
McGuire, W. and Hull, R.F.C. (eds) (1978) *C.G. Jung Speaking: Interviews and Encounters*. London: Thames and Hudson.
Main, R. (ed.) (1997) *Jung on Synchronicity and the Paranormal*. London: Routledge; Princeton, NJ: Princeton University Press.
—— (2002) 'Religion, science, and the new age', in J. Pearson (ed.) *Belief Beyond Boundaries*. Aldershot: Ashgate; Milton Keynes: The Open University.
—— (2003) 'Analytical psychology, religion, and the academy', in R. Withers (ed.) *Controversies in Analytical Psychology*. London: Brunner-Routledge.
—— (2004) *The Rupture of Time: Synchronicity and Jung's Critique of Modern Western Culture*. Hove, UK and New York: Brunner-Routledge.
Mansfield, V. (1995) *Synchronicity, Science, and Soul-Making: Understanding Jungian Synchronicity through Physics, Buddhism, and Philosophy*. La Salle, IL: Open Court.
Meckel, D. (1990) *Jung and Christianity in Dialogue: Faith, Feminism, and Hermeneutics*. New York: Paulist Press.
Meckel, D. and Moore, R. (eds) (1992) *Self and Liberation: The Jung–Buddhism Dialogue*. New York: Paulist Press.
Miller, D. (1974) *The New Polytheism*. New York: Harper and Row.
Nagy, M. (1991) *Philosophical Issues in the Psychology of C.G. Jung*. Albany, NY: State University of New York Press.
Noll, R. (1994) *The Jung Cult: The Origins of a Charismatic Movement*. Princeton, NJ: Princeton University Press.
—— (1997) *The Aryan Christ: The Secret Life of Carl Jung*. New York: Random House.
Otto, R. (1917/1950) *The Idea of the Holy*, trans. J. Harvey. Oxford: Oxford University Press.
Palmer, M. (1997) *Freud and Jung on Religion*. London and New York: Routledge.
Papadopoulos, R. (2002) 'The other other: when the exotic other subjugates the familiar other'. *Journal of Analytical Psychology*, 47: 163–188.
Ritsema, R. and Karcher, S. (trans.) (1994) *I Ching: The Classic Chinese Oracle of Change*. Shaftesbury: Element.
Rowland, S. (2002) *Jung: A Feminist Revision*. Cambridge: Polity.
Ryce-Menuhin, J. (ed.) (1994) *Jung and the Monotheisms: Judaism, Christianity and Islam*. London and New York: Routledge.
Samuels, A. (2001) *Politics on the Couch: Citizenship and the Internal Life*. London: Profile.
Sandner, D. and Wong, S. (eds) (1997) *The Sacred Heritage: The Influence of Shamanism on Analytical Psychology*. London and New York: Routledge.

322 Schaer, H. (1951) *Religion and the Cure of Souls in Jung's Psychology*. London: Routledge and Kegan Paul.

Schlamm, L. (1994) 'The holy: a meeting-point between analytical psychology and religion', in J. Ryce-Menuhin (ed.) *Jung and the Monotheisms: Judaism, Christianity and Islam*. London and New York: Routledge.

—— (2000) 'C.G. Jung, mystical experience and inflation'. *Harvest: Journal for Jungian Studies*, 46(2): 108–128.

—— (2001) 'Ken Wilber's spectrum model: identifying alternative soteriological perspectives'. *Religion*, 31(1): 19–39.

Segal, R. (1999a) 'Comments on Storr's and Shamdasani's articles'. *Journal of Analytical Psychology*, 44(4): 561–562.

—— (1999b) 'Rationalist and romantic approaches to religion and modernity'. *Journal of Analytical Psychology*, 44(4): 547–560.

—— (1999c) *Theorizing about Myth*. Amherst, MA: University of Massachusetts Press.

Shamdasani, S. (1995) 'Memories, dreams, omissions'. *Spring: Journal of Archetype and Culture*, 57: 115–137.

—— (1998) *Cult Fictions: C.G. Jung and the Founding of Analytical Psychology*. London and New York: Routledge.

—— (1999) '*In statu nascendi*'. *Journal of Analytical Psychology*, 44(4): 539–546.

Shorter, B. (1996) *Susceptible to the Sacred: The Psychological Experience of Ritual*. London and New York: Routledge.

Smith, M. (1997) *Jung and Shamanism in Dialogue: Retrieving the Soul/Retrieving the Sacred*. New York: Paulist Press.

Spiegelman, J.M. (1994) *Catholicism and Jungian Psychology*. Las Vegas, AZ: New Falcon.

Stein, M. (1985) *Jung's Treatment of Christianity: The Psychology of a Religious Tradition*. Wilmette, IL: Chiron.

Storr, A. (1999) 'Jung's search for a substitute for a lost faith'. *Journal of Analytical Psychology*, 44(4): 531–538.

Tacey, D. (1997a) 'Jung in the academy: devotions and resistances'. *Journal of Analytical Psychology*, 42(2): 269–283.

—— (1997b) 'Reply to responses'. *Journal of Analytical Psychology*, 42(2): 313–316.

—— (1997c) *Remaking Men: Jung, Spirituality and Social Change*. London and New York: Routledge.

—— (1999) 'Why Jung would doubt the New Age', in S. Greenberg (ed.) *Therapy on the Couch: A Shrinking Future*. London: Camden Press.

—— (2001) *Jung and the New Age*. Hove, UK and Philadelphia, PA: Brunner-Routledge.

Tambiah, S. (1990) *Magic, Science, Religion, and the Scope of Rationality*. Cambridge: Cambridge University Press.

Ulanov, A. (1971) *The Feminine in Jungian Psychology and in Christian Theology*. Evanston, IL: Northwestern University Press.

—— (1997) 'Teaching Jung in a theological seminary and a graduate school of religion: a response to David Tacey'. *Journal of Analytical Psychology*, 42(2): 303–311.

—— (1999) *Religion and the Spiritual in Carl Jung*. New York: Paulist Press.

von Franz, M.-L. (1975) *C.G. Jung: His Myth in our Time*. London: Hodder and Stoughton. 323
Walls, A. (1997) 'Christianity', in J. Hinnells (ed.) (1998) *A New Handbook of Living Religions*. London: Penguin.
Wehr, D. (1987) *Jung and Feminism: Liberating Archetypes*. Boston, MA: Beacon.
White, V. (1952) *God and the Unconscious*. London: Collins.
—— (1960) *Soul and Psyche: An Enquiry into the Relationship of Psychotherapy and Religion*. London: Collins.
Whitmont, E. (1973) 'Prefatory remarks to Jung's "Reply to Buber"'. *Spring: An Annual of Archetypal Psychology and Jungian Thought*: 188–195.
Young-Eisendrath, P. and Miller, M. (eds) (2000) *The Psychology of Mature Spirituality: Integrity, Wisdom, Transcendence*. London and Philadelphia, PA: Routledge.
Zoja, L. and Williams, D. (2002) *Jungian Reflections on September 11: A Global Nightmare*. Einsiedeln, Switzerland: Daimon.

第十四章

艺术

克里斯蒂安·盖拉德
（劳拉·维恩译自法文）

诗歌只能通过
反诗歌的方式创作；
音乐只能来自
反音乐。

（查尔斯-费迪南德·拉慕兹致伊戈尔·斯特拉文斯基）

艺术：第一部分

本书的编者希望我为荣格心理学的“应用”部分写一章的内容。我倾向于从荣格与艺术的关系开始写起，而非分析心理学的实际“应用”。相反，这个关系对荣格以及今天的我们而言，都是一个值得去思考的问题，它在其每一个阶段都激发并更新荣格的思想，因此它是荣格的临床实践以及与无意识之关系这一概念的基础。

沿着荣格与艺术关系的历史和演化，意味着通过他的成长过程和他最具有启发性的早期童年经历所带来的发展动力去重读他的作品。这意味着重回他的生命和工作中接连而且通常是意外地与艺术作品相遇的时刻，而这让他远离弗洛伊德的精神分析。因此，我们能够在他论述我们面前和周围多样文化的作品的韵律中，逐渐发现和拓展他对决定性问题的立场，例如性、乱伦、临床上的移情和反移情。并且我们将回溯荣格在投身当代创作进展——或起伏和挫折——时的个人争论，他最初是通过试错，接着是带着不断增长的信心，去寻求自己的位置，并对文明和文化的传承和命运承担起自己的责任。

我们会看到荣格如何遇到、实践并在最后分析种种艺术形式，从而为 325
他作为一名临床医生和心理学家提供重新思考和深入他自己的研究的机会。这样的研究的重要性日趋明显，并在他的后续作品中得到完整的发展。

通过分析他在 20 世纪 30 年代详细论述艺术的作品，我们可以在比较其与当代精神分析的大趋势之异同的基础上，得出他在这个主题上本质的、最重要的和最坚定的特征。本章主要呈现和分析他论述詹姆斯·乔伊斯的《尤利西斯》和毕加索的艺术作品（Jung 1932a，1932b）的著作。荣格的这些文本被认为是荣格思想中的弱项，即使是在荣格圈子之中也有类似的观点；但我们会看到这些作品如何将我们带入荣格对创造过程的分析中心，并从这里来到他的无意识概念和实践的中心。

然后我们将依次讨论他在 20 世纪 30 年代前后与古代和东方艺术、炼金术插画和文献、基督教艺术，以及现当代作品的相遇。

最后，我们将探索当前艺术研究的主要主题和它们在荣格和后荣格学派运动中的发展。

争论的核心

我们在荣格的“自传”（《回忆，梦，思考》，1963）中发现，由于他父亲的牧师身份，他小时候所居住的长老会辖区里有一些古老的艺术品(Gaillard 2003b)。在这里面的所有绘画中，他对其中一件印象非常深刻，甚至会长时间驻足观看，这是圭多·雷尼的一幅作品的复制品，其原作被保存在卢浮宫中（Jung 1963：16）。

这幅巨作（2.2 米高×1.5 米宽）的名字是《手提歌利亚头颅的大卫》。画中是《圣经》中的人物大卫年轻时的全身像，他面朝观众，把被斩首的巨人歌利亚的头颅提在手中。这幅画的特别之处在于，尽管是在表现两位英雄中更强大的那一位，其中很明显是大卫战胜了巨人，但同时大卫在年轻的时候也十分反常地脆弱又容易受伤。

即使不提年轻的卡尔·古斯塔夫的姓氏——在德语中 jung［荣格］的意思是“年轻”——或者不唤起他后来与自己的导师、长他十九岁的弗洛伊德之间的论战和斗争，我们也只能对我们将要探讨其意义的这一证据感到震惊：大卫不是摩西。圭多·雷尼也不是米开朗琪罗。

这些人物，即大卫和摩西、雷尼和米开朗琪罗之间，也存在像荣格与弗洛伊德之间类似的悬殊，至少在他们各自与艺术的关系上，确切地说，是在他们各自的精神分析概念和实践上。

326 **《尤利西斯》和《摩西》**

圭多·雷尼的大卫在荷马的史诗和乔伊斯的小说中以尤利西斯的堂兄形象出现，尤利西斯是一个聪明能干的英雄，或者叫反英雄，而荣格在1932年以乔伊斯的小说为主题写了一篇关于艺术的文章。这篇文章以极大的张力和丰硕的成果揭示了他是如何与构成我们的文化和传统，我们的遗产以及我们当代世界令人不安的发展进行斗争的。

事实上，荣格是这样描写乔伊斯的《尤利西斯》的：

> 直到今天，《尤利西斯》还在破坏美和意义的标准，从而创造奇迹。它损害了我们所有传统的情感，残酷地使我们对意义和内容的期望破灭，并对所有的综合都嗤之以鼻。
>
> (Jung 1932a：par. 177)

他进一步澄清道：

> 我们所能进行的对《尤利西斯》的一切辱骂都证明了它的特殊性，因为我们的辱骂源自非现代人的仇恨，他们不希望看到诸神优雅地戴着面纱，[因为] 只有现代人才能成功地创造相反的艺术，艺术的这一背面并不去逢迎，它只告诉我们从哪里下来，并且说话的时候带着同样的反叛性抵触情绪，这种抵触情绪曾让那些已经开始颠覆旧观念的现代人先驱（别忘了荷尔德林）感到不安。
>
> (Jung 1932a：par. 177 - 178)

当我们阅读乔伊斯的作品时，我们看到我们继承下来的理想，通常是我们最珍视的理想，已经经历过一次良好的诠释。并且，荣格最终跟随乔伊斯的脚步，为解构的过程欢呼，这个过程是蓄意的、暴力的，也是蓄意地带有暴力的。

此外，他开始攻击摩西的形象。不断加速的思考和写作动作瞬间从解构升级到反叛，一种本质上是热情的反叛，并做出公开的谴责："理想不是山峰上的灯塔，而是监工和狱卒，它们是一种形而上的警察，最初是由暴虐的煽动者摩西在西奈山上构想出来的，之后通过一个精巧的计谋被强加到人类身上。"(par. 182)

这个评论格外具有谴责性和暴力性。它之所以特别是因为它与荣格想

327 要表现的意象完全相反，他经常像一位智慧的老人，寻求完美的自控，追

求和谐、整合和综合，就像艺术大师通过他们的话语、作品和态度——想想受到弗洛伊德景仰的位于圣彼得镣铐教堂的米开朗琪罗的《摩西》吧——致力于证明这样的理想是有至少是有可能实现的。需要指出的是，弗洛伊德论述艺术的作品给荣格造成了一种意外的、未曾预料到又确定无疑的困扰。

这一点值得特别指出是因为我们在这里会有一个起作用的无意识概念，实际上是在现实中与无意识的关系，它不仅和智慧与拯救的承诺——通常是东方的——高度对立，也与最广泛流行的艺术的精神分析理论高度对立，而这些理论是弗洛伊德论述这一主题基本的作品的来源、生命力和视角。

善、美和乱

在荣格（1923a）的文本中，奇怪的是没有提及弗洛伊德 1914 年写的论述米开朗琪罗的《摩西》的文章。但他对艺术影响的粗暴处理，坦白地说，是反传统的，几乎将荣格置于创作过程概念的对立面，而这一概念希望在其中看到发泄冲动的一个特别理想的目标，弗洛伊德将这一目标称为“升华”。荣格并没有直接引用弗洛伊德的内容，而是进行抨击、解构并明确否定弗洛伊德学派的艺术和升华概念。他以同样的方式对待摩西本人，以及以他之名建立的情感、思想和实践的整个体系。

关于《尤利西斯》的宇宙以及针对那些想要聆听的人，他甚至更明确地写道：

> 即使邪恶和破坏性的元素占支配地位，它们也远比从古代流传到现在的“善”重要，而“善”在现实中被证明是一位残忍的暴君，这是一套充满偏见的幻觉系统，它剥夺人生命的丰富性，阉割生命，又强加最终让人难以忍受的道德枷锁。
>
> （Jung 1932a：par. 182）

荣格如此密切地关注乔伊斯的艺术——这位乔伊斯流亡在外，努力使自己从天主教的爱尔兰血统中解脱出来——以至于提笔反抗，以激动人心的风格写作，使我们不得不质疑这种形式的艺术，尤其是这一运动所能把他带向的艺术概念。因为这个潜流（undercurrent）并非弗洛伊德有关愿望满足和冲动升华的教导，而是恰恰相反：这是他对艺术最令人震惊和显然令人不安的影响的关注和激情，如果不是可怕的吸引的话。至少某些艺术作品的确如此。

328 **尺度的变化**

值得注意的是，荣格并没有提到古典作家和艺术家。他那论述《尤利西斯》的文章中的引文就是对这一点的清晰证明。如果他引用歌德，那么他指的不是《威廉·迈斯特的学习时代》或《在陶里斯的伊菲格尼亚》，而是《浮士德·第二部》。这反过来又使他回想起，在他对我们艺术史上最令人不安的后期事件的反思中，尼采在《查拉图斯特拉如是说》和《瞧！这个人》中最具煽动性的咒语，我们知道荣格早在巴塞尔上学的时候就已经熟读这两部作品了（Gaillard 1996/2001）。在我们共同的历史中，他迅速唤起了对“阿肯纳顿（Ikhnaton）治下风格的反常变化”的影响，他提醒我们，这种变化为以下事物或人物的出现铺平了道路：第一个一神教；“早期基督教中愚蠢羔羊的象征”，它从罗马帝国到基督教国家建立的过程中一直被铭刻着；“可悲的前拉斐尔派人物”和“晚期巴洛克艺术”，前者是尚未崭露头角的实体美领域的先驱，而后者“以其自身的错综复杂扼杀了自己”并以其自身的方式期待着科学精神超越中世纪的教条主义。从这里，荣格最终唤起了提埃坡罗的画作中，或者离我们更近一些的梵高的画作中所冒的风险（par. 175）。通过这些例子，他认为艺术家的形式创新，就像他们对以前表现模式的毁灭一样，不能够被还原为他们个人生活所经历之困难的后果。

所有这些作品都来自一场完全不同的艺术运动，而不是米开朗琪罗在圣彼得镣铐教堂《摩西》大理石雕像上独创的。在这里，这不是一个升华的问题，而升华是弗洛伊德在赞赏这部作品时阐述的概念。我们发现自己处在一个完全不同的尺度上。人们的注意力显然从对模范摩西的庆祝（我们每个人的理想都是成为他）转移到可能影响整个世界，或者至少一种文化的危机上。

阻抗

我们能适应它。但并非没有沉默，没有不安，甚至恐惧。我们必须要带着令人不安的疑惑质问：特别是在今天，艺术的进步是否真的有意义，以及对最广泛分享和公认的合理价值观是否会造成危险性损害？

荣格也提出了相同的问题。一开始，他很恼火，认为“没有什么来满足读者的需求”。他在看到《尤利西斯》这部奇怪又难以归类的小说的头几页时就愤怒地写道：“一切都在离他而去，只留下他目瞪口呆地跟在后面。这部作品总是高高在上，对自己不满，充满讽刺、嘲弄、危险、鄙
329 夷、悲伤、绝望和痛苦。它在玩弄读者的同情心。”（par. 165）他补充道：

“是的，我感觉自己被愚弄了。”“乔伊斯激起了我的恶意。”(par. 167)

这是他作为一名临床医生的反应，或者更准确地说，那一刻他是一名心理病理学家。在最初读这部作品的时候，荣格尝试直接面对《尤利西斯》的折磨、混乱和明显无意义的狂流，通过将他所看到和读到的带回到他熟悉的临床实践现象中，来唤起一连串不稳定的事件。“他写道，我是一名精神科医生，这意味着对心灵的所有表现都有专业偏见。”(par. 172段）他详细写道：

> 因此，我必须告诫读者：普通人的悲喜剧、生命的阴暗面、精神虚无主义的灰暗是我日常面对的内容。在我看来，它们是街头风琴的曲调，无味又没有吸引力……但这还不到它的一半——还有症状学！这非常熟悉，那些精神失常之人没完没了的胡言乱语使他们只有碎片化意识，因此会受到完全缺乏判断和价值萎缩的折磨。
>
> (Jung 1932a：par. 172 - 173)

因此，“即使是门外汉也不难找到《尤利西斯》和精神分裂心理之间的共同之处”。问题在这里似乎已经有了答案：“这种相似性实在是太可疑了，以至于愤慨的读者会很容易带着‘精神分裂症’的诊断把这本书扔到一边。”(par. 173)

然而，荣格的结论是，即使在今天，当我们处理自己的怀疑和争论时，当我们面对大部分当代艺术作品有分歧和不满时，这种显然非常诱人的诊断在这种情况下也是不合理的。

他得出这个结论的原因至少有三个——本文会呈现所有这三个原因，但赋予的内容不相同——这些原因将带领我们逐渐扩大对他的作品的研究范围。

艺术作品的某些特质和外显效应

首先，荣格指出在乔伊斯以及今天很多类似作家的作品中，精神分裂症的一个特质是被忽视的，那就是成见。他指出：

> 《尤利西斯》可能是任何东西，但它绝不是单调的重复……它的表现是一致且流动的，一切都在移动，没有什么是固定的。整部作品都在生命的暗流中向前流动，显示出目标的单一性和严密的选择性，这些毫无疑问都是统一的个人意志和定向意图存在的证据。 330
>
> (荣格 1932a：par. 173)

当然，我们需要重新审视“生命的暗流”，它像书中的隐喻一样几乎是秘密出现在这里的，我们将会看到它实际上是荣格的艺术概念的核心，因为在他的无意识实践中，它是最重要的。我们会讨论到它所有的“集体”维度：非个人的，或超个人的并因而是代际的，即使不是超越文化的，也是超越历史的；我们也会考虑这种真实的奇怪尺度，以及荣格所谓的“终极意图”。

但我们现在来看看乔伊斯的《尤利西斯》的第二个关键特质，根据荣格的观点，这个特质也存在于那些通过引入一般可接受的感觉和美的标准从而带来颠覆性的作品之中，这一标准会把我们推向无意义的痛苦和难以忍受的极限：

> 它们是猛烈的泻剂，如果没有遇到同样强大又顽强的阻抗，它们的所有效果都会消失。它们是一种局限于心理学的东西，只有在最坚硬的素材必须要处理的时候才有用。
>
> （Jung 1932a：par. 179）

他写了一些关于泻剂和心理细节的文章。也就是说，思考我们对这些作品的阻抗以及它所包含的东西，对于他的艺术反思而言是决定性的。这显然是一个分析师的考虑，因为这里的利害关系是我们对一个我们不想知道的现实的阻抗，对一个以自己的节奏运作的无意识的阻抗，它有自己的节奏和时间线、力量和物质，并且它声称这是它应得的。

荣格指出，事实上这些艺术作品表现出公开的消极性、明显的麻木性和仁慈的客观性，它们攻击我们情感，即多愁善感状态的丰富性。这是积极的破坏性影响，它倾向于以创造的方式进行运作。1932 年，当时许多人对第一次世界大战还记忆犹新，他写道：

> 大量的证据显示我们实际上已经卷入庞大的情感恶作剧中！想一想战争期间大众情感的可悲作用！想一想所谓的人道主义！精神科医生非常清楚每个人是如何成为自己情感的无助而不是可怜受害者的。
>
> （Jung 1932a：par. 184）

331 荣格的结论几乎是乔伊斯式的，在德国要同时为欧洲以及世界上尚未出现的更加可怕的事件做准备的情况下，它像炸弹一样：“多愁善感是立在残暴之上的上层建筑。”（par. 184）

另一种视角

这些作品的第三个决定性特质是它们逃避甚至强烈地对抗一切心理传记分析，尽管心理学家很难评估它们的效应，甚至对于精神分析师也是如此（par. 186）。

当然，作者詹姆斯·乔伊斯能够在书中被找到，他会出现在自己“小说”的每一页，甚至每一个角色中。但是，荣格写道：

> 拥抱他们的自我无处可寻，它不以任何东西，不以任何判断，不以任何同情，甚至不以任何拟人化来背叛自己。创造这些人物的自我并不存在。它就像已经被消解在《尤利西斯》里的无数人物之中一样。
>
> （Jung 1932a：par. 188）

因此，通过他对艺术的接触和质疑，我们看到荣格已经背离弗洛伊德在“米开朗琪罗的摩西”中提出的“愿望满足”和升华的概念，甚至提出相反的观点。而且，他义无反顾地放弃心理传记法这一研究工具，而自从弗洛伊德出版《达芬奇和他的童年记忆》以来，这一直是艺术精神分析中最常用的方法。这种方法包括从作者的童年经历中寻找艺术作品的意义，甚至可以从摇篮中开始。这种艺术的精神分析方法不可能被应用到乔伊斯的文本中，正如荣格所指出的，因为人们不能理解这部作品。

而且，荣格在1932年已经认识了詹姆斯·乔伊斯，或者至少已经听过他在1910年代末身处苏黎世时经历的磨炼和磨难。乔伊斯的资助人伊迪丝·麦考密克（Edith McCormick）是约翰·D. 洛克菲勒的女儿，是荣格圈子的重要支持者，她突然决定削减她在此之前决定给予乔伊斯的经济支持。乔伊斯甚至怀疑荣格并非完全没有参与到他的资助人的决定中（Salza 1987；189－190，n. 7 and 191，n. 11；Ellmann 1959：714－715）。我们也知道，在1934年，也就是在论述《尤利西斯》的文章发表两年后，乔伊斯找到荣格请他帮忙治疗自己的女儿露西（Lucy）。最初，她的治疗取得了一定的成功，但荣格并不相信她会完全康复。最后的结果是，这一治疗毫无效果，其中最明显的原因是他们父女之间从未真正分离（Salza 1987；189－190，n. 7 and 191，n. 11；Ellmann 1959：684）。 332

但我们在荣格论述《尤利西斯》的文本中很难找到一丝关于乔伊斯个人生活的痕迹。荣格对此毫无用处。他并不想陷入对詹姆斯·乔伊斯的“野蛮分析”中，无论是在文章中，还是在更普遍的情况下，都不能使用艺术的精神分析。但是，他从未停下为这部作品的英雄或反英雄尤利西斯描绘“心理”肖像。

但很明显这不是荣格对待艺术之方法的焦点。对一部艺术作品的分析绝不是他成为作者的临床医生或角色们的心理学家的借口。他不会这么做。他的关注点是集体的一面：

> 那么，尤利西斯是谁？毫无疑问，他是构成《尤利西斯》作为一个整体中的所有单一表象——布鲁姆先生、斯蒂芬先生，以及其余人，包括乔伊斯本人——的合体，即合一之物的象征。试着想象一种存在，它不只是无色的综合灵魂，它由无数不和谐又相互对立的个体灵魂组成，还包括房屋、街道上的队伍、教堂、利菲河（Liffey，流经都柏林的河流）、几间妓院，以及一张在去往海边的路上——但却拥有一种感知和记录意识——的皱巴巴的便条！
>
> （Jung 1932a：par. 198）

《尤利西斯》以一种奇怪的方式看待我们的世界以及我们每一个人。在其他地方，则采取不同的视角和观点。因此它使我们从另一个多重和多元的角度来看待自己以及我们的日常生活。这个角度肯定是多元的，它如此缺乏宽容性以至于具有不可调和的客观性。荣格写道，《尤利西斯》“想要成为月亮之眼，一种脱离客体的意识，不受诸神和感官的奴役，不被爱和恨束缚，没有信念和偏见”（par. 186）。他敢于

> 采取行动以带领意识脱离客体；他已经使自己摆脱依恋、纠缠、幻觉，从而回到原点。他给我们不止一种个人角度的主观表达，因为富有创造性的天才从来不是只有一个，而是有很多，并且他平静地对大众的灵魂讲话，他所体现的意义和命运不亚于艺术家自己的。
>
> （par. 193）

333 **梦和创作**

荣格研究和分析艺术的方式与其释梦的方式是一样的，事实上，正如弗洛伊德所认为的那样，梦绝不仅仅是“变相的愿望满足”。荣格对一个梦，哪怕是最微小的梦的关注，并不会导致他对任何审查实践所造成的扭曲产生怀疑。他受到清醒状态下令人惊讶的体验的启发，当我们处于这种状态时，我们发现自己在应对意外的表现、反应和情绪，而它们的连贯性和持续性是我们不能否认的，这显然是我们当务之急的外在表现，无论它们是近距离的还是遥远的，哪怕我们宁愿什么都不知道。

梦当然是个谜，艺术更是如此。但这个谜通常是我们以其他任何方式都难以呈现和体验到的内容的表达。从这个意义上说，梦是一种审问，一种挑衅。它激发我们去思考，并在面对它们的表现和表象时进行反应。除非我们能够接受直面它，否则我们不仅会感到吃惊，也会感到困惑和震

惊。荣格论述《尤利西斯》的文本证明了这种直面，以及残酷但至关重要的自我质疑可以通过解读工作来实现。

“一部伟大的艺术作品，”荣格在 1930 年写道，

> 就像一个梦；因为很明显它不能解释自己，而且总是模棱两可。梦从来不会说“你应该”或“这就是真理”。它呈现的是一个意象，就像自然让植物自己生长一样，我们必须靠自己得出结论。
>
> (Jung 1930：par. 161)

这里有让人困惑地方。但是让我们注意植物生长和开花这种有机的、自然的隐喻。像其他的暗流一样，这是荣格常用的一种隐喻。它使我们注意到正在起作用的表现和发展的运动，我们可以对这种运动进行观察和研究，以便查明它的不同时刻、步骤，甚至是规律。

我们现在处于艺术问题的核心，更根本地说是处于无意识本身的核心。这也是一种观念反转的核心，是一场革命，它既是认识论的革命，也是临床的革命，是荣格在精神分析中通过他自己的无意识之概念和实践，或者更准确地说是通过与无意识之关系来实现的。

多元活力的体验

弗洛伊德已经告诉我们自我“不是自己房子的主人”(Frued 1917：143)：它受到质疑，并被剥夺了所有自命不凡的掌控性、共同的概念、理 334
想的表现和价值，无论它们是继承而来的还是构建出来的。弗洛伊德实际上是第一个将梦的工作和压抑、戏剧化和象征化结合在一起进行探讨的人，其中《释梦》这一著作是他的起点。但是荣格，甚至在遇见弗洛伊德之前就在苏黎世进行了他自己的研究，用他自己的临床经验削弱了弗洛伊德学说的基础，并威胁到了弗洛伊德如此精心地，而且必须说，如此小心翼翼地建构起来的理论体系(Gaillard 2003a)。

跟随荣格以及他为精神分析开辟的道路，无意识不再只通过性压抑的效应来探究，特别是所有婴儿时期的性，或原始压抑。无意识能够被接收到、观察到，而且最重要的是，它能从一个令人吃惊的立场上被体验到，这一立场意味着适应、陪伴和直面。由于无意识先于意识而存在，是最初的状态，并且是不断更新的、高度自主的、非常独立的，也就是说，无论我们做什么，它都以自己的方式和条件生活。

荣格指出无意识因此被赋予了自己的表达方式，它的运作有自己的节奏和时间表，它包含个体的过去，从生命的一个阶段到另一个阶段，或一个代际时期，或在一个更广泛的维度甚至文化时代(Gaillard 2001,

2003a)。因此，一个荣格派分析师的工作将会关注所有这些层面的意识化(becoming-conscious)，而非这些冲动和表象为什么以及如何在个体的历史中通过压抑而变得无意识。

通过艺术作品和梦，这种与无意识之关系的概念和实践自然是动态的和辩证的。在权力斗争的支撑下，这个视角的开启，涉及方方面面，从普通神经症患者的短暂妥协，到抑制不住的爆发，尤其是精神病人的爆发。自我为自己辩护，尽最大可能去斗争。当然，它试图占上风，正如我们在荣格的文本中所看到的，他在分析乔伊斯强大又不可接受的小说时，最初尝试将这部作品还原成一种著名的病理状态，即精神分裂症的表现。

但经常观看这样的作品也意味着领略它们所激发的论战。而且，正如这一文本所写，人们会情绪激昂地问能从这样的作品中找到和发现什么。有人能领略到多元性，它是鲜活的、令人不安的和不可思议的，它似乎是非个人的，不带有自我引导、标准和理想的成分，但当它在此时此地、在我们最遥远的异国他乡要求实现自己的时候，它被从未经历过的不可预知的生命力所激活，变得丰富多彩。

单方向和线性的自我会把与此类艺术作品的关系体验为威胁和危险，
335 像无情的暴动。然而，它也会带来多元活力的证据和体验，这种活力处于摩西的巨大雕塑，即弗洛伊德非常欣赏的米开朗琪罗的摩西的对立面，但无论如何，我们都可以学会以它选择的形式和通过我们的干预来欢迎这种发展。

过程和结构

但是，我们必须问自己我们将沿着这条线走向何方，以及我们将如何前进。对这篇论述《尤利西斯》的文章的进一步发展的研究，再加上荣格在同年苏黎世一次回顾展的启发下于数月后所写的另一篇论述毕加索作品的文章，将为我们指明道路(Jung 1932b)。

我们看到在论述乔伊斯的小说的文章中，荣格最初是带着不安，甚至几乎是攻击在写的。只是经过心理病理学家和他的全面论战之后，荣格才改变了自己的立场，并几乎被忘我地带入充满热情或疯狂的阅读中，有时候带有预言的特点，在那里，他的艺术分析主题得以形成，并逐渐变得更加明确。

事实上，荣格在这篇文章中尽最大可能同时又不过度依赖理论地表达出在这样一部作品中存在的张力，这是我们的文化遗产中被认为是最确定的价值观和无意识作品中不安的陌生感之间的张力，而后者无论是在我们的个人心理机制之下，还是之外，都接受这些价值观，让它们接受考验，并伤害它们。

论述毕加索作品的文章更加紧凑，并得到更好的控制。在这里，荣格没有被带走或者被诱惑。他带着一个分析师和心理学家的谨慎、经验和一丝不苟的关注前进，给自己带来惊喜的同时又自我怀疑，但他经历过更糟的状况，因此非常小心，不让自己被他所观察的运动带入歧途。因此他对艺术的思考变得更加精确，被赋予了更明确的理论表达，以达到澄清的目的。

自我和无意识的辩证关系

荣格显然还记得他最初对乔伊斯的小说的愤怒及其反应，当时他写道，这次论述毕加索的画作时，

> 观者什么都看不到，一切都在离他而去；即使是偶尔的一抹美丽，似乎也不过是退缩中不可原谅的延迟……然而，一种没有什么可隐藏的朦胧，却像冷雾一样，弥漫在荒原之上；整个东西毫无意义，就像一出没有观众的戏。
>
> (Jung 1932b：par. 209)

在这两篇文章中，当他接近并试图理解毕加索的作品或乔伊斯的小说中的核心原则时，他立即想到的是读者或观众所受到的不公平待遇。 336

因此，他得出结论：显然是自我在遭受痛苦，而且非常严重，因为它被艺术抛在一旁、被排斥又被虐待。自我的掌控偏好被剥夺，尤其是通过思考，荣格强调了它的努力是如何被摒弃的，尽管它是仁慈的，通常是公平的，并且对理解持开放态度。这一点确实必须被接受。

如果说荣格坚持用这种方式观察在这些状况中落在自我身上的命运，那么这是因为他对乔伊斯的小说和毕加索的画作的分析使他有机会尽可能地以方法论的形式，同时又尽可能地以理论的形式，当然都以他的方式，将他所参与的争论告诉我们。当我们面对这样的艺术作品时，我们也会如此。

因此，我们被带到*自我和无意识的关系*中，这是一个属于精神分析所谓的“超心理学”中的经典问题。但荣格并不想成为一个超心理学家，他对这一主题的思考只在他回应自己的发现和遭遇时，以及在它们所激起的争论节奏中才得以详尽的阐述。他的临床实践为这一类相遇提供了日常机

会，但他在艺术方面的发现往往是有特权的，甚至是决定性的。

这就是荣格所提出的分析乔伊斯和毕加索作品的方法。但在他完成对《尤利西斯》和毕加索的画作明显带有负面反应的长篇论述之后，他的立场开始改变。核心焦点很快变成对这些作品所具有的形式的客观、正式、精确观察和描述，以及对它们所呈现的世界的试探性探索。这是一个完全不同的世界，是另一个世界，是其他地方。为了在理论上达到更全面的理解，对于这个世界，我们能了解和说些什么呢？

首先这个世界异于自我，与意识不相容，以至于我们在某种程度上将它称为无意识，在荣格看来，在其表达的近乎疯狂的自主性中，它是如此黑暗、阴沉、寒冷、分裂、破碎、混乱、绝望和糟糕，以至于他想从中看到的只是一个他非常了解的现实，即精神分裂症的新化身。

但是，我们看到他接下来的反思仍在他的论战节奏中进行，这就是写作本身的节奏。他以一种准视觉的模式描写了乔伊斯的《尤利西斯》，这种方式在“最深层意义上是‘立体派的’，因为它将现实的图景分解成极其复杂的画面，它的主格调是抽象的客观性忧郁”（par. 174）。荣格指出，毕加索画作中的断线，即颜色和形状的内在冲突几乎在它们出现的那一刻就消失了，与运用怪诞的、准新石器时代的原始性证据而形成的美和对与
337 错的理想标准相对立，这种原始性留有一些冷漠，并通过它的残暴或古时狄奥尼索斯式唤起的倾泻使其他人感到惊恐（par. 208 and 212）。

正是在这里，在荣格和弗洛伊德各自与艺术的关系中，他们的无意识概念和相应的实践之间最根本的区别才显现出来。弗洛伊德从压抑的角度——性的压抑，特别是婴儿时期性的压抑和原始的压抑——探索无意识，而荣格则认为无意识是意识持续更新的来源，意识与无意识只能部分地或暂时地分离或分开；这是一种总是存在的且高度非个人的原始状态——我们在这里会看到，在一个更加详细的模型中，“生命的暗流”会被更早地唤起——它能够时刻以最意想不到和难以预见的方式占据我们生命中最常见的过程：我们总能够以意想不到或更加深思熟虑的方式回到并再次唤起这种状态，特别是在我们遇到艺术或者参与到创作过程中的时候。

这是荣格的力比多概念的来源，自从他在1911—1912年出版《力比多的转化与象征》一书之后，他开始反对弗洛伊德的性欲理论。根据荣格的观点（1911－1912），尽管力比多在不同的冲动中，并因而在对每一个客体的选择中有特定的表现形式，但力比多仍然能够通过身体所经历的有机的

和最古老的脉动，潜在地展现出自己一如既往的活跃的、多态的、基本的和可感知的一面。

弗洛伊德总是将目光投向童年，而且这是他的优势。作为一名临床医生，他试图在移情的条件下，找到并重新体验那些从我们最早的童年开始，在我们生命的某个阶段，并从那时起标记、塑成和重塑我们的时刻。因此，他根据我们所经历的性欲发展过程提出自己的“阶段”理论。他对艺术的精神分析也被铭刻在同样的追溯运动中，这就是他偏爱心理传记法，以及对过去可能发生的事情进行解释性（或多或少是假设性）重构的根源，就像他的作品《达芬奇和他的童年记忆》以及他对圣彼得镣铐教堂中的《摩西》所做的分析一样。

荣格在他的临床实践和理论反思中，更多呈现的是作为当下之人的自己。这是一个不断发展的当下，他寻求的是将其从童年最早期的固有枷锁中解放出来，以及更重要的是，将其从他试图追踪的这一时期的张力和当前潜力中解放出来。在这两篇关于艺术精神分析的文章中，我们可以清楚地看到这一点。这两篇文章都揭示出荣格的方法和思想中不同的维度。

从关注反移情到引入“功能” 338

在他对乔伊斯的《尤利西斯》的研究中，荣格不仅接受他在面对这部作品时的震惊和不安，而且明确地表达出这些反应，因为任由它们发展会导致他很容易排斥这部作品，以及与之类似的作品。他的注意力被有意地放在生动和激烈的反移情上，这种反移情抓住并激发了他的思维反应，无论是作为一个受过古典人文学科训练的中上阶级人士，还是作为一个精神科医生，他都很快认识到并鉴定出了精神病理学紊乱。同时，他以同样的反移情方式调动自己的情感反应，包括最消极的部分。这其中有自我防御、自我保存和拒绝的情感，自从他感知到威胁不仅会影响他的个人文化和他那继承而来的文化，还会影响到他最内在的价值观，他的偏好，以及他对平衡和绝对安宁、和谐的幸福的追求，这些情感就更加强烈了。

此外，在写作过程中，荣格越来越准确地指出，乔伊斯的作品绝不会将他置于思维和情感的一边，而是置于知觉或更确切地说是感觉的运用的一边，而他对文学和艺术的熟读、他对智力训练的一般期望，以及他的道德价值观和美学价值观都几乎没有使他认识到这一点。

受到作为一名读者时的反应的启发，荣格（1932a）写道，乔伊斯呈现的是“一种内脏的思维情况，其中大脑活动受到严重限制，并只局限于感知过程”（par. 166）。在阅读此书的过程中，“我们不得不无条件地钦佩乔伊斯在感觉领域的伟大成就：他所看到、听到、尝到、触摸到的，不论是内在还是外在，都是惊人的”（同上）。

因此，荣格既赞赏这部作品，又对它保持沉默和愤怒。但他是如何像小说本身那样，克服这种矛盾并继续前行的呢？他不断推进和深化他的探索和思考，因为正是他的直觉在引导着他。为了能够更多地觉察到即刻的反移情反应，他为它们留出空间，超越它们，阻止它们。这将使他能够定位，甚至可能接受探索自己、他人和这个世界之经验所不熟悉的区域、记录和模块。

在他的文本中，这种直觉的运用是通过他为该作品的重要性所做的呼吁体现出来的，尽管他知道它对当代文学的影响，并且仍然影响着当代文学的发展（par. 181）。而且，更直接地说，是他的坏脾气刺激他这么想的
339 （par. 168）。而最重要的原因是，他或多或少看到自己在阴影中，等待着这样一个文本所能带给读者的感觉，因为无论他所能发现的伊萨卡是什么，他都会尽其所能地追随《尤利西斯》（par. 191）。

荣格派的读者在这里很容易看到荣格心理学中的“意识定向的四种功能”：思维、情感、感觉和直觉。荣格早在 1916 年就概括出了这个心理学理论，并在 1921 年出版的《心理类型》中对他的早期框架进行了扩展。但我们会感到吃惊。荣格为什么没有引用这部作品？他为什么不引用自己的作品？为什么他在论述乔伊斯的文章中没有想到，甚至略微提到这个他在自己的“超心理学”中得到继续发展的“功能”理论？

荣格还有其他的事情要做，而不是求助于引用或唤起理论，即使是他自己的。他并不愿意去炫耀，甚至不愿略微提到自己已有的方法论和理论。荣格回到工作中，在每一个阶段重新调动和改造他的思想，即使他必须以有时相当明显不同的模式重新塑造和重新规划他最成熟的心得。事实上，这是在阅读荣格作品时会遇到的一个难点，在教分析心理学时也是如此，特别是在大学中。

荣格真正地致力于他的文本和他自己的当下。然后，我们必须在他的文本进程中，确定、界定和更新这些收获和工具。这样做的第一个结果是，就他那探索艺术的方法而言，对他来说，没有什么比精神分析中经常出现的“应用精神分析”的诱惑更陌生的了。

对于荣格和他的追随者而言，第二个结果是，在遭受痛苦和保卫自身的自我与带来威胁的无意识之间的张力（这种张力会显露出来，尤其会通过我们面对一部艺术作品或一位病人时所出现的反移情反应而显露出来），

并没有像弗洛伊德的第一“概貌”那样使他能够直接处理（如果可能的话）诸如早在童年期就可以从理论和临床上被发现的“自我保存的冲动”和“性冲动”之间的对立。

荣格的方法则有了一个转向。它为这种张力和矛盾提供了另一种支撑，这种张力和矛盾源于自我和无意识之间更直接呈现出来的关系在感知上和理论上所不同的辩证和动力性质。这是他的概念的来源，也是他对以我们的意识为导向的“功能”的参与性实践。

在与乔伊斯的争论中，我们可以看到荣格的进步。最初，他经历了误导性思维的极端，这一思维被它自身所拥有的推理、分类和期待属性所震慑，而受伤的情感反应发现其被理解、被接受和令人称赞的价值被篡夺，
从而寻找评价自己的途径。然后，感觉被调动起来，有时通过最基本的味 340
觉、触觉和嗅觉向前推进，最终使他能够重新利用感官与感官之间的对抗。

受到乔伊斯作品的启发和引导进而逐渐修改自己的思想，同时还受到他的临床实践和分析心理学的前期收获的启发和引导，荣格重返现代性——或后现代性——最明显和最令人不安的主题之一，而没有与我们的文化遗产发生冲突或暴力对抗，并寻求通过感觉来感受生命。

下方的意象

将注意的中心焦点转移到一部艺术作品及其所需要的附属物上，是很难自我驱动的，即使充分考虑到与无意识之关系的荣格式临床实践。必须找到一种方法，从而通过感觉的轴向移动来执行从一个功能到另一个功能的过渡。这些论述乔伊斯和毕加索的文本说明了这一点。

我们的读者会明白，跟随荣格脚步对艺术展开的分析不会变成另一种应用精神分析。但是，一个孜孜不倦于荣格作品和荣格学派文献的读者可能会不由自主地问，在荣格的方法中，在思维和情感、直觉和感觉之间，以及在内外倾的态度之间，互补性的、补偿性的和对立性的移动究竟起到了什么作用。这些移动是荣格对我们与外部世界和内部世界的日常关系进行反思和理论建构的另一个轴。

荣格在这些文本中并没有提出互补性、补偿性或对立性的概念，也没有明确地使用他的功能心理学。他并没有从这个角度去思考。他观察它。他观察自己。那么，他看到了什么？在乔伊斯那本巨著的第 135 页，在辩护、挣扎和坚持之后，他突然睡着了。突然，并不意味没有找到这一意外发生以及被睡眠中断的他与该作品的争论的确切时间：在他的文本中，他

煞费苦心地指出事件发生于哪一页。而且，它在脚注中引用了一句话，其中包括“使我失去意识的麻醉剂，*激活了一种静止的无意识的思维方式，这种思维方式只会被意识扰乱*”（par. 165，n. 5；强调为笔者所加）这样的话语。这句话的意思是什么？它描述的是“一个在战斗中很灵活的人：石角、石须、石心……冰冻音乐中的那座石雕人像，具有可怕的尖角，它是人形的神，是智慧和预言的永恒象征”。这个形象很容易识别：就是摩西！荣格在同一个注中特别指出摩西，“他不怕埃及强大力量的威胁”。

341 荣格给论述《尤利西斯》的这个文本加的副标题是“一篇独白”，因此实际上这是一个有两种声音的文本。第一种声音仍然在页首表达他最初的愤怒反应。从这条脚注开始，第二种声音从远处传来，从他遥远的自我传来，好像是用左手写的，在他熟睡的深处，呈现出摩西的象征性形象，而摩西无疑处于他对尤利西斯之矛盾心理的核心。

荣格对这部作品以及当代艺术的整个部分的矛盾争论，当然会继续下去。但从这里开始，自从摩西在他阅读乔伊斯时出现之后，争论的形式将会发生改变。荣格现在可以紧跟乔伊斯的脚步，理解并陪伴他对传统思想、道德和美学的革命。对于乔伊斯，这些是托马斯主义者、亚里士多德派人士以及爱尔兰天主教徒；对于荣格，在离开他父亲们的宗教后，他不得不离开维也纳——就像乔伊斯离开都柏林开始流亡——因此，这些价值观是他与弗洛伊德精神分析和弗洛伊德本人争论的核心，在这些争论中，摩西的高大形象越来越清晰地显现出来。

冒着被认为是拉康派的风险，这里必须指出和强调的是，荣格与乔伊斯的《尤利西斯》之争论的背景是弗洛伊德公开称颂米开朗琪罗的《摩西》。而且——即使荣格显然没有说任何关于它的话，它也怎么可能没有被看到或听到呢？——*弗洛伊德的名字*（Freud）在德语中的意思和*乔伊斯的名字*（Joyce）在英语中的意思非常接近，二者是重叠的，甚至一个隐藏着另一个；它们能够被叠合，或者甚至相互指代。因此，荣格与乔伊斯的争论也被揭示为是与弗洛伊德及其精神分析，特别是与弗洛伊德对艺术的精神分析的争论。

但他作为一名精神分析师与之斗争和争论。当然，是以他自己的方式。这种方式显然具有自发的隐喻性。摩西的形象体现了荣格与《尤利西斯》的争论，并允许他前进，特别是当看到从这里连续出现的意象对荣格思想的支持、涵容和滋养的时候。

荣格（1932a）最初写道，在他看来，《尤利西斯》如“恶魔般没有价值”，像“一次美好而令人讨厌的魔鬼诞生”（par. 165）。接着他注意到这部“小说”可以倒着读，因为每一个短语都呈现出其本身从而自成一体，即使在句中停下，“前半句也足以表达出意义，或者至少看起来如此”。他继续采用这种感性的隐喻，或者更确切地说，让它具有独立的生命：“整部作品就像蠕虫，即便被砍为两半，也仍然能够长出所需要的新的头或尾。”（par. 165）接着，他补充道：

> 在那里，我们看到了他头脑中冷血的无关性，这种无关性似乎源自他身上的蜥蜴类区域，或者静止的更低级区域——与自己的肠子交谈——这是一个石人，他有石角、石须和石化的肠子，这就是摩西，他转过身去，对埃及的肉罐和诸神，还有读者，漠不关心，因而违背了他的善意。 342
>
> （Jung 1932a：par. 168）

最后，

> 极其丰富又有无数面的语言在段落中像绦虫一样展开，非常无味和单调，但它的无味和单调又达到了一种史诗般的辉煌，使这本书成为徒劳又卑劣的世界中的《摩诃婆罗多》。
>
> （par. 194）

因此，乔伊斯的作品唤起了一个布满石头、恶魔、蜥蜴、孤独的蠕虫的地狱之意象，围绕着这可怕的石头先知形象，它们被一遍又一遍地回归和调整。这些意象使他近距离地认识到一个作家是在其嗅觉、味觉、听觉、视觉艺术的基础上，从而写成自己的“小说”，创作出空前绝后的作品，并带来开创性影响的。这些意象一开始是不透明的、笨拙的、不合时宜的，坦率地说是错乱的，并明显是过时的，而且总是与乔伊斯的作品紧密相连。正是通过这一连串的意象，进一步的理解，然后是荣格起初没有察觉到的作品中的智慧，在他写作的过程中开始出现并获得了要旨。

这个反复试验的过程，即一种形象化、前瞻性和准远见性的路径——虽然最初是发生于夜间，而且总是被感觉压得喘不过气来——显示出荣格的方法和弗洛伊德在面对圣彼得镣铐教堂里的《摩西》时所采用的回溯性重构的方法截然不同。荣格故意让自己做梦；这是他思维的起点，他从自己的黑夜中有条不紊地探索并寻找涌现出的意象，从而使他自己的模型逐渐变得可控客观。

这种奇怪的推进方法是怪异的、刻意戏剧化的并必然带有冒险性，它逐渐削弱弗洛伊德的教导，开辟了另外一条精神分析的道路。不可否认的是，这似乎并不会让只要求理论方向和支持与对无意识的工作保持最佳关系的临床医生感到吃惊，但对于担心自己理解体系的知识分子而言，这可能会导致其严重迷失方向。特别是由于荣格式的思维，荣格和他的追随者们实践的“分析心理学”本身必然会受到这种推进方式的影响。

343 荣格思想的发展明显有刻意形象化和戏剧化的成分，特别是在他遇到艺术的时候。这也是我们跟随荣格思考我们自己的方式。

形象和表现

荣格论述毕加索画作的文章将会使我们更准确地勾勒出他与艺术的关系。在这篇文章中，荣格最初对画作同样表现出消极的困惑，就像他对乔伊斯的态度一样。但在这一点上，他也被牵涉其中。

他的关注点还是临床应用。他在 1932 年的观察会被应用到毕加索的后续作品中吗？毕加索前期绘画的主色调是蓝色，苏黎世的艺术馆中展出的就是这一类。实际上这是一种深蓝，代表夜晚即将到来。

因此这里有很多要关注的内容。至少对于艺术家而言，如果不是分析师通过他的实践使我们立即知道经验和表象源自我们内在最黑暗部分的涌现，我们就会有失去自己的光以及我们的方位与视角的风险。分析师也知道，一旦我们接受了这个过程，这个过程有时就会以非常慢的速度在很长的时间内发生。

但荣格的观察和反思还在继续。荣格（1932b）强调，这种蓝与“埃及阴间的图阿特之蓝（Tuat-blue）”（par. 210）表现出奇怪的相似性，以及令人不安的形象会出现在画家的作品中。首先，我们清晰地看到一位忧心忡忡的女性似乎正看着我们，她怀里抱着一个孩子；接着是一位妓女，明显有结核病和梅毒。很快，两个人物都被大量“碎片、裂片、残渣、残骸、废弃物和支离破碎的单元”（par. 210）取代，最后滑稽的悲剧角色出现。他有时被完整地描绘出来，但却被强行地描绘成碎片，有时候他仅仅到处暗示，从一幅画到另一幅画，通过他专有的酒瓶或鲁特琴，或者是更加奇怪的，通过“他那小丑服上的明亮菱形”（par. 212）。

这让荣格感到害怕。他想知道，如何才能做到不去看这里，因为在乔伊斯的小说中，精神分裂症患者通常都是这些耳熟能详的破裂的受害者。既然毕加索选择了如此多真正解体的形象和形式，也就是如此令人绝望的致命碎片和废墟，那么毕加索自己会变成什么样子呢？

荣格的方法是否会变成心理传记式的，从而与我们现在看到的相反？

事实上并不会。因为他在文章中完全没有提到这位艺术家的生活、他的童年磨炼和磨难，或者他当时的冒险经历，特别是与玛丽·泰雷兹·沃尔特（Marie-Thérèse Walter）的相遇，就像他在对乔伊斯的小说进行批评的时候并没有关注他的生活。荣格的观察和诠释并没有朝这个方向发展。 344

相反，吸引和保持他的注意力的是该作品通过其明显和实际的表达，尤其是其呈现和表现的形象所传达的动态。当一个人发现自己身处这样的宇宙中的时候，如此黑暗、冰冷、阴郁又原始，需冒着肉体腐烂的风险，他便会知道意象的价值。他甚至学会了引导自己（参见 *MDR*，ch. VII），以及作为一名治疗师，允许意象成形，包括上文提到的意象，它们能够成为帮助容纳过度危险和险恶分裂的方法的基础（par. 207），在让自我去面对它们的同时，又对正在处理的对象有更好的理解。

循着他早期对“带有情绪基调的情结”和意象的观察，将注意力集中到与无意识之关系的戏剧性形象化过程，促使荣格提出概念本身就是形象化的、戏剧化的，甚至——出人意料地——性别化的。阴影、阿尼玛、阿尼姆斯和原我这些概念就像其他许多形象一样呈现在我们面前；它们使分析师，或者如果需要的话，使被分析者在直面无意识的种种状态和阶段时保持敏感（Gaillard 2003a）。

在这些论艺术的文章中，荣格很少提到他的分析心理学中的概念。他并不提它们，但会使用它们。它们成为他探索和尝试分析艺术作品时的细致的方法，而艺术作品也把它们纳入他的生活和工作的各个节点中。而且，正如我们在之后看到的，这种以最满的场景进行想象的思维方式是他理论发展的每一个阶段的特点，这种思维方式也为荣格派的临床医生在分析中绘制、雕刻或塑造意象提供了基础。一般来说，这种思维方式在很多当代的艺术治疗方法中都可以看到。

我们将再回到艺术和治疗的密切交互中，但现在我们还是先回到荣格与艺术的关系中。我们必须了解他的临床实践及其随后的理论伴随着那些可以成形甚至可以有声音的形象和存在的意义，当然前提是我们接受它们，如果需要的话，参与它们的表达和可能的演变。

这种对梦、幻想或艺术作品，甚至是精神分析理论中无意识工作最初独自表现的人格化工作的关注，很明显是来自分析师在这方面的个人经验，同时也来自无意识自发能力为表达自身的持续努力，如在荣格之后的乔姆斯基所展示的。

而且，如果想要在这个模型中取得进展，必须首先学习从这个视角看

345 待事物，需要学习在实践中考虑绘画、雕塑，或者艺术作品——或与此相关的梦——不是将其作为一个准确的、孤立的事件，完全从个人的角度去解释，而是将其作为过程的一个瞬间，这个过程的终点仍然不确定，但其表现需要被考虑，同时带着它们的转变的节奏，这种节奏有时是缓慢的。

共享研究的进展

将一部艺术作品置于一系列在其之前和之后的作品中进行研究是从这些论艺术的文本中学到的重要一课。我们看到荣格的视角与对艺术的精神分析完全是不同的类型，相反，根据弗洛伊德早期论口误的作品，当代的拉康派分析师对整个一生作品中关键的符号更加感兴趣，热切倾向于关注孤立的事件，或者甚至是意外，似乎它本身就是有意义的。

至于这些正在进行的工作，其结果往往是不确定的，荣格在面对乔伊斯的《尤利西斯》和毕加索的画作时，正如我们所见，表现出了担忧。他的担忧是真实的。他想知道，在这样一个坠落的过程中，我们能走多远，才能到达我们自身最古老、最危险的碎片化部分，并且其代价是什么。

也就是说，精神分析学家的关注点是伦理性的。而荣格分析艺术时会成为投入的观察者，感觉到自己是其中的一部分，甚至以临床医生的身份，对那些显然离他很近的作品负责。荣格抓住一个过程的中心主题的能力与一个孤立的个体——遭受生活考验和磨难的艺术家——的能力是完全不同的，这种能力现在对他分析艺术产生了全面的影响。

随着他论述毕加索画作的文章逐渐展开，我们可以看到荣格虽然牢牢地扎根于他作为精神病理学家和精神分析学家的经历中，但却再一次开启了地狱之旅，即一次招魂之旅（nekyia），它在结构上与荷马、歌德甚至是尼采的版本非常类似。通过将对《尤利西斯》的解读与对毕加索画作的分析结合在一起，他现在越来越坚决地重申，当另一种动力试图在当前的矛盾中得到检验时，必须无情地毁灭古代世界，摧毁它们的信仰和美学。

他认为只有对立的冲突才能引发复苏，这就是我们为什么必须自觉地，或者至少用必要的意识，去激活我们最原始、非常古老，基本上是兽性的下腹部，使之与总是多少有些虚无的心理高度相联系——当然乔伊斯知道如何应用这一点！荣格还强调，寻求检验的统一或结合，不会由一个理想的、完美平衡的个人来实现，而只能是一个不同的、多元的，由很多
346 人共享的意识趋向世界的多样性所产生的效果。

这里，我们再次遇到荣格式分析在无意识问题上的拓展。事实上，如果说荣格一方面允许自己比较乔伊斯小说或毕加索画作中的明显主题，另

一方面允许自己比较除这些以外的许多艺术作品中以及在完全不同的文化领域中可以观察到的人物和存在，那是因为这些由作家或画家自发描绘出来的主题似乎是在无尽的类似冒险中反复出现的。

它们实际上是典型的。也就是说，它们不仅仅是在很多时间和地方能够观察到的作品的表现，还是在心灵的最古老区域和表现形式的创造中表现出的一般结构组织的标志。这也是为什么荣格从1910年代之后将它们称为原型。

但是，在这些分析艺术的文本中，荣格从来没有将他的思想发展置于客体之上，也没有发展出他的心理学的其他主要部分。再一次，这成为他正在考虑的作品最合适的伴奏，而这一些作品主宰着他对自己任何理论的建构。

从焦虑性附属到默认

本着这种不放纵却刻意开放的伴奏精神，荣格评论了毕加索的画作，他很少或可能从未在他的病人中看到“没有回到新石器时代的艺术形式或陶醉于狄奥尼索斯式狂欢”（par. 212）的案例。事实上，我们在毕加索的画作中看到了一种狂欢，起初是黑色的，但也逐渐被小丑服的色彩所转换，这种色彩是在导致死亡边缘的审判中产生的，或者至少是在通往地狱之门的审判中产生的。荣格自己体验了这种狂欢，他在两个文本的最后几页将之视为狄奥尼索斯式的特质。（请允许我在这里指出，这位作家的名字［Joyce］源于狂欢、欢愉和快乐）。“啊，《尤利西斯》，”他在文章的最后一页写道，

> 你是一部真正献给被客体迷住、被客体支配的白人的书！你是一种精神的修炼，一种苦行的戒律，一种令人痛苦的仪式，一种神秘的程序，十八个堆在一起的炼金术容器，在酸、毒雾和火与冰的混合中，一种拥有新的普遍意识的变种人被提炼了出来！
>
> （Jung 1932a：par. 201）

一种新的普遍意识？这是一个新的、广阔的视角，也许是一个我们可 347
以梦想的承诺。但我们要注意的是，这一行动远不是简单或平静的。审判、危机和结果的不确定性是问题的核心。荣格自己的作品证明了这一点。

更重要的是，荣格很可能创造了一个真正广阔的视角（Gaillard 2000b），尽管如此，他仍然全神贯注于参与这一过程的艺术家的经历和痛苦。他对毕加索的命运的关注贯穿在整个文本中。他写道：

> 至于毕加索的未来，我宁愿不去尝试预言，因为让内心去冒险是一件非常危险的事情，在任何时候都可能导致停止不前，或者导致对立面发生灾难性的破裂。
>
> (Jung 1932b：par. 214)

荣格不可能真正知道巴勃罗·毕加索的命运。但我们看到，时间不会证明他是错误的，因为在1932年以后，这位画家将不得不经历一段充满危机和令人不安的低产出时期，直到他开始以失明的弥诺陶洛斯（牛头怪）为中心创作一系列的蚀刻版画。

当然，荣格的注意力主要集中在艺术作品中正在展开的过程上。但是，艺术家需要付出的代价也是人们焦虑性关注的对象，这导致他在论述毕加索作品的文本末尾公开地展现出矛盾的心理。荣格不知道他自己是否满足于将兴趣集中到他正在观察和分析的过程上，或者他是否应该直接关注艺术家的困境。

从这个角度看，论述《尤利西斯》的文本走得更远。它是以一种越来越生动、越来越有活力的写作风格来结束的，这验证了荣格在对“yes”的坚持，而乔伊斯的小说反过来也是以“yes”来结束的。荣格本人在其文本中完整引用了这一“yes”，对此，我们无法抗拒在这里进行引用的乐趣：

> 唷还有海洋深红的海洋有时候真像火一样的红嘿夕阳西下太壮观了还有阿拉梅达那些花园里的无花果树真的（yes）那些别致的小街还有一幢幢桃红的蓝的黄的房子还有一座座玫瑰花园还有茉莉花天竺葵仙人掌少女时代的直布罗陀我在那儿确是一朵山花真的（yes）我常像安达卢西亚姑娘们那样在头上插一朵玫瑰花要不我佩戴一朵红的吧好的（yes）还想到他在摩尔墙下吻我的情形我想好吧他比别人也不差呀于是我用眼神叫他再求一次真的（yes）于是他又问我愿意不愿意真的（yes）你就说愿意吧（yes）我的山花我呢先伸出两手搂住了他真的（yes）然后拉他俯身下来让他的胸膛贴住我的乳房芳香扑鼻真的
> 348 （yes）他的心在狂跳然后真的（yes）我才开口答应愿意（yes）我愿意（yes）真的（yes）。[①]
>
> (Jung 1932a：par. 200)

这是来自一位女性的“yes”。有可能，荣格敦促我们去遵循的创造过

① 引自《尤利西斯》（金隄译，人民文学出版社，1994），其中的“yes”为译者所加。——译者注

程的伴奏，要求得到躯体感觉和节奏的支持、认可和参与，而对于这一点，摩西几乎没有体验过。但尤利西斯与众不同，他行动灵活，富有创造力，他知道如何为最终回家铺路，众所周知，他喜欢与女性交往，并以此为乐，从而可以为我们指明道路。

艺术：第二部分

因此，荣格对艺术的关注，远没有被掌控的承诺和欲望的升华所压倒，而是转向明显令人不安的事件，这些事件破坏了最可靠和最著名的遗产、最根深蒂固的价值观、最被普遍认可的美和意义的标准。

他对艺术的分析属于与无意识之关系这一概念和实践的范畴，能不断寻求一种解构、驳斥和反转的动力可能产生的积极效应，在危机、无序、解体甚至是混乱的可能性出现之前不退缩。

而且，他的创造性概念完全在个体的范畴之外。当然，荣格可以显示出他能够关注到艺术家的个人命运，就像我们在毕加索身上看到的一样，但艺术中最重要的事物在别处。它们至少是代际性的，也就是说，艺术与一种文化在其从一代到另一代的长期转变过程中的进步或挫折有关，其节奏和时间线与个人生活的节奏和时间线有很大的不同。

其结果之一是，他对艺术的精神分析几乎不存在导致其成为心理传记的风险。荣格的方法并不是想通过对艺术作品的解读来解释艺术家从出生到当下生活的起起落落，而是以类似于梦的方式来接纳和分析这些艺术作品。荣格认为，对于无意识在艺术和梦中的作用，应该考虑的是它如何影响当下。其中一个主要的影响是，无意识表现为一种邀请，或一种挑衅，以打开另一个多元的，或至少是前瞻性的视角，从而进入我们的日常生活。

面对当代的创作，这种邀请至少会引起惊喜，更可能是阻抗、防御甚 349
至是攻击性反应。荣格对乔伊斯和毕加索在 20 世纪 30 年代作品的论述就证明了这一点。

这场有时生硬而激烈的争论并不是通过诉诸现成的一些理论知识来寻求缓和的。它反而试图权衡被我们称为反移情的，在思维和情感方面的愤怒和防御反应。然后，我们可以关注和欣赏意象、形象和存在，它们有时会从我们最古老的深处浮现出来，帮助我们定位、支持和培养对最初令人不安的事件的认识。

事实上，通过论述乔伊斯的小说和毕加索的画作，荣格重新发现了想象思维的优点，或者更准确地说，是对其进行了再创造。他必须非常熟悉这种思维模式，因为他自己的心理学阐述，哪怕是最具理论性的部分，也都是以这种方式进行的。作为一名治疗师，他知道，在试图打开进入情绪、感觉或直觉的通道时，这种方法是有用的，而这些情绪、感觉或直觉一直是连续的而且特别吸引人，因为它们没有外表或形式。

但在这里，他在另一个层面，即文学和绘画上发现了这种思维模式。因此，他发现作为一名心理学家、心理治疗师和分析师，他的思维和艺术的进步之间存在着紧密的内在联系。他发现艺术和精神分析的核心问题是如此接近，以至于他可以在艺术作品和创作过程中认识到他自己对与无意识之关系的体验。

从一种相遇到另一种相遇

现在让我们来探讨一下这些立场是如何在 20 世纪 30 年代前后形成、发展和转变的，而这些立场是我们从荣格在 20 世纪 30 年代致力于艺术的两个主要文本中提取出来的。通过这种方式，我们将更广泛地考虑他与古代艺术、东方艺术、基督教艺术和西方炼金术插图和文献的连续相遇，然后是与现当代创作的相遇。

古代艺术

1909 年，荣格偶然发现并热情地朗读了两首诗和 19 岁的米勒小姐写的一些幻想和简短的评论，其中，前者属于一种在当时被称为催眠的状态下创作的戏剧，而后者的作者米勒小姐是一位富有又受过良好教育的美国人。

这位年轻的女性是日内瓦的弗洛诺瓦博士所治疗的病人。为了陪伴和
350 探索她迷茫的爱情，同时表达她对母亲和童年的依恋，她将最混乱和矛盾的情绪暴露给自己的医生，同时还有自己读过的内容，包括拜伦、朗费罗和弥尔顿的作品。

荣格并不认识她，而且也并未打算进一步了解她。作为弗洛伊德的忠实信徒，他从未试图通过对她的作品进行解读来解释这位女子具有怎样的童年生活。值得记住的是，荣格在弗洛伊德的《释梦》出版之时就发现了它，并在面对沉默的精神病学时，他立即成为它的捍卫者；他在 1907 年充满热情地去维也纳见弗洛伊德，并几乎很快就在精神分析运动中获得了重

要的位置。最重要的是，弗洛伊德的《性学三论》在前一年出版了。

但是荣格并未继续朝这个方向前进，他将自己的注意力集中在弗洛诺瓦发表的米勒小姐所写的内容上。从这一点开始，通过阅读这位年轻女性的文学随笔和其他作品，他打开思路，看到神话、仪式和故事以奇怪、遥远和怪异的形式出现。这些强烈的叙述和米勒小姐的写作主题联系在一起，共同组成一个文化体，而这个文化体在很大程度上并不知道他者的存在，所以他最终在1911—1912年创作了《转化的象征》第一版。1952年，荣格大幅度地修订了这本书的第一版，其中讲述了这位年轻的美国女性所提出的问题以及随后的广泛调查将如何在他的一生和工作中进行。

那么，现在我们在这本标志着他与弗洛伊德的决裂以及他后续作品之基础的书的核心发现了什么？是什么主导了他所有的研究？答案是一个雕塑，它在古代经常以各种形式被复制。它代表的是献祭公牛的密特拉(Mithra)，今天我们可以在梵蒂冈博物馆看到他的一个例子（Gaillard 1998：25）。

荣格使用正在与献祭动物斗争的英雄的强烈身体表现来反对弗洛伊德的性欲理论。他提出自己的论点，有时候这称得上是全面的战斗，因为两个人都在谈论力比多，最重要的是它的特异性和分化的欲望，始终被包含在躯体记忆中，理想条件下并不包含历史，基本上是乱伦的，以原始的形式和母亲联系在一起，而与自然的联系更加彻底。

荣格还向我们展示了，在献祭公牛的过程中，英雄密特拉是如何矛盾地献祭了自己的很大一部分，在某种程度上，他的行为的残暴和野蛮可以转化为一种轻微病态的多愁善感，这种多愁善感能够在古雕塑的面容上看出来，而且，某种基督教，最初是古罗马基督教，利用了它的优势。以这样一种方式，他所走的道路（不是没有障碍），允许无意识地认同一个或另一个立场或倾向，这是英雄的和动物的立场或倾向，它们都不受约束， 351
以便从内部和尽可能有意识地接受对立双方之间的张力及其紧密联系。

《转化的象征》这部作品全书都在引用古代的其他艺术作品，这些艺术作品经常被复制于正文旁边，这要归功于玛丽-路易斯·冯·法兰兹，她让荣格运用了她的古典知识。例如，荣格能够唤起公元前500年之前的斯芬克斯和拉米亚斯（Gaillard 1998：68，70，72），从而帮助自己以及他的读者评估我们在面对母亲的力量，实际上是原型性的和超出了自然母亲之现实的力量之时，能够感觉到的恐惧。再一次，当他想让我们注意到“神圣”和最古老的动物性之间奇怪的、不可思议的亲近性时，他向我们展示了埃及艺术或《吉尔伽美什史诗》中的恩启都（Endiku）形象（Gaillard 1998：70，71）。至于力比多同时向前和向后的双重和矛盾倾向，他让我们去探索或重新审视维罗纳古代博物馆中的普里阿普斯（Priapus），他的手指指向一条在吃他阴茎的蛇（Gaillard 1998：79）。

在《转化的象征》第一版出版九年后出版的《心理类型》中，他确立并发展了他的态度类型、外倾和内倾的概念，以及意识定向的不同功能——思维、情感、直觉和感觉。在这里，他再次求助于大量的古代艺术和文学作品，以帮助他在阅读和讨论席勒和尼采的美学理论的同时，阐述自己的思想。

事实上，这本书对荣格建立分析心理学非常重要，也是他使用绘画、雕塑和舞动建立理论的一个契机。自1916年以来，他一直在考虑赋予占有我们又要求我们去表达的内容以形式（他写的是格式塔），并避免对理解之渴望的不及时干预，而理解之渴望会导致与象征性生活之关系的枯竭。

这些考虑对于与无意识之关系来说是完全实际的。它们的第一次爆发明显来自荣格本人小时候的雕塑体验，然后是他的书法、素描和绘画体验。在他与弗洛伊德决裂之后，当他需要回去触碰自己最深的内在活力，但还没找到合适的语言表达自己的时候，他再次回到雕塑上。

从他最早的作品来看，对古代艺术的评论为荣格提供了一次给他在童年时期的发现赋形（格式塔）的机会。在荣格的作品中，我们可以跟随这一真实的想象思维过程的演变，这种思维过程知道如何利用意象的力量，并且越来越有助于更好地识别和转化过度的个人体验，将它们放回至由许多人共享体验的背景中，而艺术家通常最了解如何表达这些体验。

352 在荣格与希腊文化研究学家卡尔·卡伦依合著的《论神话科学随笔集》中，他回到古代时期，尤其是希腊罗马时期的艺术之中，通过重新审视和重温德墨忒尔和他的女儿科莱（Kore）之间的关系，给我们提供所有可能的机会来认识我们日常的戏剧，就像它在厄琉西斯秘仪（Eleusinian Mysteries）上被戏剧化，以及在古希腊雕塑中被雕刻成石像一样。

总之，荣格与古代艺术之间的对话拓宽并滋养了他的心理学，同时在集体历史运动中记录了我们每个人的生活，从而在历史的连续性中，使之逐渐成为他研究的主要对象之一。

此外，这是一个让他的读者意识到退行的好处和风险的难得机会，而退行往往是必要的，这可以让我们了解我们最古老的经历，这些经历永远不会停止诱惑、恐吓和困扰我们。

东方艺术

1938 年，荣格结束了在锡兰[①]的旅行坐船返回，在锡兰，他在明媚的阳光下和大雨倾盆中参观了科伦坡和康提。返回时，他的船停在孟买港，但他没有下船进到城中，而是留在船上阅读 17 世纪的作家赫拉尔杜斯·多诺伊斯（Gerardus Dorneus）的作品，这位作家当时完全不为人所知，荣格想继续探索并分析他的思想。

在他的自传中，他写道：

> 初春，我带着各式各样的印象出发了，我根本不想离开船去看孟买。相反，我沉浸在我的拉丁文炼金术文献中。[荣格补充道：] 但印度对我而言也并非一掠而过；它留下了从一个无限到另一个无限的轨迹。
>
> （Jung 1963：284）

这是双重运动的一个浓缩版本，它将持续地为他与东方传统、艺术和生活之道之间的关系做注解。一方面，荣格发现了一个充满印象、感觉以及内心体验和思想的世界，在那里他几乎可以感觉到自己在家。然而，也只是几乎而已。因为另一方面，他需要保持距离，他要找到必要的空间，恢复他在面对自己的发现以及自己遭遇的多元性时的观点。他意识到这个观点属于不同的历史，它或许打开的是完全不同的视角。

荣格并非真的处在不熟悉的领域之中（Maillard 1996）。从 1921 年起，他就开始阅读东方文献，并引用其中的段落。他最熟悉的是《易经》，还 353
有《奥义书》《吠陀经》和《西藏度亡经》。同时他在 1938 年之前与很多东方学者结识，特别是在阿斯科纳（Ascona）的厄诺斯会议上。

尤其是在印度之旅的十年之前，也就是 1928 年，汉学家卫礼贤寄给他一本自己翻译的道教经典，即《金花的秘密》。在他发现这个文本的时候，他的心理学似乎过于依赖他的个人体验，他很难想象它会如何发展，如何像一个启示一样到来。他在自传中写道：“那是第一次打破我的孤立的事件。我觉察到了一种吸引力；我可以与某些人和某些事建立联系。”（Jung 1963：197）

这件事更让荣格感到震惊，因为他刚刚画了一幅似乎难以理解的曼陀罗，这一曼陀罗借鉴了他从青少年时期就知道的沃邦风格的防御工事，但

---

① 现为斯里兰卡。——译者注

还是有一种明显的中国气息。

受到道教经典的鼓舞，荣格几乎立刻写了一篇关于这部中国经典的“欧洲评论”，这是他致力于一系列东方传统及其艺术表现的开始（Jung *CW* 11）。他研究了大量不同的曼陀罗，最初是他从 1916 年开始画的，接着是他的病人的，最后是东方的曼陀罗。

他指出，这些东方的曼陀罗，主要是密宗的，彼此非常不同。在同一条轴的中心处，有些人画的是鸡、蛇或猪，它们象征着感官享受、嫉妒和无意识的核心角色。但是他们观察到的三级系统可以在二维的组织中进行转换和完成，在这种情况下，中心被清空，并为钻石腾出空间。在东方传统中，这些二维的曼陀罗被认为是最完美的，而中心的钻石则被人们称颂为“至乐之国”“黄金城堡”或“无界的土地”。

多么诱人的愿景！我们甚至可以让自己被引导、被说服。我们只想相信它。不过，荣格带着明显的遗憾写道，我们必须放弃它，放弃东方色彩丰富的形而上学语言（Jung 1950）。我们还必须彻底放弃为我们自己的冥想和智慧开路的想法，因为它们如此倾向于并承诺从“万物”中、从历史的进程和所有内部矛盾中彻底解放出来，以至于最终将个体溶解在大一统的永恒虚无中。

当发现《金花的秘密》时，荣格（1929）对东方艺术所转译的愿景表
354 现出了近乎着迷的兴趣。然而，他对这部典籍的“欧洲评论”主要关注的是，在生活中当我们让自己完全自由地去素描、绘画或雕刻时，我们不可能遇不到的阴影部分。

在《〈西藏度亡经〉的心理学评论》中，荣格（1935/1953）强调有必要拥有一个通道，在这个通道中，我们认识到了我们最强烈的动物欲望，他还强调了受生中阴（Sidpa Bardo）和很多弗洛伊德式的分析之间明显的对应关系。

最后，在他 1939 年的《〈西藏度亡经〉的心理学评论》和《铃木大拙〈禅学入门〉前言》中，他的解释的中心焦点是无意识自发表达的必要的、经常的冲突性参与。

因此，对东方艺术的长期研读帮助荣格能够更好地表达、定义和逐步调整自我与原我之间的关系这一概念。当他看到桑奇大塔时，他很惊讶，几乎被它的完美和谐所折服。这使他比以往任何时候都更能理解佛教，尤其是在雕塑中随处可见的佛陀的历史和理想化形象。但是他重复他的观察，即我们的宇宙和天体意识必须一直为我们自己最接近和最亲密的张力

和矛盾留出空间。

荣格在1950年的一个梦中回到了20世纪30年代末他拜访过的法塔赫布尔西格里（胜利之城，Fathepur Sikri）的议事厅（Divan-I-Kaas）。这段旅程也许最能代表西方分析师与东方艺术的关系。这个地方的建筑完全以高处的苏丹为中心，周围是他的议员和哲学家们（Gaillard 1998：100－101）。但在荣格的梦中有一个不同的重要存在，其甚至居于苏丹之上。这就是军官乌利亚（Uriah），根据《圣经》的记载，他被自己的主人大卫王可耻地出卖和献祭，大卫王想要除掉他，获得他的妻子，即美丽的拔示巴（Bathsheba）。因此，没有什么是完美的，即使是最令人钦佩的国王也不例外。这位可敬的人物原来是一名穷困潦倒并准备牺牲的士兵。我们知道，正是在这个梦之后，荣格（1952）写出了他的《答约伯书》。

荣格在他的自传中写到了他1937—1938年在印度旅行期间做的另一个梦，这个梦把他带回到研究自己的文化和遗产中："我被带出印度世界，并被提醒，印度不是我的任务，只是道路的一部分，这条道路不可否认是重要的道路，应该带我更接近我的目标。"（Jung 1963：282）

基督教艺术

1887年，荣格当时12岁，在回克莱恩-许宁根（Klein-Huningen）的长老会学院的家中吃午饭的时候，他被巴塞尔大教堂的美丽所打动，教堂的彩色瓷砖在莱茵河对岸的阳光下闪闪发光：

> 我被眼前的美景所征服，心想："世界是美丽的，教堂是美丽的，上帝创造了这一切，他在遥远的蓝天上，坐在金色的宝座上。" 355
>
> （Jung 1963：36）

这一刻的眼花缭乱使他回想起他从年轻时的自然之美和生活的喜悦中获得的同样迷人的体验和感觉（Jung 1963：6－7）。这解释了他在库斯纳赫特（Kusnacht）建造房子和在波林根（Bollingen）建造属于他自己的"塔楼"的决定，前者被建在苏黎世湖畔，后者位于同一个湖附近的一个孤立的地方，在那里，他经常隐居于这些瑞士风景的变化而永久的和谐之中，独自致力于创作石雕和壁画（Hannah 1976：ch. 1）。荣格的水彩风景画也证明他喜欢这个区域（Gaillard 1998：207）。

在他12岁时，在莱茵河畔的阳光下，巴塞尔大教堂的建筑和位置可以被看作基督教艺术想要表达之理想的典范浓缩版，特别是通过雕塑、彩色玻璃和中世纪绘画，所有这些都是荣格所熟悉的（Jung et al. 1964：7）。

然而，正如荣格的读者所知道的，这种看到巴塞尔大教堂的准幻象的困惑并没有被延长而是被缩短了。灾难的幻象出现之后，尽管这个男孩试图保持自己的无知，但一件可怕却不可预见的事情发生了：从世界最高处的神圣宝座上，一块巨大的粪便掉了下来，砸在教堂的屋顶上并毁坏了它。神殿被粉碎了。

这一场景向我们展示了荣格与基督教艺术的论战中的很大一部分。既然存在于世界中是令人喜悦的，并在某些时刻能体验到世界的和谐，那么问题是，什么被排除在这样的成就之外，什么东西如此险恶以至于要完全摧毁它。

荣格被尼采所困扰，因为尼采为他的研究提供了一个灾难性的反例。他受到歌德理想化形象的影响，荣格喜欢假定他为自己的祖先。同样，对他产生最大影响的基督教人物是 15 世纪的瑞士神秘主义者和主保圣人尼古拉斯·德·弗鲁（Nicolas de Flüe)。为什么？因为此人离开他的妻子和孩子，像一个孤独的隐士一样独自与上帝会面，他是一个充满高效幻象的人。他退隐归来之后，设法调解了他的同胞，他们此前因内部争吵而严重分裂，以至于内战似乎不可避免。

这位圣洁的隐士自己经历了可能导致混乱的紧张和矛盾。他还经历了重组，这种重组能创造一种新的和谐。他在独自隐居的时候产生了一个可怕的暴力幻象，其中他被打倒在地，脸已经变形了。他无法给这种暴力命
356 名或赋予意义，直到他最终认识到（也许是因为他记起了基督的启示）在他那个时代的宗教教义中所解释的圣三位一体。后来，他能够在村庄教堂的墙上描绘自己的幻象，或者委托他人画，就像一个以颂扬永恒之爱为中心的基督教曼陀罗一样去平静、澄清和重组（Jung 1934/ 1954：par. 1－18）。

所有的这些都再次表明，通过既定的艺术形式（格式塔），我们无法理解艺术，或者相反，我们会不知所措，这意味着我们可以面对它，围绕着它调整自己，甚至找到新的力量。它还显示出基督教艺术如何一直决心寻找《新约》中爱的信息和《旧约》讲述的耶和华滥杀无辜的故事之间，以及更加激烈的对善的渴望和恶的证据之间，最可能的平衡点。

荣格满怀激情地投入对三位一体的观察，以及相关的神学阐释之中。当基督的故事是转世的理想化时，以及当十字架被发现处于他的象征的核心时，为什么这种基督的理想化要让他从所有的罪中解脱出来？

此外，他还指出，基督教教义中的三位一体仍然是男性化的，尽管有许多中世纪的曼陀罗明显地在试图将圣母玛利亚包含在内（Gaillard 1998：170）。也就是说，艺术试图纠正和弥补普遍的盲目和压抑，但这是徒劳的。

这些艺术品是思想的食粮。这种食粮如此之多，以至于荣格对基督教进行了一种严格的批判，这个基督教拒绝通过最终向邪恶和女性特质之存在敞开大门，从而由三级逻辑过渡到二维动力上。他还详细阐述并澄清了他自己的“个体化过程”概念，以及充分经历转化过程之后的“自我实现”概念，对于一种文化和一个个体而言，这种转化来自那些以前被压抑、未被认识到或未经开发的现实和力量——很大程度上是无意识的。

西方炼金术插画和文献

1939 年的一天夜里，当荣格正专注于圣依纳爵·罗耀拉的《神操》（*Spiritual Exercises*）时，特别是专注于其中一个以基督之灵魂为中心的冥想时，他看到自己的床底下有一个绿金色基督，很壮观但可怕，他意识到自己需要通过引用炼金术士的思想和经验来完成和更新他关于基督教以及基督的想法。

这种绿金色类似于那些拥有幻象的研究者所熟悉的自然和有机的草木之色，表达的是他们的救世主概念，但不是纯粹精神上的，而是生活在金 357
属或石头和物质中的。

在 1939 年，荣格一直在私下进行研究，在四到五年的时间里，他在炼金术手稿的插图和文本上遇到了一些困难。有些手稿是由慕尼黑的一位专业书商寄给他的，而另一些则是他在苏黎世和圣加尔（Saint Gall）的图书馆中无人问津的地方找到的。荣格之所以私下进行他的研究，是因为这些作品在当时被认为是可疑的符咒书，在任何情况下都是看不到希望的前科学内容，虽然现在能够出版，还得到不同学科学者的研究。荣格发现它们很深奥、怪诞，而且明显不连贯。所以他对它们感到很烦恼。但慢慢地，带着肖像学者的耐心和词典编纂者挑剔性的觉察力，他开始从反复出现的人物和炼金术士的词汇中认识到自己在与无意识的关系中所经历过的，以及他的病人经常向他呈现的东西。

荣格与世界的关系一直都是非常感性的。他一向喜欢从他的书房或咨询室走到花园，在那里他会在湖边高高兴兴地劈木头或雕刻石头，就像炼金术士从他们的演讲室回到他们的实验室一样。他的头脑被各种形象和存在激活，他又将他们生动地表现出来，设法与他们交谈，但并不是没有与炼金术意象中最稳定的主题联系在一起（即主动想象）。

当荣格看到可怕的绿金色基督时，他并没有想到基督教的艺术作品——比如在伊森海姆（Isenheim）的格吕内瓦尔德（Grünewald）的《基督受刑图》（*Crucifixion*），他肯定知道它——而是想到了与基督教相对立的部分，即通常被判定为极富异端性的西方炼金术。这意味着，尽管他对炼金术插图中奇怪之谜的研究显示这是一种令人困惑的学问，特别是由于文件的质量，但其最大的好处是引导他从 1935—1936 年到他的生命结束，重新审视他的心理学的主要概念，从而既深化了这些概念，又扩大了它们的范围。

当他发现炼金术士呈现他们工作的第一个阶段并将其描述为黑化时，他的阴影心理学最先得到更新，而黑化的状态非常晦涩，以至于炼金术士常常谈论的是受辱，意思是置之死地（Gaillard 1998：151）。

炼金术士将其描述为一个无尽的黑夜，没有任何地标，在这里，研究人员成为野兽的猎物，被它们撕碎，或者不得不忍受最黑暗的铅和最重的水银烟雾的侵袭。通过阅读他们的符咒书，荣格不但能更好地理解羞辱，还能更好地理解失败，这种失败意味着粉碎以及长期且重复的死亡，其中，自我必须活着，为了衡量神经症而遭受痛苦，或更糟糕的，即使想逃跑，也会被抓住和控制住，直到最后接受新的平衡和方法，从而导致原我的启动。

358 他认为这是一个不得不经历的过程，这样下一阶段才能从灾难中涌现出来，形成新的潜在建立点。尽管这一过程的结果不确定，但最糟糕的考验往往发生在旅程的最后，就好像到目前为止获得的东西必须再次丢失、破碎、粉碎、回到最初的混乱状态，甚至是被蓄意攻击——炼金术士称之为分离、净化、煅烧、黑化。读者将会注意到这种体验的表达和荣格对《尤利西斯》和毕加索画作的一些评论之间的相似性，而这些评论是在他研究炼金术的三四年前就已经写好的。

他的炼金术研究也使他对基督教的批判性分析增添了客观和历史的分量。对于荣格而言，炼金术士反对的是基督教拒绝为那些被排除的内容（恶和女性特质）赋予思想和生命。他们冒着风险从物质中寻找精神，常常孤独地与教会所主导的高级教义的阴暗面进行接触。他们在我们的历史和文化结构动态中发挥了补偿的作用。现在的精神分析师们可以在实验中认识到他们是在将一种古老的修炼方式重新描述为他们自己的临床工作。

正如荣格在为他的《转型的象征》一书收集关于献祭和乱伦的神话和仪式的广泛证词时从未忽视年轻的米勒小姐，他在生命的最后几十年一直沉浸在西方炼金术插图和文献中，目的是有更好的构思，以便引导他的临床实践。

因此，《移情心理学》这部作品中的每一章明显都是在论述精神分析实践并不是偶然的，它是由 16 世纪的一部名为《哲人玫瑰园》的炼金术经典中的版画所引入和支持的。在他对炼金术士的插图和文献的研究中，特别是在他们对自己的操作所必需的密封容器的描述中，荣格找到了支持和澄清他应用和遵守规则之体验的方法，以便在分析师和被分析者之间建立正确的关系。在他们对他们工作目标的陈述中，荣格发现了能进一步推动他对临床医生之期望的素材，而这些陈述所体现出的明显的性欲性质为他提供了另一个机会来反对弗洛伊德在性方面的立场。

现当代的创作

既然形象化、人格化和戏剧化是荣格的思想及其精神分析实践的核心，那么他将如何应对现当代创作的转化、变形和抽象化呢？荣格的研究对这个问题的回答有三个步骤，或者说是三个不同的角度。

首先，从 1911 年到 1912 年，他赞扬并热情地评论了文艺复兴时期的自 359
然和感官的复兴，以及几个世纪以来基督教一直致力于从本能的危险攻击和对自然的任何迷恋中解放出来。他指出，从那时起，愚蠢的理性主义倾向于诋毁灵魂的真实性，在某种程度上，即使是现在，无意识心理学的发声也会遇到很大的困难。但至少我们获得了一种思想的自主性，从而使我们不会像古代的神话和仪式那样，回到对泉水、树木和山川的基本力量的毫无保留的庆祝中。在现代社会开始的时候，我们能够重新发现通往我们自己和世界的喜悦道路，而这个世界长期被基督教那驱除自然的欲望所禁止。

荣格在提香的《田园合奏》（*Country Concert*）中找到了令人喜悦的一个例子，在那里，象征性生活最终可以在教条的约束下被描绘出来，并落在教条的约束之外，但却没有受到对现实主义或自然力量的直接体验的影响。当一个内部空间被创造出来时，特别是在绘画中，它就会给我们提供一个具有全新表象的世界，从而可以体验到不同秩序的情感和感觉，展示出一种惊人的加速转变能力（Gaillard 1998：180－181）。

这可以让我们了解 20 世纪 30 年代初荣格是如何对乔伊斯的文学进展产生浓厚兴趣的，他应对的是 20 世纪的爱尔兰的中世纪沉重残余，或者毕加索的转变，对毕加索本人而言这不是没有危险，但他在他的画作上展开的是对最古典的古代艺术的熟悉而产生的喜悦和他大胆的形式上的创举之间的争论，而这种创举也许是当代艺术中最危险的。

事实上，就在这些论述乔伊斯和毕加索的文章发表之前，20 世纪 20 年代，荣格已经从艺术的转变中退了一步，试图对艺术创作进行更全面的反思，他详细阐述了两部作品中特别令人感兴趣的主题。1922 年，他写了第一个文本，即《分析心理学与诗歌的关系》，1930 年写了第二个，即

《心理学与文学》。

这两个文本都明确地拒绝了对艺术作品进行因果解释的任何尝试，而是选择了一种现象学的方法，这种方法将艺术作品视为一个根本上难以理解的事实，即以其自身的装束被观察的事实，而这超出了遵从结构激活和形式化过程的艺术家的意图，其很大程度上独立于艺术家的决定，因此高度自主。

荣格因而对艺术的精神分析（在心理传记研究的具体对象和方法之间）、艺术作品的分析以及创作过程的分析，都提出了一种非常有启发性的区分（Gaillard 1984b）。

360 为了被更好地理解，以及更好地理解自己想法的重要性，荣格在这两个文本中都提到并引用了但丁的作品、弗朗西斯科·科隆纳（Francesco Colonna）的《寻爱绮梦》（*Hypnerotomachia*）、歌德的《浮士德·第二部》、尼采的《查拉图斯特拉如是说》、瓦格纳的《帕西法尔》、斯皮特勒（Spitteler）的小说、威廉·布莱克的作品、雅各布·伯麦（Jacob Boehme）的著作、霍夫曼（E. T. A. Hoffmann）的故事。他把这些作品称为幻象性作品，并反对将它们称为心理学作品。一部幻象性作品显然不是由我们那平凡的人类经验所滋养的，如果此类作品的效果是惊人的，以至于它看起来不透明，并抵制所有的理解，那是因为通过"怪物、恶魔、怪诞和反常形象的扩散"，这部作品似乎是"深渊的可怕启示"（Jung 1930：par. 144，146）。

荣格指出，我们现代，尤其是当代，是如何被这些深渊所击退的。对于我们显然无法控制的痛苦和混乱，这是有一种有力的防御。这种防御并非毫无理由，因为证据表明，昨天和今天最严重的破坏者和恶魔都在那里走来走去，就像时事，包括政治事件所充分显示的那样。

但一个艺术家有时也能看到

> 夜间世界的形象——灵、鬼、神；他通过超人的设计感受到了人类命运的秘密加速；……他瞥见了会惊吓到原始人的心灵世界，而这个世界同时是他最大的希望，他还试探性地赋予它形式。
>
> （par. 149）

在这里，我们又回到了荣格在 1916 年所确立的区分的重新激活和改写版本，在这种区分中，我们发现我们自己既要理解，又要冒着变得抽象的风险，把我们的体验，甚至是最不寻常的体验形式化，以容纳它们（他已经在 1916 年使用了理解和完形或格式塔的概念）。

阅读荣格，我们尤其要明白，这种结构性的和高度情绪化的无意识不是个人压抑的结果，在很大程度上是非个人的：通过艺术家当下的心理烦恼和能激发他创作的激情之间的作用，整个时代都在面对不必要的和未知的威胁，但它们实际上可能是带有生机和补偿性的。

因此，荣格的读者不会惊讶地发现，在20世纪50年代末，近80岁的荣格在一部无论如何都似乎与现代艺术创作无关的作品中重新展开了与这一主题的争论，因为这一主题源于谣言，通常被认为是边缘的，也不被重视，那就是天空中的飞碟（Jung 1958）。

当然，这些谣言之所以引起荣格的兴趣，恰恰是因为它们令人难以置信。今天谁会把这些现象或显现归因于上帝或魔鬼？我们可以，也有一些 361
人会声称外星人的存在。但其存在并不比众神或魔鬼存在更可靠，所以今天谁能相信呢？尽管如此，这个幻象性谣言仍然存在并传播开来。它从自己的灰烬中重生，并要求得到关注。我们怎么能听进去呢？我们能看到什么？我们能做些什么呢？荣格展开了调查。

回顾历史，他在苏黎世中央图书馆收藏的16世纪的版画和叙事中发现了此类幻象。他甚至在希尔德加德·德·宾根（Hildegarde de Bingen）的《鲁伯斯贝格法典》（*Rupersberg Codex*）中找到了一个12世纪的例子，而这本书的德译本当时刚刚出版。他指出，所有这些文献都与我们集体历史的特别重要时刻有关（Gaillard 1998：173）。

通过审视我们的当代艺术，他发现在绘画中有这样的形状，特别是伊夫·唐吉（Yves Tanguy）的超现实主义绘画，我们也能从中看到有机组织形式在这样一个早期或分解的宇宙中出现或消失，那肯定是开始或结束的时间，在这些对于任何区分都如此陌生的领域，人类的意识会受到惊吓。从各种各样的照片中，我们碰巧知道这位艺术家的一幅画在荣格的书房中保存了很长一段时间（Jaffe 1989：146－147）。

荣格再一次回到他所感兴趣的虚幻谣言中，他强调并重复说，他不能出于原则，对这个现象的物理现实的存在或不存在提出一个立场，就像他在论宗教体验时不能宣布上帝的超然存在一样。他感兴趣的是高度情绪化的体验和伴随这类谣言的典型阐述；这些都促使他进行探索和质疑。他在这个问题上思考的主题是不平衡、混乱，更根本地说，是*痛苦*（distress）。这是他书中的最后一个词。这是一种普通的痛苦，但在这种情况下，这是对这一事件和那一刻最令人意想不到的欢乐敞开心扉。

从这一点开始，他的注意力便转移到他所查阅的文献所描述的形状和数字上：洞、圆、球，这些都是抽象的和诱人的安排，包括“第四维”的表现，它们实际上是不可想象的，但却是鲜活的。在这里涌现、出现或消失的无名生物或事物，是形式上不完整的，是不确定的，甚至坦率地说，是乏味的（“飞碟”!）。如果我们把它们视为一种正在形成、勾勒或逃避的表达方式，那么所有这些都将变得不那么难以理解，而这一切仍然是非正式的，几乎没有启动，更没有实现，仅仅只是开始。

因此，荣格的观点和安东·埃伦兹维格（Anton Ehrenzweig）在英国的研究相呼应，甚至是在其之前，而埃伦兹维格的研究对当代艺术精神分析非常重要。埃伦兹维格对创造的过程很着迷，因为我们可以在一部艺术作品或一系列作品中学会感知它们。他还认为最不明确的、最不分化的状态，尽管表面上是混乱的，但实际上是“艺术的隐藏秩序”（Ehrenzweig 1967）。

362 荣格的方法也类似于法国人迪迪埃·安齐厄（Didier Anzieu）的方法，尽管表达的概念语言完全不同。两者都显示出创造性工作与破坏的运作密切相关，至少当旧的形式必须被摒弃，以便形成一种新的表达形式时是这样的（Anzieu 1981）。

正如我们即将看到的，荣格是一名关注开端和过程，而不是成就的实践者和思想者，尽管有些人会让他说是成就。他对现当代创作的看法，以及对我们时代之前艺术的更广泛研究，都证明了这一点。事实上，在他的全部作品中，他所使用的词汇也确实如此，因为他试图以最好的方式表现出统一体的惊奇和波动，这种统一体是在自己内部，与他者，在世界上一起努力，但它总是拒绝谈论整体性。“Totalitat”这个术语本身——在德语中的意思是完全没有被遗漏或没有被排除在外——几乎完全不存在。与此同时，他连续并坚持使用的术语是适用于一个过程之完整性的 Ganzheit、Ganzwerdung 或 ganzwerden，以及用于表达这一完整性达到总效果的 Vollstandigkeit，而不是承诺带来完美的 Vollkommenheit。

这就是荣格分析和讨论艺术的方法。事实上，他在这个问题上的进展和他在临床实践中的进展是一样的。他总是关注补偿和矛盾的动力机制，这种动力机制不仅是令人不安的，而且是压倒性的，甚至是破坏性的，但在这种情况下，它可以带来新的契机。

他尽可能多又尽最大可能地向我们展示艺术，尤其是当代艺术，并以最古老而原始的元素为出发点，来反对我们现在的信念，以便更好地吸引我们。与此同时，这些元素又走在我们的前面。就荣格本人和他的作品而言，与艺术的相遇常常使他可以证明，尤其是更新、深化和恢复他对与无意识之关系的思考。

面对如此明显而且必然与毁灭和成长相关的创造性工作，我们可能会

感到焦虑，甚至不知所措。这是为了更好，因为，荣格写道：“对文化的向往是痛苦的。”（Jung 1931）

那么，今天呢？

在荣格学派和后荣格学派的运动中，有一大部分的研究是第一代荣格派分析师做的，他们是荣格最早的学生，他们当时是被这么称呼的。

玛丽-路易斯・冯・法兰兹、阿尼拉・亚菲、乔兰德・亚考毕和约瑟夫・亨德森，只有这四位的作品的特点是这样的：通过自身的分析经验和 363
临床实践，与艺术的接触具有支持、滋养和“放大”他们所学的与无意识，尤其是与个体化的过程之关系的特殊功能。代表这种与艺术之关系的主要著作是《人及其象征》（*Man and his Symbols*），该书在荣格去世四年之后的 1964 年出版，并被翻译成多种语言。这部作品的作者埃里希・诺伊曼曾经与荣格非常亲密，但后来特别是在搬到以色列后逐渐与之疏离。他的这部作品已经并将继续给许多荣格派研究者留下深远的影响，他们被他对艺术作品，包括对达芬奇作品的分析所影响，以及被他对我们集体历史的广泛诠释所影响。

从这个仍然很有活力的双重基础出发，许多研究领域已经建立并分化。有时，这些研究方向是相互忽视的，就像在荣格学派运动和后荣格学派运动的方向上最近发展出的其他学科一样（Samuels 1985）。通常，正如我们将看到的，它们相交并相互连接。很明显，下面的概述远远不是对迄今为止出版的作品的完整或系统的描述，只是突出了艺术精神分析这一学科目前一些特别典型的进展。为了保持文本的可读性和流畅性，我没有将这些文献纳入该文本本身的主体之中。相反，我所指的作者所写的书或论文可在最后的参考文献中找到。参考文献部分也会给更广泛的作品和其他作者的发现留出空间。

为美而写作和出版

在那些将艺术创作与分析心理学之间的亲密关系融入他们生活方式和工作中的荣格派学者中，弗朗西斯科・多弗朗西斯科（Francesco Donfrancesco）会为自己的地位而感到自豪。在开展临床实践的同时，他把大部分时间和精力花在了他密切关注的艺术家身上，他喜欢到他们的工作室里参观。事实上，他想要用一位分析师的眼光来审视艺术体验，用艺术家的眼光来审视分析体验。而且总是在特写镜头中，以一个真正引人注目的、私人的方式进行接触。

这就是写作作为一种操作而参与、理解和实践的地方，这种操作作为一个过程，尤其是通过意象的运用，寻求个人与一般、主观与客观、心理与精神的融合。对于这种写作，美确实是所有艺术的目标。但它并不是一种遵从好品味准则的美，而是一种通过艺术作品，包括最现代的创作中活跃的神话元素来调动爱欲的美，从而支撑起审美情感的交流。

364 他既是一位作家，也是一名编辑。我们必须注意形式上和感官上的特质，还有他编辑的杂志《阿尼玛》中的内容，以及他对筛选莫雷蒂·维塔利（Moretti e Vitali）已出版作品的主动参与，在这一筛选中，他与卡拉·斯特罗帕（Karla Stroppa）合作，后者本人是一名临床医生、作家和编辑，她在这三个领域的工作尝试补充和表达记忆和演变之间意象的紧密融合。她强调这些意象如何使用它们自己的艺术语言来讲述人类最严重的创伤，同时允许情绪表达并提供治愈的机会。

这两位作者经常提到亨利·科尔宾和詹姆斯·希尔曼。后者发起了他们在意大利共同组织的国际会议，他们在编辑选择方面密切合作，以便出版相关作者的作品，即使这些作者的个人观点有很大的差异。这些作者有：彼得·安曼和英格丽德·里德尔（Ingrid Riedel），以及阿图罗·施瓦茨（Arturo Schwartz）、巴西里奥·雷勒（Basileo Reale）、奥古斯托·罗马诺（Augusto Romano）、路易吉·肇嘉（Luigi Zoja）或我本人、威廉·威尔福德、保罗·库格勒和唐纳德·卡尔斯切德。

作为艺术家的分析师

玛丽·多尔蒂同样相信艺术创作和精神分析是相关的，因为在这两种情况下，我们都在处理象征的过程。她认为，艺术作品的功能之一就是将一场独立的争论转移到更具共同性的意义上。但她工作的主轴是帮助创作时处在低谷中的艺术家。对于她来说，很明显，艺术家不能只处理有意识的意图，也不能只重视无意识的运动，这会导致在美学中寻求庇护的风险，以建立一个狂热的防御来对抗不成熟的婴儿情感或是对无意识过程的无限认同。

因此，她对那些想要相信任凭其自身决定的创造过程具有治疗性好处的人持批判态度，作为一名治疗师，她并不认为足够好的人际关系和精化的艺术语言重要到使艺术家与他人分享个人体验的地步。

她把荣格的作品，尤其是《转化的象征》和《心理类型》作为一个起点，她还使用科胡特、马里昂·米尔纳（Marion Milner）、卡尔斯切德和诺伊曼的作品。她最著名的前辈是约瑟夫·亨德森，半个多世纪前，亨德森在杰克逊·波洛克（Jackson Pollock）的陪伴下，见证了他创作的进展和困难。

服务于治疗的艺术

如今，有许多荣格派分析师和治疗师开始使用绘画、雕塑、素描、舞动和音乐，以一种或多或少的精心设计和独特的方式来支持和滋养他们的 365
临床实践，无论是在一对一的治疗中，还是在团体中。许多大会和会议都致力于这类团体实践，为参与其中的分析师和治疗师提供宝贵的机会，让他们与自己和他人形成更有情感氛围的关系，并交流他们的经验和想法。

巴西的尼斯·达·希尔维拉（Nise da Silveira）是这门学科的先驱。从20世纪40年代开始，她创立了一个工作坊，在那里，那些经常有严重精神病倾向的患者可以通过各种媒介自由地表达自己，而不需要任何人做出解释。尼斯·达·希尔维拉不喜欢“艺术治疗”这个词，甚至认为“精神病理学的艺术”更糟糕，她于20世纪50年代初在里约热内卢创立了无意识意象博物馆，用来保存和制作在她的工作坊，特别是在棕榈屋中完成的作品，在这一日常的诊疗中，绘画、素描和雕塑非常受到鼓励。20世纪50年代末，她来到苏黎世，在那里遇到荣格。她也走近巴什拉的作品，与法国的演说家和艺术推广者接触，尤其是让·杜布菲。她的工作和收藏越来越为人所知和钦佩。

在英国，艾琳·查彭诺恩（Irene Chapernowne）曾接受过荣格的分析，同时也是荣格的朋友，她是精神病患者治疗社区方法的先驱，其中的主要工作是通过艺术和创造性媒介完成的；她的工作基于荣格学派的原理，在英国被认为是开创性的（Stevens 1991）。

在舞动治疗师中，琼·乔多罗在国际上因对许多不同国籍的学生的干预而广为人知。她的实践和教学是由主动想象这一经典的荣格式实践和她对炼金术插图的专心研究所推动的。

乔伊·沙维瑞恩因在她出版的作品中论述在大学教学中使用素描和绘画的方式进行治疗而获得关注。她的书和文章主要涉及临床病例（精神病人、厌食症患者、抑郁个体或遭受性侵者），病人经常在治疗期间临摹和作画。她的反思使她动员了各种各样的理论方法让它们彼此对抗；她探索以艺术表达为核心的治疗场景和节奏、治疗师的性别和他/她的反移情反应，以及某些创伤的代际重要性，尤其是在经历大屠杀后的犹太人身上。乔伊·沙维瑞恩经常引用荣格的《移情心理学》，以及温尼科特和博拉斯（Bollas）的作品，同时还会参考卡希尔（Cassirer）、弗洛伊德和拉康的作品，并且她的工作紧跟后女性主义的最新发展。

366 **从经由艺术的治疗到对艺术作品的诠释**

一些在临床实践中使用艺术的治疗师也是诠释艺术作品的论文作者。英格丽德·里德尔便是如此。她写了很多关于绘画，尤其是关于色彩在治疗过程中的意义的书。她通常会把重点放在一系列意象上，以突出个体心理治疗的转化和团体演变。与此同时，她还对当代艺术作品，例如马克·夏加尔、保罗·克利和路易丝·布尔乔亚的作品进行分析。她的著作被广泛地阅读，就像维蕾娜·卡斯特的著作一样，她也在自己的工作中通过素描或绘画来描述表达的效果。事实上，荣格派学者的一批德语作品都是使用经典的原型取向来探索和分析现代或当代创作的，从汉斯·迪克曼（Hans Dieckmann）到凯瑟琳·阿斯珀（Kathrin Asper），前者研究过高更、夏加尔和里尔克的作品，后者研究过弗里达·卡罗的作品。

事实上，从研究绘画、素描或雕塑在治疗中的使用到解释艺术作品的这一运动也可以被扩展，因此分析师成了艺术家。詹姆斯·怀利（James Wyly）就是一个例子；在发表了论述毕加索和伦勃朗作品的文章之后，他逐渐脱离了临床实践，致力于自己的绘画，尤其是在演奏羽管键琴的艺术上。以这种方式实践艺术就是做荣格本人曾回避的一个选择，那时，荣格决定致力于自己作为一名心理学家的工作，而不是更为刻意地从事绘画、雕塑艺术，即使在写完《向死者的七次布道》之后，也没有进行这方面的创作。

这种激进的生活选择仍然很少见。与其他传统的精神分析运动一样，我们在荣格学派中更常见到的是，临床医生特别注意象征生活在间隔中的表达，与他们的临床或理论写作相比，一篇论文或两个艺术家的艺术作品特别容易触动或困住他们。因此，莫瑞·斯坦曾致力于研究伦勃朗，拉法·洛佩斯-佩德拉萨（Rafael Lopez-Pedraza）和玛丽·威尔斯·巴伦（Mary Wells Barron）曾致力于研究安塞姆·基弗，莫尼克·萨尔兹曼（Monique Salzmann）曾致力于研究阿尔贝托·贾科梅蒂，而贝弗利·扎布里斯基则专注于对创作过程的分析。

我们也可以注意到电影所启发的一些研究——特别是艾梅·安吉尔（Aimé Agnel）、约翰·毕比和克里斯托弗·豪克所做的研究——而音乐一直是荣格学派和后荣格学派的弱势领域，就像弗洛伊德学派中的一样，艾梅·安吉尔、亚瑟·科尔曼（Arthur Colman）、保罗·纽汉（Paul Newham）、乔尔·莱斯-梅纽因（Joel Ryce-Menuhin）、恩里克·帕尔多（Enrique Pardo）、奥古斯托·罗马诺、约格·拉斯奇（Jorg Rasche）、帕特里夏·斯卡尔或卡尔林·沃德的研究依然很孤立。

另一条时间线 367

以荣格学派的方式分析艺术作品，也有助于我们把它应用到我们集体历史的视角中。这不仅需要遵循一个艺术家一生的创作节奏，还要观察和分析几代、一个世纪或从一个时期到另一个时期的形式和结构上的转变。对艺术的分析要求对一种方法论取向进行阐述，并有足够的内在一致性，以便其能够适用于每一部被分析的艺术作品。同样，研究必须聚焦于一个典型的主题或结构，这样才能观察到从一部作品到另外一部作品的演变。

这就是我通过在巴黎国立高等美术学院以及在我的出版物中传授艺术精神分析而对以下作品展开研究的方式（刚开始有迟疑，之后以一种更加深思熟虑和有组织的方式进行）：某些古罗马时期的绘画，哥特式艺术时期和意大利文艺复兴时期的作品，卡拉瓦乔、丢勒、克拉纳赫、库尔贝、波洛克、基弗以及最近的瑞贝卡·霍恩（Rebecca Horn）、詹妮·霍尔泽（Jenny Holzer）和杰拉尔·卡鲁斯特（Gerard Garouste）的画作。我并没有按照它们在我们的艺术史上的出现顺序来进行，我更喜欢沿着相遇的道路前进，不让它们之间有任何明显的联系，而是使它们在时序上处于显著的混乱之中。我们的文化史只能逐步地建立起一种秩序，这只是因为这些作品——或至少是其中的大量作品——慢慢地才会显现出主题的转变，这个主题就是女性特质在各个时代的表征，它具有一种共同结构组织，这种组织在中世纪被称为禁闭庭院（hortus conclusus，法语是 jardin clos）。

因此，我的注意力集中在转化的过程和结构组织的表现上。毫无疑问这种艺术分析实践和我的研究进展并非毫不相关，我的目的是更好地理解和呈现荣格从一个阶段到另一个阶段的创作以及他与其他精神分析流派之间联系与差异的内部动力机制。

除了荣格自己的作品之外，读者可以进一步阅读的著作，特别是 1935 年以后的著作还有彼得·霍姆斯（Peter Homans）的《语境中的荣格》（*Jung in Context*），以及在卡琳·巴纳比（Karin Barnaby）和佩莱格里诺·阿谢诺（Pellegrino d'Acierno）的指导下出版的《荣格和人文学科》（*C. G. Jung and Humanities*）。

后现代的视角

克里斯托弗·豪克也对影响我们文化的巨大变革提出了疑问。他把分析的重点，尤其是在建筑学上，集中在我们所称的后现代主义，尤其是自 20 世纪 80 年代以来的后现代主义的兴起上。弗兰克·盖里（Frank Ge- 368
hry）的设计，显然是在没有现成的结构或层次的情况下完成的，与我们所说的“现代”结构完全相反，这促使豪克重新讨论荣格与历史以及他的文化遗产的关系。他对荣格与乔伊斯的《尤利西斯》之间复杂关系的反思显示，在这种情况下，也就是在他的波林根塔楼的物理结构中，荣格远非试图在一个过时的过去中寻找庇护，而是在他的写作中和石头上生活并实现一场对话，在这里，他的遗产得以复兴，并反过来不断复苏当下的发明。同样，与弗洛伊德不同的是，他并没有建构一种心理学，当然也不是超心理学，而是形成了一些生动的概念，来解构意识的僵化，并一道解构一种与无意识的鲜活关系的不同时刻和方面。

还有对约翰·毕比而言，当代艺术创作面临的主要挑战之一是，要从现代艺术转向后现代性，这是一种荣格没有预测到的极简美学，而后现代性往往会冒犯公众的品位。他指出，这个运动可以用荣格式的术语来分析，即把这些术语作为进入自我与无意识之新关系的一个通道。在很长一段时间里，这种关系在超个人的客观性水平上发挥作用；例如，米罗（Miro）的作品中仍然存在这种情况。基弗最近的作品，与策兰关于集中营的诗歌有着密切的联系，这证明了某种新的脆弱性或痛苦会被更多的个个体和肉体体验到，以至于达到碎片化和混乱的程度。

毕比是通过重读荣格在 1916 年所写的《向死者的七次布道》，以及坚守从理想化的原我即普累若麻，到一个日常比例的独特原我即克雷亚图拉的道路而发展出这种分析的。他还展示了炼金术士的工程是如何推动基督教的排外活动，并在当今艺术坚持要与最基本的媒介合作的情况下，关注女性特质和质疑恶的。他指出马克斯·恩斯特和施维特斯的作品是如何为这一再发现和炼金术士所关注之内容的实现留下印迹的。

毕比认为，如果说现代艺术揭示出了尼采所透彻分析的阿波罗和狄奥尼索斯之间的张力，那么当代艺术就是试图让那些寻求这种情感的人活下来，并在情感上分享赫尔墨斯滑稽而富有挑衅性的游戏和赫斯提亚的召唤之间的张力。后一种张力总是引出这样一个问题，即我们是否能在日常环境中舒适并安逸地找到自己，正如我们在格哈德·里希特的风景画和肖像画中所看到的那样（私人交流，2003 年春）。

他曾在阿尔弗雷德·希区柯克、斯蒂芬·斯皮尔伯格和斯派克·李等人的电影中，在罗伯特·阿内森（Robert Arneson）的雕塑上，以及在更
369 广泛的艺术中的小丑形象方面都有突出的贡献。他长期担任《旧金山荣格学院图书馆杂志》的编辑，该杂志长期致力于对重要书籍、电影和其他文化事件的批判性介绍。

通过赫尔墨斯和小丑，我们又回到了《尤利西斯》，它是本章开篇的向导。随着后现代性的挑衅和发展，我们比以往任何时候都有更多的证据来证明我们与无意识的关系，以及其中富有成果的发现和接触，所有这些，我们在这里从未忽略过。今天的荣格派分析师所发展的艺术精神分析和实践尽管存在多样性和差异性，但都很好地融入了荣格的分析方向，因为他经常光顾那些给他留下印记的艺术作品。

目前的研究提出了几个主要问题。艺术和塑型在治疗中的良好运用，不同于美与不悦或恶的关系。然而，最重要的一个问题是无意识过程的时间线问题，因为这些过程会在艺术作品中不时地表现出来，从而不时地打断文化的历史。这些问题是荣格作品的核心，并在荣格学派和后荣格学派的作品中不断回归。这是一项正在进行的工作，会在我们当代艺术的发展和不同的问题的演变过程中得到密切的关注。

致谢

我要衷心感谢约翰·毕比、弗朗西斯科·多弗朗西斯科、玛丽·多尔蒂、约格·拉斯奇、英格里德·里德尔、乔伊·沙维瑞恩、卡拉·斯特罗帕、詹姆斯·怀利、贝弗利·扎布利斯基，特别是雷诺斯·帕帕多普洛斯，感谢他们为我提供的信息、想法和建议。

参考文献

Adams, M.V. (2001) *The Mythological Unconscious.* New York and London: Other Press.

Agnel, A. (1999) 'L'ombre et le soi dans la musique contemporaine'. *Cahiers Jungiens de Psychanalyse*, 96.

—— (2002) *L'Homme au tablier: le jeu des contraires dans les films de Ford.* Rennes, France: La Part Commune.

Alister, I. and Hauke, C. (eds) (1998) *Contemporary Jungian Analysis: Post-Jungian Perspectives from the Society of Analytical Psychology.* London: Routledge.

—— (2001) *Jung and Film: Post-Jungian Takes on the Moving Image.* London: Routledge.

Ammann, P. (1999) 'Music and melancholy', in M.A. Mattoon (ed.) *Destruction and Creation: Personal and Cultural Implications. Proceedings of the Fourteenth International Congress for Analytical Psychology.* Einsiedeln, Switzerland: Daimon Verlag.

370 Ammann, P., Riedel, I. and Dougherty, M. (1999) *Fra destructione e creazione*. Bergamo, Italy: Moretti e Vitali.

Anzieu, D. (1981) *Le Corps de l'oeuvre*. Paris: Gallimard.

Aulbach-Reichert, B. (1995) *Annette von Droste-Hülshoff. Der Spiritus Familiaris des Rosstäuschers: Ein Deutungsversuch auf der Grundlage des Analytischen psychologie von C.G. Jung*. Münster, Germany: Rüschhaus Verlag.

Barnaby, K. and D'Acierno, P. (eds) (1990) *C.G. Jung and the Humanities: Toward a Hermeneutic of Culture*. London: Routledge.

Barron, M.W. (1998) 'Breaking the vessels', in M.A. Mattoon (ed.) *Destruction and Creation: Personal and Cultural Transformations. Proceedings of the Fourteenth International Congress for Analytical Psychology*. Einsiedeln, Switzerland: Daimon Verlag.

Beebe, J. (1980) '*The Shining* by Stanley Kubrick and Diane Johnson'. *San Francisco Jung Institute Library Journal*, 1(4).

—— (1981a) 'The trickster in the arts'. *San Francisco Jung Institute Library Journal*, 2(2): 48.

—— (1981b) '*Blow Up* by Brian de Palma'. *San Francisco Jung Institute Library Journal*, 2(4).

—— (1987) *The Ante has Gone Up: The Conscience of the Post-modern Artist*. Chicago, IL: private printing.

—— (1989) 'Do the right thing, by Spike Lee'. *San Francisco Jung Institute Library Journal*, 8(4).

—— (1990) 'The notorious post-war psyche'. *Journal of Popular Film and Television*, 18(1).

—— (1992) *Integrity in Depth*. College Station, TX: Texas A&M University.

—— (1995) 'L'anima dans les films'. *Cahiers Jungiens de Psychanalyse*, 83.

—— (2001) '*A.I.* by Steven Spielberg'. *San Francisco Jung Institute Library Journal*, 2(4).

Bruschi, R. (2001) *Il tempio buddista e la via del Sè: una lettura junghiana del simbolismo di Borobudur*. Milan: Vivarium.

Carotenuto, A. (1999) 'E se fosse vero?'. *Rivista di Psicologia Analitica*, 59.

Casement, A. (ed.) (1998) *Post-Jungians Today: Key Papers in Contemporary Analytical Psychology*. London: Routledge.

Chodorow, J. (1986) 'The body as symbol: dance/movement in analysis', in N. Schwartz-Salant and M. Stein (eds) *The Body in Analysis*. Wilmette, IL: Chiron.

—— (1991) *Dance Therapy and Depth Psychology*. London: Routledge.

—— (1997) *Jung on Active Imagination: Key Readings*. London and New York: Routledge.

Christopher, E. and Solomon, H. (eds) (1999) *Jungian Thought in the Modern World*. London: Free Association.

Colman, A. (2003) 'Music and the psychology of pacifism: Benjamin Britten's *War Requiem*', in J. Beebe (ed.) *Terror, Violence and the Impulse of Destroy: Papers from the 2002 North American Conference of Jungian Analysts and Candidates*. Einsiedeln, Switzerland: Daimon Verlag.

Colonna, M.L. (1994) 'La fonction transcendante à l'oeuvre dans *Les Fleurs du Mal*'. *Cahiers Jungiens de Psychanalyse*, 79.

Cosso, S. (1992) *Significato e corrispondenza delle teorie sulla negatività in Freud e in Jung*. Pisa, Italy: Tipografica Editrice Pisana.

Daniel, R. (1993) *Archetypische Signaturen in unbewussten Malprozess*. Fellbach, Germany: Bonz. 371
Da Silveira, N. (1981) *Imagens do inconsciente*. Rio de Janeiro: Alhambra.
—— (1992) *Omundo das imagens*. Sao Paulo: Atica.
Dieckmann, H. (1981) *Archetypische Symbolik in der modernen Kunst*. Hildesheim, Germany: Gerstenberg Verlag.
Donfrancesco, F. (1996) *Nello spechio di psiche*. Bergamo, Italy: Moretti e Vitali.
—— (1998) *L'Artefice silenziosa e la ricostruzione di uno spazio interirore*. Bergamo, Italy: Moretti e Vitali.
—— (2000) 'Life inside death: through the art of Zoran Music'. *Harvest*, 46(1).
—— (2001) *Una poetica dell'analisi*. Bergamo, Italy: Moretti e Vitali.
—— (2003) 'The care of art', in *Proceedings of the Fifteenth International Congress for Analytical Psychology, Cambridge 2001*. Einsiedeln, Switzerland: Daimon Verlag.
Dougherty, M. (1999) 'Duccio's prayer', in M.A. Mattoon (ed.) *Destruction and Creation: Personal and Cultural Implications. Proceedings of the Fourteenth Congress for Analytical Psychology*. Einsiedeln, Switzerland: Daimon Verlag.
Dyer, D.R. (1991) *Cross-currents of Jungian Thought*. Boston, MA and London: Shambhala.
Edinger, E.F. (1978) *Melville's Moby Dick: A Jungian Commentary*. New York: New Directions.
—— (1986) *Encounter with the Self: Commentary on Blake's Illustrations of the Book of Job*. Toronto: Inner City.
—— (2000) *The Psyche on Stage: Individuations Motivs in Shakespeare and Sophocles*. Toronto: Inner City.
Ehrenzweig, A. (1967) *The Hidden Order of Art*. London: Weidenfeld and Nicolson.
Ellmann, R. (1959) *James Joyce*. New York: Oxford University Press.
Falcone, S. (1998) *Francis Bacon*. Milan: Vivarium.
Fay, C.G. (1996) *At the Threshold: A Journey to the Sacred through the Integration of Jungian Psychology and the Expressive Arts* (video). Houston, TX: C.G. Jung Education Center of Houston, Texas.
Freud, S., *Gesammelte Werke*. London: Imago. *Standard Edition*. London: Hogarth Press.
—— (1917) 'A difficulty in the path of psycho-analysis', in *Standard Edition* 17.
Furth, G.M. (2001) *The Secret World of Drawings: A Jungian Approach to Healing through Art*. Toronto: Inner City.
Gaillard, C. (1977) 'Notes sur deux contributions germaniques à la psychologie de l'art et de la culture. Première partie: T.W. Adorno. Deuxième partie: C.G. Jung'. *Cahiers de psychologie de l'art et de la culture*, 1 and 2.
—— (1978) 'Ulysse et Moïse'. *Cahiers de psychologie de l'art et de la culture*, 3 and 5.
—— (1980) 'L'étrange histoire d'un petit pétersbourgeois: une lecture du *Double* de Dostoïevski'. *Cahiers de Psychologie Jungienne*, 26.
—— (1984a) 'Alchimie et modernité', in *Carl Gustav Jung*. Paris: L'Herne.
—— (1984b) Psychanalyse à l'Ecole?, in J. Gatard (ed.) *La Mémoire de l'art*. Paris: Sgraffite/Ministère de la Culture.
—— (1985) 'Propos croisés sur la Villa des Mystères à Pompéi', avec G. Sauron, *Cahiers de psychologie de l'art et de la culture*, 11.

372 Gaillard, C. (1986) 'Espace pictural et espace intérieur', *Cahiers de Psychologie Jungienne*, 50.

—— (1987) 'Ovid's Narcissus and Caravaggio's Narcissus', in M.A. Mattoon (ed.) *The Archetype of Shadow in a Split World: Proceedings of the Tenth International Congress for Analytical Psychology*. Einsiedeln, Switzerland: Daimon Verlag.

—— (1990) 'La palette d'Anselm Kiefer'. *Corps Ecrit*, 32.

—— (1991) 'Yesterday's myths to today's creation: genesis of a work' (on Anselm Kiefer), in M.A. Mattoon (ed.) *Personal and Archetypal Dynamics in the Analytical Relationship: Proceedings of the Eleventh International Congress for Analytical Psychology*. Einsiedeln, Switzerland: Daimon Verlag.

—— (1993) 'Leonardo's mother revisited', in M.A. Mattoon (ed.) *The Transcendent Function: Individual and Collective Aspects: Proceedings of the Twelfth International Congress for Analytical Psychology*, Einsiedeln, Switzerland: Daimon Verlag.

—— (1996/2001) *Jung*. Paris: Presses Universitaires de France (the book has been translated into several languages).

Gaillard, C. with others (1997a) *Les Evidences du corps et la vie symbolique*. Paris: Ecole nationale supérieure des Beaux-arts.

—— (1997b) 'Whatever happened to Paradise?', *San Francisco Jung Institute Library Journal*, 16(2).

—— (1998) *Le Musée imaginaire de Carl Gustav Jung*. Paris: Stock; (2003) *Il museo imaginario di Carl Gustav Jung*. Bergamo, Italy: Moretti e Vitali.

—— (2000a) *Donne in mutazione: Saggi di psicoanalisi dell'arte*. Bergamo, Italy: Moretti e Vitali.

—— (2000b) 'Otherness in the present'. *Harvest*, 46(2).

—— (2001) 'Amplification et pensée après Jung'. *Topique: Revue Freudienne*, 76.

Gaillard, C. with Bourreille, C. and Henry-Séjourné, M. (2002) 'Autour de *La Lumière Bleue* de Leni Riefenstahl'. *Cahiers Jungiens de Psychanalyse*, 104.

—— (2003a) 'La psychanalyse jungienne', in M. Elkaïm (ed.) *A quel psy se vouer? Psychanalyses, psychothérapies: les principales approches*. Paris: Le Seuil.

—— (2003b) 'On defining words, some scenarios and vectors in the "autobiography" of C.G. Jung'. *Journal of Analytical Psychology*, 48(5).

—— (2003c) 'Don Quixote in the analyst's consulting room', in H. Solomon (ed.) *The Ethical Attitude in Analytical Practice*. London: Free Association.

Gaillard, C. Gagnebin, M. (eds) (1995) *A corps perdu*. Paris: Revue d'Esthétique/Jean Michel Place.

Galimberti, U. (ed.) (1987) *Il linguagio simbolico*. Modena, Italy: Mucchi editore.

Giegerich, W. (1987) 'Die *Exercitia Spiritualia* des Ignatius von Loyola und die Unterschiede zwischen einer "theologischen" und einer "psychologischen" Einstellung zur religiösen Erfahrung'. *Analytische Psychologie*, 18.

Goldstein, R. (ed) (1999) *Images, Meanings and Connections: Essays in Memory of Suzan Bach*. Einsiedeln Switzerland: Daimon Verlag.

Grabenhorst-Randall, T. (1990) 'Jung and abstract expressionism', in *C.G. Jung and the Humanities: Toward a Hermeneutic of Culture*. London: Routledge.

Guggenbühl-Craig, A. (1992) *The Old Fool and the Corruption of Myth*. Dallas, TX: Spring.

Hall, J. and Howell, P. (2003) *Self Through Art and Science*. Bloomington, IN: First Books.

Hannah, B. (1976) *Jung: His Life and Work*. New York: Putnam. 373
Hauke, C. (2003) 'Jung and the post-modern', in *Proceedings of the Fifteenth International Congress for Analytical Psychology, Cambridge 2001*. Einsiedeln, Switzerland: Daimon Verlag;
Henderson, J. (1956) 'Stages of psychological development exemplified in the poetical works of T.S. Eliot'. *Journal of Analytical Psychology*, 1(2).
—— (1967) *Thresholds of Initiation*. Middletown, CT: Wesleyan University Press.
Hillmann, J. (1975) *Revisioning Psychology*. New York: Harper and Row.
—— (1992) *The Thought of the Heart and the Soul of the World*. Dallas, TX: Spring.
—— (1999) *Politica della bellezza*. Bergamo, Italy: Moretti e Vitali.
Hollis, J. (2002) *The Archetypal Imagination*. College Station, TX: Texas A&M University Press.
Homans, P. (1995) *Jung in Context: Modernity and the Making of a Psychology*. Chicago, IL: University of Chicago Press.
Humbert, E.G. (1987) *C.G. Jung: The Fundamentals of Theory and Practice*. Wilmette, IL: Chiron; (2004) *Jung*. Paris: Hachette Litératures.
Jaffé, A. (ed.) (1979) *C.G. Jung: Word and Image*, Princeton, NJ: Princeton University Press.
—— (1989) *From the Work and Life of C.G. Jung*. Einsiedeln, Switzerland: Daimon Verlag.
Jung, C.G. *Gesammelte Werke*. Zürich and Stuttgart: Walter Verlag; *Collected Works*. Princeton, NJ: Princeton University Press.
—— (1963) *Memories, Dreams, Reflections*. New York: Pantheon.
Jung, C.G., Henderson, J. von Franz, M.-L. and Jacobi, J. (1964) *Man and his Symbols*. London: Aldus.
Kast, V. (1991) *Sisyphus: A Jungian Approach to Middle Crisis*. Einsiedeln, Switzerland: Daimon Verlag.
Kirsch, T. (2000) *The Jungians: A Comparative and Historical Perspective*. London and Philadelphia, PA: Routledge.
Krapp, M. (1989) 'Gestaltungtherapie als Beitrag zur Psychotherapie psuchotisher Patienten'. *Analytische Psychologie*, 20.
Lopez-Pedraza, R. (1989) *Hermes and his Children*. Einsiedeln, Switzerland: Daimon Verlag.
—— (1991) 'Picasso's Belle Epoque and Blue period', in M.A. Mattoon (ed.) *Personal and Archetypal Dynamics in the Analytical Relationship: Proceedings of the Eleventh International Congress for Analytical Psychology*. Einsiedeln, Switzerland: Daimon Verlag.
—— (1996) *Anselm Kiefer: After the Catastrophe*. London: Thames and Hudson.
—— (2000) *Dionysus in Exile*. Wilmette, IL: Chiron.
Lowinski, N.R. (2000) *Red Clay is Talking*. Oakland, CA: Scarlet Tanager Books.
—— (2003) 'The poet and the analyst', in *Proceedings of the Fifteenth International Congress for Analytical Psychology, Cambridge 2001*. Einsiedeln, Switzerland: Daimon Verlag.
Maffei, G. (1986) *I linguagi della psyche*. Milan: Bompiani.
—— (2001) *Le metafore fanno avanzare la conoscenza?* Milan: Vivarium.
Maillard, C. (1996) 'L'apport de l'Inde à la pensée de Carl Gustav Jung', in M. Hulin and C. Maillard (eds) *L'Inde inspiratrice*. Strasbourg: Presses Universitaires de Strasbourg.

374 Marlan, S. (ed.) (1995) *Salt and the Alchemical Soul. Essays by Ernest Jones, C.G. Jung and James Hillman*. Woodstock, CT: Spring.

—— (1997) *Fire in the Stone: The Alchemy of Desire*. Wilmette, IL: Chiron.

Martin, S.A. (1990) 'Meaning in art', in K. Barnaby and P. D'Acierno (eds) *C.G. Jung and the Humanities: Toward a Hermeneutic of Culture*. London: Routledge.

Mattoon, M.A. (ed.) (1999) *Destruction and Creation*. Einsiedeln, Switzerland: Daimon Verlag.

Mazzarella, A. (2001) *In Search of Beatrice: Dante's Journey and Modern Man*. Milan: Vivarium.

Neumann, E. (1959a) *Art and the Creative Unconscious*. Princeton, NJ: Princeton University Press.

—— (1959b) *The Archetypal World of Henry Moore*. Princeton, NJ: Princeton University Press.

Newham, P. (1994) *The Singing Cure: Introduction to Voice Movement Therapy*, foreword by Andrew Samuels. Boston, MA: Shambhala.

O'Neill, T.R. (1979) *The Individuated Hobbit: Jung, Tolkien and the Archetypes of Middle-earth*. Boston, MA: Houghton Mifflin.

Pallaro, P. (ed.) (1999) *Authentic Movement: Essays by Mary Starks Whitehouse, Janet Adler and Joan Chodorow*. London and Philadelphia, PA: Jessica Kingsley.

Papadopoulos, R.K. (2002) 'The other other: when the exotic other subjugates the familiar other'. *Journal of Analytical Psychology*, 47(2): 163–188.

Pardo, E. (1984) 'Dis-membering Dionysos: image and theatre'. *Spring*.

—— (1988) 'The theatres of boredom and depression: two gateways to imagination'. *Spring*.

Philipson, M. (1963) *Outline of a Jungian Esthetics*. Evanston, IL: Northwestern University Press.

Pignatelli, M. (1999) 'Ritagli psicodinamici nella disposizione artistica'. *Rivista di Psicologia Analitica*, 59.

Raff, J. (2000) *Jung and the Alchemical Imagination*. York Beach, ME: Nicolas-Hays.

Rasche, J. (1991) 'Die späte Klaviersonaten von Ludwig von Beethoven'. *Analytische Psychologie*, 22(1).

—— (2004) *Das Lied des Grünen Löwen: Musik als Spiegel der Seele*. Stuttgart, Germany: Walter Verlag.

Reale, B. (1998) *Le macchie di Leonardo: Analisi, immaginazion, racconto*. Bergamo, Italy: Moretti e Vitali.

Ribbi, A. (1990) *Die Dämonen des Hieronimus Boech: Versuch einer Deutung*. Küsnacht, Switzerland: Stiftung für Junsche Psychologie.

—— (1999) *Die Suche nach der Eigenen Wurzeln: Die Beteutung von Gnosis, Hemetik and Alchemie für C.G. Jung und Marie-Louise von Franz und deren Einfluss anf das moderne Verständnis dieser Disziplin*. New York, Paris and Vienna: Peter Land Verlag.

Riedel, I. (1983) *Farben: In Religion, Gesellschaft, Kunst und Psychotherapie*. Stuttgart, Germany: Kreuz.

—— (1985) *Marc Chagall's Grüner Christus*. Olten, Switzerland: Walter Verlag.

—— (1992) *Maltherapie: Eine Einführung auf der Basis der Analytischen Psychologie von C.G. Jung?* Stuttgart, Germany: Kreuz.

—— (1999) 'Destruction and creative interplay in artistic and therapeutic processes', in M.A. Mattoon (ed.) *Destruction and Creation: Personal and Cultural Transformations. Proceedings of the Fourteenth International Congress for Analytical Psychology*. Einsiedeln, Switzerland: Daimon Verlag. 375

Riedel, I. (2000) 'Louise Bourgeois: die Kunst einer neunzigjährigen', in H.M. Emrich and I. Riedel (2001) *Formen: Kreis, Kreuz, Dreieck, Quadrat, Spirale*. Stuttgart, Germany: Kreuz.

—— (ed.) (2003) *Im Farbenkreis der Emotionen. Festschrift für Verena Kast zum 60. Geburstag*. Würzburg, Germany: Königshausen and Neumann.

Romano, A. (2002) *Musica e psiche*. Turin, Italy: Bollati Boringhieri.

Rosen, D.H. (1996) *The Tao of Jung: The Way Integrity*. New York: Viking Penguin.

Rougeulle, J. (1987) 'Jung et Hermann Hesse: Convergences et divergences'. *Cahiers Jungiens de Psychanalyse*, 53.

Rowland, S. (1999) *C.G. Jung and the Literary Theory: The Challenge from Fiction*. London: Macmillan.

Russak, N. (2003) 'Animals in art, animals in life', in *Proceedings of the Fifteenth International Congress for Analytical Psychology, Cambridge 2001*. Einsiedeln, Switzerland: Daimon Verlag.

Ryce-Menuhin, J. (1992) 'The performing musician as analyst: a shift in depth interpretation'. *Journal of Analytical Psychology*, 37(1): 49–60.

Salza, F. (1987) *La Tentatione estetica: Jung, l'arte, e la letteratura*. Rome: Borla.

Salzmann, M. (1988) 'Le complexe-mère chez un homme: essais de théorisation à partir de l'oeuvre et de la vie d'A. Giacometti'. *Cahiers Jungiens de Psychanalyse*, 59.

Samuels, A. (1985) *Jung and the Post-Jungians*. London: Routledge.

Schaverien, J. (1991) *The Revealing Image: Analytical Art Psychotherapy in Theory and Practice*. London and New York: Routledge.

—— (1995) *Desire and the Female Therapist: Engendered Gazes in Psychotherapy and Art Therapy*. London and New York: Routledge.

—— (ed.) (1997) *Art Psychotherapy and Psychosis*. London and New York: Routledge.

—— (1998) 'Art within the analytic relationship', in M.A. Mattoon (ed.) *Destruction and Creation: Personal and Cultural Transformations. Proceedings of the Fourteenth International Congress for Analytical Psychology*. Einsideln, Switzerland: Daimon Verlag.

Schenk, R. (1992) *The Soul of Beauty: A Psychological Investigation of Appearance*. Lewisburg, PA: Bucknell University Press.

Schwartz, A. (1975) 'L'uomo dalle braccie alzate'. *Rivista di Psicologia Analitica*, 6(2).

Schwartz-Salant, N. and Stein, M. (eds) (1986) *The Body in Analysis*. Wilmette, IL: Chiron.

Sells, B. (ed.) (2000) *Working with Images*. Woodstock, CT: Spring.

Serrano, M. (1997) *C.G. Jung and Hermann Hesse: A Record of Two Friendships*. Einsiedeln, Switzerland: Daimon Verlag.

Singer, J. (2000) *Blake, Jung, and the Collective Unconscious: The Conflict between Reason and Imagination*. York Beach, ME: Nicolas-Hays.

Skar, P. (1997) 'Music and analysis', in M.A. Mattoon (ed.) *Open Questions in*

376 *Analytical Psychology. Proceedings of the Thirteenth International Congress for Analytical Psychology*. Einsiedeln, Switzerland: Daimon Verlag.

Spitzer, S. (2003) 'Embodied implicit memory', in *Proceedings of the Fifteenth International Congress for Analytical Psychology, Cambridge 2001*. Einsideln, Switzerland: Daimon Verlag.

Stevens, A. (1991) *Withymead Center, a Jungian Community for Healing Arts*. Boston, MA: Sigo Press.

Stroppa, C. (2003) 'L'acrobata nel vuoto', in *Figure della devozione*. Bergamo, Italy: Moretti e Vitali.

Taylor, C. and Finley, P. (1997) *Images of the Journey in Dante's Divine Comedy*. New Haven, CT: Yale University Press.

Trevi, M. (1986) *Interpretatio duplex*. Rome: Borla.

Ulanov, A. (1987) *Picturing God*. Cambridge: Cowley.

Ulanov, A. and Ulanov, B. (1999) *The Healing Imagination: The Meeting of Psyche and Soul*. Einsiedeln, Switzerland: Daimon Verlag.

Vitolo, A. (1975) 'A proposito di inconscio e letteratura'. *Rivista di Psicologia Analitica*, 6(2).

von Franz, M.-L. (1998) *C.G. Jung: His Myth in our Time*. Toronto: Inner City.

Ward, K. (2000) 'Music and the archetypal ground of the psyche' (review of Alain Danielou's *Music and the Power of Sound: The Influence of Tuning and Interval on Consciousness*; Laurence Bernan's *The Musical Image: A Theory of Content*; Helen L. Bonny and Louis M. Savary's *Music and your Mind: Listening with a New Consciousness*; Linda C. Cutting's *Memory Slip: A Memoir of Music and Healing*). *San Francisco Jung Institute Library Journal*, 19(1).

Wilmer, H. (2000) *Quest for Silence*. Einsiedeln, Switzerland: Daimon Verlag.

Wyly, J. (1987) 'Jung and Picasso'. *Quadrant*, 20(2).

—— (1991) '"The sculptor's studio": Picasso's images of transference and transformation', in M.A. Mattoon (ed.) *Personal and Archetypal Dynamics in the Analytical Relationship. Proceedings of the Eleventh International Congress for Analytical Psychology*. Einsiedeln, Switzerland: Daimon Verlag.

—— (1993) 'Minotauromachia', in M.A. Mattoon (ed.) *The Transcendent Function: Individual and Collective Aspects. Proceedings of the Twelfth International Congress for Analytical Psychology*. Einsiedeln, Switzerland: Daimon Verlag.

—— (1997) 'Picasso's mirror', in M.A. Mattoon (ed.) *Open Questions in Analytical Psychology. Proceedings of the Thirteenth International Congress for Analytical Psychology*. Einsiedeln, Switzerland: Daimon Verlag.

Young-Eisendrath, P. (1997) *Gender and Desire: Uncursing Pandora*. College Station, TX: Texas A&M University.

Zabriskie, B. (2000) 'Orpheus and Eurydice: a creative agony'. *Journal of Analytical Psychology*, 45(3): 427–447.

Zoja, L. (1995) *Growth and Guilt: Psychology and the Limits of Development*. London: Routledge.

索引

注：页码均为英文原书页码，即本书边码。

译后记

这部手册是第一本系统介绍荣格分析心理学基本概念的作品。虽然在此之前已经有多本介绍荣格心理学的优秀作品，如英文版的《剑桥荣格读本》（*The Cambridge Companion to Jung* 1997），但《荣格心理学手册》是由大量富有经验的荣格派学者或分析师共同努力的结晶。每一章的作者都是研究其中的主题的专家，他们都在理论上对荣格的概念有过深入的探索，并在临床上进行过广泛应用。在编者帕帕多普洛斯的倡议下，他们共同写出了这样一部经典的著作。书中的每一章都论述一个重要的主题，作者对荣格的基本概念以及后来相应的批判和发展充分地展开讨论，以便为每一个想要深入学习该主题的读者提供一个完整的背景。此书的作者主要由以英语为母语的荣格派学者或分析师组成，他们将近年来荣格心理学的最新发展与经典的荣格心理学结合在一起，为学习荣格心理学的读者提供了直接又丰富的基础资源。

在翻译的过程中，我们对一些荣格分析心理学的术语做了一定的修正，使其尽量符合或接近它们的英文、德文或拉丁文原意，比如将 the Self（self）译为“原我”，将 individuation 译为“个体化”，以及将 active imagination 译为“主动想象”，等等。

最后，由于译者的水平和精力有限，书中必然存在疏漏和错误之处，恳请读者批评和指正。

周党伟　赵艺敏

The Handbook of Jungian Psychology: Theory, Practice and Applications by Renos K. Papadopoulos
ISBN: 9781583911488

北京市版权局著作权合同登记号：01-2017-2455

图书在版编目（CIP）数据

荣格心理学手册/（英）雷诺斯·K. 帕帕多普洛斯编；周党伟，赵艺敏译. —北京：中国人民大学出版社，2019.3

书名原文：The Handbook of Jungian Psychology：Theory，Practice and Applications

ISBN 978-7-300-26472-1

Ⅰ. ①荣… Ⅱ. ①雷…②周…③赵… Ⅲ. ①荣格（Jung，Carl Gustav 1875—1961）-分析心理学-手册 Ⅳ. ①B84－065

中国版本图书馆 CIP 数据核字（2018）第 276383 号

荣格心理学手册

Rongge Xinlixue Shouce

［英］雷诺斯·K. 帕帕多普洛斯　编

周党伟　赵艺敏　译

出版发行	中国人民大学出版社		
社　　址	北京中关村大街 31 号	**邮政编码**	100080
电　　话	010－62511242（总编室）		010－62511770（质管部）
	010－82501766（邮购部）		010－62514148（门市部）
	010－62515195（发行公司）		010－62515275（盗版举报）
网　　址	http://www.crup.com.cn		
经　　销	新华书店		
印　　刷	北京联兴盛业印刷股份有限公司		
开　　本	720 mm×1000 mm　1/16	**版　　次**	2019 年 3 月第 1 版
印　　张	25.5 插页 2	**印　　次**	2024 年 7 月第 4 次印刷
字　　数	402 000	**定　　价**	128.00 元